全国技工院校数控类专业教材（高级技能层级）

CAD/CAM应用技术（SolidWorks 2022）

人力资源社会保障部教材办公室组织编写

中国劳动社会保障出版社

简介

本书主要内容包括 SolidWorks 2022 基本操作、二维图形的绘制、实体建模、曲面建模、建模综合实例、组件装配、工程图的创建。本书采用任务驱动的模式编写，内容简明，图文并茂，通俗易懂。本书既可作为数控类专业学生数控造型和自动编程用教材，也可作为数控类专业造型技术人员的自学教材。

本书由朱勤惠任主编，王滢任副主编，赵正文、朱良、王震宇参加编写；赵向阳任主审。

图书在版编目（CIP）数据

CAD/CAM 应用技术：SolidWorks 2022 / 人力资源社会保障部教材办公室组织编写. -- 北京：中国劳动社会保障出版社，2023

全国技工院校数控类专业教材. 高级技能层级

ISBN 978-7-5167-5929-5

Ⅰ. ①C… Ⅱ. ①人… Ⅲ. ①机械设计 - 计算机辅助设计 - 应用软件 - 技工学校 - 教材 Ⅳ. ①TH122

中国国家版本馆 CIP 数据核字（2023）第 111234 号

中国劳动社会保障出版社出版发行

（北京市惠新东街 1 号　邮政编码：100029）

*

北京宏伟双华印刷有限公司印刷装订　　新华书店经销

787 毫米 ×1092 毫米　16 开本　17.75 印张　378 千字

2023 年 7 月第 1 版　　2023 年 7 月第 1 次印刷

定价：47.00 元

营销中心电话：400-606-6496

出版社网址：http://www.class.com.cn

http://jg.class.com.cn

前言

为了更好地适应技工院校数控类专业的教学要求，全面提升教学质量，人力资源社会保障部教材办公室组织有关学校的骨干教师和行业、企业专家，在充分调研企业生产和学校教学情况，广泛听取教师对教材使用反馈意见的基础上，对全国技工院校数控类专业高级技能层级的教材进行了修订。

本次教材修订工作的重点主要体现在以下几个方面：

第一，更新教材内容，体现时代发展。

根据数控类专业毕业生所从事岗位的实际需要和教学实际情况的变化，合理确定学生应具备的能力与知识结构，对部分教材内容及其深度、难度做了适当调整。

第二，反映技术发展，涵盖职业技能标准。

根据相关工种及专业领域的最新发展，在教材中充实新知识、新技术、新设备、新工艺等方面的内容，体现教材的先进性。教材编写以国家职业技能标准为依据，内容涵盖数控车工、数控铣工、加工中心操作工、数控机床装调维修工、数控程序员等国家职业技能标准的知识和技能要求，并在配套的习题册中增加了相关职业技能等级认定模拟试题。

第三，精心设计形式，激发学习兴趣。

在教材内容的呈现形式上，较多地利用图片、实物照片和表格等将知识点生动地展示出来，力求让学生更直观地理解和掌握所学内容。针对不同的知识点，设计了许多贴近实际的互动栏目，以激发学生的学习兴趣，使教材“易教易学，易懂易用”。

第四，采用 CAD/CAM 应用技术软件最新版本编写。

在 CAD/CAM 应用技术软件方面，根据最新的软件版本对 UG、Creo、Mastercam、CAXA、SolidWorks、Inventor 进行了重新编写。同时，在教材中不仅局限于介绍相关的软件功能，而是更注重介绍使用相关软件解决实际生产中的问题，以培养学生分析和解决问题的综合职业能力。

第五，开发配套资源，提供教学服务。

本套教材配有习题册和方便教师上课使用的多媒体电子课件，可以通过登录技工教育网（http://jg.class.com.cn）下载。另外，在部分教材中使用了二维码技术，针对教材中的教学重点和难点制作了动画、视频、微课等多媒体资源，学生使用移动终端扫描二维码即可在线观看相应内容。

本次教材的修订工作得到了河北、辽宁、江苏、山东、河南等省人力资源和社会保障厅及有关学校的大力支持，在此我们表示诚挚的谢意。

人力资源社会保障部教材办公室

2022 年 7 月

目　录

模块一　SolidWorks 2022 基本操作

课题 1　SolidWorks 2022 界面操作

一、学习目标

1. 了解 SolidWorks 2022 软件的基本功能。
2. 掌握开启和关闭 SolidWorks 2022 软件的方法。
3. 熟悉 SolidWorks 2022 软件的工作界面。
4. 了解 SolidWorks 2022 软件中快捷键的使用方法。
5. 了解 SolidWorks 2022 软件中参数的设定方法。

二、工作任务

熟悉图 1–1 所示 SolidWorks 2022 软件工作界面，并对软件系统进行参数设置。

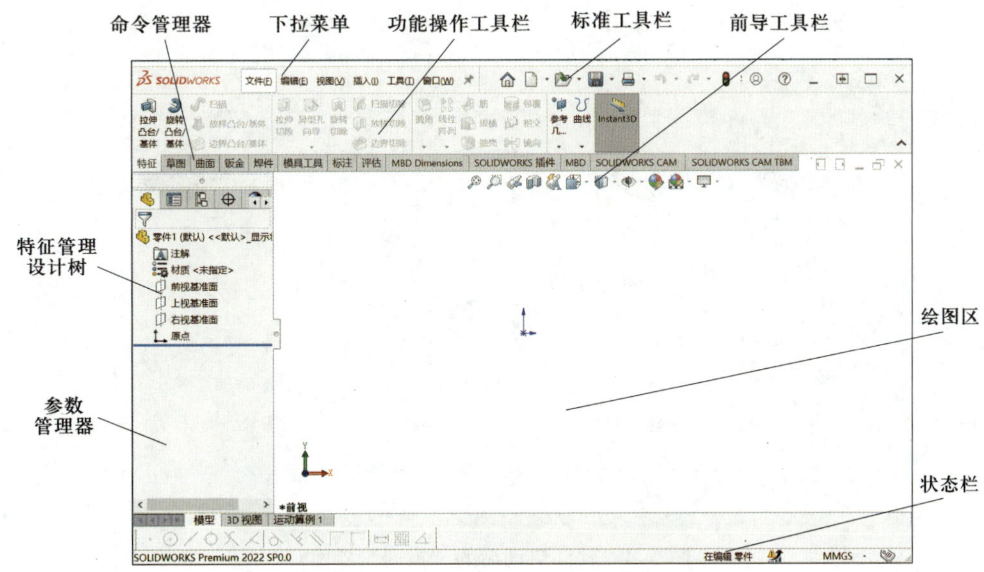

图 1–1　SolidWorks 2022 软件工作界面

三、任务实施

1．启动 SolidWorks 2022

（1）通过快捷图标启动

双击图 1–2 所示的桌面快捷图标，显示图 1–3 所示的软件启动界面，稍后即可进入

图 1-4 所示的 SolidWorks 2022 软件“欢迎”界面。

（2）通过开始菜单启动

单击“开始”/“SOLIDWORKS 2022”/“SOLIDWORKS 2022”即可进入图 1-4 所示的“欢迎”界面。

图 1-2 软件快捷图标

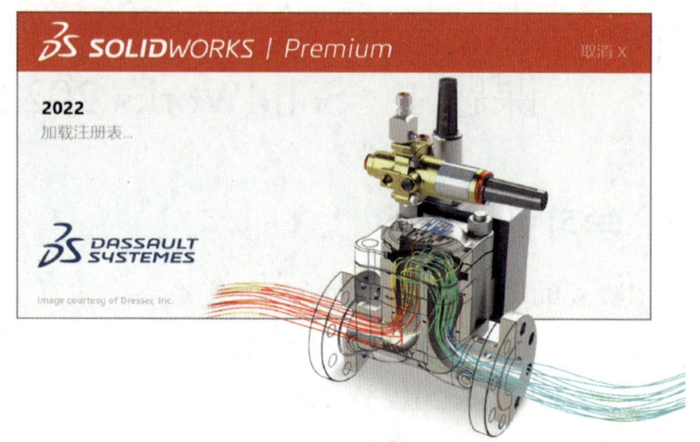

图 1-3 软件启动界面

图 1-4 软件启动后的“欢迎”界面

2. 选择 SolidWorks 2022 相应模块

单击图 1-4 所示“欢迎”界面中“新建”组下方的“零件”模块图标 零件，窗口中弹出图 1-5 所示的“模板选择”界面，单击“确定”按钮 确定 ，即可进入图 1-1 所示的实体或曲

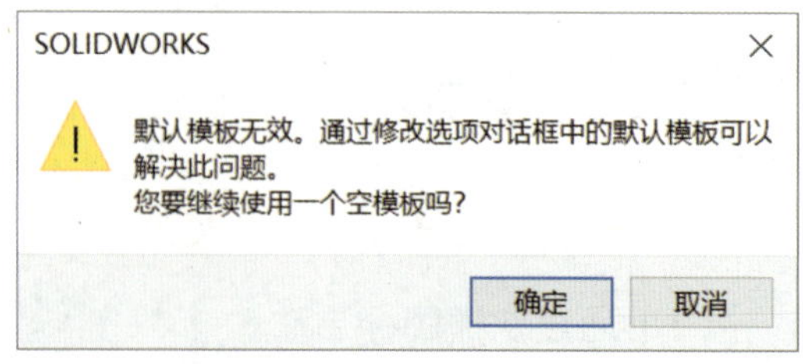

图 1-5 “模板选择”界面

面建模的工作界面。

“新建”组下方共有“零件”“装配体”“工程图”“高级 ...”四个选项。其中“零件”选项用于完成零件的实体或曲面造型、模具设计等；“装配体”选项用于完成零件装配、装配分析等；“工程图”选项用于绘制零件或装配体的工程图。选择前三个选项时，默认模板无效，使用空模板进行操作；而选择“高级 ...”选项时则可选择相应的模板进行操作。

3. 熟悉软件工作界面

如图 1–1 所示为 SolidWorks 2022 软件“零件”模块的工作界面，该界面主要包括下拉菜单、工具栏、命令管理器、特征管理设计树、绘图区、状态栏和参数管理器等。

（1）下拉菜单与右键菜单

SolidWorks 2022 软件中的下拉菜单与 Windows 系统下的大部分软件类似，单击主菜单中的某一个命令后即可显示该命令的下一级子菜单。

单击鼠标右键时，会显示相应的右键菜单，单击的目标体不同，显示的右键菜单也各不相同。例如，在绘图区空白处单击鼠标右键时，显示的右键菜单如图 1–6a 所示；而选中绘图区中的实体后，单击鼠标右键显示的右键菜单如图 1–6b 所示。

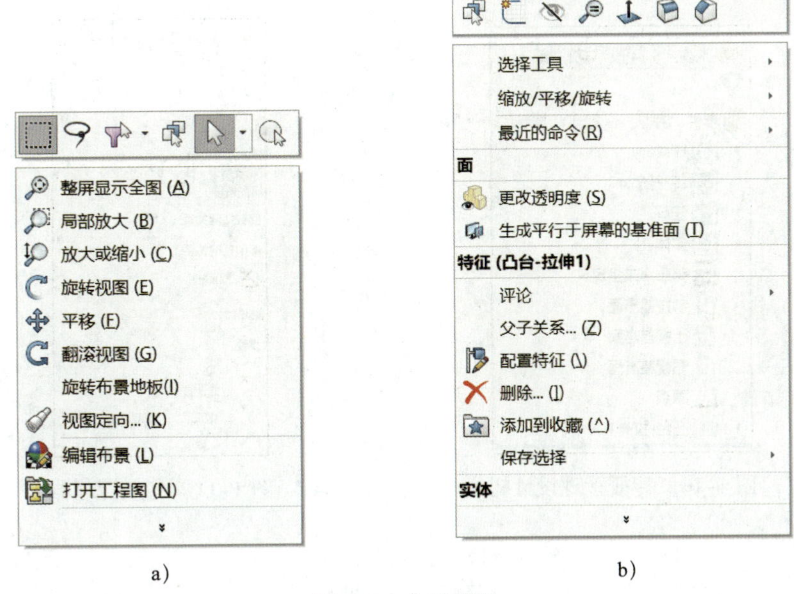

a)　　b)

图 1–6　右键菜单

（2）工具栏

标准工具栏如图 1–7 所示，主要用于进行文件操作（如新建、打开、保存、打印等）和软件选项操作（如工具栏的设定、绘图属性设定等）。

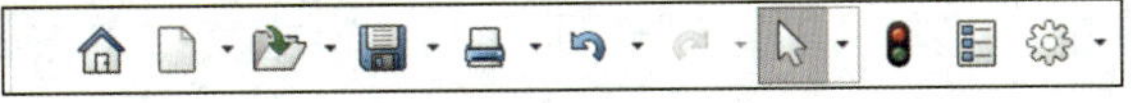

图 1–7　标准工具栏

前导工具栏如图 1–8 所示，位于绘图区最上方，主要用于进行图素缩放和旋转、视图平面的切换等操作。

图 1–8 前导工具栏

功能操作工具栏（如特征工具栏、草图工具栏、曲面工具栏、SOLIDWORKS CAM 工具栏等）将在后续课程中进行讲解。

（3）各类管理器

命令管理器如图 1–9 所示，主要用于各种功能选项之间的切换。

图 1–9 命令管理器

特征管理设计树如图 1–10 所示，主要用于记录各项特征操作的次序和操作过程，也可通过特征管理设计树对特征进行修改。

参数管理器如图 1–11 所示，当执行草图绘制、零件建模、零件装配等操作时，相应的操作参数即在参数管理器中显示，修改相应的参数，即可精确完成相关操作。

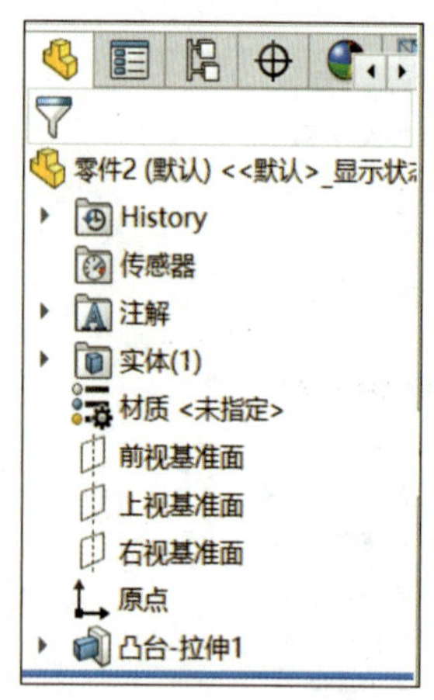

图 1–10 特征管理设计树

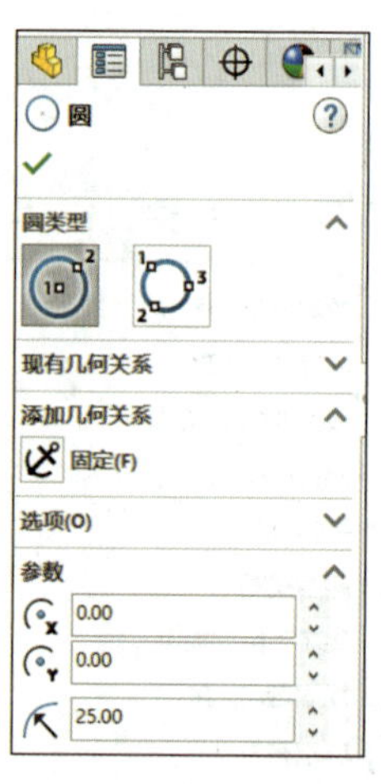

图 1–11 参数管理器

（4）状态栏

状态栏位于窗口的最下方，主要用于显示各种建模状态。

4. 系统设置

（1）改变绘图区底色

在初始状态下，系统绘图区底色为蓝色渐变色，可通过以下操作改变绘图区底色。

1）单击下拉菜单中的“工具（T）”/“选项（P）...”或直接单击标准工具栏中的“选项”按钮，弹出图 1–12 所示的“系统选项（S）– 普通”对话框。

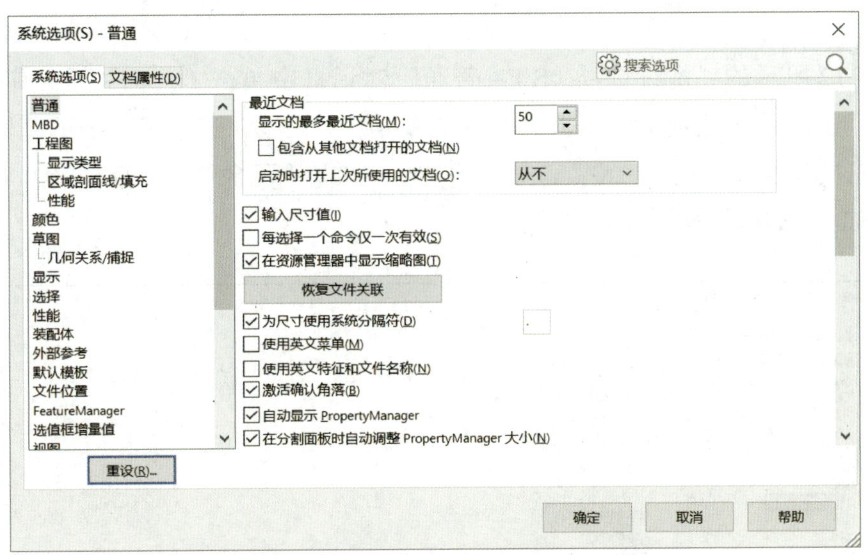

图 1–12　“系统选项（S）– 普通”对话框

2）单击“系统选项（S）”标签，打开“系统选项（S）”选项卡，在此界面中单击“颜色”，出现图 1–13 所示界面，选中界面中的“视区背景”，在“背景外观：（A）”选项中选中“素色（视区背景颜色在上）（P）”单选按钮。

3）单击对话框右侧的“编辑（E）”按钮 [编辑(E)...]，弹出“颜色”对话框。选中需要的背景色（本处选择白色），单击对话框中的“确定”按钮 [确定]，再单击“系统选项（S）– 颜色”对话框中的“确定”按钮 [确定]，绘图背景即变成相应的颜色。

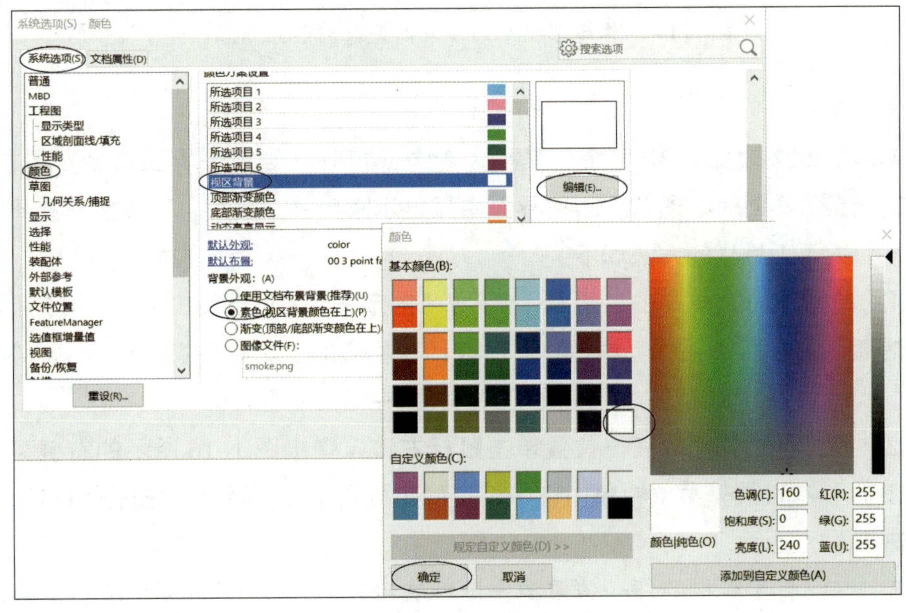

图 1–13　“颜色”对话框

（2）设定几何关系 / 捕捉

在草图绘制过程中经常要使用自动捕捉功能，可采用以下方式对自动捕捉功能进行设定。

在图 1–12 所示的“系统选项（S）– 普通”对话框中单击“几何关系 / 捕捉”，弹出图 1–14 所示的“系统选项（S）– 几何关系 / 捕捉”对话框，选中所需要的草图捕捉选项［只需在相应的捕捉选项前打“√”，如“☑ 相切（T）”“☑ 象限点（Q）”等］后单击对话框中的“确定”按钮 确定 。

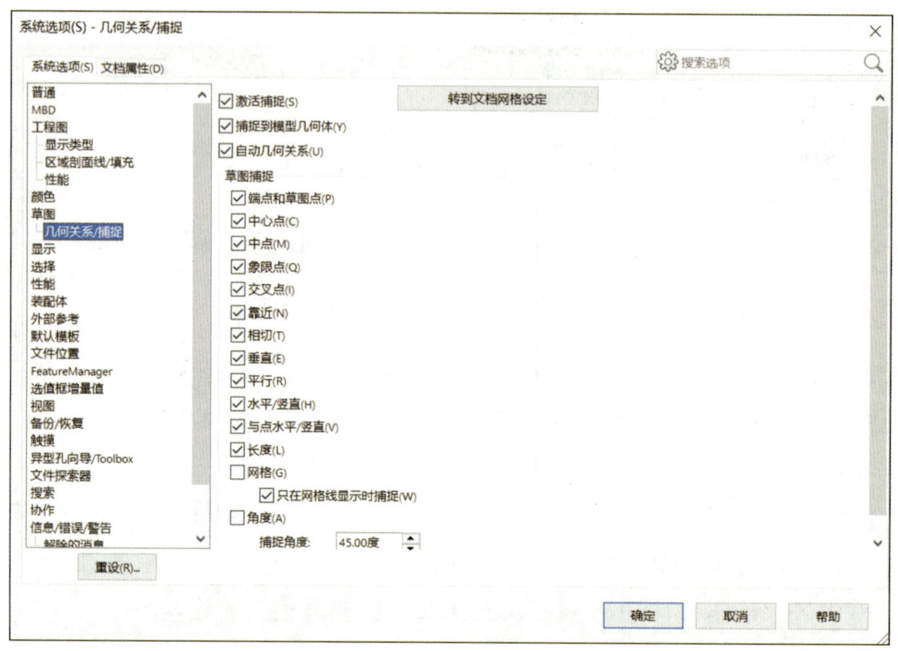

图 1–14 “系统选项（S）– 几何关系 / 捕捉”对话框

（3）设定工具栏

SolidWorks 2022 软件有 30 多个工具栏，若全部打开，则工作界面将会变得非常混乱。因此，在设计工作界面时，通常在工作界面中只显示常用的工具栏，而关闭一些不常用的工具栏，打开和关闭工具栏的方法如下：

方法 1：单击下拉菜单中的“工具（T）”/“自定义（Z）”，弹出如图 1–15 所示的“自定义”对话框，单击切换至“工具栏”选项卡，在相应的工具栏前打“√”［如“☑ 特征（F）”“☑ 草图（K）”等］，则相应的工具栏在绘图区显示。

方法 2：在已有工具栏的任一位置单击鼠标右键，弹出图 1–16 所示的右键菜单，单击“工具栏（B）”，在其展开菜单中单击选中相应的工具栏［如“快速捕捉（Q）”］，则该工具栏即可在绘图区显示。

方法 3：在已有工具栏的任一位置单击鼠标右键，弹出图 1–16 所示的右键菜单，单击“自定义（E）...”，弹出图 1–15 所示的“自定义”对话框，采用方法 1 即可自定义工具栏。

在这些工具栏上方位置单击鼠标左键不松开，然后移动鼠标则可移动这些工具栏。单击工具栏右上方的“关闭”按钮，即可关闭相应的工具栏。

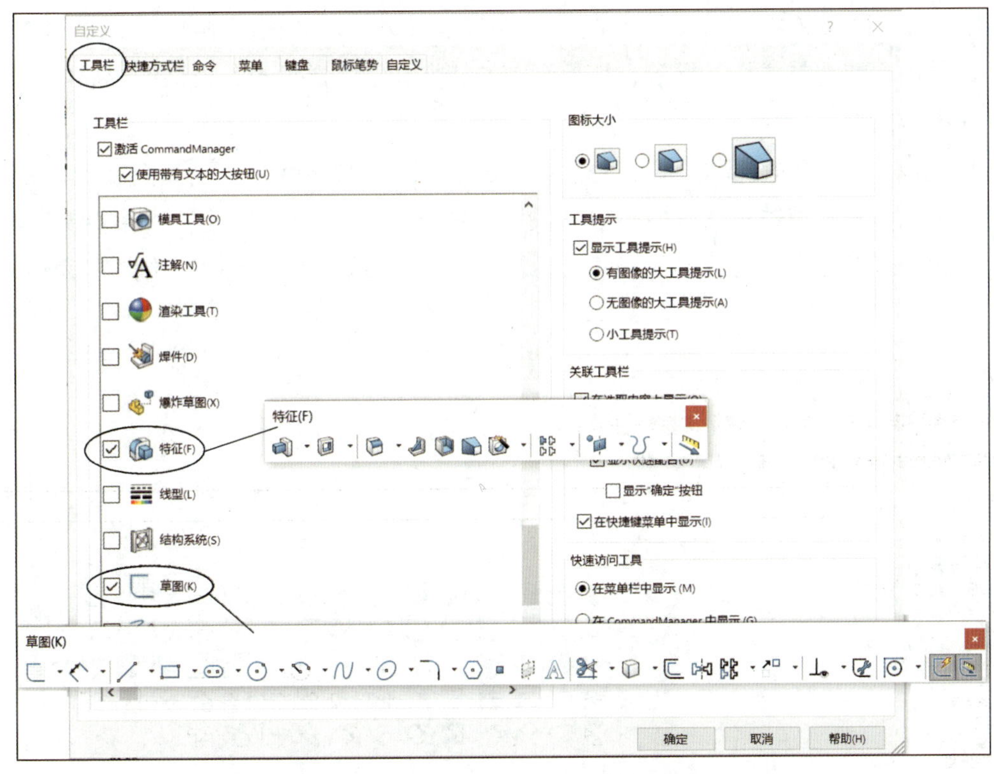

图 1–15　“自定义”对话框

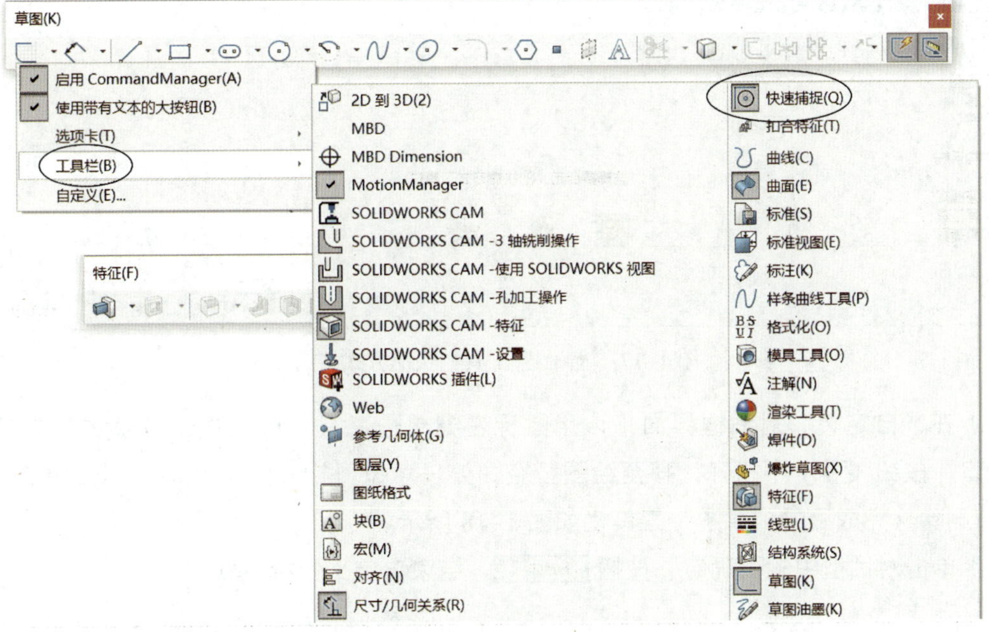

图 1–16　用右键菜单设置工具栏

（4）自定义快捷方式按钮

大部分工具栏在初始状态下并没有列出该工具栏中所有快捷方式的按钮（图标），用户可通过以下步骤重新设定相应的快捷方式按钮：

1）单击下拉菜单中的“工具（T）”/“自定义（Z）”，弹出图 1–15 所示的“自定义”对话框，单击“快捷方式栏”标签，切换至“快捷方式栏”选项卡，对话框界面中出现所有工具栏快捷方式按钮。

2）单击对话框中的“草图”，在对话框右侧呈现图 1–17 所示所有“草图”工具栏快捷方式按钮。用鼠标左键单击对话框中相应的快捷方式按钮（如“交叉曲线”按钮 ）不松开，移至“草图”工具栏中的任意位置松开鼠标左键，该快捷方式按钮即被定制在“草图”工具栏中。

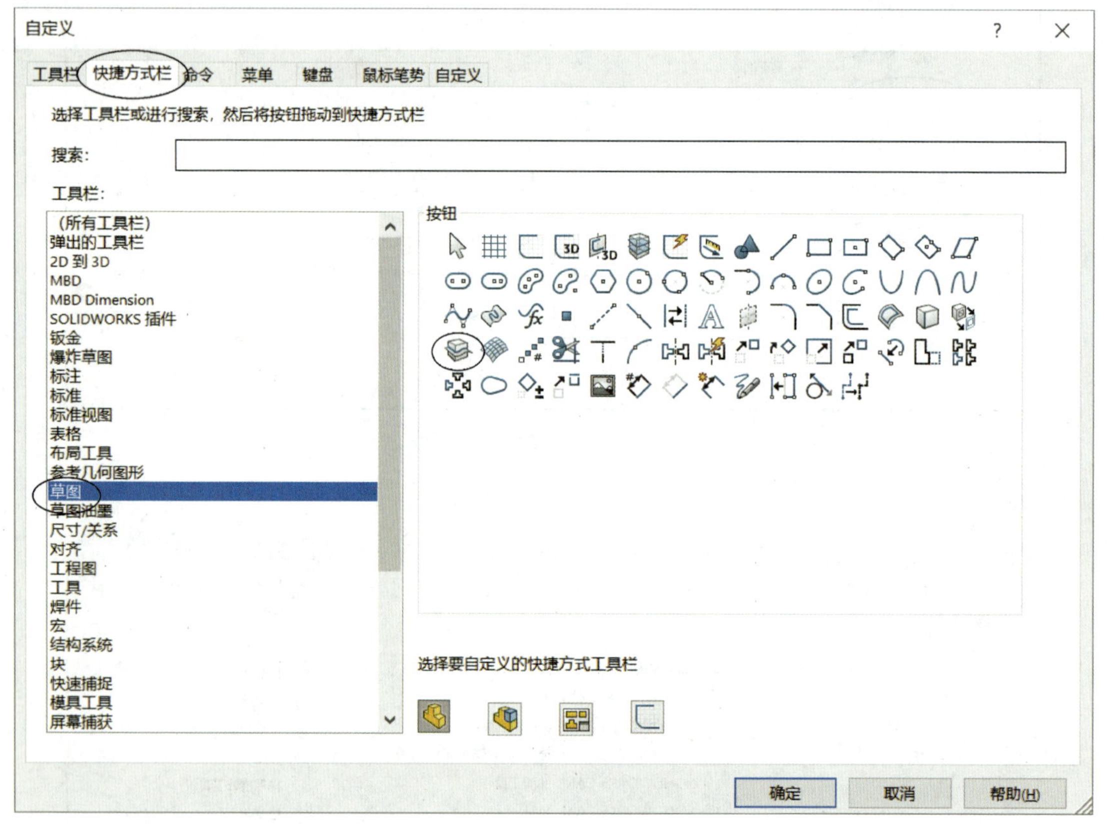

图 1–17 “草图”工具栏快捷方式按钮

3）在“自定义”对话框界面下，用鼠标左键单击工具栏中相应的快捷方式按钮（如“直槽口”按钮 ）不松开，移至绘图区空白处任意位置松开鼠标左键，则该快捷方式按钮即被删除。完成后的“草图”工具栏如图 1–18 所示。

4）单击对话框中的“确定”按钮 确定，结束自定义快捷方式。

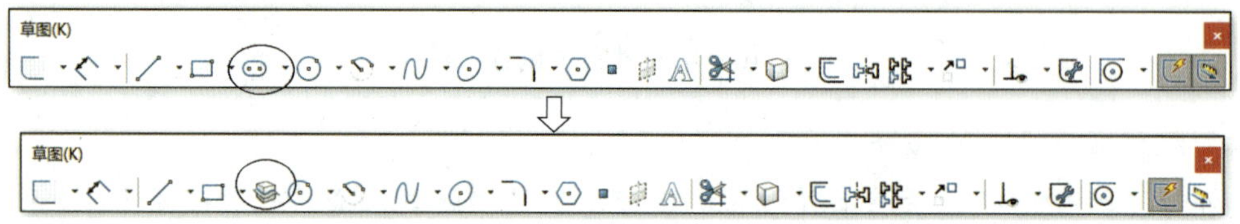

图 1–18 重新定制后的“草图”工具栏

四、知识与技能延伸

1. 设置鼠标笔势

在草图绘制、零件建模、装配体建模、工程图绘制等操作过程中，为了更加方便地使用相关的快捷按钮，可在相应的操作界面下按住鼠标右键，移动鼠标调出相应的鼠标笔势（即呈现相应的快捷按钮）。如图 1–19a、b 所示分别为草图绘制和零件建模下的鼠标笔势。

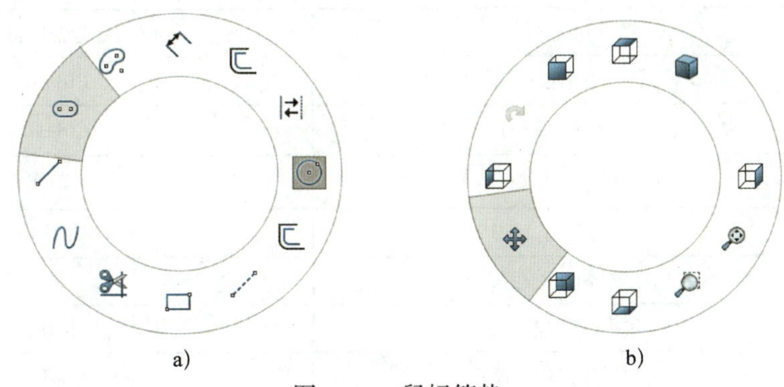

图 1–19　鼠标笔势

a）草图绘制下的鼠标笔势　b）零件建模下的鼠标笔势

鼠标笔势中的按钮设置方法如图 1–20 所示，单击下拉菜单中的“工具（T）”/“自定义（Z）”，在“自定义”对话框中单击“鼠标笔势”。按住任一命令按钮不松开，将其拖至相应

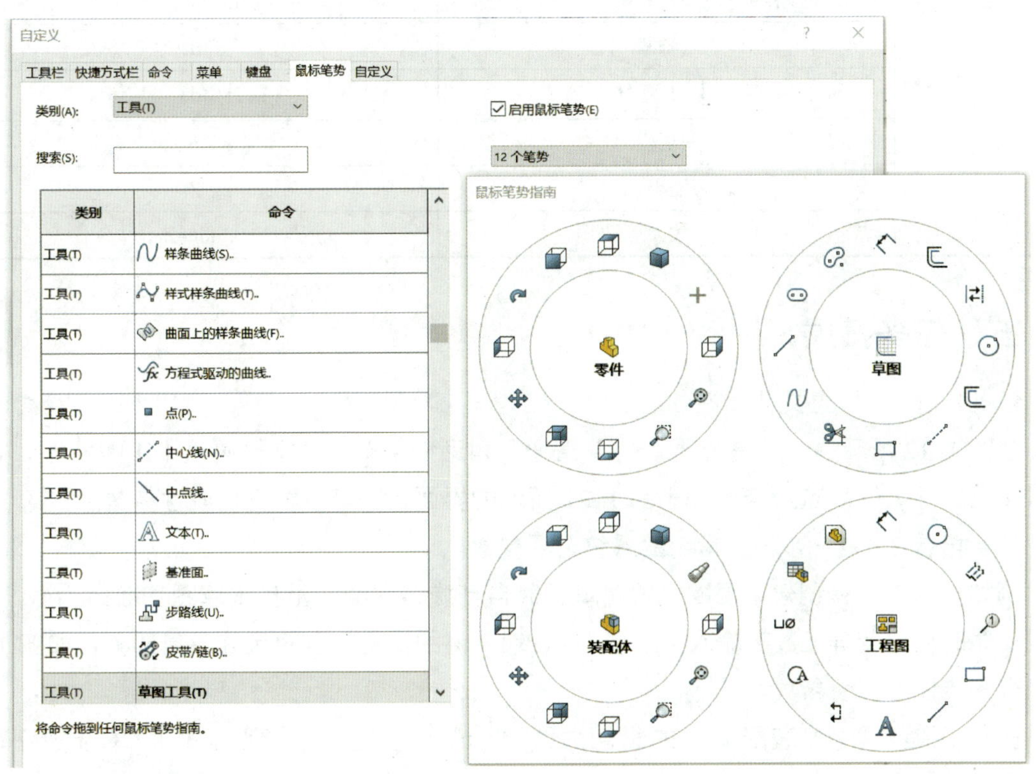

图 1–20　设置鼠标笔势

的鼠标笔势圆框中，即可替换相应的鼠标笔势按钮。同理，按住鼠标笔势圆框中相应的按钮不松开，将其拖至绘图区空白处松开，即可删除鼠标笔势圆框中相应的按钮。

2. 键盘输入快捷键

SolidWorks 2022 软件中有一些默认的快捷键，可通过键盘输入方式进行简化操作，常用的键盘快捷键见表 1–1。

表 1–1 常用的键盘快捷键

类别	命令	键盘快捷键
文件	新建（N）	Ctrl+N
	打开（O）	Ctrl+O
	关闭（C）	Ctrl+W
	保存（S）	Ctrl+S
视图（V）	整屏显示全图（F）	F
	工具栏	F10
	任务窗格（N）	Ctrl+F1
	全屏	F11
工具（T）	直线（L）	L
	剪裁（T）	Tr
其他	前视、后视、左视、右视、上视、下视	Ctrl+（1 ~ 6）
	等轴测	Ctrl+7
	正视于	Ctrl+8
	快捷栏	S
	缩小	Z
	放大	Shift+Z

五、任务拓展

任务拓展 1　设置文档属性参数。

在图 1–12 所示的“系统选项（S）– 普通”对话框中单击“文档属性（D）”标签，切换至“文档属性（D）”选项卡，弹出图 1–21 所示的界面，即可设置文档属性参数。

任务拓展 2　进一步设置常用的系统选项参数。

例如，选中“在创建草图以及编辑草图时自动旋转视图以垂直于草图基准面（A）”“在生成实体时启用荧屏上数字输入（N）”“仅在输入值的情况下创建尺寸”复选框，如图 1–22 所示进一步设置草图参数。

例如，在“零件 / 装配体上的相切边线显示”组中选中“移除（M）”单选按钮，如图 1–23 所示进一步设置显示参数。

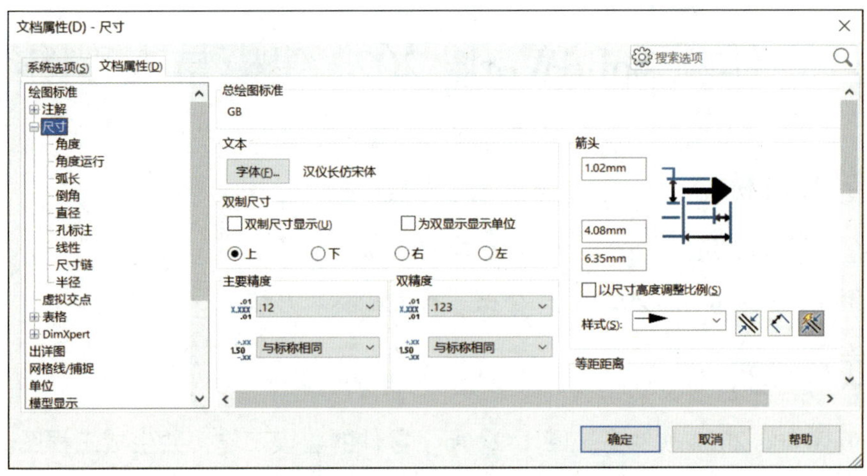

图 1–21　设置文档属性参数

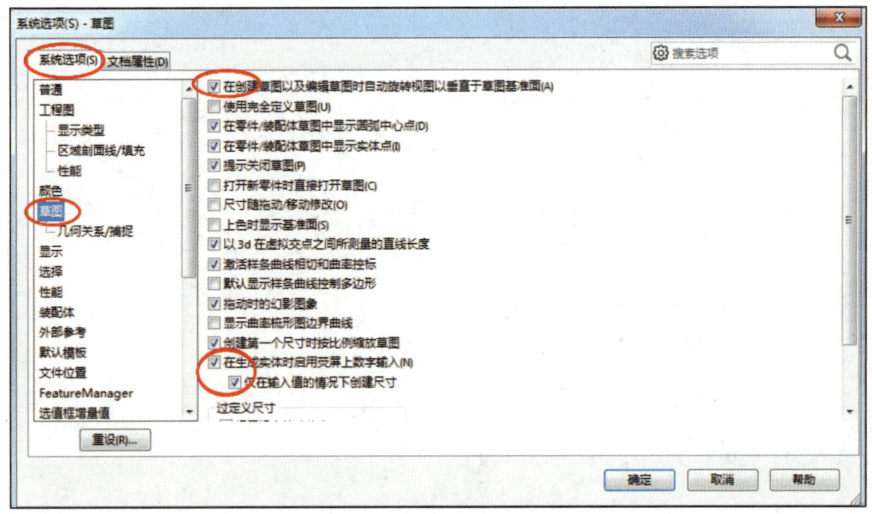

图 1–22　设置草图参数

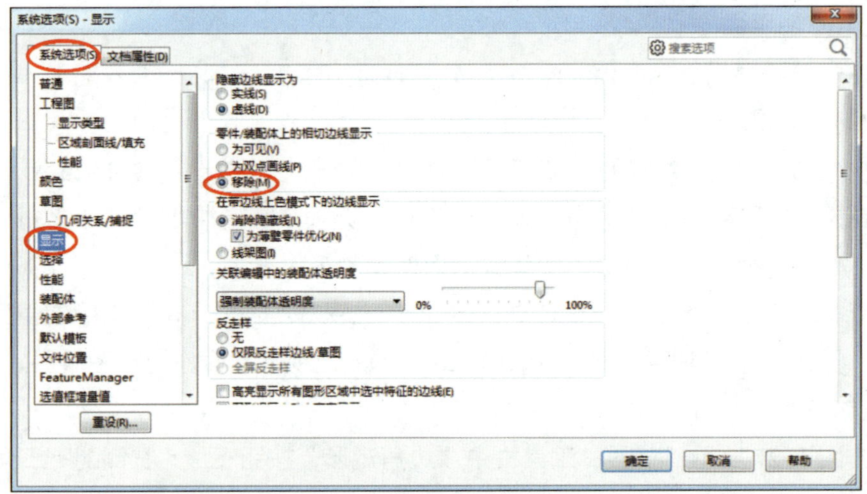

图 1–23　设置显示参数

课题 2　体验 SolidWorks 2022 建模与工程图绘制

一、学习目标

1．体验利用 SolidWorks 2022 软件实体建模的基本方法。

2．体验利用 SolidWorks 2022 软件生成工程图的基本方法。

二、工作任务

采用 SolidWorks 2022 软件完成图 1-24 所示零件的建模工作，并生成工程图。

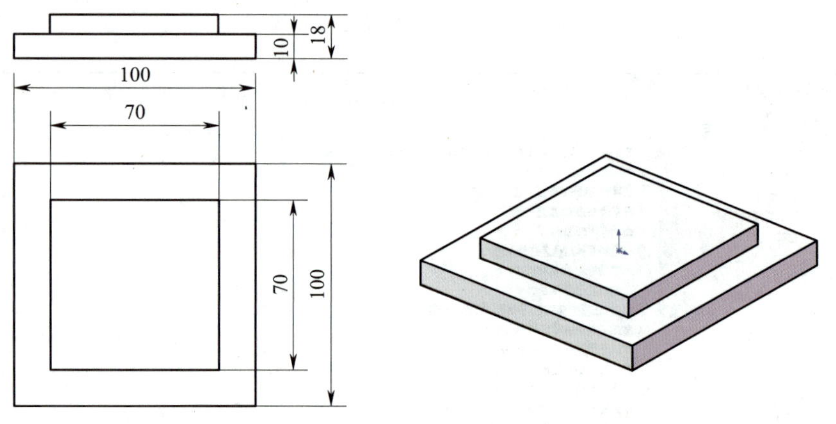

图 1-24　零件图

三、任务实施

1. 实体建模

（1）进入草图平面

1）双击计算机桌面上 SolidWorks 2022 软件快捷方式图标 ，进入图 1-4 所示软件启动后的“欢迎”界面。

2）单击“欢迎”界面中的“高级 ...”按钮 ，弹出如图 1-25 所示的“新建 SOLIDWORKS 文件”对话框，单击切换至“模板”选项卡，选中零件“gb_part”模板后单击“确定”按钮 ，即可进入实体或曲面建模的工作界面。

3）用鼠标右键单击特征管理设计树中的“ 上视基准面”，在弹出的右键菜单中单击“草图绘制”按钮 ，此时绘图区显示图 1-26 所示的上视基准面作为草图平面。

（2）绘制草图

1）单击图 1-27 所示“草图”工具栏中“边角矩形”按钮 右侧的下三角 ，在其展开菜单中单击“中心矩形”按钮 。

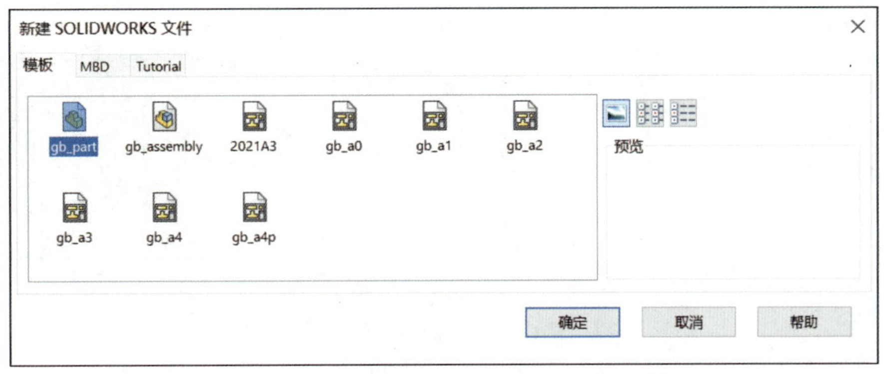

图 1-25　“新建 SOLIDWORKS 文件”对话框

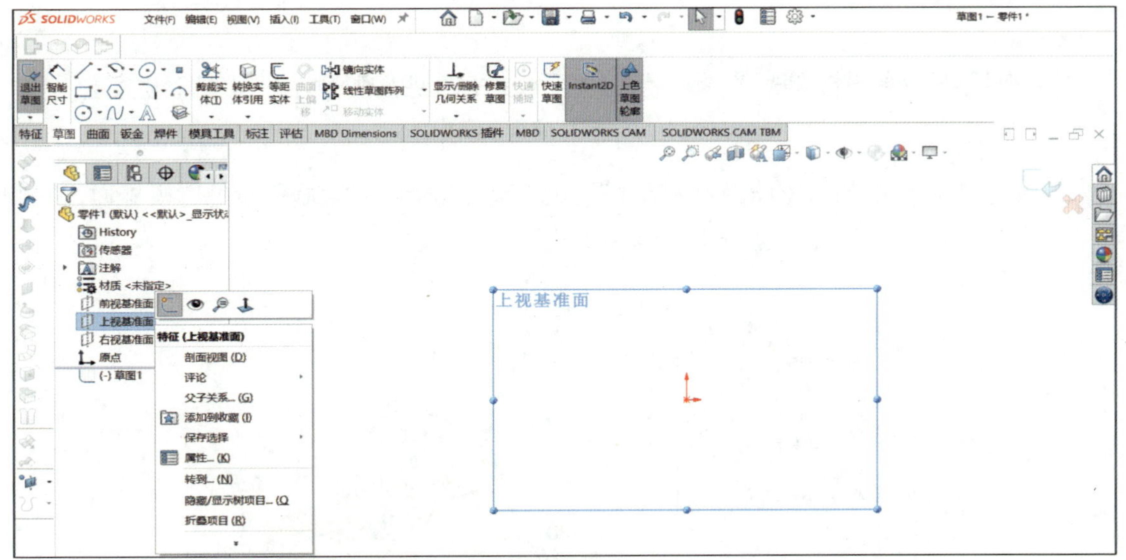

图 1-26　选择上视基准面

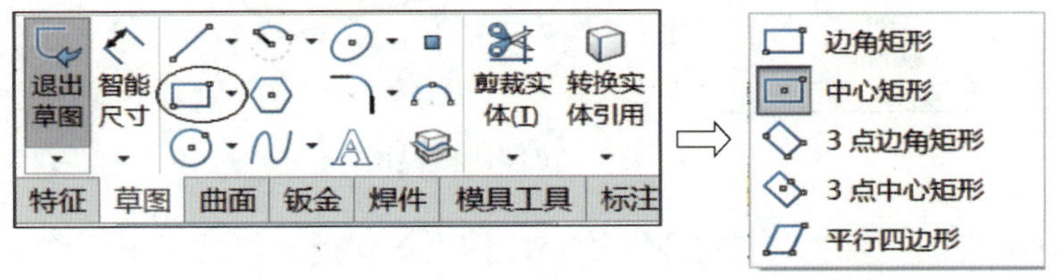

图 1-27　“草图”工具栏

2）绘图区显示基准面原点符号，将光标移至原点的交叉位置，出现“重合（D）”标记时单击鼠标左键，移动鼠标，在绘图区显示图 1-28a 所示的中心矩形。

3）用键盘输入“100”后按回车键，绘图区的中心矩形如图 1-28b 所示。再次用键盘输入“100”后按回车键，绘制图 1-28c 所示的中心矩形。

（3）拉伸实体

1）单击命令管理器中的“特征”按钮，显示图 1-29 所示的工具栏。

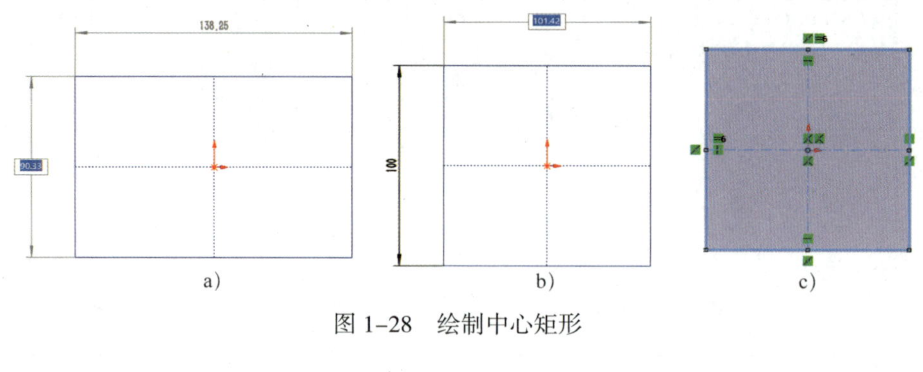

图 1–28　绘制中心矩形

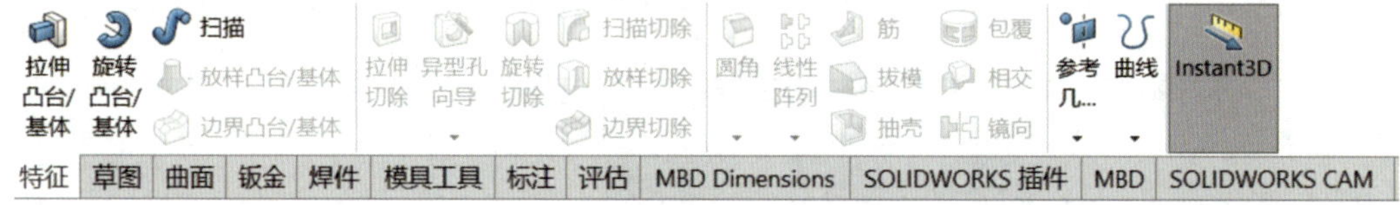

图 1–29　实体建模工具栏

2）单击工具栏中的“拉伸凸台 / 基体”按钮，显示图 1–30 所示的建模界面，左侧为“凸台 – 拉伸”对话框，右侧为拉伸预览。

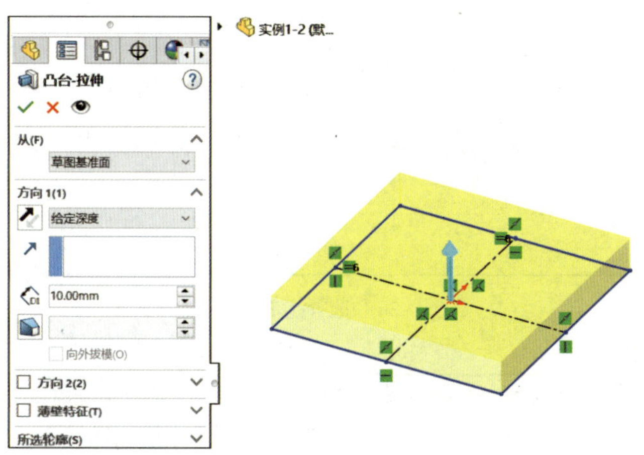

图 1–30　拉伸建模界面

3）单击对话框中的“反向”按钮改变拉伸方向，此时绘图区显示图 1–31 所示向下拉伸预览。修改拉伸长度参数“”为“10”，单击“确定”按钮完成实体拉伸。

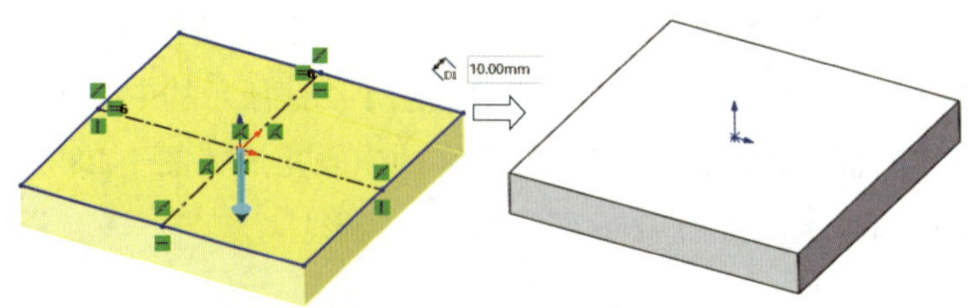

图 1–31　反向拉伸建模

（4）拉伸凸台

1）用鼠标左键单击实体上表面，在弹出的即时菜单中单击“草图绘制”按钮，进入图 1–32 所示的草图绘制界面。

提示

由于选中了“在创建草图以及编辑草图时自动旋转视图以垂直于草图基准面（A）”复选框，因此进行草图绘制时，其视角平面总是垂直于草图基准面。

2）采用同样的矩形绘制方法绘制中心为原点、长和宽均为“70”的中心矩形，结果如图 1–33 所示。

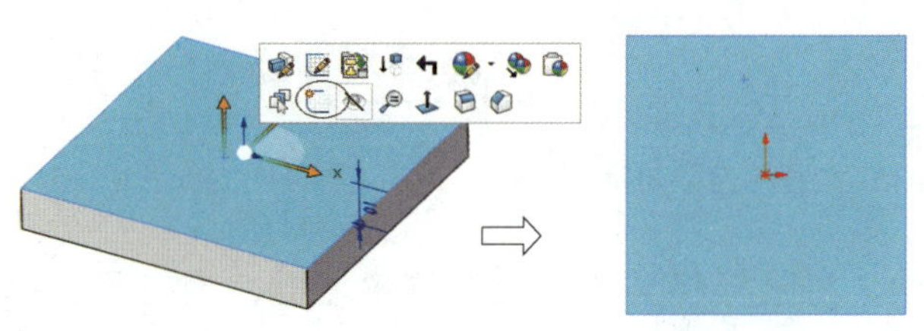

图 1–32 选择实体表面作为绘图基准面

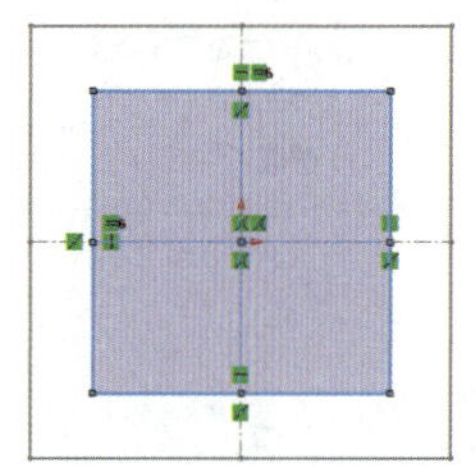

图 1–33 绘制第二个中心矩形

3）采用同样的实体拉伸方法，拉伸高度为“8”的实体［在“凸台－拉伸”对话框中选中“合并结果（M）”复选框］，结果如图 1–34 所示。

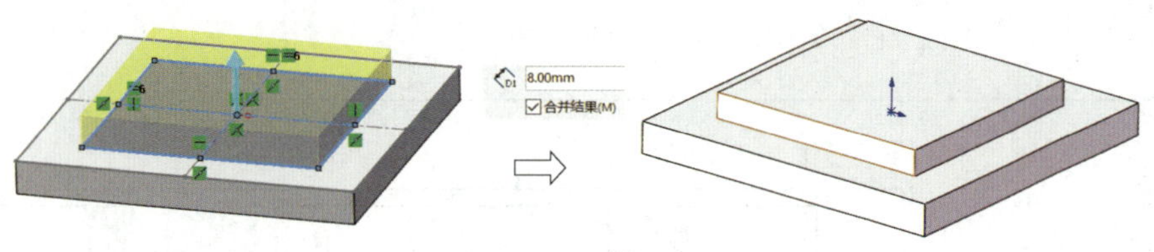

图 1–34 拉伸凸台

（5）保存文件

单击下拉菜单中的“文件（F）”/“另存为（A）”，弹出图 1–35 所示的“另存为”对话框，选择保存类型和存档位置，在“文件名（N）：”后输入文件名“实例 1–2”，单击“保存（S）”按钮 保存(S) 即可完成文件的保存。

2. 生成工程图

（1）单击下拉菜单中的“文件（F）”/“新建（N）...”，弹出图 1–25 所示的“新建 SOLIDWORKS 文件”对话框，切换至“模板”选项卡，选中工程图“gb_a4”模板后单击“确定”按钮 确定 ，即可进入图 1–36 所示的“gb_a4”工程图模板界面。

（2）单击“浏览（B）...”按钮 浏览(B)... ，找到上述实体建模保存的文件，单击将其打开；或双击左侧参数对话框中的“ 实例 1–2”，出现图 1–37 所示的“模型视图”界

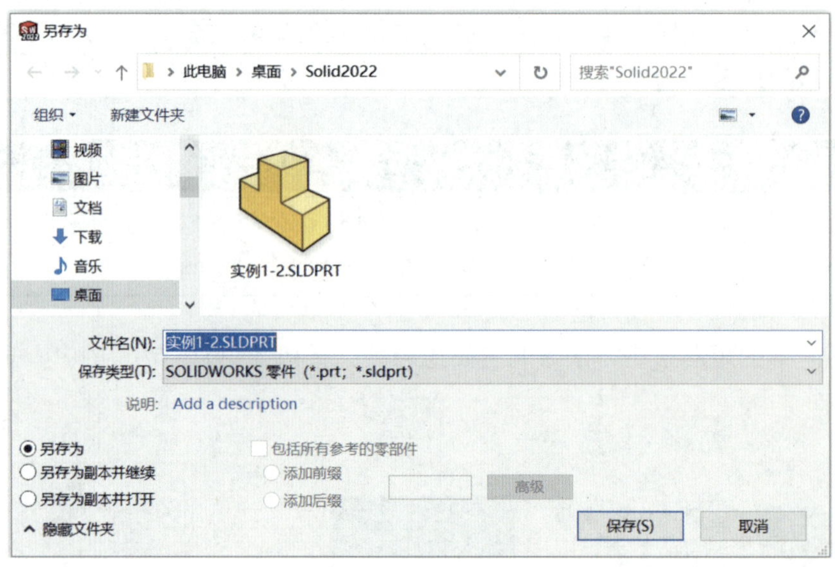

图 1-35 “另存为”对话框

面，此时“主视图”跟随鼠标一起移动，将鼠标移至适当位置单击左键，则在该位置显示“主视图”。

（3）沿“主视图”向下移动鼠标，“俯视图”跟随鼠标一起移动，将鼠标移至适当位置单击左键，则在该位置生成“俯视图”。

（4）沿“主视图”向右移动鼠标，“左视图”跟随鼠标一起移动，将鼠标移至适当位置单击左键，则在该位置生成“左视图”。

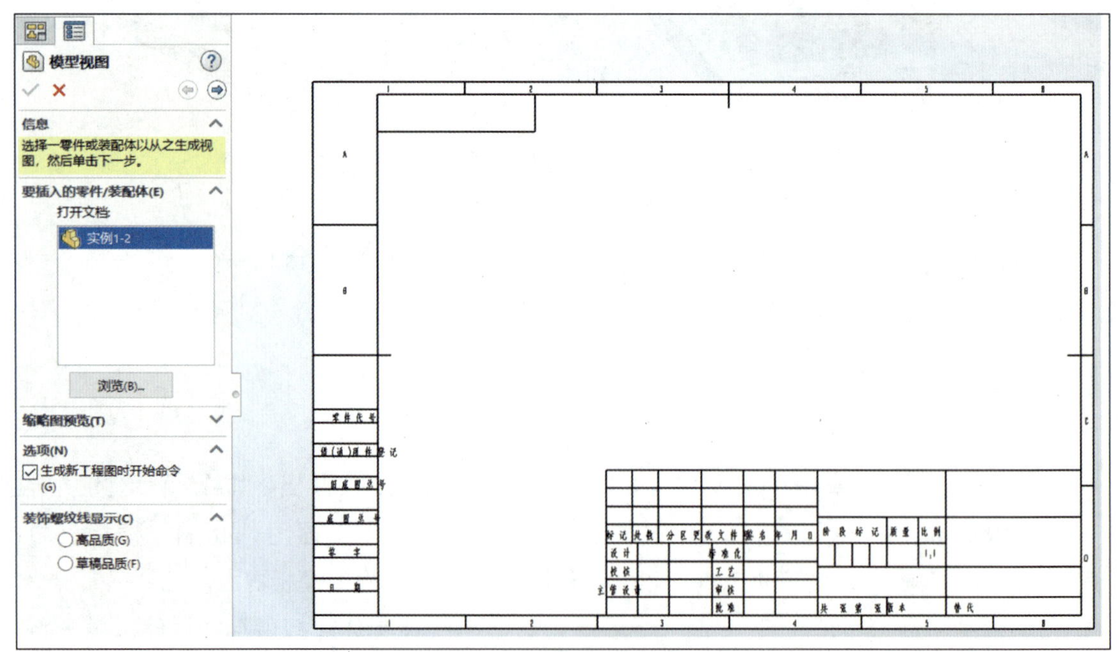

图 1-36 “gb_a4”工程图模板界面

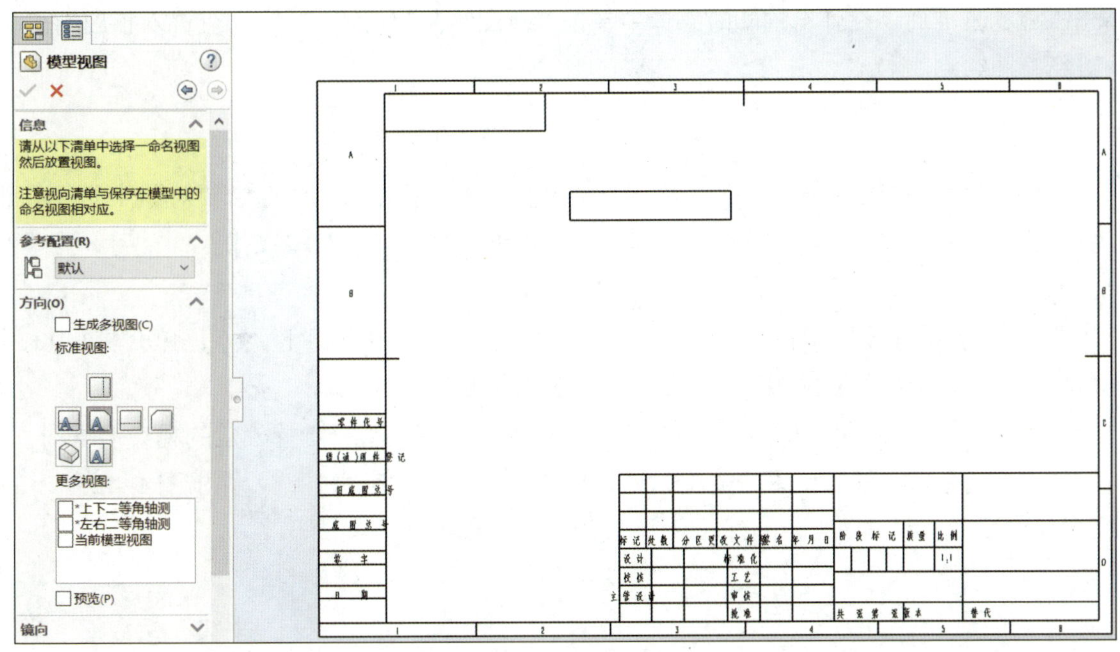

图 1-37　“模型视图”界面

（5）沿“主视图”向左上方移动鼠标，此时生成的“轴测图”跟随鼠标一起移动，按住“Ctrl”键并将鼠标移至适当位置单击左键，则在该位置生成“轴测图”。

（6）单击“确定”按钮 ✓ 生成工程图，结果如图 1-38 所示。

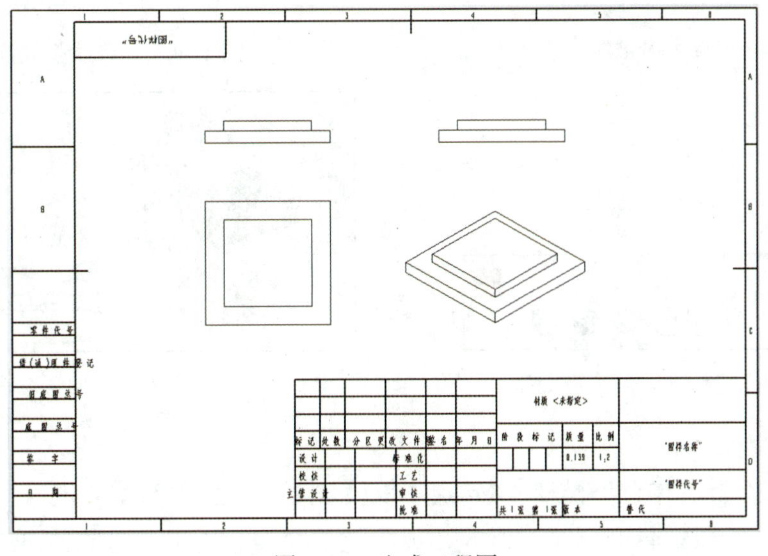

图 1-38　生成工程图

四、知识与技能延伸

1. 基本基准面的选择

基本基准面包括上视基准面、前视基准面和右视基准面，如图 1-39 所示。用鼠标左键单击相应的基准面，在弹出的即时菜单中单击“草图绘制”按钮 ，即可进入相应的基准面进行草图绘制。

2. 窗口操作

对于某个实体或曲面零件，操作者通常要在各位置进行观察，这时就要对零件进行视图切换、零件旋转、零件平移、零件缩放等操作，这些操作统称为窗口操作。

（1）视图切换

方法 1：单击前导工具栏中“视图定向”按钮 右侧的下三角 ，弹出图 1–40 所示的展开菜单，选择相应的观察平面即可进行视图切换。

方法 2：打开图 1–41 所示的“标准视图（E）”工具栏，直接选择相应的观察平面。

方法 3：将光标移至绘图区的空白处，单击键盘上的“空格”键，弹出图 1–42 所示的“方向”对话框，双击所需要的视图，即可实现视图切换。

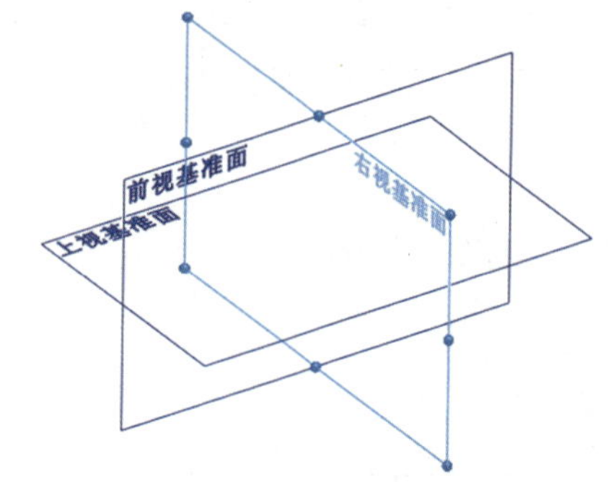

图 1–39　基本基准面

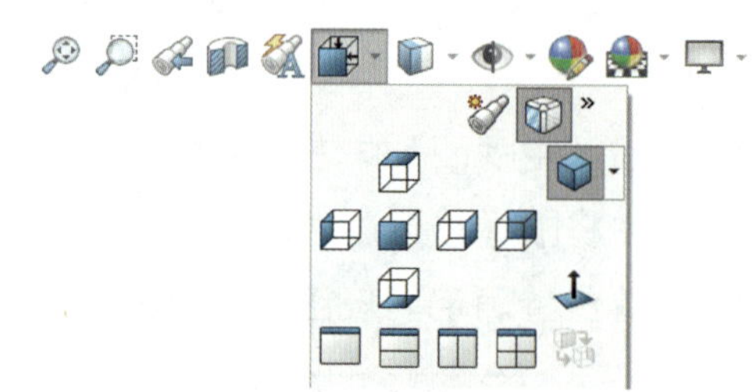

图 1–40　视图切换展开菜单

标准视图(E)

图 1–41　“标准视图（E）”工具栏

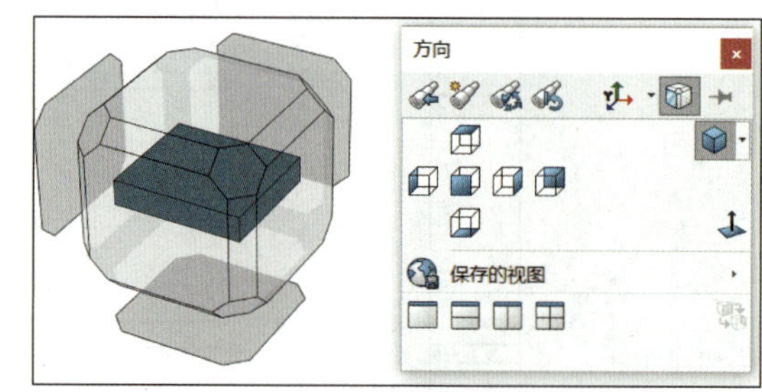

图 1–42　“方向”对话框

（2）零件旋转

方法 1：按住鼠标中键不松开，移动鼠标即可对零件模型进行旋转。

方法 2：定制图 1–43 所示的“视图（V）”工具栏，单击工具栏中的“旋转视图”按钮 ，用鼠标左键单击绘图区任意位置不松开，移动鼠标即可对零件模型进行旋转。

方法 3：直接按键盘上的方向键，即可实现零件模型的增量旋转。

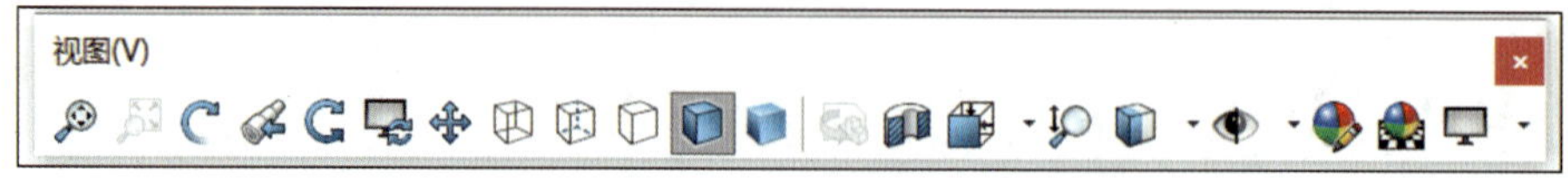

图 1–43　定制后的“视图（V）”工具栏

（3）零件平移

方法 1：按住“Ctrl”键 + 鼠标中键不松开，移动鼠标即可对零件模型进行平移。

方法 2：单击图 1-43 所示“视图（V）”工具栏中的“平移”按钮 ✥，用鼠标左键单击绘图区任意位置不松开，移动鼠标即可对零件模型进行平移。

方法 3：直接按“Ctrl”键 + 键盘上的方向键，即可实现零件模型的增量移动。

（4）零件缩放

方法 1：将光标移至绘图区的空白处，转动鼠标中键即可实现零件模型的缩放。

方法 2：单击图 1-43 所示“视图（V）”工具栏中的“动态放大 / 缩小”按钮 ，用鼠标左键单击绘图区任意位置不松开，移动鼠标即可对零件模型进行缩放。

方法 3：直接按“Shift”键 + 字母“Z”键可实现零件模型的放大；直接按字母“Z”键可实现零件模型的缩小。

五、任务拓展

任务拓展 1　完成图 1-44 所示垫片的实体建模并生成工程图。

任务拓展 2　完成图 1-45 所示零件的实体建模并生成工程图。

任务拓展 3　完成图 1-46 所示零件的实体建模并生成工程图。

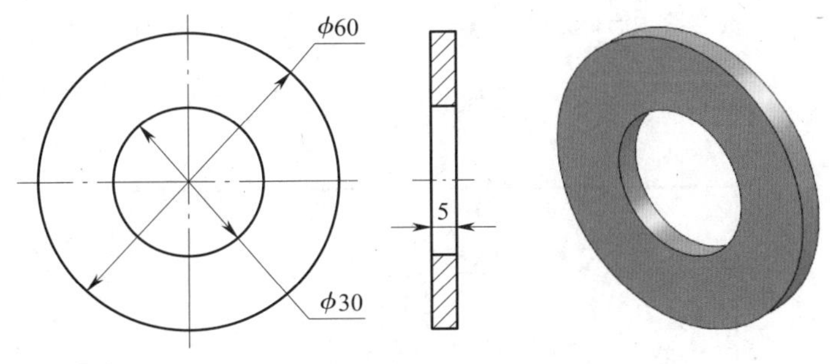

图 1-44　任务拓展 1

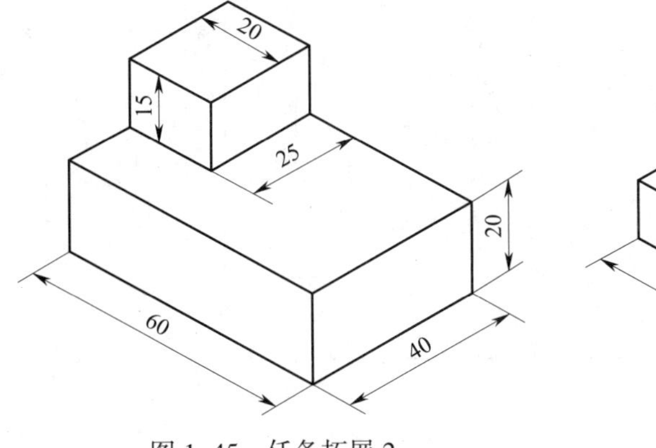

图 1-45　任务拓展 2

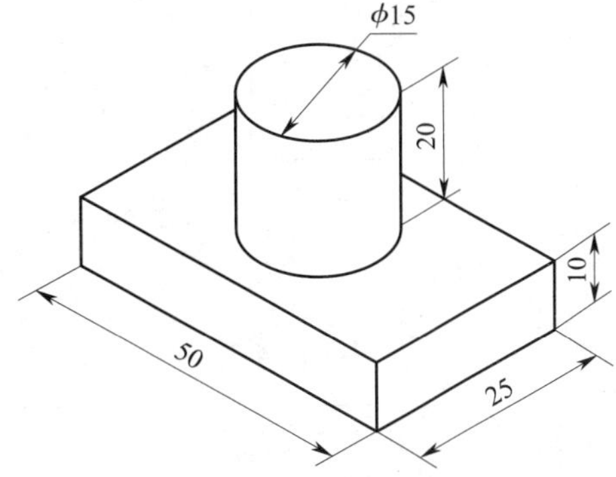

图 1-46　任务拓展 3

模块二　二维图形的绘制

课题 1　直线、椭圆和多边形的绘制与修整

一、学习目标

1．掌握直线的绘制方法。

2．掌握多边形和椭圆的绘制方法。

3．掌握曲线剪裁的方法。

4．掌握几何约束和尺寸约束的方法。

二、工作任务

在草图平面中绘制图 2-1 所示二维图形的粗实线轮廓，省略尺寸标注。

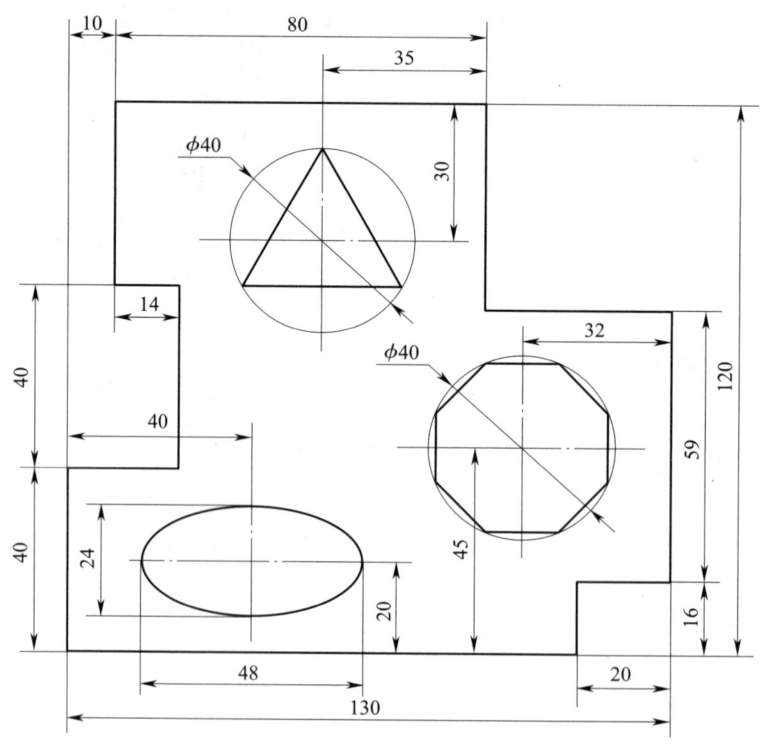

图 2-1　直线、椭圆和多边形的绘制与修整示例

三、任务实施

1. 绘制外轮廓

（1）进入草图平面

1）单击下拉菜单中的“文件（F）”/“新建（N）...”或直接单击标准工具栏中的“新建（Ctrl+N）”按钮，弹出“新建 SOLIDWORKS 文件”对话框。单击切换至“模板”选项卡，选中“gb_part”后单击“确定”按钮 确定 ，即可进入实体或曲面建模的工作界面。

2）单击命令管理器中的“草图”按钮，进入草图工作界面。

3）用鼠标右键单击特征管理设计树中的“上视基准面”，在弹出的右键菜单中单击“正视于”按钮，进入草图绘制界面。

（2）绘制矩形

1）单击“草图”工具栏中的“边角矩形”按钮，在参数管理器中弹出如图 2–2 所示的“矩形”对话框，在“矩形类型”中单击“边角矩形”按钮。

提示

鼠标在某个按钮上停留时，即会显示该按钮的名称。

2）将鼠标移至原点位置出现“重合（D）”标记时单击鼠标左键，向右上方移动鼠标至任意位置，再次单击鼠标左键，绘制如图 2–3 所示任意尺寸的矩形。

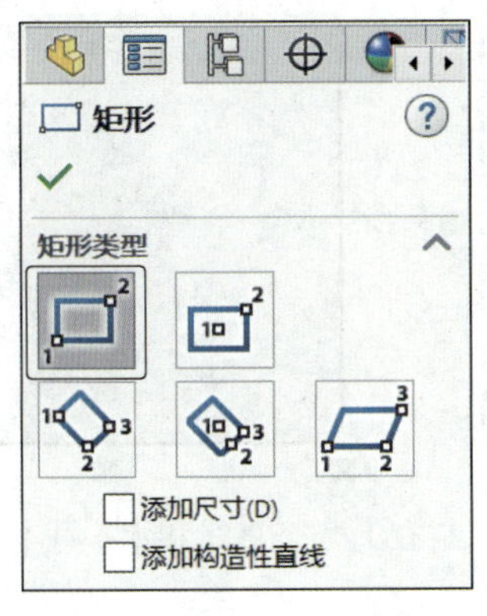

图 2–2 “矩形”对话框

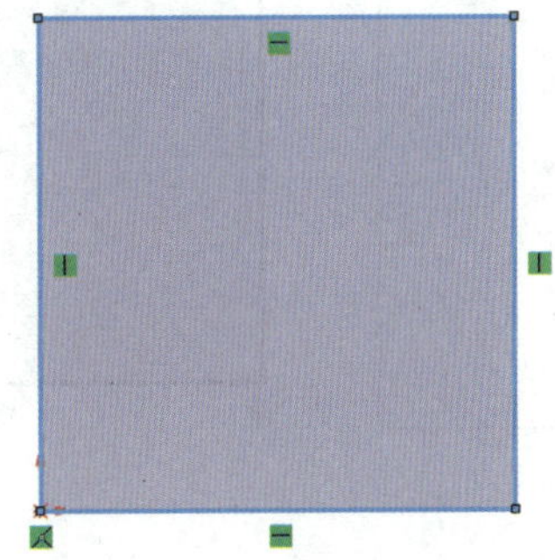

图 2–3 绘制任意尺寸的矩形

3）在参数管理器下方出现如图 2–4 所示的矩形“参数”对话框，修改“”及其下方“”值分别为“120”和“130”，单击参数管理器左上方的“关闭对话框”按钮，完成矩形的绘制工作。

提示

修改矩形参数的另一种方法如下：单击矩形右上角的交点，出现如图 2–5 所示的“点”参数对话框，修改点参数坐标即可修改矩形的尺寸。

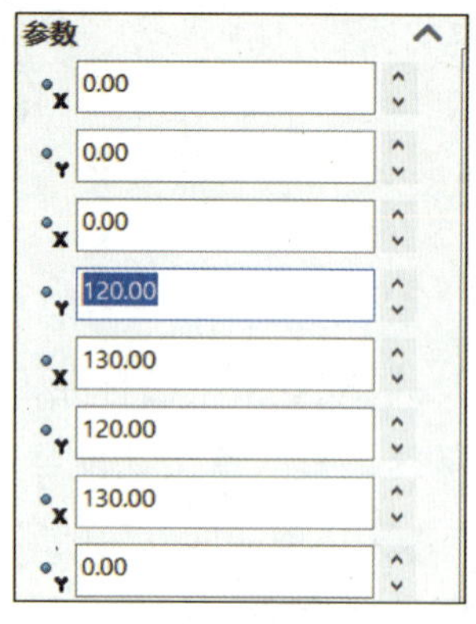

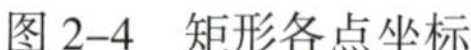

图 2-4　矩形各点坐标

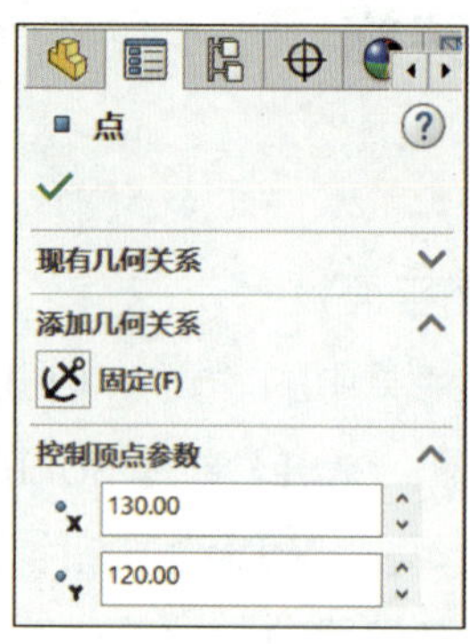

图 2-5　“点”参数对话框

（3）绘制外轮廓草图直线

1）单击“草图”工具栏中的“直线（L）”按钮，在参数管理器中弹出如图 2-6 所示的“插入线条”对话框。

2）将鼠标移至轮廓上方相应位置单击鼠标左键，向下移动鼠标，显示“竖直（V）”标记时，在相应位置单击鼠标左键（表示绘制竖直线）。向右移动鼠标，显示“水平（H）”标记时，在相应位置单击鼠标左键（表示绘制水平线），结果如图 2-7 所示。

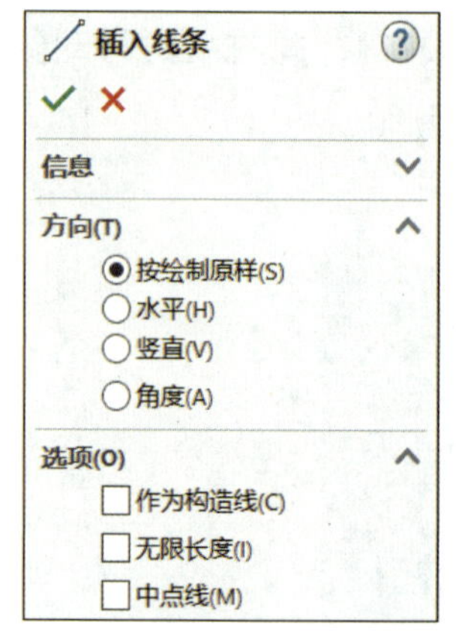

图 2-6　“插入线条”对话框

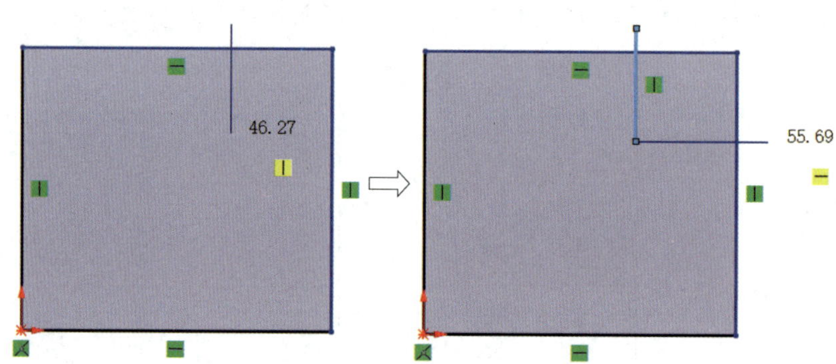

图 2-7　绘制右上侧竖直线和水平线

3）在键盘上按两次回车键，结束画直线操作。再按回车键，再次返回“插入线条”对话框。

4）将鼠标移至下方水平线相应位置，如图 2-8a 所示显示“重合（D）”标记时单击鼠标左键（表示直线起点与下方水平线重合）。向上移动鼠标，如图 2-8b 所示显示“竖直（V）”标记时，在相应位置单击鼠标左键。向右移动鼠标，如图 2-8c 所示显示“重合 + 水平”标记时，单击鼠标左键（表示绘制水平线且终点与右侧边界线重合）。

5）单击鼠标右键，弹出如图 2-9 所示的右键菜单，选中“结束链（双击）（C）”，结束当前操作的直线绘制，开启下一操作的直线绘制。

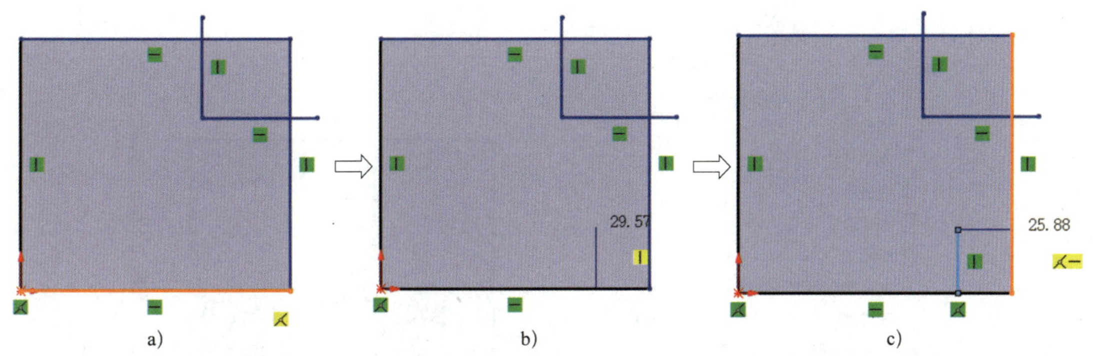

图 2–8　绘制右下侧竖直线和水平线

提示

在如图 2-9 所示的右键菜单中选中“选择（F）”，则可结束画直线方式。此外，双击鼠标左键同样可以开启下一操作的直线绘制。

6）采用同样的方式绘制左上侧轮廓线，结果如图 2–10 所示。

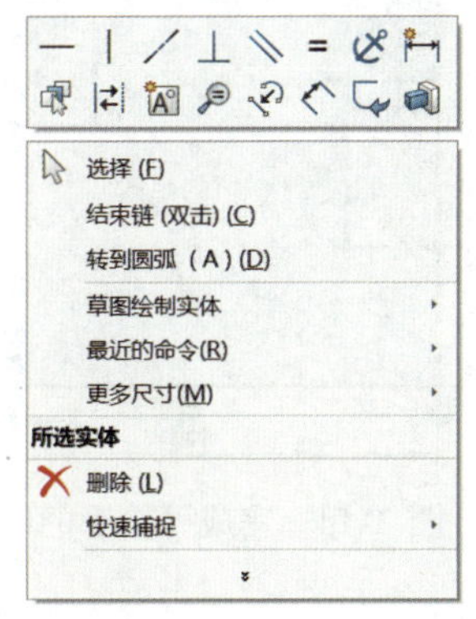

图 2–9　绘制直线过程中的右键菜单

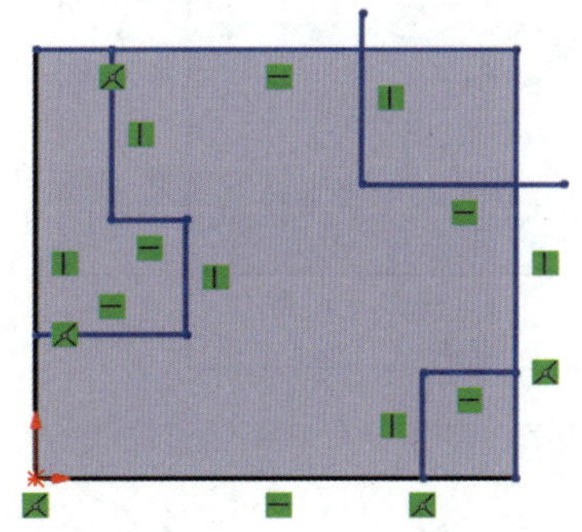

图 2–10　绘制左上侧轮廓线

2. 约束及剪裁外轮廓

（1）约束外轮廓

1）单击“智能尺寸”按钮下方的下三角，弹出如图 2–11 所示的展开菜单，菜单中有多种尺寸标注选项，此处仍选择“智能尺寸”按钮。

2）分别单击矩形的上、下两条边线，向右移动鼠标至合适位置后单击鼠标左键，弹出如图 2–12 所示的“修改”约束尺寸对话框，输入尺寸“120”，单击“确定”按钮完成上方水平线的尺寸约束。

3）采用同样的方法对矩形右侧竖直边线进行尺寸约束，结果如图 2–13 所示。

提示

由于该矩形轮廓的位置均被完全定义，此时矩形边的颜色显示为黑色，而未被完全定义的图素则显示为蓝色。

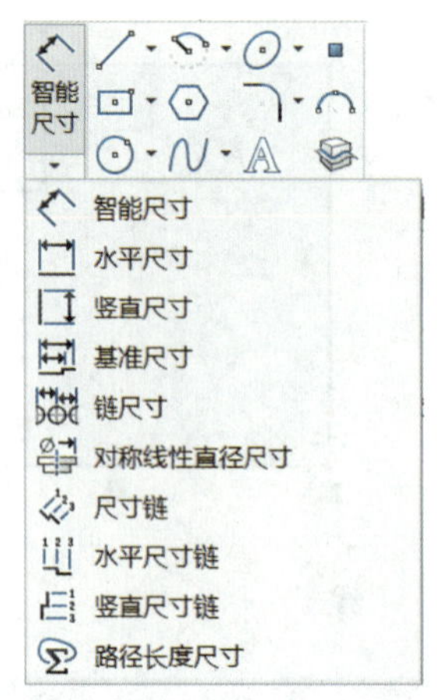

图 2–11　“智能尺寸”展开菜单

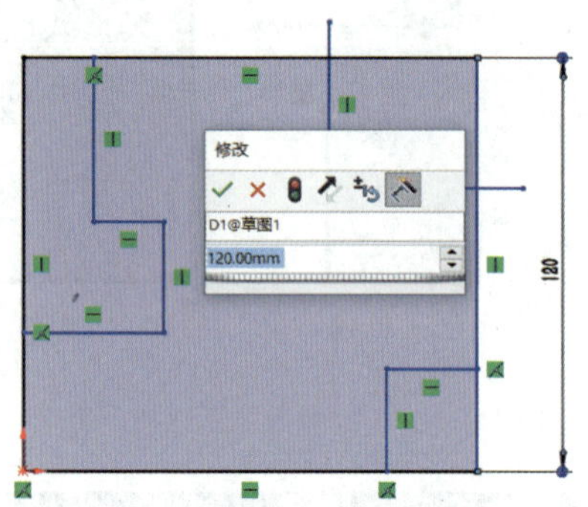

图 2–12　“修改”约束尺寸对话框

4）采用同样的方法对外轮廓的其他图素进行尺寸约束（根据轮廓图素的颜色判断其是否被完全约束），结果如图 2–14 所示。

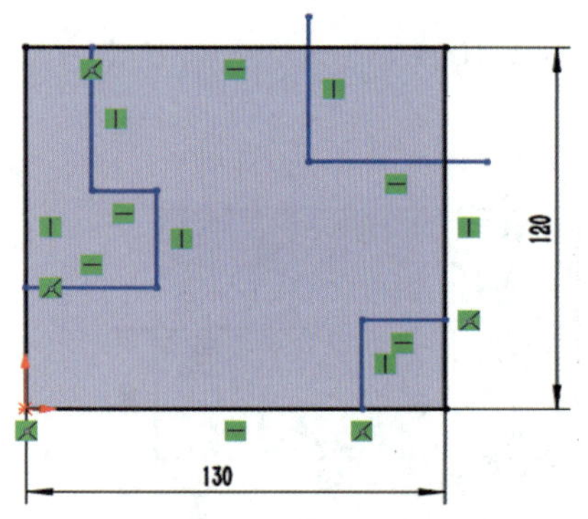

图 2–13　约束矩形右侧竖直边线

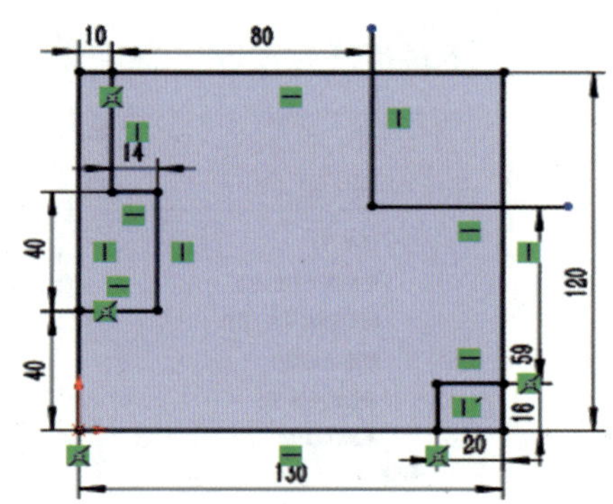

图 2–14　完成外轮廓的尺寸约束

（2）剪裁外轮廓

1）单击“剪裁实体（T）”按钮，在参数管理器中弹出如图 2–15 所示的“剪裁”对话框。

2）选中对话框中的“剪裁到最近端（T）”，用鼠标左键依次单击图 2–16 中标注“○”的部位（即需要剪裁掉的部位），该直线的伸出部位即被剪裁掉。

3）采用同样的方法完成外轮廓的剪裁，单击“关闭对话框”按钮 ✓ 结束剪裁，结果如图 2–17 所示。

3. 绘制内部轮廓

（1）绘制椭圆

1）单击“草图”工具栏中的“椭圆”按钮，在轮廓内部左下侧位置单击鼠标左键，在参数管理器中弹出图 2–18 所示的“椭圆”参数对话框。

2）向右移动鼠标，呈现图 2–19a 所示的虚线圆时单击鼠标左键。向上移动鼠标，呈现图 2–19b 所示的椭圆轮廓时单击鼠标左键。此时“椭圆”参数对话框中的参数值可以修改，此处忽略修改，单击“关闭对话框”按钮 ✓ 结束椭圆的绘制。

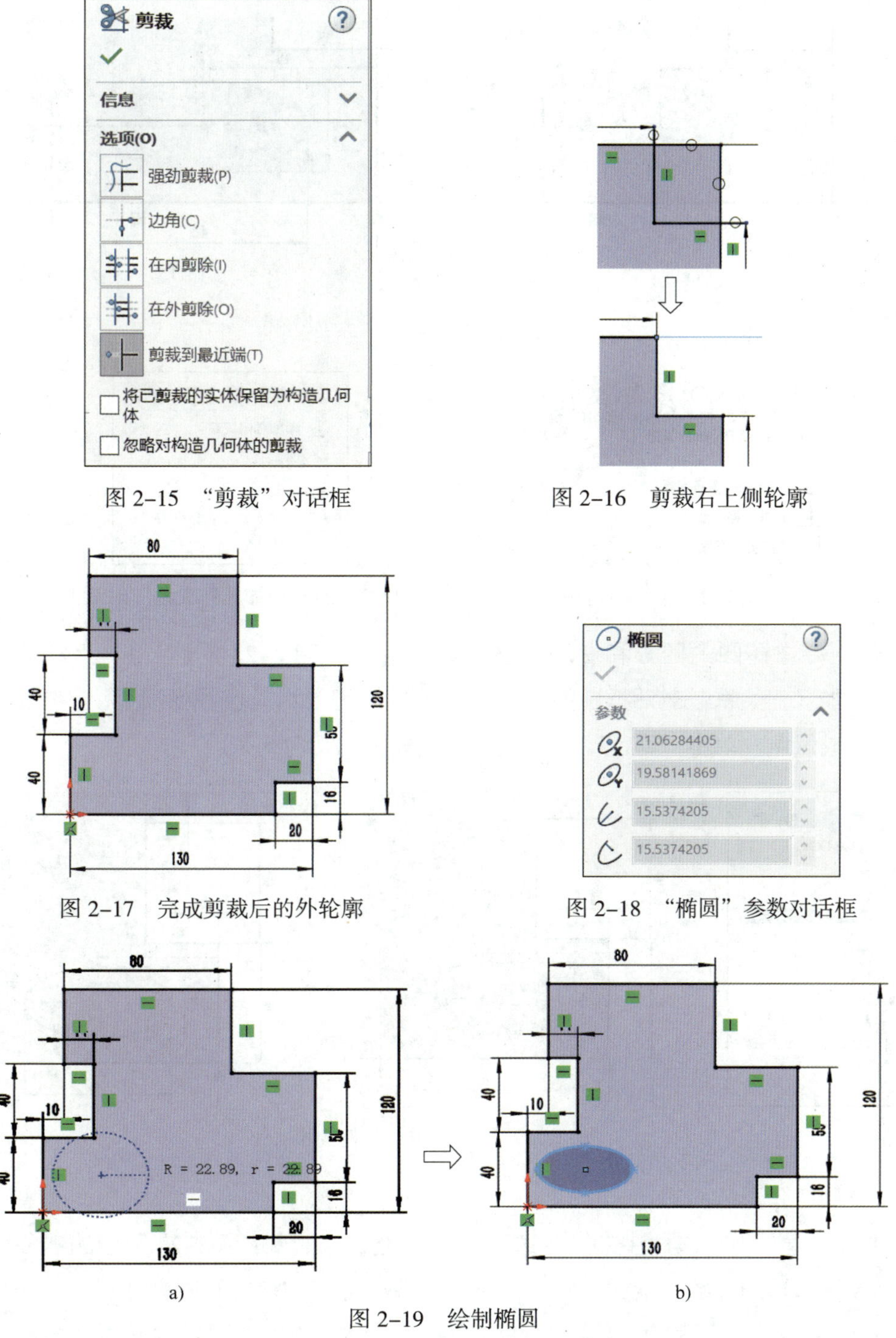

图 2-15　“剪裁”对话框

图 2-16　剪裁右上侧轮廓

图 2-17　完成剪裁后的外轮廓

图 2-18　“椭圆”参数对话框

图 2-19　绘制椭圆

3）单击“智能尺寸”按钮 ，对椭圆圆心位置进行尺寸约束，结果如图 2-20a 所示。对椭圆长轴（48）和短轴（24）进行尺寸约束，结果如图 2-20b 所示。

4）单击“显示 / 删除几何关系”按钮 下方的下三角 ，弹出如图 2-21 所示的展开菜单，单击“添加几何关系”按钮 。在参数管理器中弹出如图 2-22 所示的“添加几何关系”对话框。

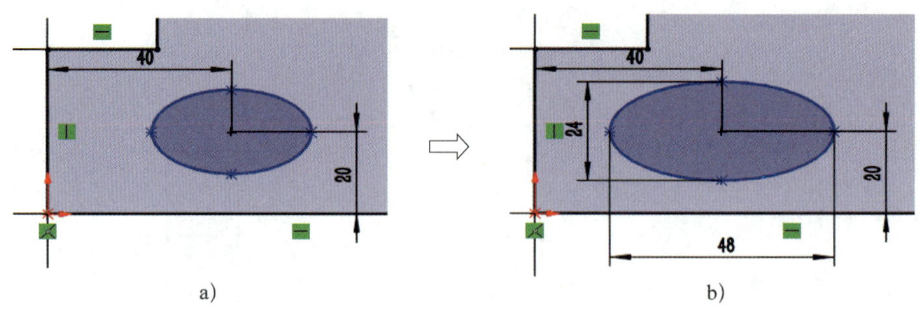

图 2-20　对椭圆进行尺寸约束

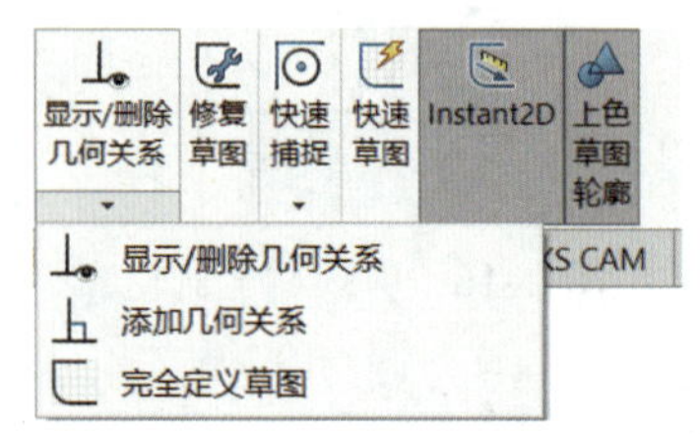

图 2-21　几何约束按钮

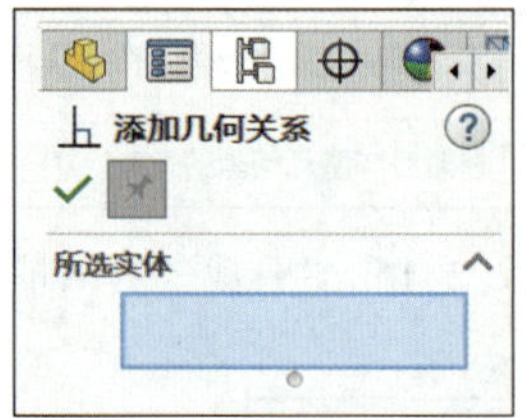

图 2-22　“添加几何关系”对话框

5）分别单击椭圆的圆心和椭圆上方的象限点（即图 2-23 中的“A”点和“B”点），再单击“添加几何关系”对话框中的“竖直（V）”按钮，此时椭圆被完全约束，椭圆图素由蓝色变成黑色。单击“确定”按钮完成椭圆的几何约束。

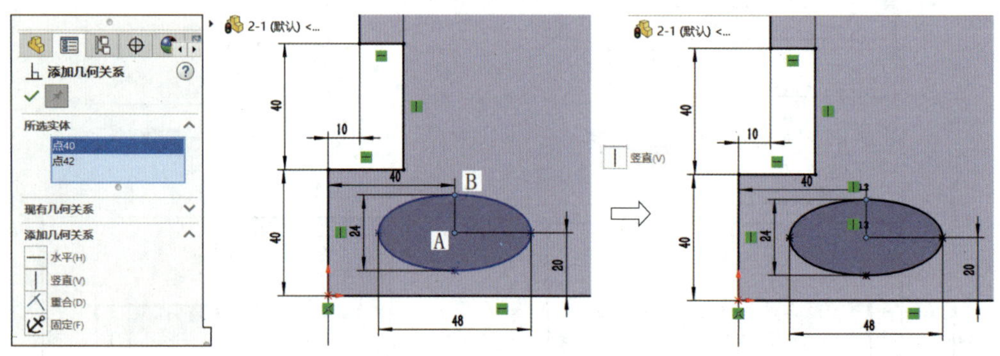

图 2-23　对椭圆进行几何约束

（2）绘制三角形

1）单击“草图”工具栏中的“多边形”按钮，出现如图 2-24 所示的“多边形”对话框。修改多边形的边数“”为“3”，选中“外接圆（B）”单选按钮。

2）在轮廓内部上方适当位置单击鼠标左键，向上移动鼠标至合适位置单击鼠标左键，绘制任意尺寸的三角形，结果如图 2-25 所示。单击“关闭对话框”按钮结束三角形的绘制。

3）单击“智能尺寸”按钮，对三角形中心位置进行尺寸约束，结果如图 2-26a 所示。对三角形外接圆进行尺寸约束，结果如图 2-26b 所示。

4）单击“显示 / 删除几何关系”按钮下方的下三角，在其展开菜单中单击“添加几何关系”按钮。分别单击三角形的中心和三角形上方的顶点，再单击“添加几何关系”对话框中的“竖直（V）”按钮 ，结果如图 2-27 所示。单击“确定”按钮 完成三角形的几何约束。

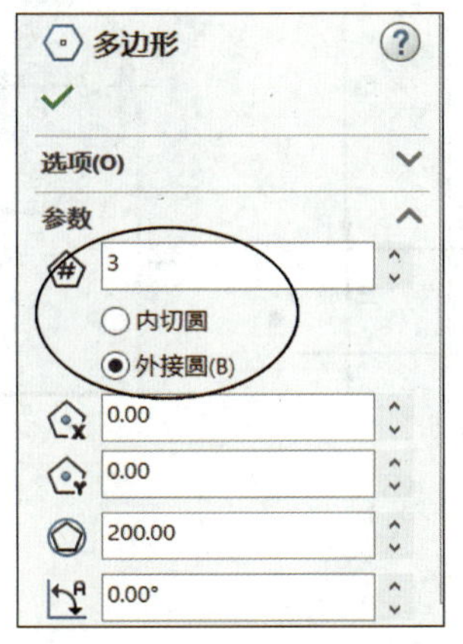

图 2-24　“多边形”对话框

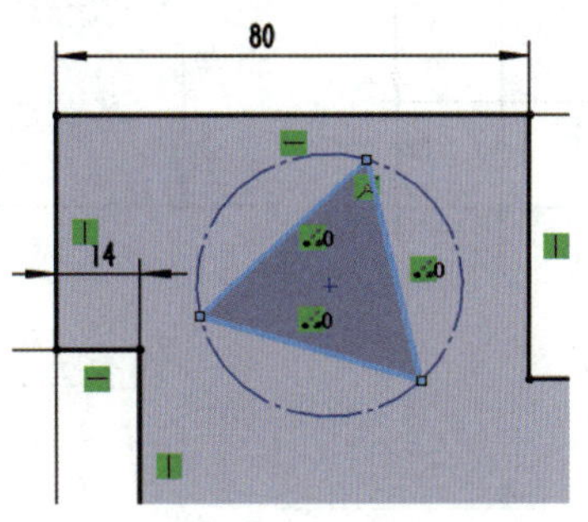

图 2-25　绘制三角形

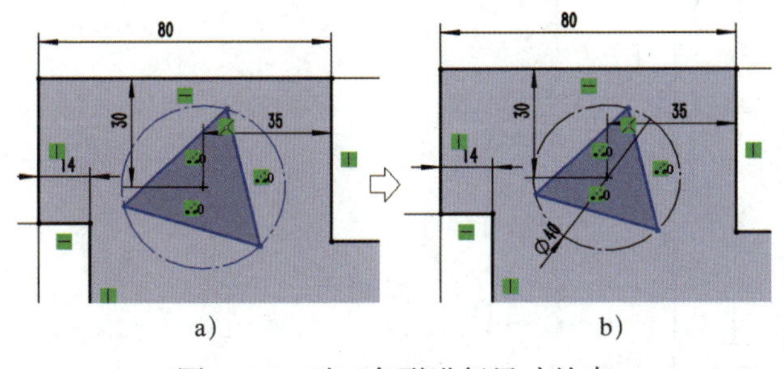

a)　　b)

图 2-26　对三角形进行尺寸约束

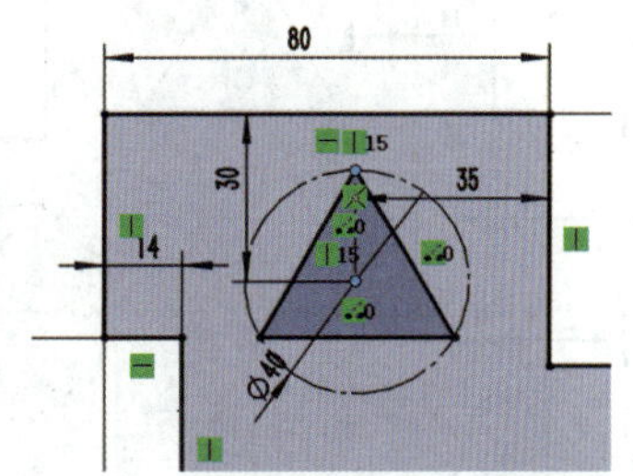

图 2-27　对三角形进行几何约束

（3）绘制八边形

1）单击“草图”工具栏中的“多边形”按钮 ，在“多边形”对话框中修改多边形的边数“ ”为“8”，选中“外接圆（B）”单选按钮。

2）在轮廓内部右侧适当位置单击鼠标左键，向上移动鼠标至合适位置单击鼠标左键，绘制任意尺寸的八边形，结果如图 2-28a 所示。单击“关闭对话框”按钮 结束八边形的绘制。

3）单击“智能尺寸”按钮 ，分别对八边形的中心位置和八边形外接圆进行尺寸约束，结果如图 2-28b 所示。

4）单击“显示 / 删除几何关系”按钮 下方的下三角 ，在其展开菜单中单击“添加几何关系”按钮 。分别单击八边形任意两个相邻的顶点，再单击“添加几何关系”对话框中的“竖直（V）”按钮 ，单击“确定”按钮 完成八边形的几何约束，结果如图 2-28c 所示。

（4）结束草图绘制

完成后的完整草图如图 2-29 所示。单击“草图”工具栏中的“结束草图”按钮 或在绘图区空白处双击鼠标左键即可结束草图绘制，结果如图 2-30 所示。

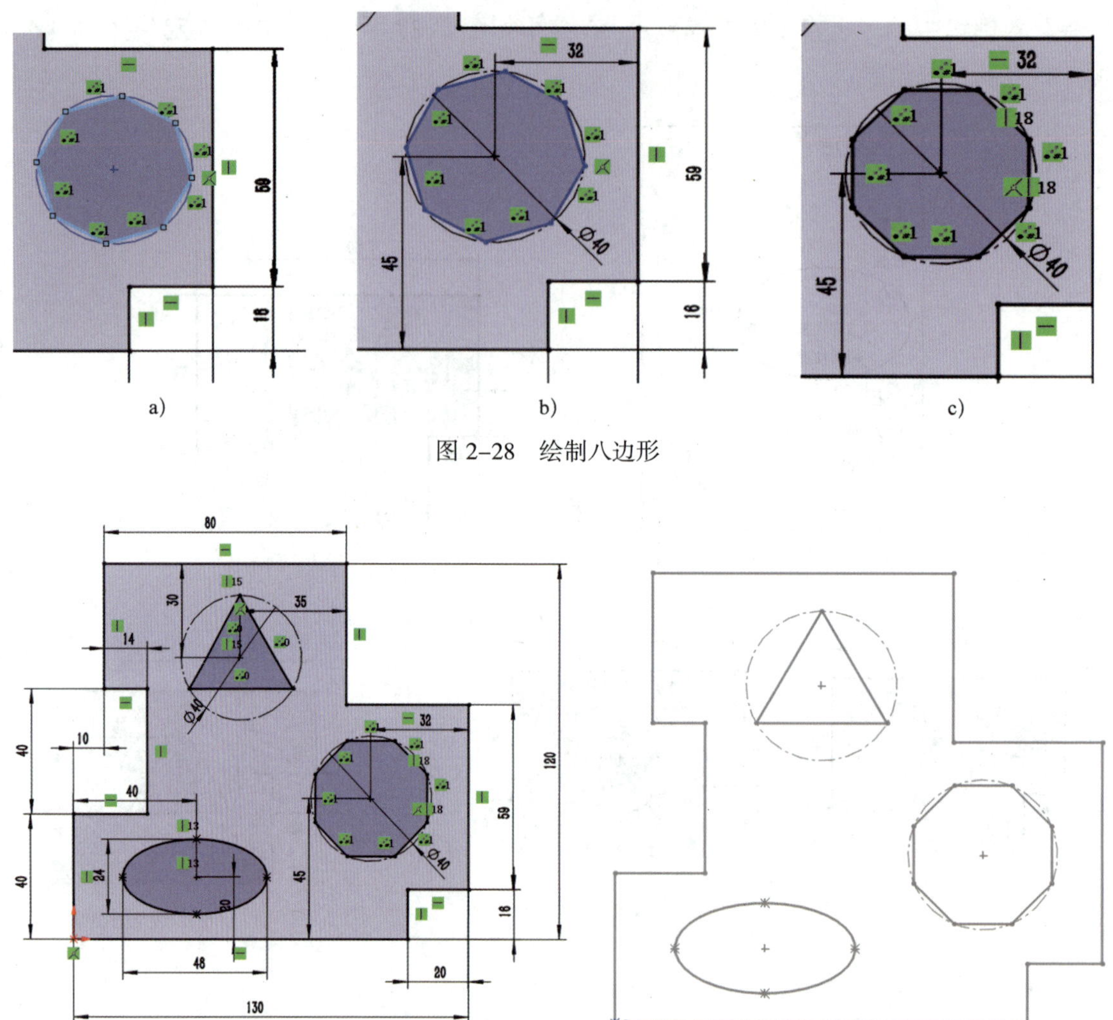

图 2-28 绘制八边形

图 2-29 完成后的完整草图

图 2-30 结束草图绘制后的显示

提示

双击草图中的任意图素即可重新进入草图编辑状态。用鼠标右键单击特征管理设计树中的“草图 1”，在弹出的右键菜单中单击“编辑草图”按钮 也可重新进入草图编辑状态。

四、知识与技能延伸

1. 画直线方法的补充说明

（1）绘制角度线

绘制角度线操作流程如图 2-31 所示。

1）单击“草图”工具栏中的“直线（L）”按钮 或用键盘输入字母“L”，在参数管理器中弹出“插入线条”对话框。

2）选中对话框中的“角度（A）”单选按钮，弹出角度线参数设置界面，在“ ”右侧的空白方框中输入所需的角度值。

3）在绘图区绘制的直线即为相应角度值的角度线。在“ ”右侧的空白方框中输入相应的长度值，即可绘制相应长度的角度线。

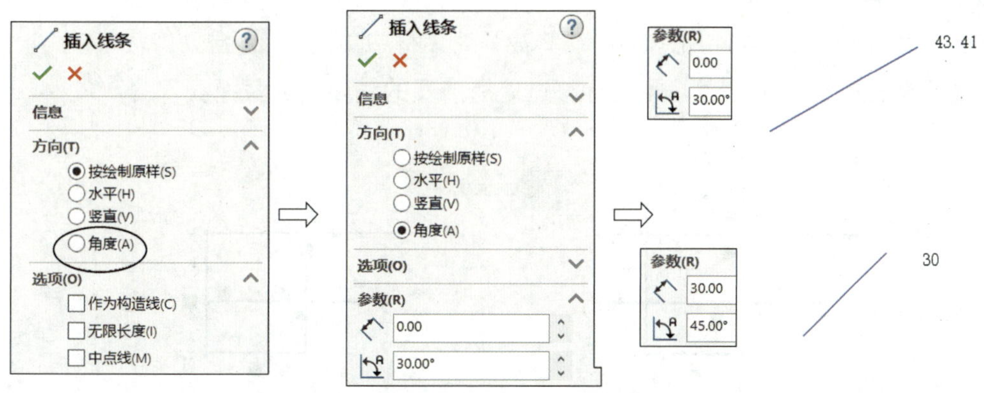

图 2–31　绘制角度线操作流程

（2）绘制构造线

1）构造线的绘制方法。构造线是一种辅助线，其绘制方法如图 2–32 所示。

①单击“草图”工具栏中的“直线（L）”按钮 或用键盘输入字母“L”，在参数管理器中弹出“插入线条”对话框。

②选中对话框中的“作为构造线（C）”复选框，此时绘制的图素即为构造线（点画线）。

绘制构造线的另一种方法如下：单击“草图”工具栏中“直线（L）”按钮 右侧的下三角 ，在其展开菜单中单击“ 中心线（N）”即可绘制构造线。

2）实线和构造线的转换方法。实线和构造线之间可以相互转换，其转换方法如图 2–33 所示。

①用鼠标右键单击实线，在弹出的右键菜单中单击“ ”，实线转换成构造线。

②用鼠标右键单击构造线，在弹出的右键菜单中单击“ ”，构造线转换成实线。

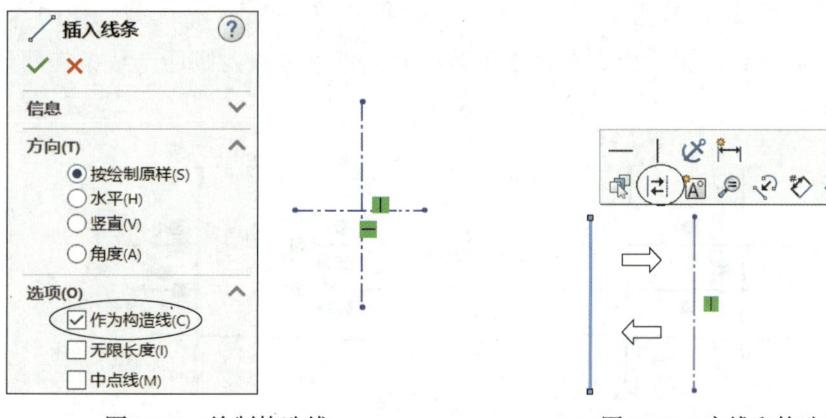

图 2–32　绘制构造线　　　图 2–33　实线和构造线的转换

2. 剪裁方法的补充说明

常用的草图剪裁方法有剪裁和延伸。“剪裁”对话框如图 2–15 所示，除了前面已介绍的“剪裁到最近端（T）”方式外，还有“强劲剪裁（P）”“边角（C）”“在内剪除（I）”“在外剪除（O）”等多种方式。

（1）强劲剪裁

强劲剪裁操作如图 2–34 所示。在“剪裁”对话框中单击“强劲剪裁（P）”，直接将光标在需要剪裁的部位上移过，则光标移过处所涉及的线段被剪裁掉。

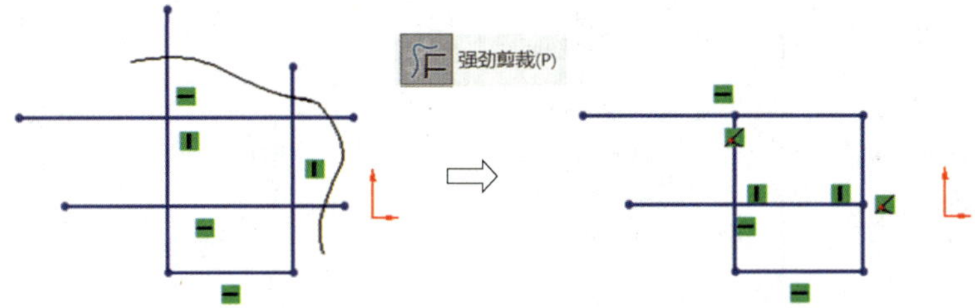

图 2–34　强劲剪裁

（2）边角剪裁

边角剪裁操作如图 2–35 所示。在“剪裁”对话框中单击“边角（C）”，再分别单击边角处待保留部位，则边角处对应的伸出部位被剪裁掉。

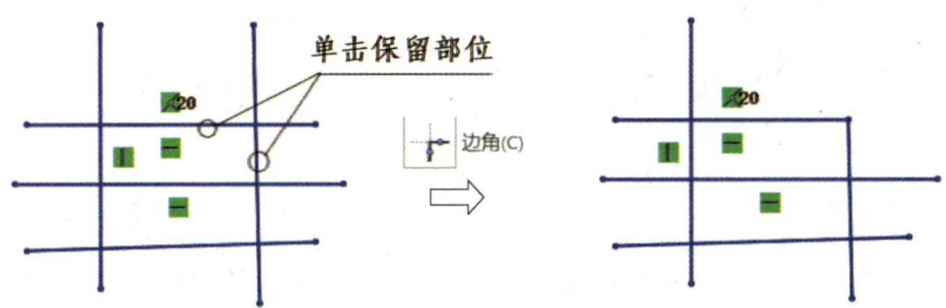

图 2–35　边角剪裁

（3）在内剪除

在内剪除操作如图 2–36 所示。在“剪裁”对话框中单击“在内剪除（I）”，用鼠标左键单击选择两处边界线，再依次单击需要剪裁线条的任意位置，则所选线条在两处边界线的中间部位被剪裁掉。

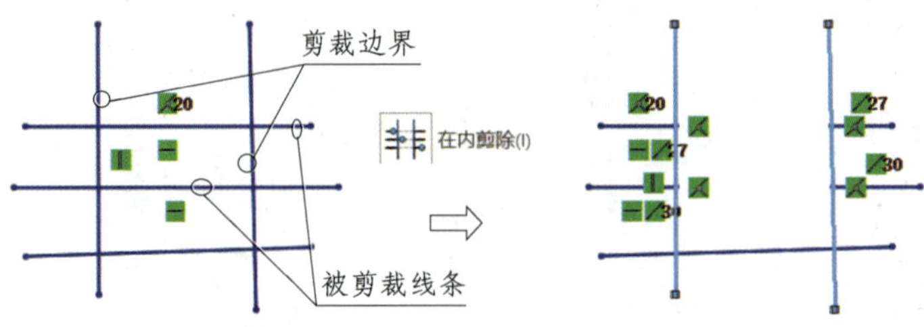

图 2–36　在内剪除

（4）在外剪除

在外剪除操作如图 2-37 所示。在“剪裁”对话框中单击“ 在外剪除（O）”，用鼠标左键单击选择两处边界线，再依次单击需要剪裁线条的任意位置，则所选线条在两处边界线外的部位被剪裁掉。

（5）直线延伸

直线延伸操作如图 2-38 所示。单击“剪裁实体（T）”按钮 下方的下三角 ，单击“ 延伸实体”。依次单击所需延伸的线条，则系统自动判断延伸到的位置并进行延伸。

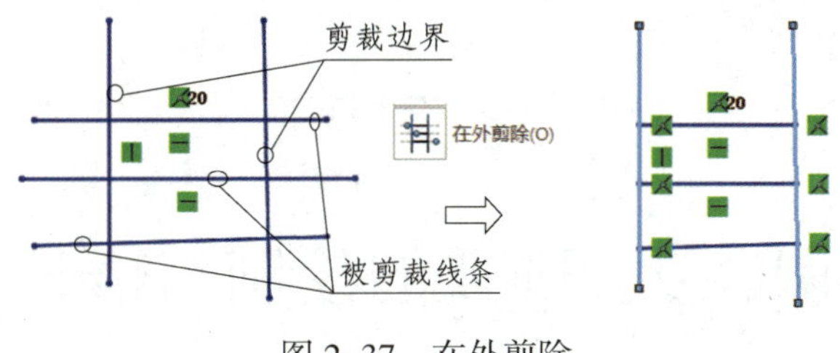

图 2-37　在外剪除

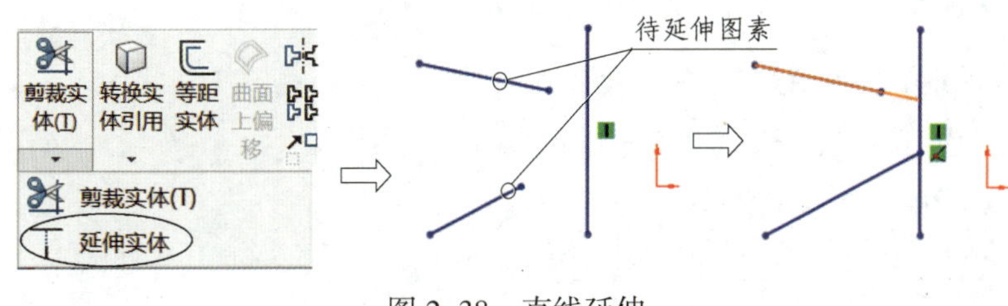

图 2-38　直线延伸

五、任务拓展

任务拓展 1　在草图平面中绘制如图 2-39 所示二维图形的粗实线轮廓，省略尺寸标注。

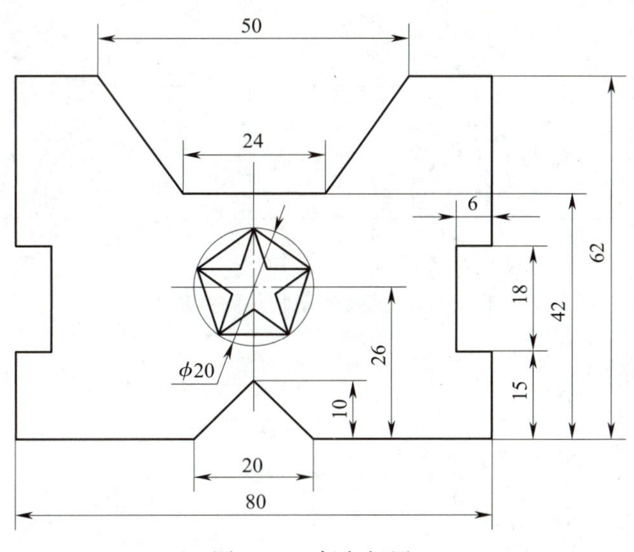

图 2-39　任务拓展 1

任务拓展 2　在草图平面中绘制如图 2-40 所示二维图形的粗实线轮廓，省略尺寸标注。

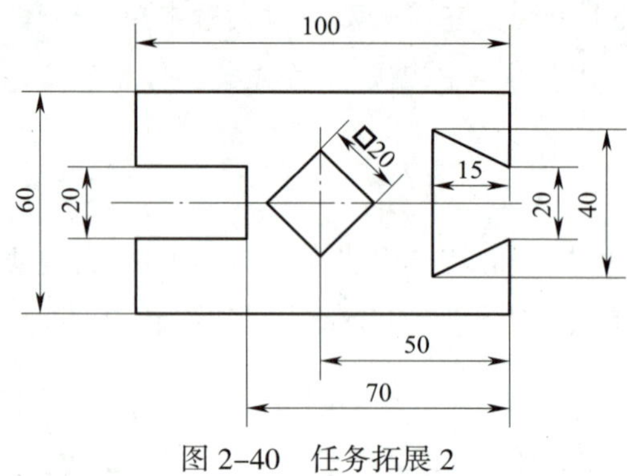

图 2-40　任务拓展 2

课题 2　圆弧的绘制与修整

一、学习目标

1. 掌握圆和圆弧的绘制方法。
2. 进一步掌握几何约束和尺寸约束的方法。
3. 进一步掌握曲线的剪裁方法。
4. 掌握在绘图过程中自动生成尺寸约束的方法。

二、工作任务

绘制如图 2-41 所示图形中的粗实线轮廓。

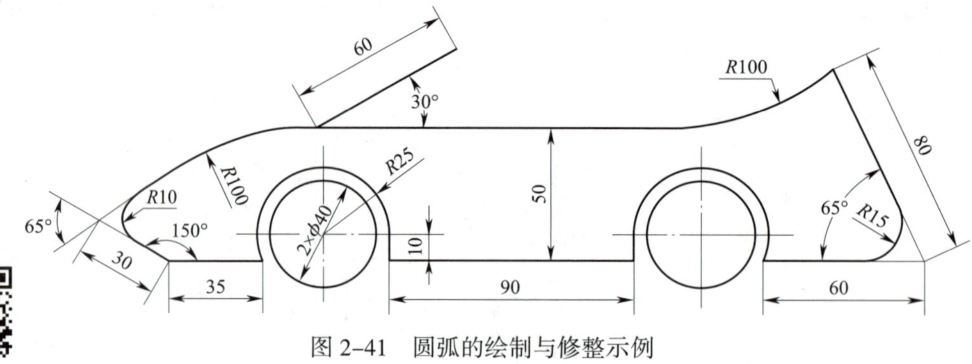

图 2-41　圆弧的绘制与修整示例

三、任务实施

1. 绘制轮胎和底部轮廓

（1）设置系统参数并进入草图

1）单击标准工具栏中的“新建（Ctrl+N）”按钮 ，弹出“新建 SOLIDWORKS 文件”

对话框。单击切换至“模板”选项卡，选中“gb_part”后单击“确定”按钮 确定 。

2）单击标准工具栏中的“选项”按钮 ，弹出“系统选项（S）”对话框。参照图 2–42 所示［选中“在生成实体时启用荧屏上数字输入（N）”和“仅在输入值的情况下创建尺寸”复选框］设置系统参数，单击“确定”按钮 确定 完成系统参数设置。

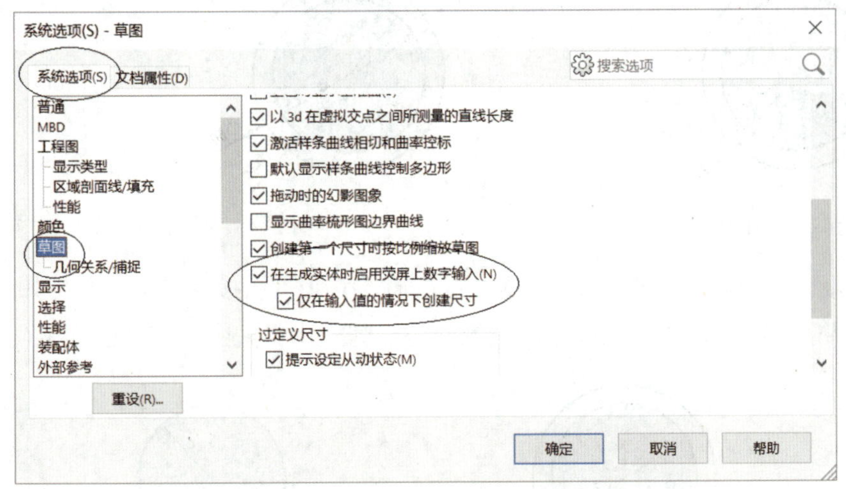

图 2–42　设置系统参数

3）单击命令管理器中的“草图”按钮。

4）用鼠标右键单击特征管理设计树中的“ 前视基准面”，在弹出的右键菜单中单击“正视于”按钮 ，进入草图绘制界面。

（2）绘制轮胎及其同心圆

1）单击“草图”工具栏中的“圆形”按钮 ，在参数管理器中弹出如图 2–43a 所示的“圆”对话框，在“圆类型”下单击“圆”按钮 。

2）将鼠标移至原点位置，出现“重合（D）”标记 时单击鼠标左键，移动鼠标至任意位置，此时图形如图 2–43b 所示。

3）用键盘输入“40”后按回车键，单击“关闭对话框”按钮 完成圆的绘制，结果如图 2–43c 所示。

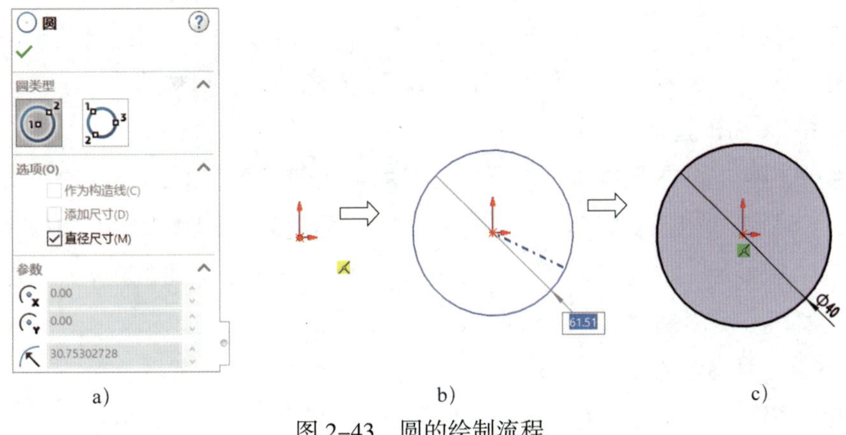

a)　b)　c)

图 2–43　圆的绘制流程

4）采用同样的方式绘制直径为“50”的同心圆，结果如图 2–44 所示。

5）单击“圆形”按钮 ⊙·，弹出“圆”对话框。将光标移至圆心位置后再向右移动鼠标，此时在绘图区出现图 2–45 所示水平虚线（位置引导线）。

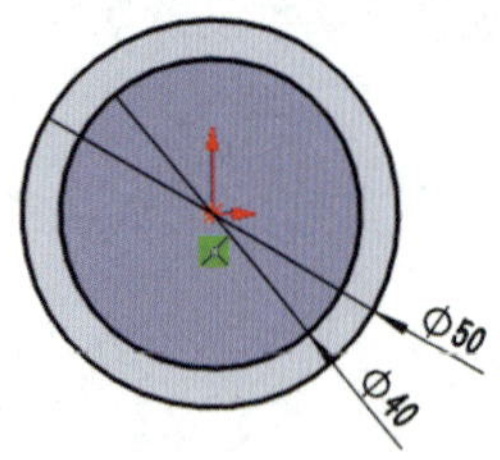

图 2–44 绘制同心圆

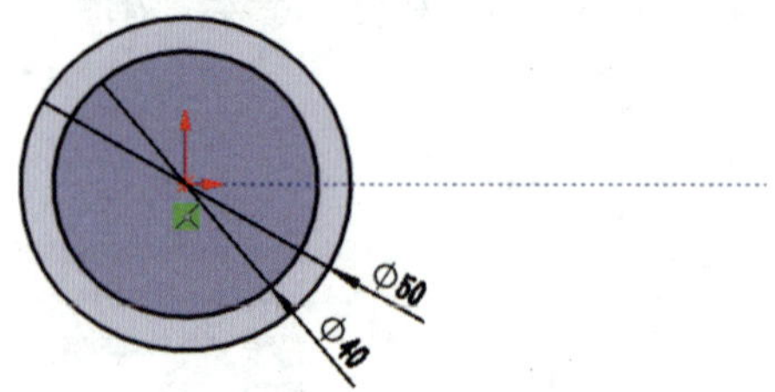

图 2–45 位置引导线

6）单击鼠标左键并移动鼠标至任意位置，输入“40”后按回车键，画出如图 2–46 所示右侧圆，该圆的圆心与前面所画同心圆的圆心位于同一水平线上（即圆心的 *Y* 坐标相同）。

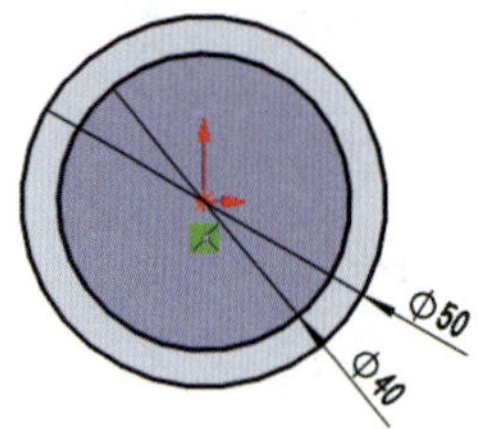

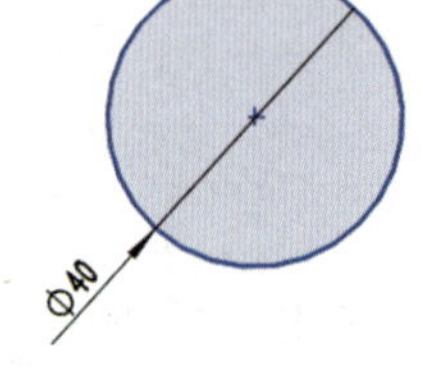

图 2–46 绘制右侧圆

7）将鼠标移至右侧圆心位置，出现“同心”标记 ◎ 时单击鼠标左键，移动鼠标至任意位置，输入“50”后按回车键，画出右侧同心圆，结果如图 2–47 所示。

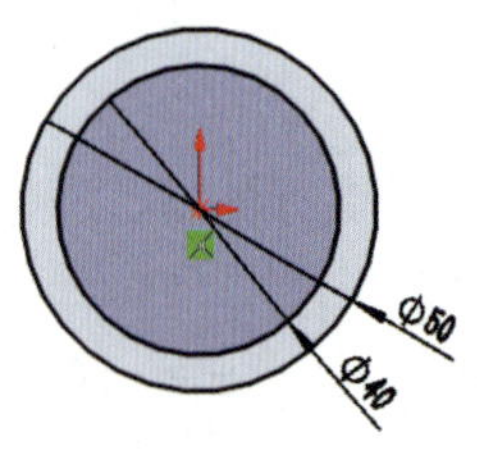

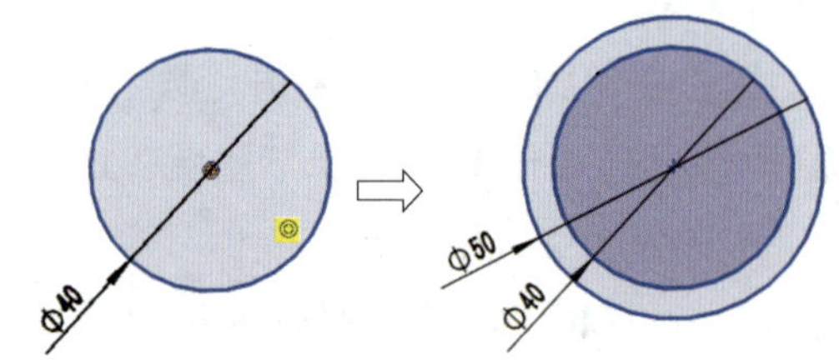

图 2–47 绘制右侧同心圆

（3）添加几何关系

1）单击“显示 / 删除几何关系”按钮 ⊥ 下方的下三角 ▼，在其展开菜单中单击“添加几何关系”按钮 ⊥。

2）分别单击两处同心圆的圆心，再单击“添加几何关系”对话框中的“水平（H）”按钮 —，单击“确定”按钮 ✓ 完成几何约束［此时两圆心处出现“水平（H）”标记 —］。

3）单击“智能尺寸”按钮 ◇，分别单击两个“ϕ40”圆的圆心，完成两者距离“140”的尺寸约束，结果如图 2–48 所示。

（4）画水平线和竖直线

1）单击“草图”工具栏中的“直线（L）”按钮 ⁄·，弹出“插入线条”对话框。

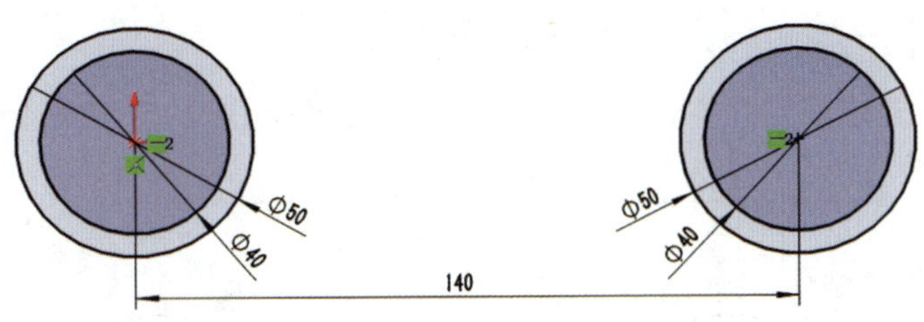

图 2-48　完成几何约束和尺寸约束

2）选中对话框中的“水平（H）”单选按钮，将鼠标移至同心圆左下外侧位置单击鼠标左键，向右移动鼠标至同心圆右下外侧位置单击鼠标左键，绘制如图 2-49 所示的水平线。

3）双击鼠标左键结束当前操作，将光标移至左侧“ϕ50”圆的象限点位置，出现“重合（D）”标记时单击鼠标左键，向下移动鼠标至水平线的下方显示“竖直（V）”标记时，单击鼠标左键，绘制图 2-49 中左侧竖直线。

4）采用同样的方法绘制图 2-49 中右侧竖直线，绘制的竖直线分别显示“重合（D）”标记、“竖直（V）”标记和“相切（A）”标记，表示该直线起点位于圆弧上、竖直且与圆相切。

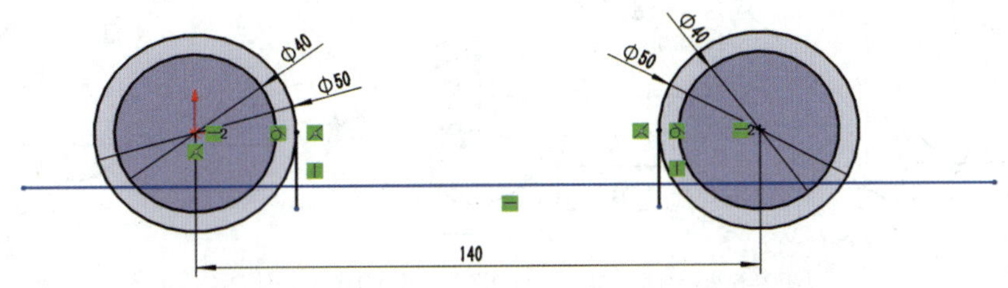

图 2-49　绘制水平线和竖直线

5）单击“智能尺寸”按钮，分别单击水平直线和“ϕ40”的圆心，完成水平线至同心圆圆心的距离“10”的尺寸约束。

6）单击“剪裁实体（T）”按钮，在参数管理器中弹出“剪裁”对话框。选中对话框中的“剪裁到最近端（T）”，依次剪裁多余的线条，完成后如图 2-50 所示。

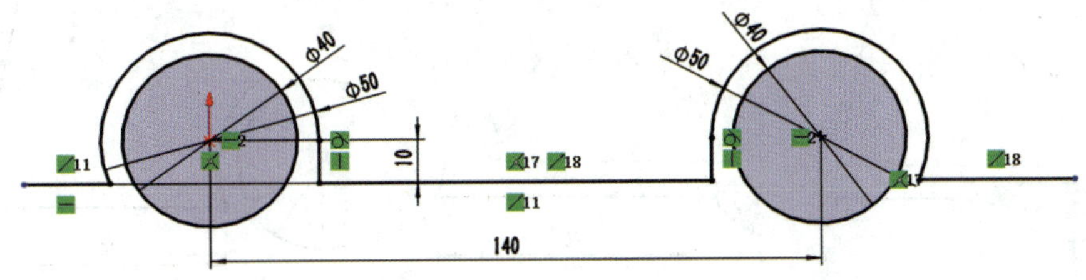

图 2-50　剪裁多余的线条

2. 绘制其他轮廓

（1）绘制直线轮廓

1）单击“草图”工具栏中的“直线（L）”按钮，弹出“插入线条”对话框，选中“按绘制原样（S）”单选按钮。

2）绘制图 2-51 中左侧线条“L2”“L3”“L4”。

3）双击鼠标左键结束当前操作，采用同样的方法绘制图 2-51 中右侧线条“L6”。

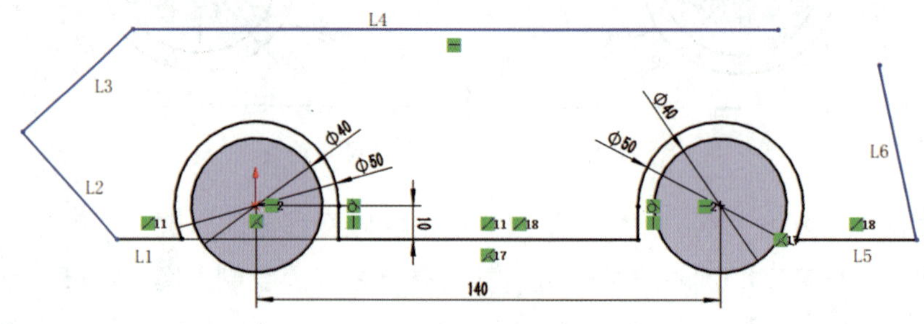

图 2-51 绘制草图

4）单击“智能尺寸”按钮 ，单击直线“L1”，约束其长度为“35”；单击直线“L2”，约束其长度为“30”；单击直线“L4”和下方水平线，约束其距离为“50”。完成后如图 2-52 所示。

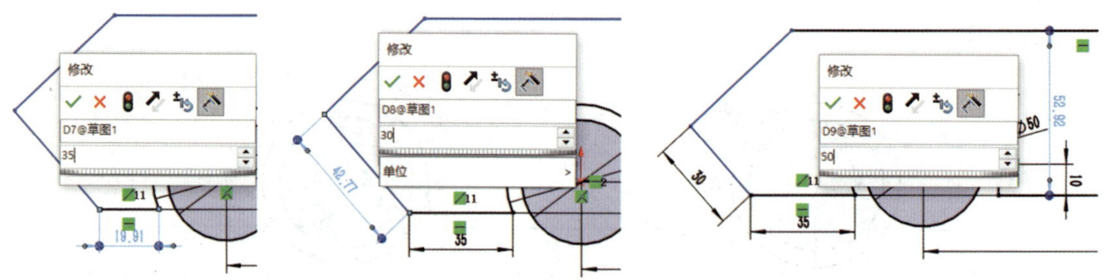

图 2-52 约束“L1”“L2”“L4”的尺寸和位置

5）单击直线“L5”，约束其长度为“60”；单击直线“L6”，约束其长度为“80”；分别单击直线“L5”“L6”，约束其角度为“65”。完成后如图 2-53 所示。

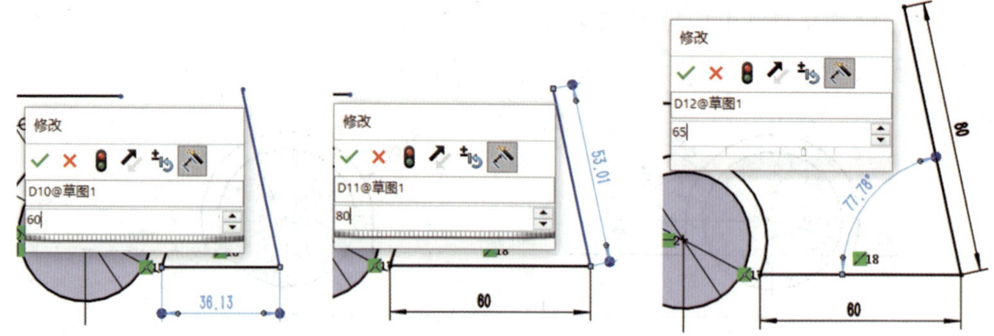

图 2-53 约束“L5”“L6”的尺寸和角度

6）分别单击直线“L1”“L2”，约束其角度为“150”；分别单击直线“L2”“L3”，约束其角度为“65”。完成后如图 2-54 所示。

（2）绘制圆角

1）单击“草图”工具栏中的“绘制圆角”按钮 ，弹出“绘制圆角”对话框，选中“保持拐角处约束条件（K）”复选框，在“圆角参数（P）”下输入圆角半径“ ”值为“10”。

2）单击图 2-51 中的直线“L2”“L3”，单击鼠标右键确认，结果如图 2-55 所示。

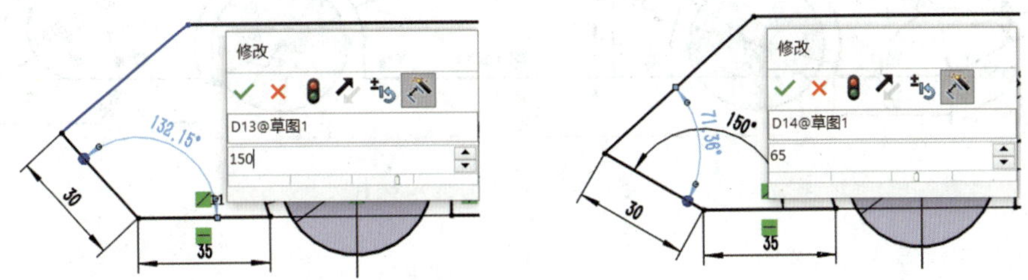

图 2-54　约束角度

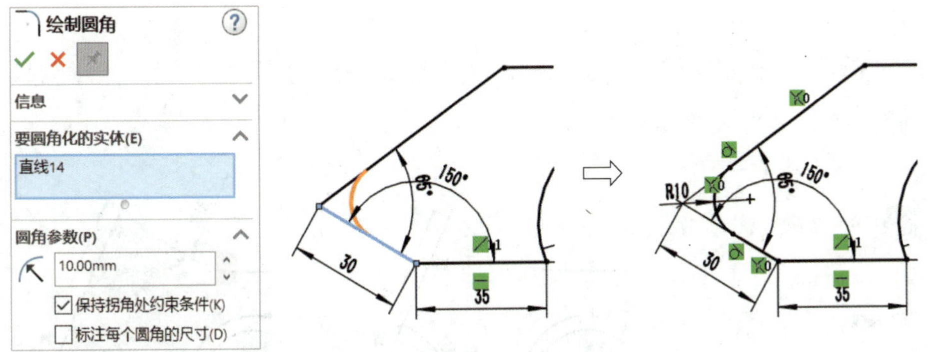

图 2-55　绘制 $R10$ mm 圆角

提示

在绘制圆角过程中，务必选中“保持拐角处约束条件（K）”复选框；否则，会在绘制圆角过程中出现图 2-56 所示的警告对话框。

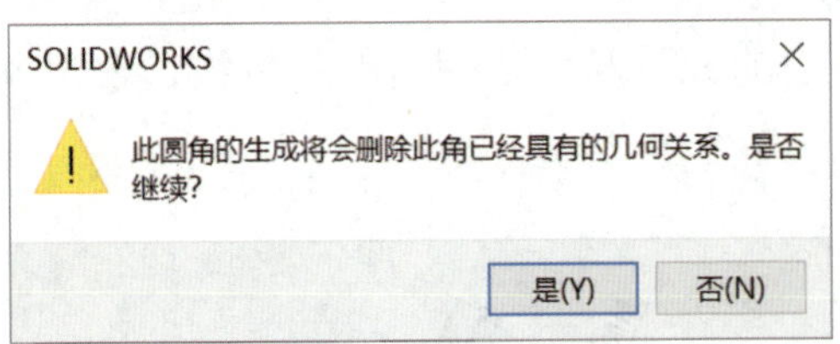

图 2-56　警告对话框

3）修改“绘制圆角”对话框中的圆角半径“ ”值为“100”，用同样的方法完成图 2-51 中的直线“L3”“L4”的倒圆角操作。

4）修改“绘制圆角”对话框中的圆角半径“ ”值为“15”，用同样的方法完成图 2-51 中的直线“L5”“L6”的倒圆角操作。单击“确定”按钮 ✓ 结束绘制圆角操作，结果如图 2-57 所示。

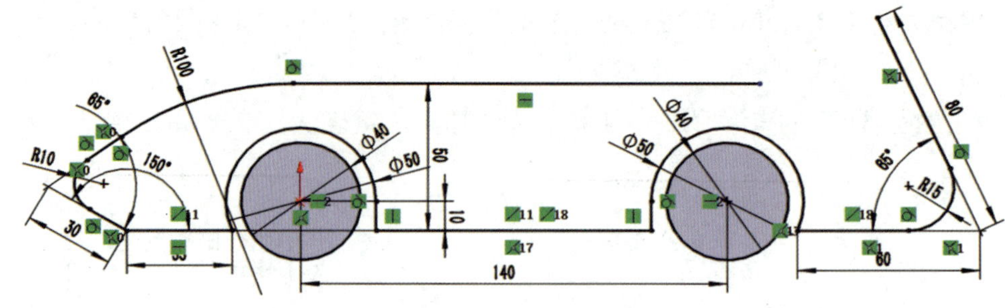

图 2–57　完成绘制圆角操作

（3）绘制切线弧和斜线

1）单击“草图”工具栏中“圆心 / 起 / 终点画弧”按钮 右侧的下三角 ，弹出如图 2–58a 所示的展开菜单，单击“ 3 点圆弧（T）”，在参数管理器中弹出“圆弧”对话框。

2）分别单击两直线的端点并移动鼠标，呈现图 2–58b 所示样式时，用键盘输入“100”后按回车键，结果如图 2–58c 所示。

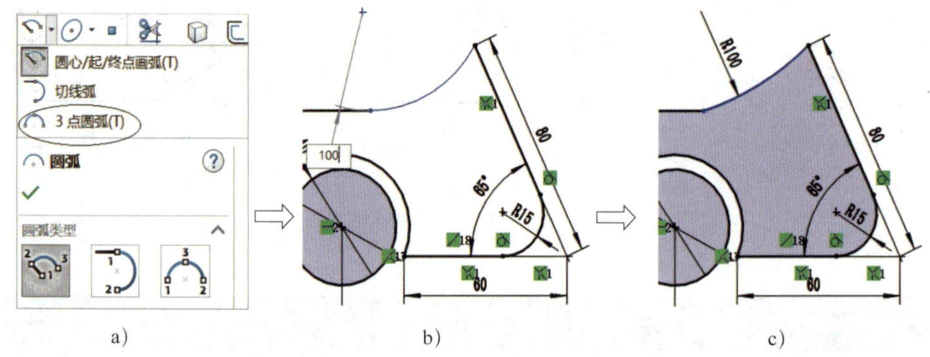

图 2–58　绘制 3 点圆弧

3）单击“显示 / 删除几何关系”按钮 下方的下三角 ，在其展开菜单中单击“添加几何关系”按钮 。

4）分别单击图 2–58c 中的圆弧及与之相连的水平线，在“添加几何关系”对话框中单击“ 相切（A）”，结果如图 2–59 所示。

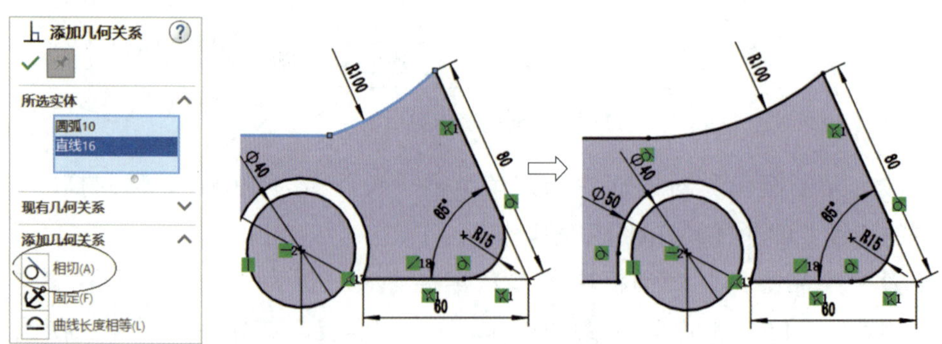

图 2–59　圆弧的几何约束

5）单击“草图”工具栏中的“直线（L）”按钮 ，单击上方水平线的左侧端点，向右上方移动鼠标，输入“60”后按回车键，绘制长度为“60”的斜线。

6）单击“智能尺寸”按钮 ，单击斜线和上方水平线，约束其角度为“30”。至此，完成所有轮廓的绘制工作，如图 2–60 所示。

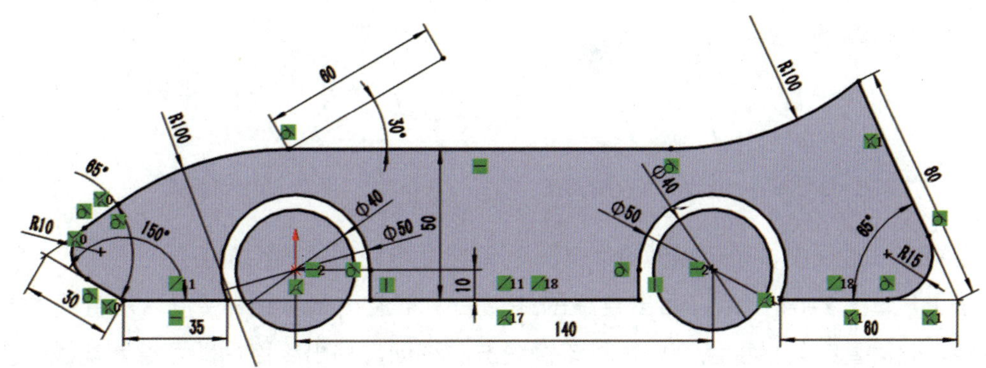

图 2–60　完成所有轮廓的绘制

四、知识与技能延伸

1. 圆和圆弧绘制方法的补充说明

除了前面介绍的方法外，圆和圆弧还有以下几种绘制方法：

（1）周边圆的绘制

周边圆绘制的实质是通过三点画一个圆。单击“草图”工具栏中“圆形”按钮 右侧的下三角 ，在弹出的展开菜单中单击“ 周边圆”，依次单击任意三个点（如“A”点、“B”点和“C”点），即可绘制通过这三个点的圆，结果如图 2–61 所示。

图 2–61　绘制周边圆

（2）圆心 / 起点 / 终点圆弧（T）

单击“草图”工具栏中“圆心 / 起 / 终点画弧”按钮 右侧的下三角 ，在弹出的展开菜单中单击“ 圆心 / 起 / 终点画弧（T）”，依次单击圆心、起点和终点即可画出一段圆弧，结果如图 2–62 所示。也可直接输入角度参数来定义圆弧的包角。

（3）切线弧

单击“圆心 / 起 / 终点画弧”按钮 右侧的下三角 ，在弹出的展开菜单中单击

“ 切线弧”，单击切点，移动鼠标即可显示不同方向的切线弧，当出现操作者需要的切线弧时，单击鼠标左键绘制切线弧，结果如图 2-63 所示。

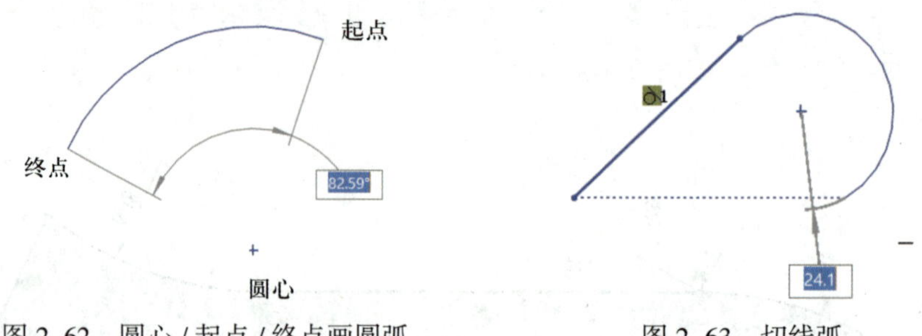

图 2-62 圆心 / 起点 / 终点画圆弧　　图 2-63 切线弧

在绘制直线过程中，还可以通过以下方法直接进行切线弧的绘制。

方法 1：如图 2-64 所示，画出直线的终点后（不退出画直线命令），沿直线的反方向移动鼠标，此时直线呈橘黄色，再顺着该直线方向移动，移出终点后即可绘制切线弧。

方法 2：画出直线的终点后（不退出画直线命令），用键盘输入字母“A”，即可在终点处绘制该直线的切线弧。

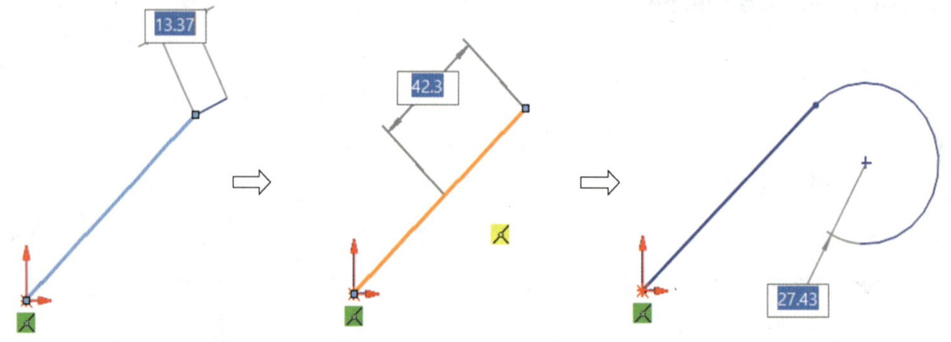

图 2-64 切线弧的简洁画法

2. 删除和撤消操作

（1）删除操作

方法 1：在绘图过程中，如果出现画错或多余的图素，可单击所需删除的图素（按住“Ctrl”键，可同时选中多个图素），按键盘上的“Delete”键即可将所选中的图素删除，结果如图 2-65 所示。

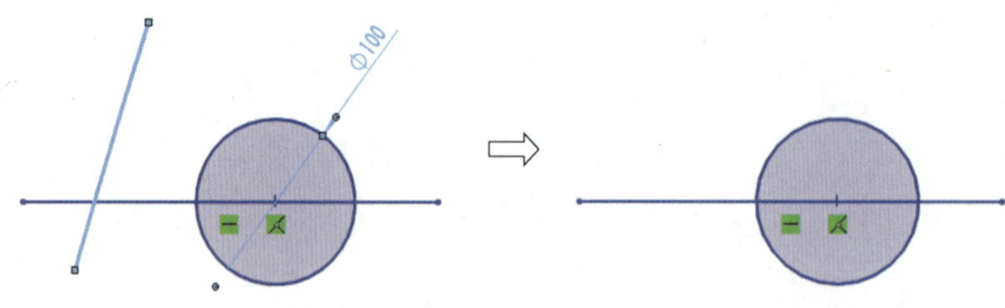

图 2-65 删除操作

方法2：单击所需删除的图素，再单击鼠标右键，在弹出的右键菜单中单击“删除（U）”按钮 删除(U) 即可删除所选中的图素。

（2）撤消操作

直接单击下拉菜单中的“编辑”/“ 撤消 草图 - 改变尺寸 ”，或直接单击工具栏中的“撤消”按钮，即可进行撤消操作。

3. 两圆距离约束的补充说明

进行两圆的距离约束时，除了在圆心位置引出尺寸线外，还可在象限点位置引出尺寸线，其操作步骤如下：

（1）单击“智能尺寸”按钮，单击两个圆的圆弧（务必单击两个圆的圆周线，而不是单击两个圆的圆心），标注出两圆之间的距离，默认为图 2–66 中的中心标注。

（2）单击“尺寸”对话框（见图 2–66a）中的“引线”，分别选中“第一圆弧条件：”和“第二圆弧条件：”下不同的单选按钮，即可引出不同的标注线，得到图 2–66b、c、d 三种距离约束方式。

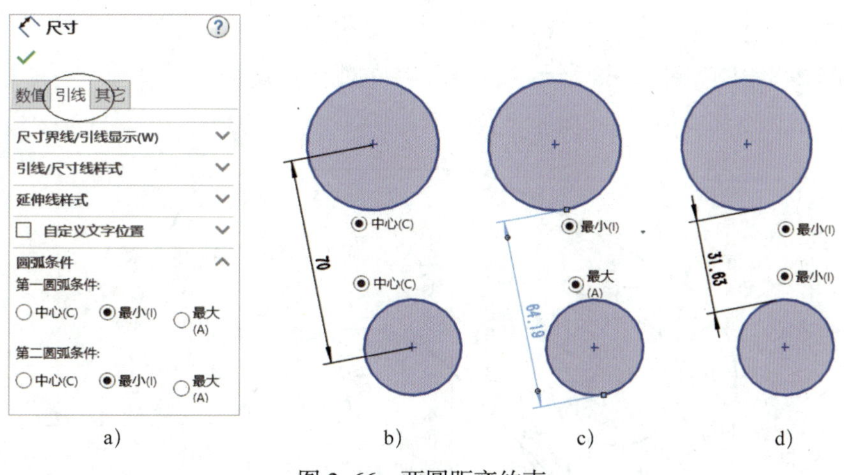

图 2–66 两圆距离约束

提示

单击“智能尺寸”按钮，再按住“Shift”键，单击两圆的内侧圆周线、外侧圆周线、中心等处，也可实现不同位置的尺寸约束。

五、任务拓展

任务拓展 1 绘制如图 2–67 所示二维图形中的粗实线轮廓。

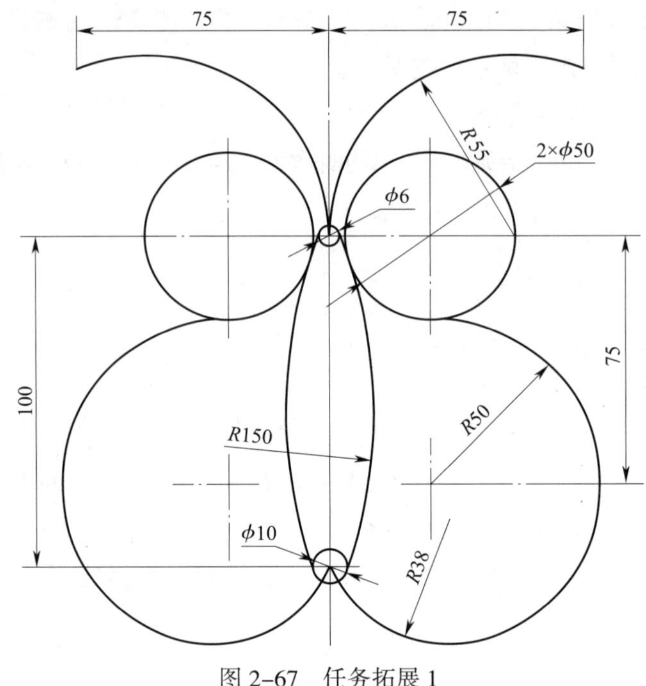

图 2–67　任务拓展 1

任务拓展 2　绘制如图 2–68 所示二维图形中的粗实线轮廓。

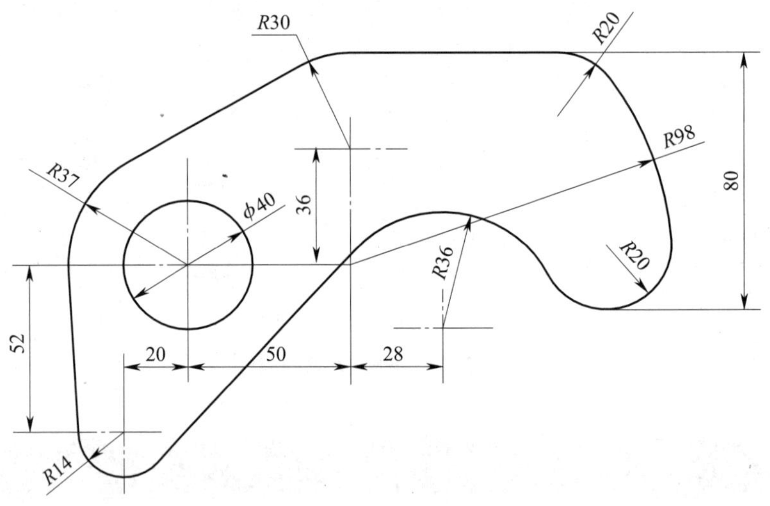

图 2–68　任务拓展 2

课题 3　轮廓的几何转换

一、学习目标

1．掌握镜像实体的操作方法。

2．掌握线性草图阵列的操作方法。

3．掌握圆周草图阵列的操作方法。

4．掌握等距实体的操作方法。

5．掌握移动实体的操作方法。

二、工作任务

绘制如图 2–69 所示的二维图形。

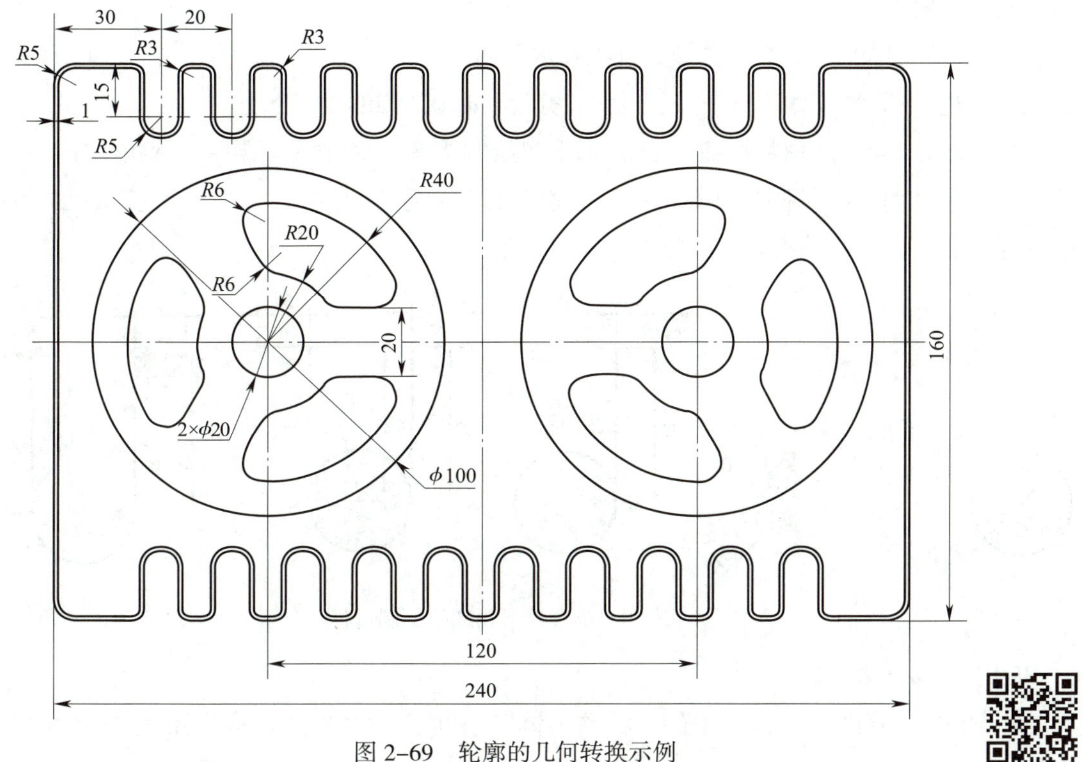

图 2–69　轮廓的几何转换示例

三、任务实施

1．绘制外形轮廓

（1）进入草图

1）单击标准工具栏中的“新建（Ctrl+N）”按钮，弹出“新建 SOLIDWORKS 文件”对话框。单击切换至“模板”选项卡，选中“gb_part”后单击“确定”按钮 确定 。

2）单击命令管理器中的“草图”按钮。

3）用鼠标右键单击特征管理设计树中的“前视基准面”，在弹出的右键菜单中选择“正视于”按钮进入草图绘制界面。

（2）绘制单个外形轮廓

单个外形轮廓的绘制过程如图 2–70 所示。

1）单击“圆形”按钮，弹出“圆”对话框，在“圆类型”下单击“圆”按钮。

将鼠标移至原点位置，出现“重合（D）”标记 时单击鼠标左键，移动鼠标至任意位置，用键盘输入“10”并按回车键，单击“关闭对话框”按钮 完成圆的绘制。

2）单击“直线（L）”按钮 ，弹出“插入线条”对话框，选中“按绘制原样（S）”单选按钮。将鼠标移至“φ10”圆的左侧象限点位置，出现“重合（D）”标记 时单击鼠标左键，向上移动鼠标至出现竖直虚线时，输入“15”并按回车键。

3）向左移动鼠标，显示“水平（H）”标记 时，输入“5”并按回车键。双击鼠标左键退出当前操作。

4）采用同样的方法绘制右侧竖直线和水平线。

5）单击“剪裁实体（T）”按钮 ，剪裁“φ10”圆的上半部分。

6）单击“绘制圆角”按钮 ，弹出“绘制圆角”对话框，选中“保持拐角处约束条件（K）”复选框，在“圆角参数（P）”下输入圆角半径“ ”值为“3”，完成上方两处倒圆角操作。

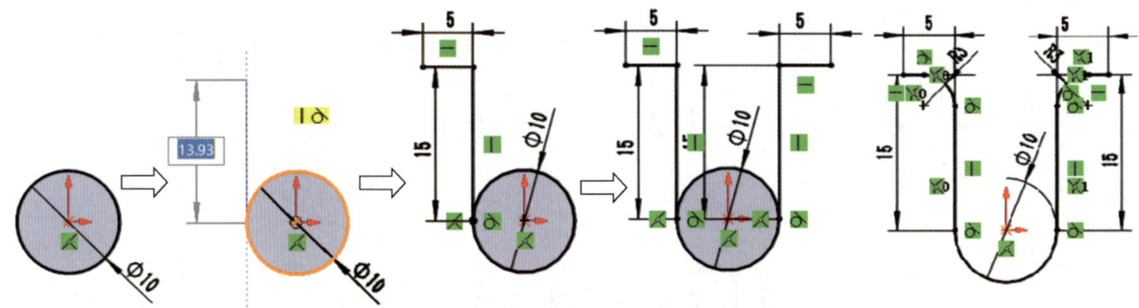

图 2–70 单个外形轮廓的绘制过程

（3）平移及复制轮廓

1）单击“草图”工具栏中的“移动实体”按钮 移动实体，弹出图 2–71 所示的“移动”对话框。

2）框选需要移动的图素后单击鼠标右键确认，在对话框中“要移动的实体（E）”下方空白方框中显示所有选中的图素。

3）取消选中“保留几何关系（K）”复选框，选中“X/Y”单选按钮，输入“ **ΔX** ”值为“–90”，输入“**ΔY**”值为“65”。

4）在绘图区显示移动效果，单击“确定”按钮 完成图素的移动，原始位置不保留图素。

5）框选移动后图素，单击“线性草图阵列”按钮 线性草图阵列，弹出如图 2–72 所示的“线性阵列”对话框。

6）“方向 1（1）”中默认的阵列方向是“X–轴”正方向（单击“反向”按钮 可使其反向）。输入距离“ ”值为“20”，输入数量“ ”值为“10”。

7）如需展开设置“方向 2（2）”，可单击其后的箭头 ，此处采用默认设置。

8）单击“确定”按钮 完成图素的线性阵列，包含原始图素，共计线性阵列 10 个相同的图素。

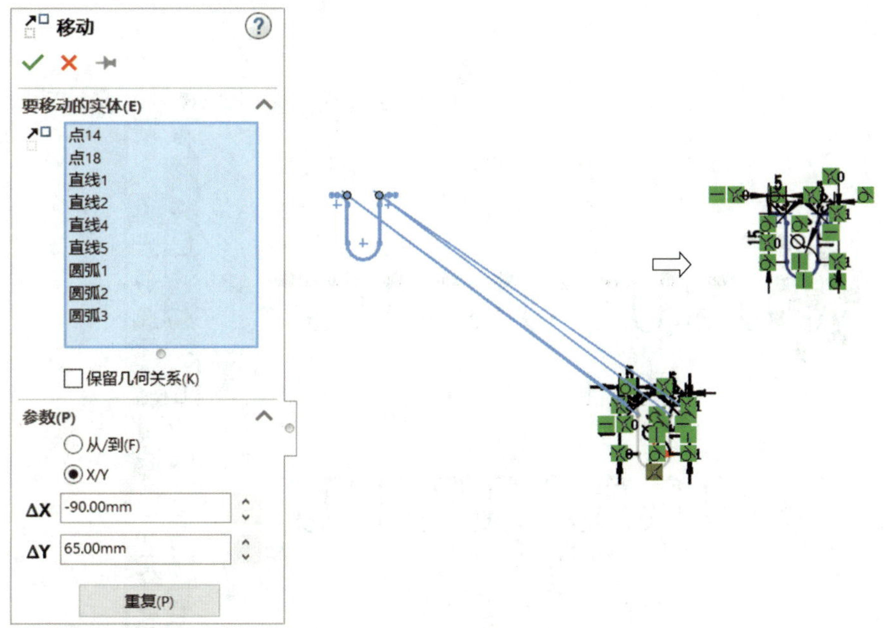

图 2-71　移动实体操作

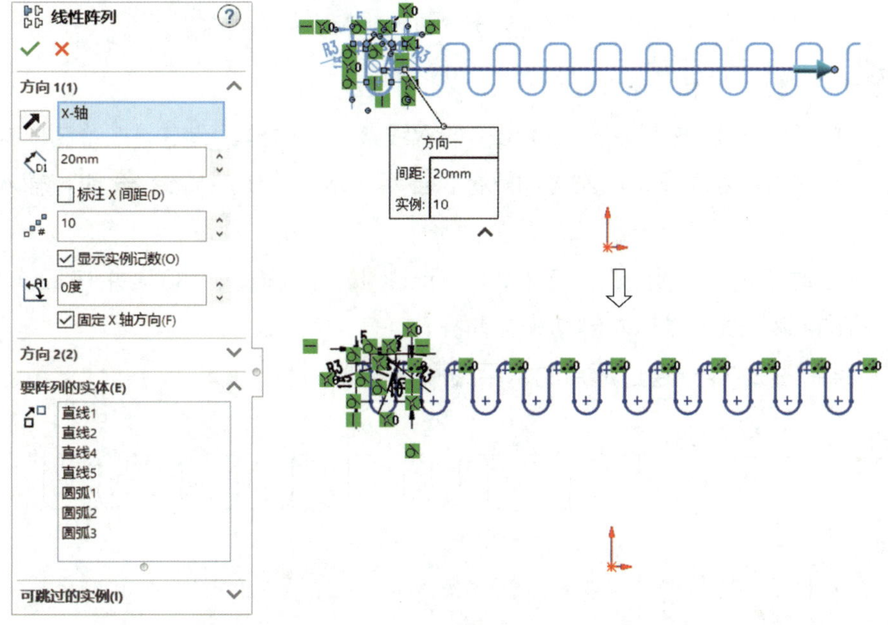

图 2-72　线性阵列图素

提示

为了清楚地显示图素，可关闭尺寸标注和几何约束标记。在前导工具栏中单击“隐藏所有类型”按钮 右侧的下三角 ，弹出如图 2-73 所示的展开菜单，单击“观阅草图尺寸”按钮 和“观阅草图几何关系”按钮 使之变成白色（灰色表示激活状态，白色表示非激活状态）。

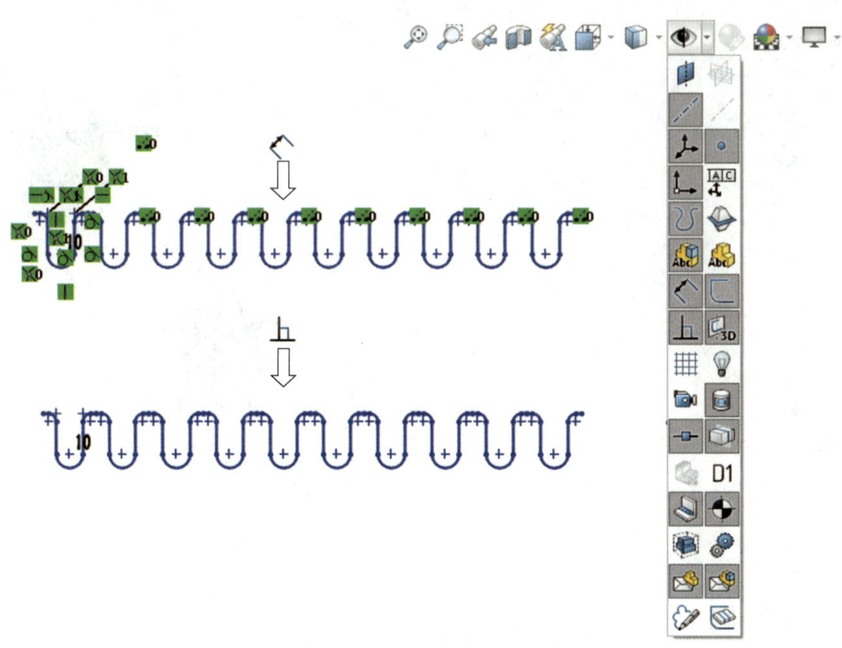

图 2–73　控制可见性按钮

（4）绘制左上侧边框和轮廓中心线

1）单击“直线（L）”按钮 ，弹出“插入线条”对话框，选中“按绘制原样（S）”单选按钮。单击左侧水平线端点，向左移动鼠标，显示“水平（H）”标记 时，输入“20”并按回车键。

2）向下移动鼠标，显示“竖直（V）”标记 时，输入“80”并按回车键，绘制图 2–74 中左侧轮廓，双击鼠标左键结束当前操作。

3）分别绘制图 2–74 中通过原点的水平线和竖直线。

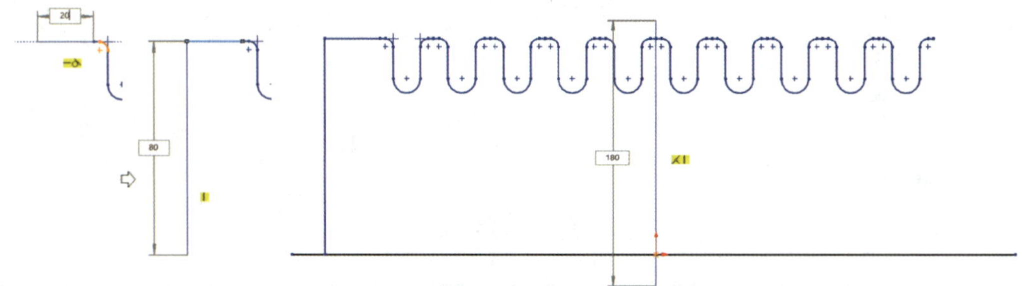

图 2–74　绘制左上侧边框和轮廓中心线

4）单击“绘制圆角”按钮 ，弹出“绘制圆角”对话框，在“圆角参数（P）”下输入圆角半径“ ”值为“5”，完成左上角处倒圆角操作。

5）单击下方水平线，在弹出的菜单中单击“构造几何线”按钮 ，水平线变成构造几何线，结果如图 2–75 所示。采用同样的方法将过原点的竖直线转换为构造几何线。

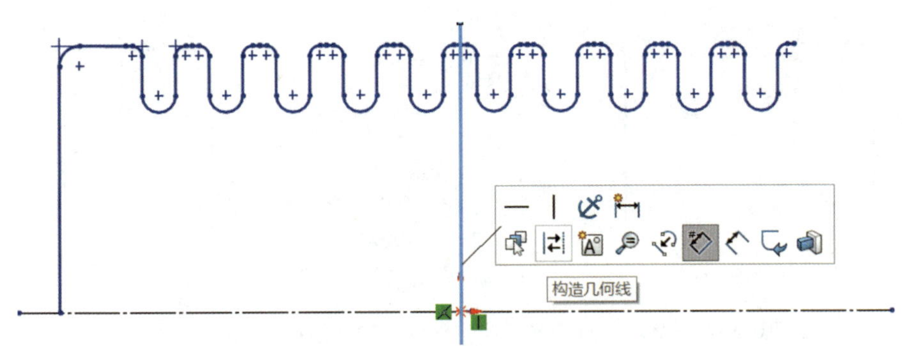

图 2-75　转换为构造几何线

（5）镜像图素

1）单击“草图”工具栏中的“镜向实体”按钮 镜向实体 ，弹出如图 2-76 所示的“镜向”对话框。

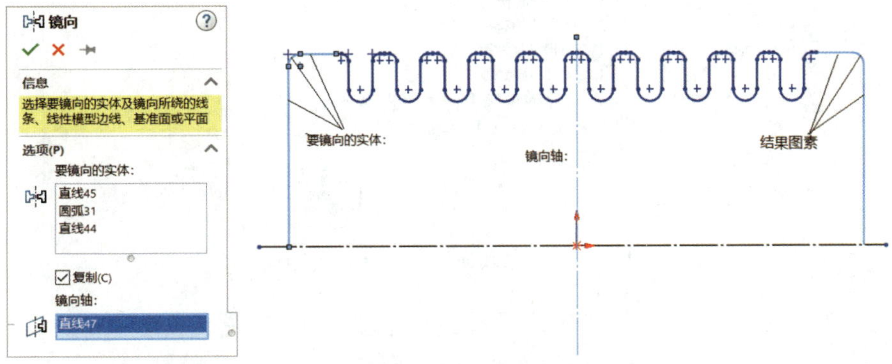

图 2-76　镜像图素[①]

2）在对话框中“要镜向的实体：”下方空白方框中单击，依次单击选中左上角的竖直线、水平线和圆弧线。

3）在对话框中“镜向轴：”下方空白方框中单击，单击竖直构造线。

4）选中对话框中的“复制（C）”复选框，单击“确定”按钮 ✓ 完成图素镜像操作。

5）完成镜像操作后，左侧的部分图素出现如图 2-77 所示的“过定义”和“无解”标记（黄色表示“过定义”，红色表示“无解”）。按住“Ctrl”键，单击所有红色的几何约束标记，单击鼠标右键，在弹出的右键菜单中单击“删除（O）”按钮 ✕ 删除(O) ，此时将“过定义”和“无解”约束删除。

提示

单击“选项”按钮，弹出“系统选项（S）”对话框，按图 2-78 所示设置参数，即在“草图”选项中取消选中“在零件/装配体草图中显示圆弧中心点（D）”和“在零件/装配体草图中显示实体点（I）”复选框，即可隐藏圆弧中心点和实体点。

① SolidWorks 2022 软件中的“镜向”应为“镜像”。

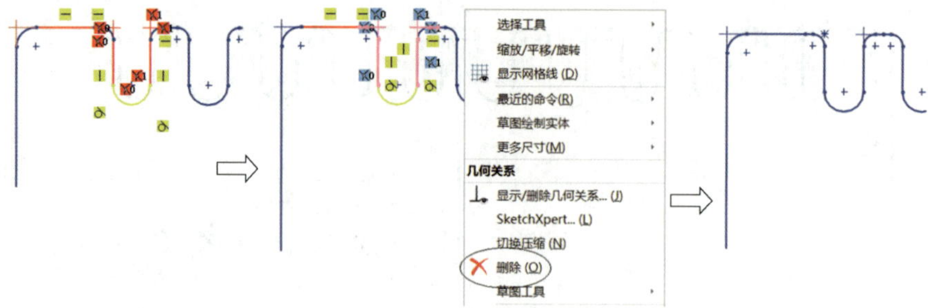

图 2-77 删除“过定义”或“无解”的几何约束或尺寸约束

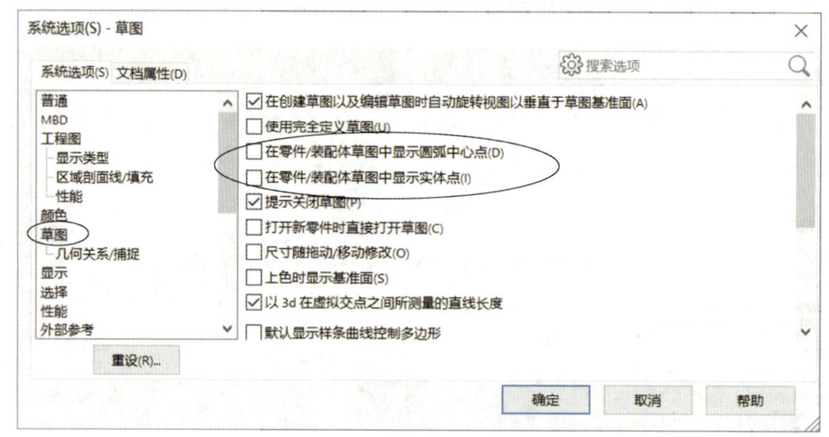

图 2-78 隐藏圆弧中心点和实体点

6）框选图 2-76 中上方的图素（水平构造线和竖直构造线不被选中），单击“镜向实体”按钮 镜向实体，弹出“镜向”对话框，选中“复制（C）”复选框。

7）在对话框中“镜向轴：”下方空白方框中单击，单击水平构造线。

8）单击“确定”按钮 ✓ 完成图素镜像，结果如图 2-79 所示。

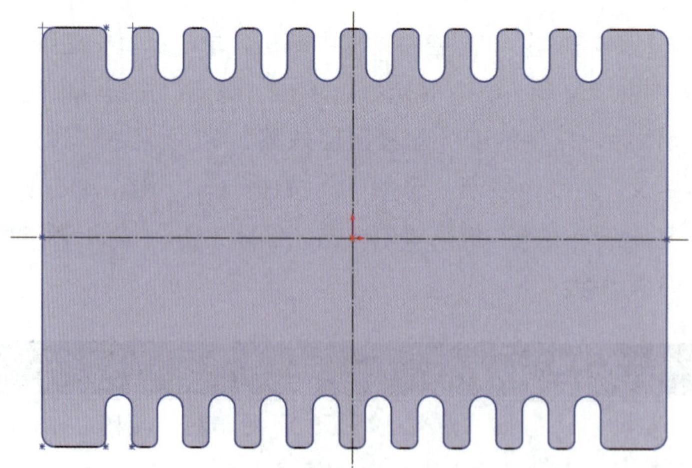

图 2-79 完成外轮廓绘制

9）单击“草图”工具栏中“等距实体”按钮 ，弹出如图 2-80 所示的“等距实体”对话框，输入距离“ ”值为“1”。

10）选中“选择链（S）”复选框，单击外轮廓中的任意一条边，外轮廓链被选中。根据等距实体的方向，确定是否选中“反向（R）”复选框。

11）单击“确定”按钮 ✓ 绘制图 2-80 中向内的等距线。

12）采用同样的方法，绘制竖直中心线的两条等距线，距离均为“60”，完成后将其转换成构造线。

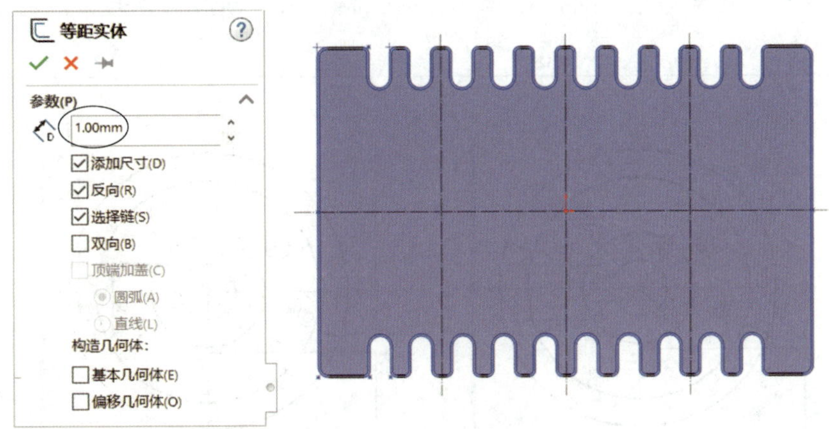

图 2-80　绘制等距线

2. 绘制内部轮廓

（1）绘制单个轮廓

1）单击“圆形”按钮 ，弹出“圆”对话框，在“圆类型”下单击“圆”按钮 。将鼠标移至右侧两构造线的交点处，出现“交点”标记 时单击鼠标左键，将鼠标移至任意位置，用键盘输入“20”并按回车键，绘制图 2-81 中“ϕ20”的圆。

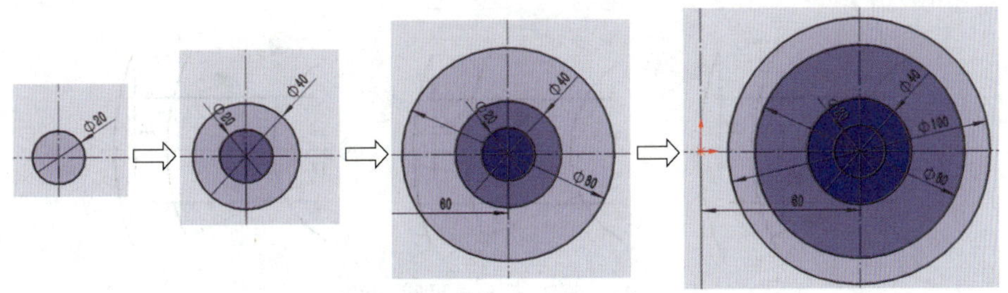

图 2-81　绘制同心圆

2）将鼠标再次移至“ϕ20”圆的圆心处，出现“同心”标记 时单击鼠标左键，将鼠标移至任意位置，用键盘输入“40”并按回车键，绘制图 2-81 中“ϕ40”的圆（即图 2-69 中“*R*20”的圆弧）。

3）采用同样的方法绘制同心圆，其直径分别为“80”（即图 2-69 中“*R*40”的圆弧）和“100”，单击“关闭对话框”按钮 ✓ 完成圆的绘制。

4）单击“直线（L）”按钮 ，弹出“插入线条”对话框，选中“按绘制原样（S）”

单选按钮。绘制图 2–82 所示的两条水平线（分别位于水平构造线的上方和下方）。

5）单击“智能尺寸”按钮 ，对两条水平线进行尺寸约束，结果如图 2–82 所示。

提示

单击下拉菜单中的“工具（T）”/“草图设置（S）”/“上色草图轮廓”，可将草图轮廓封闭区域的颜色变成白色。再次进行同样的操作，可将草图轮廓封闭区域的颜色变成深色。

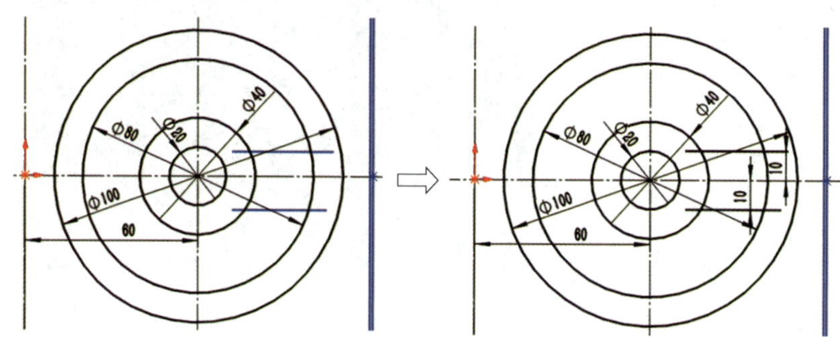

图 2–82　绘制两条水平线

6）单击前导工具栏中“隐藏所有类型”按钮 右侧的下三角 ，在弹出的展开菜单中单击“观阅草图尺寸”按钮 和“观阅草图几何关系”按钮 ，显示所有尺寸约束和几何约束。用鼠标右键单击下方水平线的“水平”约束标记 ，在弹出的右键菜单中单击“删除（P）”按钮 删除(P) 。用鼠标右键单击下方水平线的尺寸标注，在弹出的右键菜单中单击“删除（P）”按钮 删除(P)，结果如图 2–83 所示。再次单击按钮 和 ，关闭所有尺寸约束和几何约束显示。

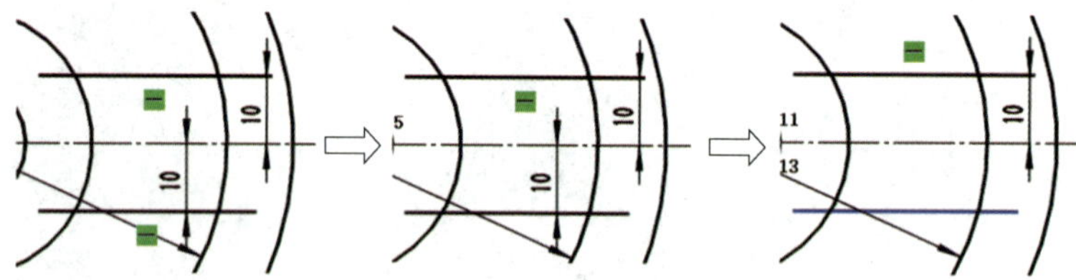

图 2–83　删除下方水平线的约束

提示

读者不妨试一试：如果不执行删除水平线的约束操作，实施旋转实体操作后会是什么样的结果？

7）单击“移动实体”按钮 移动实体 右侧的下三角 ，弹出如图 2–84 所示的展开菜单，单击“旋转实体”。

8）在“旋转”对话框中“要旋转的实体（E）”下方空白方框中单击，单击图 2-85 中最下方水平线，单击鼠标右键确认。在“旋转中心：”下方空白方框中单击，单击同心圆的圆心。输入“ ”值为“120”，单击“确定”按钮 ✓，结果如图 2-86a 所示。

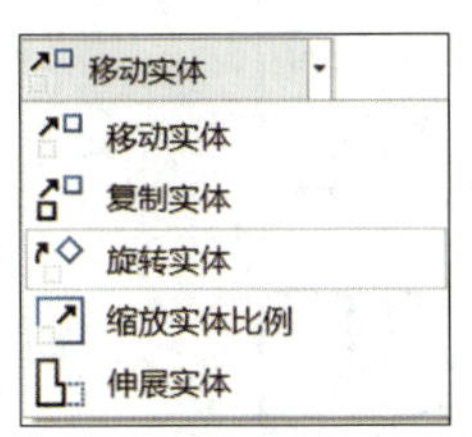

图 2-84　“移动实体”展开菜单

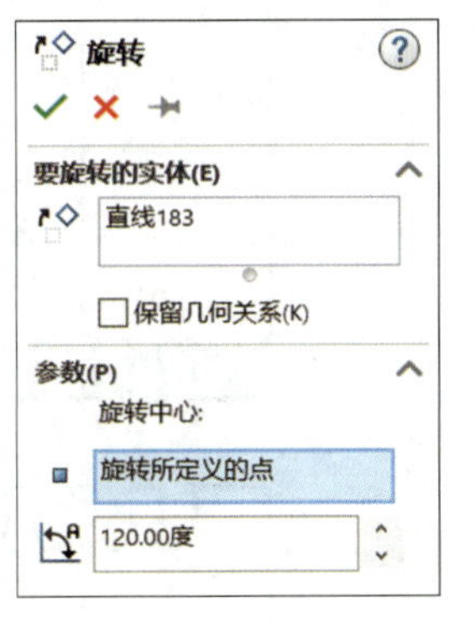

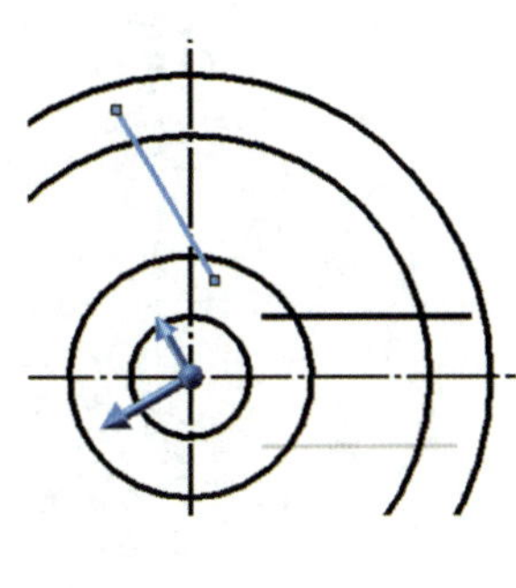

图 2-85　旋转实体

9）单击“剪裁实体（T）”按钮 ，弹出“剪裁”对话框，选中“ 剪裁到最近端（T）”，参照图 2-86b 剪裁图素。

10）单击“绘制圆角”按钮 ，弹出“绘制圆角”对话框，在“圆角参数（P）”下输入圆角半径“ ”值为“6”，完成轮廓倒圆角操作，结果如图 2-86c所示。

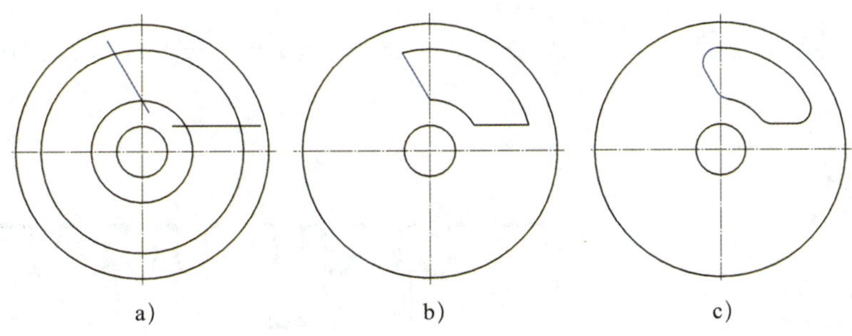

图 2-86　绘制单个轮廓

（2）复制轮廓

1）框选腰形轮廓。单击“线性草图阵列”按钮 线性草图阵列 右侧的下三角 ，在弹出的展开菜单中单击“圆周草图阵列”按钮 圆周草图阵列 ，弹出如图 2-87 所示的“圆周阵列”对话框。

2）在对话框“ ”右侧的空白方框中单击，单击右侧同心圆的圆心。在“ ”中输入值为“3”后按回车键。

3）单击“确定”按钮 ✓ 完成图素的圆周阵列。

4）单击“镜向实体”按钮 镜向实体 ，弹出“镜向”对话框。在对话框中“要镜向的实体：”下方空白方框中单击，框选右侧两个同心圆和三个腰形轮廓。在对话框中“镜向轴：”下方空白方框中单击，单击过原点的竖直构造线。

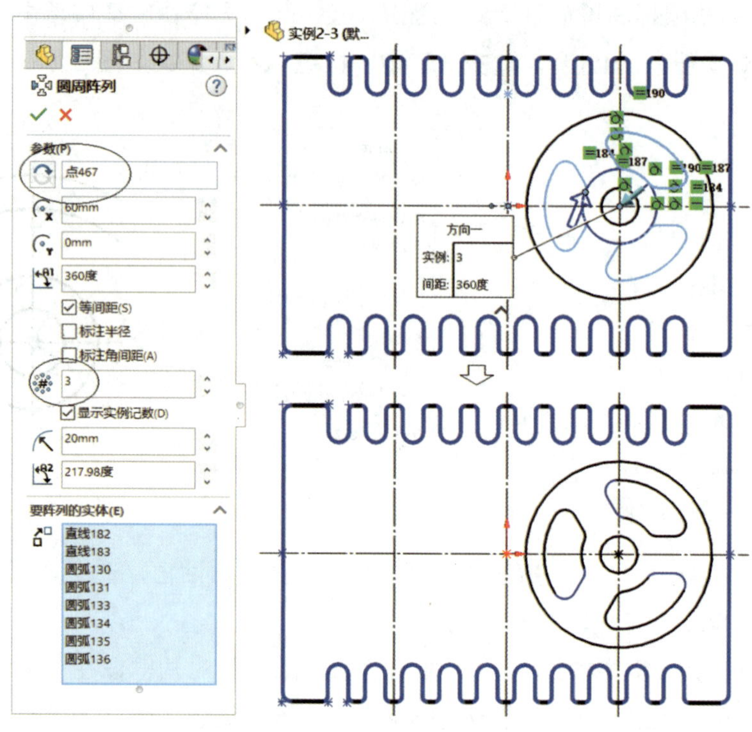

图 2–87 圆周阵列实体

5）选中对话框中的“复制（C）”复选框，单击“确定”按钮 ✓ 完成图素镜像，结果如图 2–88 所示。

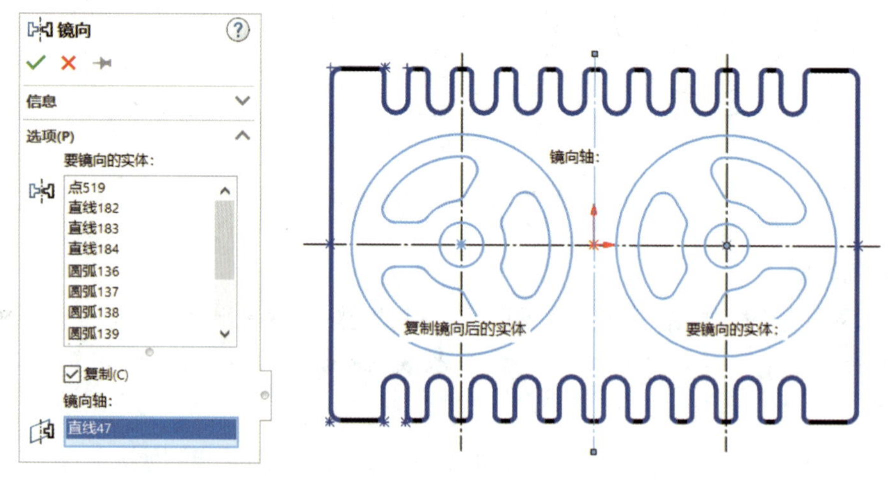

图 2–88 镜像实体

6）用鼠标左键单击右侧竖直中心线的端点，用鼠标左键按住中心线的端点“ ”不松开，上下移动鼠标即可调整端点位置。

7）采用同样的方法调整左侧竖直中心线的长度，结果如图 2–89 所示。

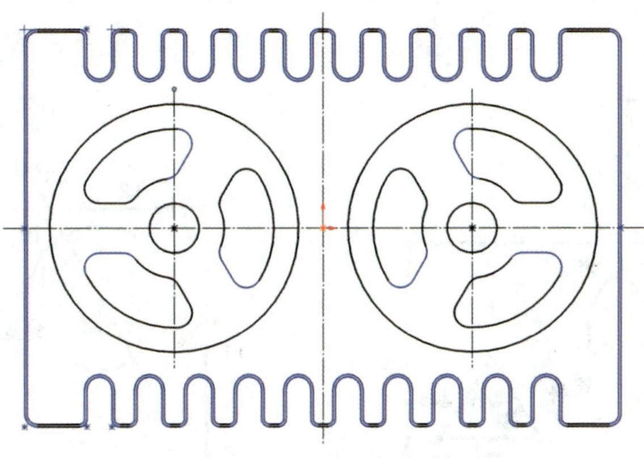

图 2–89　调整中心线的长度

四、知识与技能延伸

1. 采用方框窗口选择图素

选择图素时，既可通过单击鼠标左键选取，又可采用方框窗口选择。窗口选择方式有两种，即视窗内选取和相交物选取。

提示

如果无法采用方框窗口选择图素，可单击标准工具栏中的“选项”按钮 ，在“系统选项（S）”对话框中参照图 2–90 设置系统参数即可。

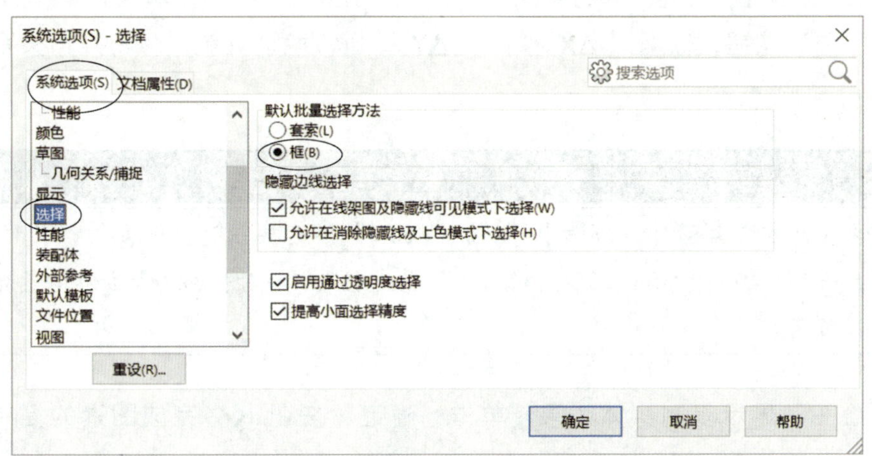

图 2–90　设置方框窗口选择图素

视窗内选取是指窗口范围内的图素被选中，与窗口相交和窗口外的图素均不被选中。这种窗口是指自左上向右下拖出的窗口，如图 2–91 所示，窗口中仅有圆被选中，其余图素均不被选中。

相交物选取是指窗口范围内与窗口相交的图素被选中，窗口外的图素不被选中。这种窗口是指自右下向左上拖出的窗口，如图 2–92 所示的窗口，仅有直线“L1”“L2”“L3”不被选中，其余图素均被选中。

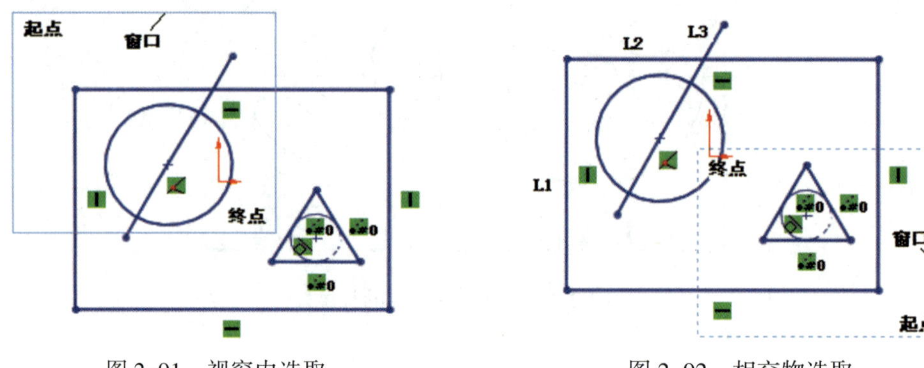

图 2–91　视窗内选取　　　　图 2–92　相交物选取

2. 几何转换的补充说明

除了前面介绍的几何转换功能外，还有多种几何转换功能可供选择，关于几何转换功能的进一步说明如下：

（1）复制实体

复制实体与移动实体的操作方式类似。移动实体时，源图素不保留，只保留结果图素；复制实体时，源图素和结果图素同时保留。复制实体的操作过程如图 2–93 所示。

1）单击“移动实体”按钮 移动实体 右侧的下三角 ▼，弹出如图 2–84 所示的展开菜单，单击“复制实体”，弹出“复制”对话框，如图 2–93a 所示。

2）在对话框中“要复制的实体（E）”下方空白方框中单击，选择相关图素。选中“X/Y”单选按钮，输入“ **ΔX** ”和“ **ΔY** ”值，取消选中“保留几何关系（K）”复选框。

> **提示**
>
> 实体的移动方式有两种，当选中“从 / 到（F）”单选按钮时，图素的移动为点到点之间的移动，如图 2–93c 所示；而选中“X/Y”单选按钮时，图素的移动为增量方式移动，如图 2–93b 所示。

3）在绘图区显示复制实体效果，单击“确定”按钮 ✓ 完成图素的复制，源图素保留。

（2）缩放实体

1）单击“移动实体”按钮 移动实体 右侧的下三角 ▼，在弹出的展开菜单中单击“缩放实体比例”，弹出图 2–94 所示的“比例”对话框。

2）在对话框中“要缩放比例的实体（E）”下方空白方框中单击，选择相关图素。在

“比例缩放点：”下方空白方框中选择缩放所定义的点（该点选择不同，其缩放效果也不同）。在“ ”中输入比例值，通过“复制（Y）”复选框确定是否保留源图素。

3）在绘图区显示缩放实体的效果，单击“确定”按钮 ✓ 完成图素的缩放。

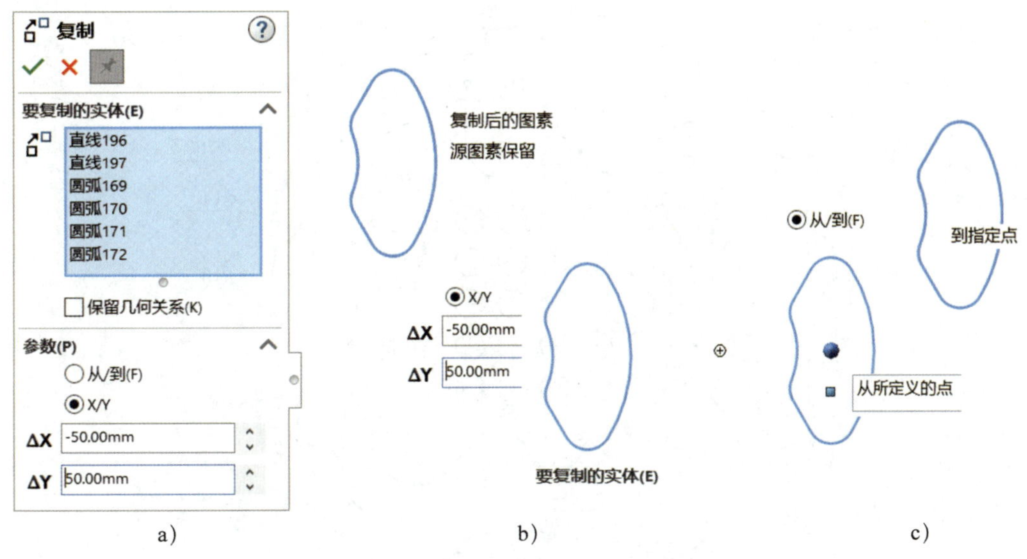

图 2-93　复制实体的操作过程

a）“复制”对话框　b）增量方式移动　c）点到点之间的移动

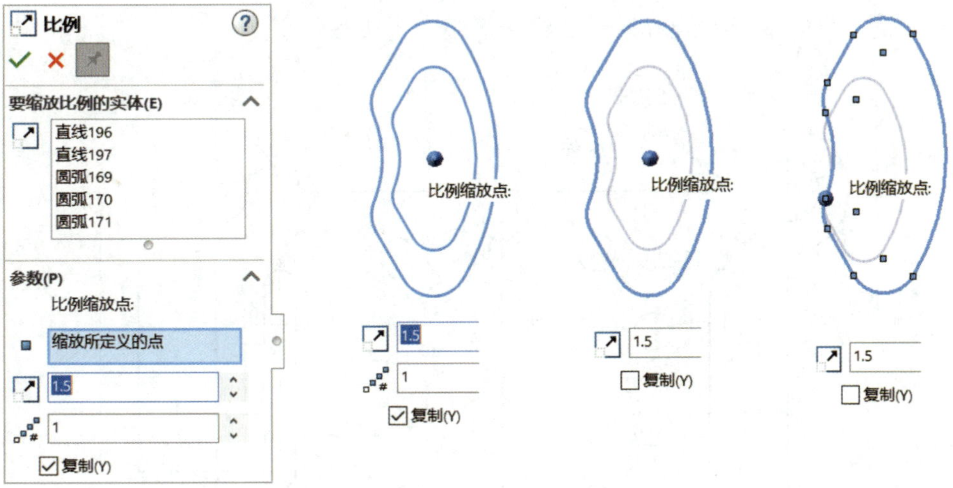

图 2-94　缩放实体比例

五、任务拓展

任务拓展 1　绘制如图 2-95 所示二维图形中的粗实线轮廓。

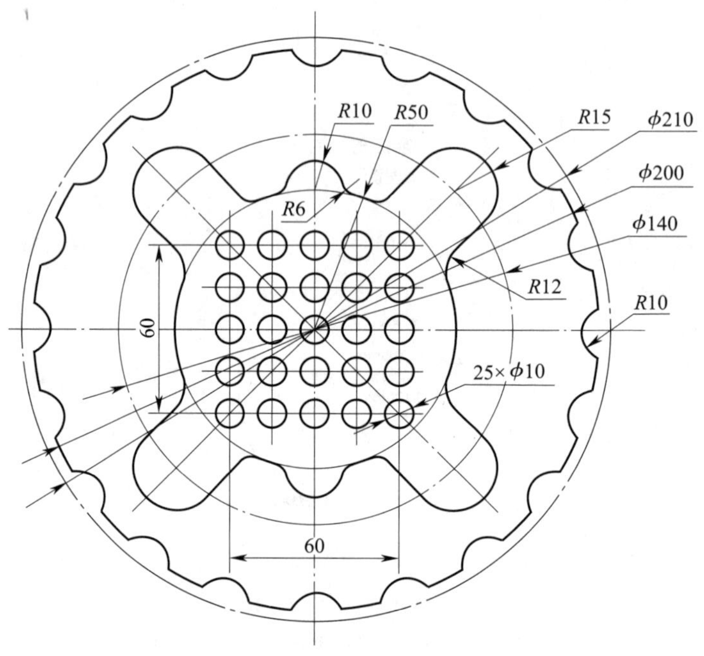

图 2-95　任务拓展 1

任务拓展 2　绘制如图 2-96 所示二维图形中的粗实线轮廓。

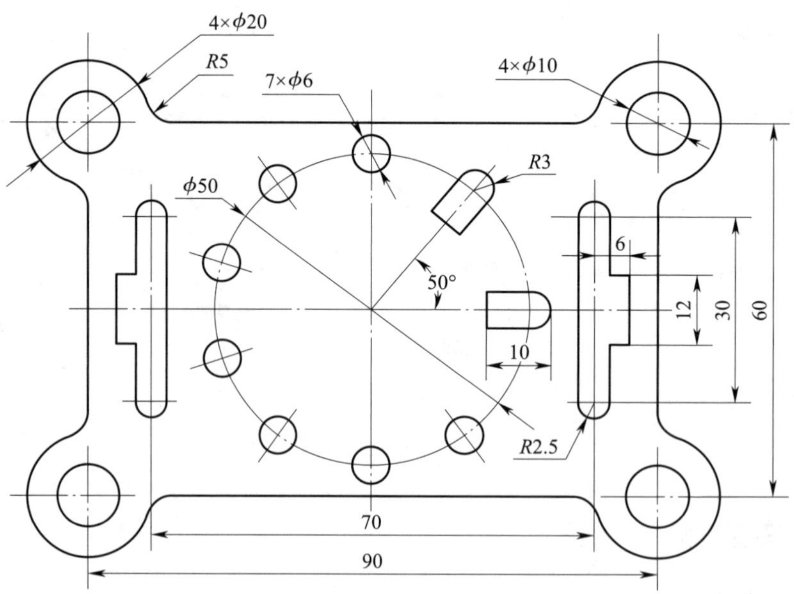

图 2-96　任务拓展 2

课题 4　空间轮廓的绘制与修整

一、学习目标

1．掌握 3D 草图的绘制方法。

2．掌握切换 3D 草图平面的操作方法。

3．掌握空间直线和圆弧的绘制方法。

二、工作任务

完成如图 2–97 所示空间轮廓的绘制工作。

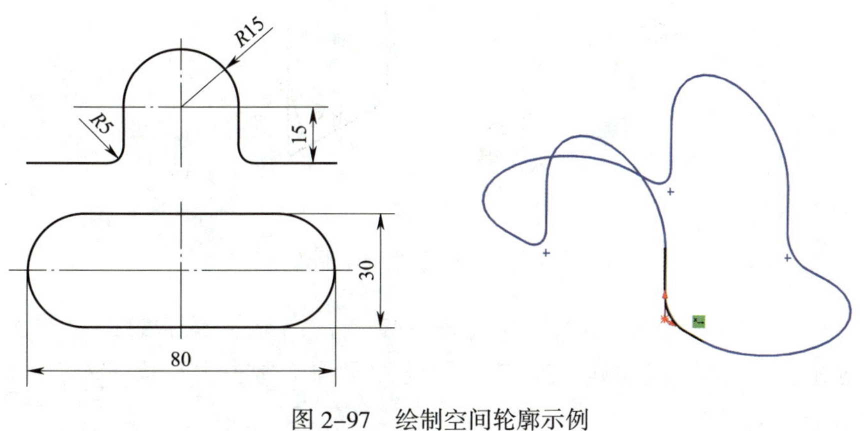

图 2–97　绘制空间轮廓示例

三、任务实施

1. 设置绘图环境

（1）进入 3D 草图模式

1）单击标准工具栏中的“新建（Ctrl+N）”按钮 ，弹出“新建 SOLIDWORKS 文件”对话框。单击切换至“模板”选项卡，选中“gb_part”后单击“确定”按钮 。

2）单击命令管理器中的“草图”按钮。

3）单击“草图绘制”按钮 下方的下三角 ，在弹出的展开菜单中单击“3D 草图”，进入 3D 草图模式。在绘图区显示如图 2–98 所示的“3D 草图”坐标系（呈等轴测显示）。

（2）设置绘图环境

1）单击前导工具栏中“隐藏所有类型”按钮 右侧的下三角 ，在弹出的展开菜单中单击“观阅草图尺寸”按钮 和“观阅草图几何关系”按钮 ，显示所有尺寸约束和几何约束。

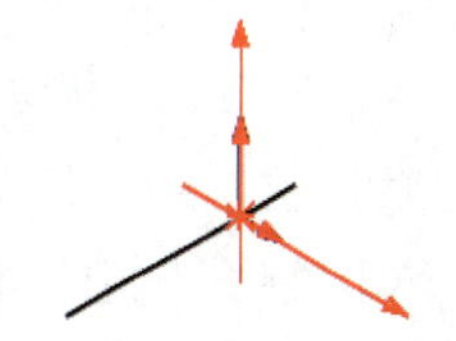

图 2–98　“3D 草图”坐标系

2）单击“选项”按钮 ，弹出“系统选项（S）”对话框。在对话框中“草图”选项卡中选中“在生成实体时启用荧屏上数字输入（N）”和“仅在输入值的情况下创建尺寸”复选框。

2. 绘制空间轮廓

（1）绘制右侧底部轮廓

1）单击“直线（L）”按钮 ，弹出“插入线条”对话框。将鼠标移至原点位置出现“重合（D）”标记 时单击鼠标左键，沿坐标系方向移动鼠标（光标位置显示“XY”标记，表示当前绘图平面为“XY”平面），引导虚线与坐标系方向重合时输入“10”后按回车键，绘制如图 2–99 所示的直线。

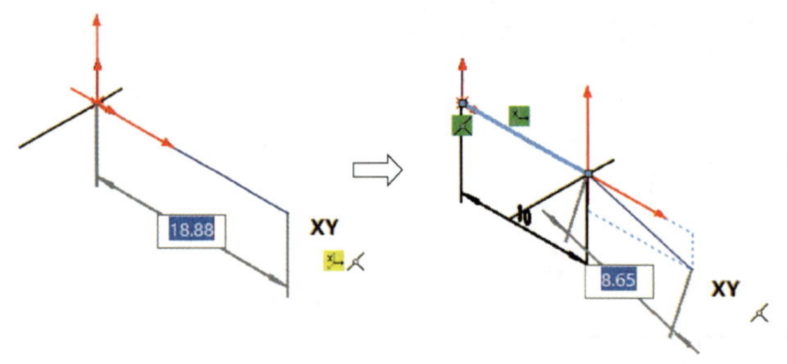

图 2–99　在“XY”平面绘制直线

2）此时“3D 草图”坐标系移至直线终点位置，仍显示当前绘图平面为“XY”平面。按下键盘上的“Tab”键切换“3D 草图”绘图平面（按一次切换一次），直至出现如图 2–100a 所示的“ZX”平面。

3）沿直线的反方向移动鼠标，此时直线呈橘黄色，再顺着该直线方向移动鼠标，移出终点后出现如图 2–100b 所示的切线弧，输入半径值“15”后按回车键，将鼠标移至适当位置（圆弧圆心角大于 180°）后单击鼠标左键，结果如图 2–100c 所示。

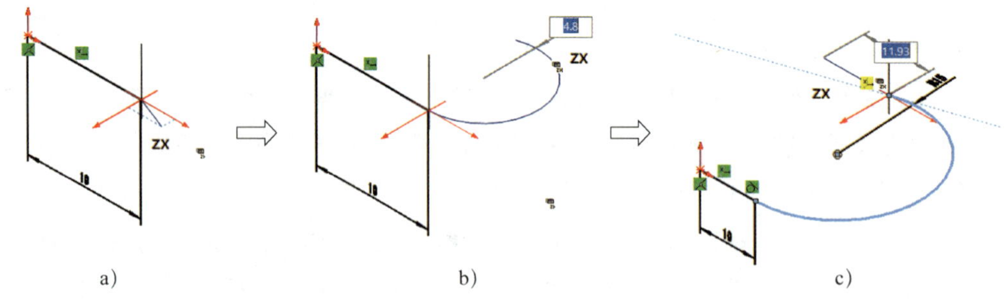

a)　　b)　　c)

图 2–100　在“ZX”平面绘制切线弧

4）向左上方移动鼠标，出现标记 （沿“X”轴方向，“ZX”平面）时，输入“10”后按回车键，结果如图 2–101a 所示。

5）按住“Ctrl”键，分别单击右侧直线和圆弧线，弹出如图 2–101b 所示的“属性”对话框，单击对话框中的“相切（A）”，结果如图 2–101c 所示。

提示

当前的图素处于欠定义状态，请读者思考还缺什么约束。可以选中图素并进行移动，观察图素还可沿哪个方向上移动。

6）双击鼠标左键退出当前操作，用鼠标左键单击原点位置，使“3D 草图”坐标系位于原点位置。

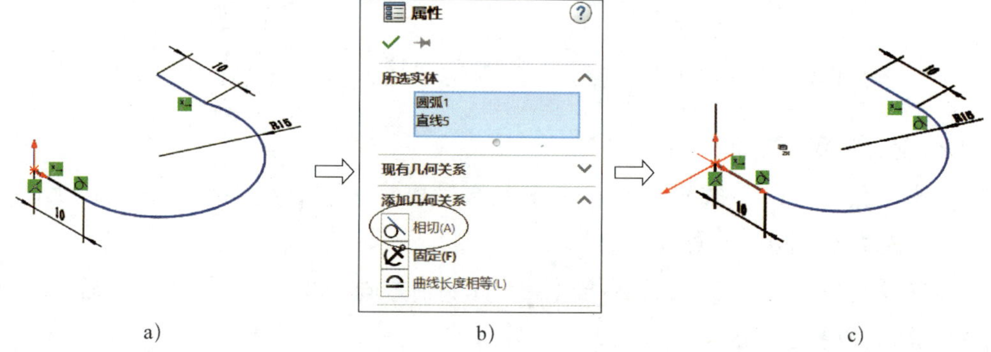

a)　　b)　　c)

图 2-101　添加相切几何关系

（2）绘制竖直轮廓

1）按键盘上的“Tab”键，切换“3D 草图”绘图平面至“XY”。

2）单击“直线（L）”按钮，用鼠标左键单击原点位置，向上移动鼠标，出现标记（与“Y”轴重合且与下方直线端点重合）时，输入“15”后按回车键，结果如图 2-102a 所示。

3）沿直线的反方向移动鼠标，再顺着该直线方向移出终点，呈切线弧显示，输入半径值“15”后按回车键，将鼠标移至适当位置（圆弧圆心角大于 180°）后单击鼠标左键绘制切线弧，结果如图 2-102b 所示。

4）向下移动鼠标，出现标记时，输入“15”后按回车键，结果如图 2-102c 所示。

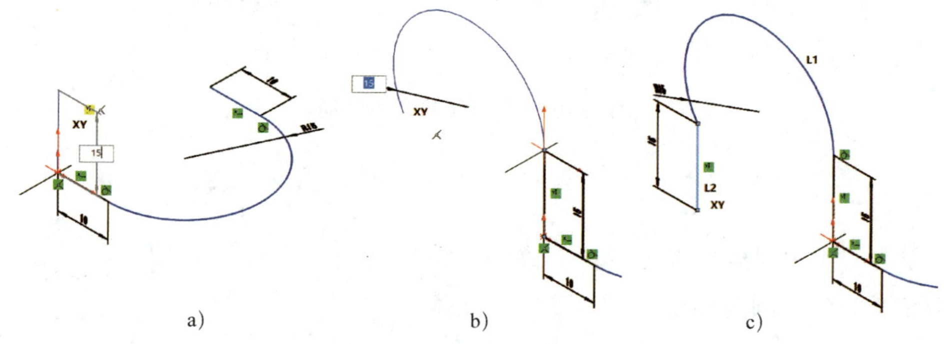

a)　　b)　　c)

图 2-102　绘制左侧竖直轮廓

5）按住“Ctrl”键，分别单击图 2-102c 中的图素“L1”“L2”，弹出“属性”对话框，单击对话框中的“相切（A）”，结果如图 2-103 所示。

6）采用同样的方法绘制后侧竖直轮廓，结果如图 2–104 所示。

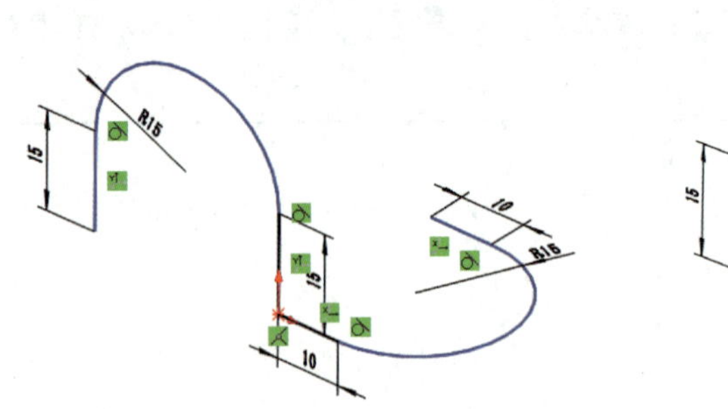

图 2–103　添加相切几何关系

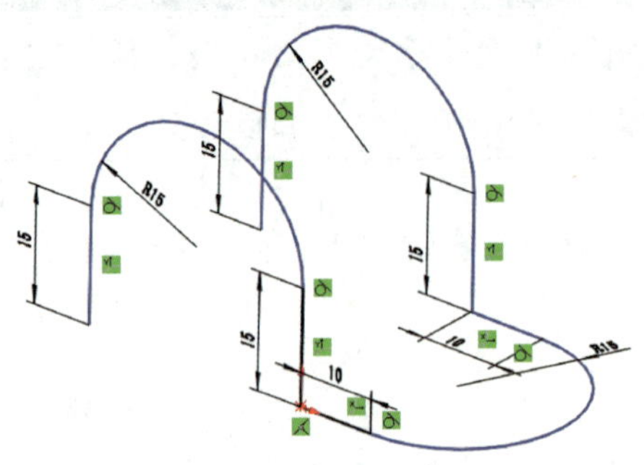

图 2–104　绘制后侧竖直轮廓

（3）绘制左侧底部轮廓

1）单击“直线（L）”按钮 ，单击竖直轮廓左下方直线端点，按键盘上的“Tab”键，切换“3D 草图”绘图平面至“ZX”。

2）向左移动鼠标，出现标记 （沿“X”轴方向，“ZX”平面）时，输入“10”后按回车键，结果如图 2–105a 所示。

3）按住鼠标中键不松开，移动鼠标，使图素旋转至合适的观察位置。采用相同的方法绘制半径为“15”的切线弧，再绘制相连直线（与“A”点相连），结果如图 2–105b 所示。

4）采用相同的方法，添加直线和圆弧的相切几何关系，结果如图 2–106 所示。

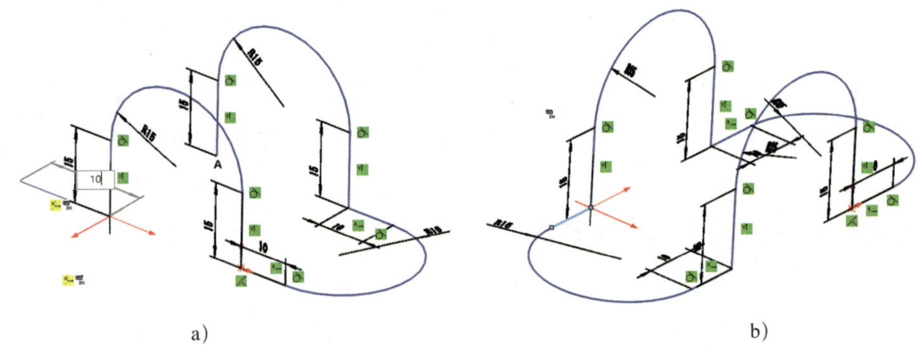

a)　　b)

图 2–105　绘制左侧底部轮廓

3. 修整轮廓

（1）单击“绘制圆角”按钮 ，弹出“绘制圆角”对话框，在“圆角参数（P）”下输入圆角半径“ ”值为“5”。

（2）依次选中四处圆角的相交直线，单击鼠标右键完成绘制圆角操作，结果如图 2–107 所示。

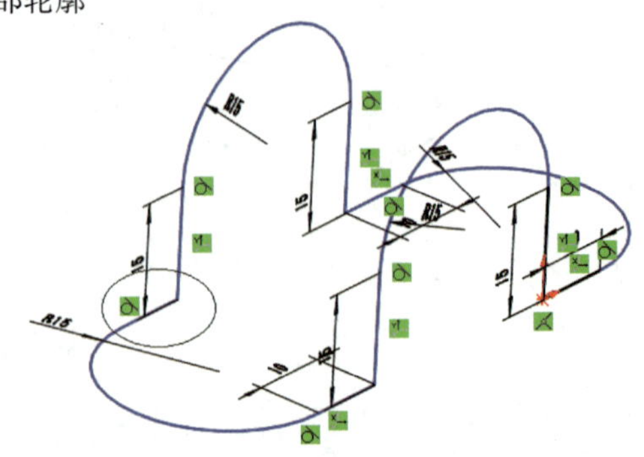

图 2–106　添加相切几何关系

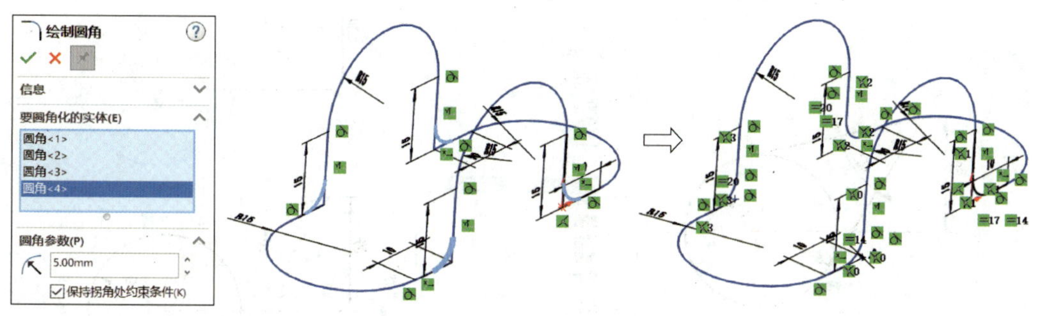

图 2–107　绘制圆角

（3）按住鼠标中键不松开，移动鼠标，使图素旋转至合适的观察位置。单击前导工具栏中"隐藏所有类型"按钮 右侧的下三角 ，在弹出的展开菜单中单击" "和" "，关闭尺寸约束和几何约束显示，结果如图 2–108 所示。

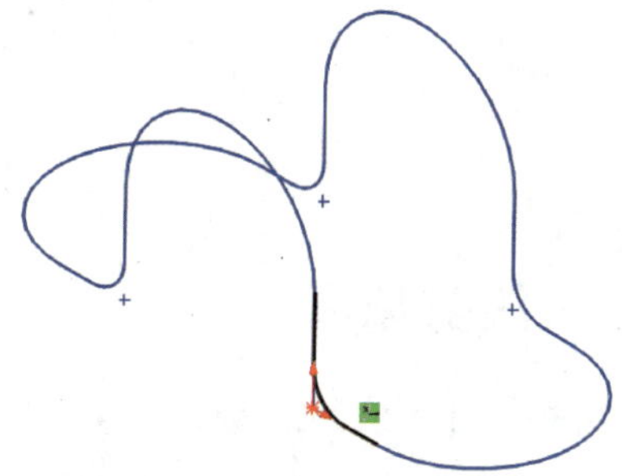

图 2–108　完成后的轮廓

四、知识与技能延伸

1. 绘制空间轮廓的补充说明

空间曲线除了采用"3D 草图"绘制外，还可以通过设置"曲线（C）"工具组，绘制"分割线""投影曲线""组合曲线""通过 XYZ 点的曲线""通过参考点的曲线""螺旋线和涡状线"等空间曲线。

显示"曲线（C）"工具组的操作过程如下：单击下拉菜单中的"工具（T）"/"自定义（Z）"，弹出"自定义"对话框，单击"工具栏"，选中" 曲线（C）"复选框，在绘图区即可显示如图 2–109 所示的"曲线（C）"工具组。

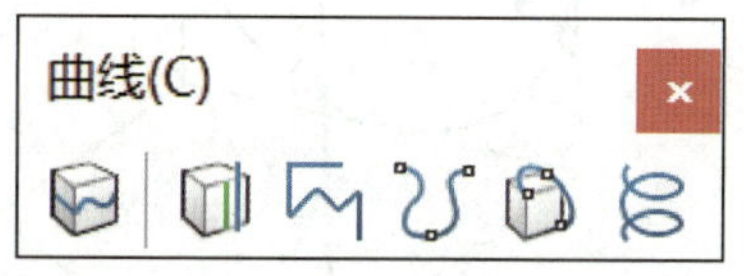

图 2–109　"曲线（C）"工具组

2. 显示 / 删除几何关系

如图 2–110a 所示，当前图素处于完全定义状态。选中所有图素，单击草图工具栏中的"显示 / 删除几何关系"按钮 ，弹出如图 2–110b 所示的"显示 / 删除几何关系"对话框，对话框中显示所有图素相互间的几何关系。

如要删除相应的几何关系，可在对话框中选中相应的几何关系，再单击对话框中的"删除（D）"按钮 删除(D) 即可，删除"相切 3"后的结果如图 2–110c 所示。删除几何关系后，部分图素显示为未完全定义状态。

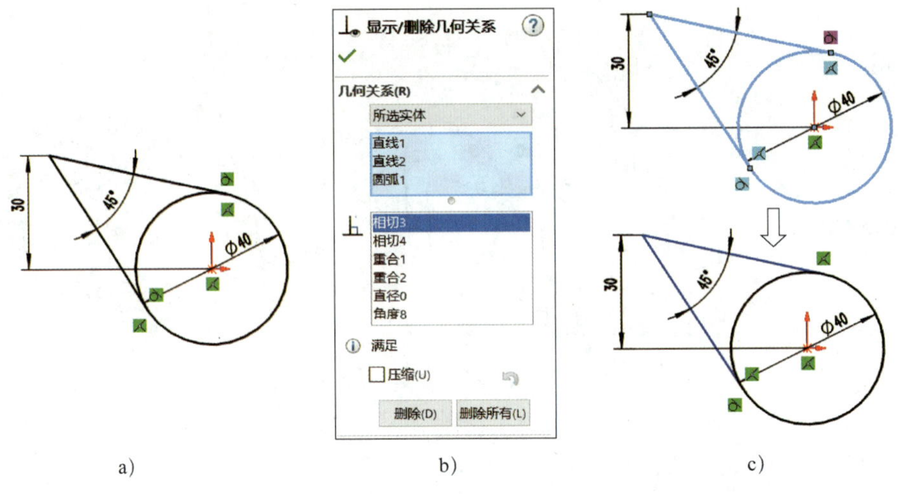

a) b) c)

图 2-110 显示 / 删除几何关系

五、任务拓展

任务拓展 1 绘制如图 2-111 所示的空间轮廓（正方形边长为 50 mm）。

任务拓展 2 绘制如图 2-112 所示的空间轮廓。

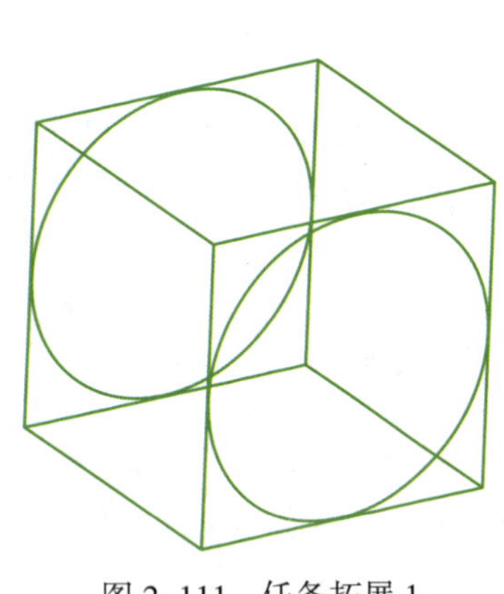

图 2-111 任务拓展 1

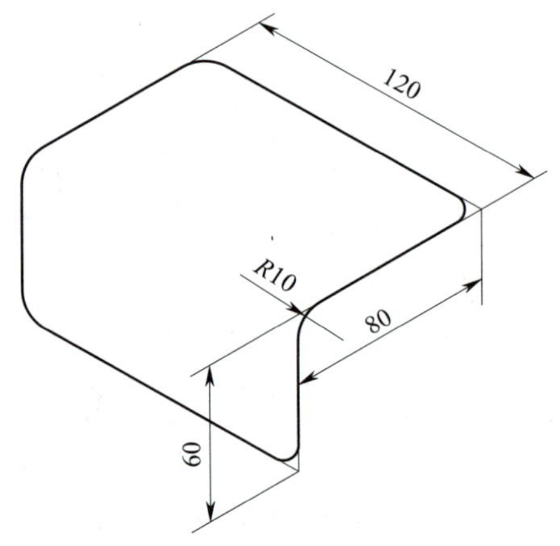

图 2-112 任务拓展 2

模块三　实 体 建 模

课题 1　拉伸实体建模

一、学习目标

1．掌握拉伸实体的建模方法。

2．掌握实体表面创建基准面的方法。

3．掌握拉伸切除的建模方法。

4．掌握实体倒圆角的建模方法。

二、工作任务

完成图 3–1 所示“吉他”零件的实体建模。

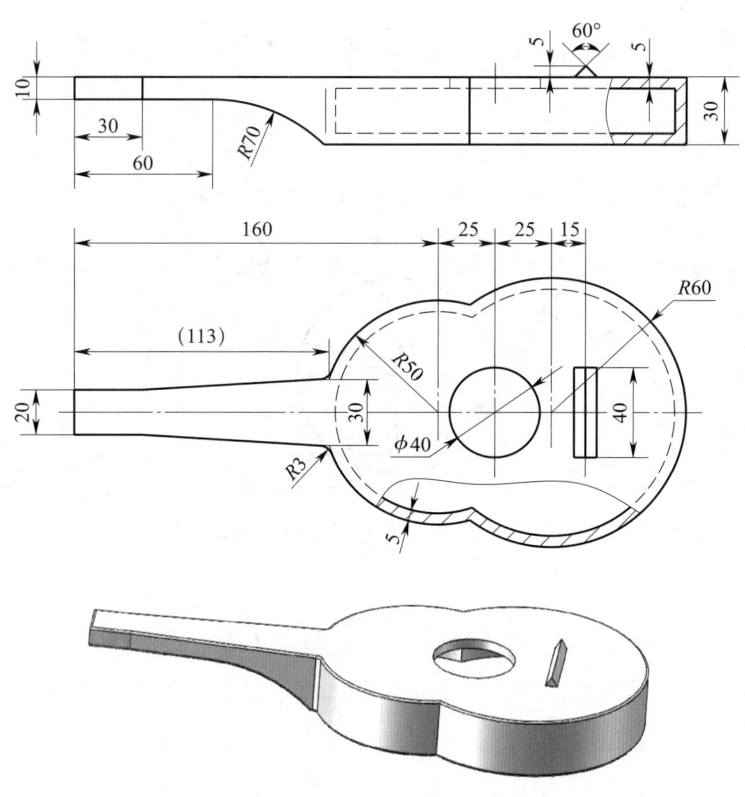

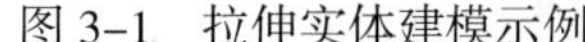
图 3–1　拉伸实体建模示例

三、任务实施

1. 右侧实体建模

（1）进入草图

1）单击标准工具栏中的“新建（Ctrl+N）”按钮，在弹出的“新建 SOLIDWORKS 文件”对话框中单击切换至“模板”选项卡，选中“gb_part”后单击“确定”按钮。

2）单击命令管理器中的“草图”按钮。

3）用鼠标右键单击特征管理设计树中的“上视基准面”，在弹出的右键菜单中单击“正视于”按钮进入草图绘制界面。

（2）绘制草图

1）单击“草图”工具栏中“圆形”按钮，弹出“圆”对话框，在“圆类型”下单击“圆”按钮。

2）将鼠标移至原点位置，出现“重合（D）”标记时单击鼠标左键，移动鼠标至任意位置，用键盘输入“100”后按回车键。再在该圆右侧的任意位置单击鼠标左键，移动鼠标至任意位置，用键盘输入“120”后按回车键，绘制另一个圆。完成后如图 3–2 所示。

3）按住“Ctrl”键，分别单击两个圆的圆心，在弹出的“属性”对话框中单击“水平（H）”。

4）单击“智能尺寸”按钮，分别单击两个圆的圆心，约束其距离为“50”，结果如图 3–3 所示。

5）单击“剪裁实体（T）”按钮，在弹出的“剪裁”对话框中选中“剪裁到最近端（T）”，剪裁圆弧内侧相交部位，结果如图 3–4 所示。

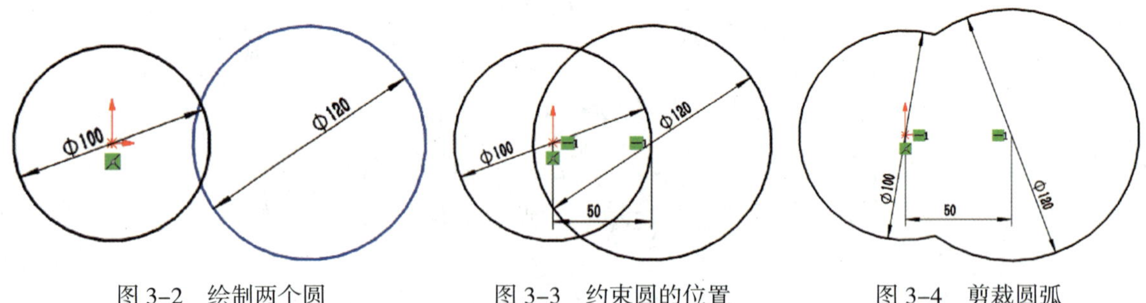

图 3–2 绘制两个圆　　图 3–3 约束圆的位置　　图 3–4 剪裁圆弧

（3）拉伸实体

1）单击命令管理器中的“特征”按钮，进入实体建模工作界面。

2）单击“拉伸凸台 / 基体”按钮，弹出如图 3–5 所示的建模界面，左侧为“凸台 – 拉伸”对话框，右侧为拉伸预览（修改对话框中的参数，拉伸预览即时发生变化）。

3）单击“方向 1（1）”下方的“反向”按钮可改变拉伸方向，确定拉伸方向后，修改拉伸长度参数“D1”为“30”。

4）选中“薄壁特征（T）”复选框，展开相应的“薄壁特征”参数，单击“反向”按钮改变薄壁方向，修改厚度参数“ ”为“5”。选中“顶端加盖（C）”复选框，修改厚度参数“ ”为“5”。

提示

拉伸薄壁体时，应注意拉伸方向和薄壁的延伸方向，均可单击对应的“反向”按钮进行反向。对于顶端加盖的薄壁体，拉伸长度包括盖壁的厚度。

5）单击“确定”按钮完成实体拉伸，结果如图 3-5 所示。

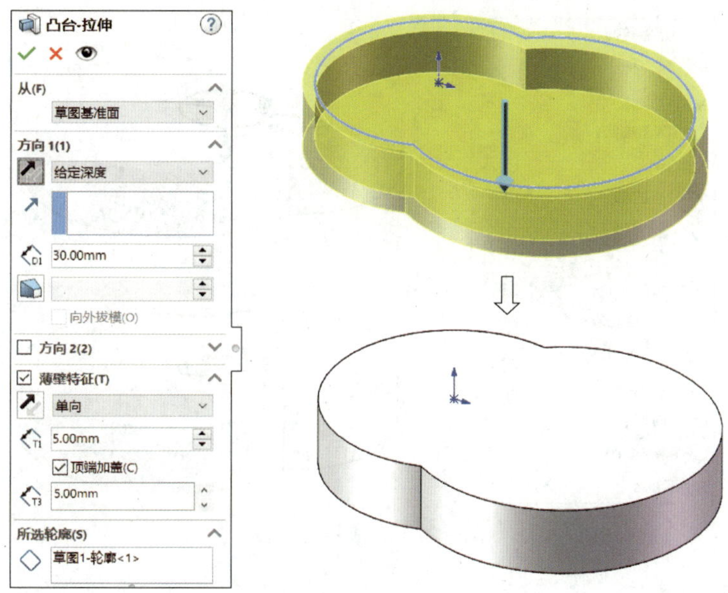

图 3-5　拉伸特征界面

（4）拉伸切除孔

1）单击命令管理器中的“草图”按钮。用鼠标左键单击实体上表面，显示如图 3-6 所示的菜单，单击“正视于”按钮，选择“实体”上表面作为草图平面。

2）单击“圆形”按钮，在原点右侧位置绘制直径为“40”的圆，结果如图 3-7 所示。

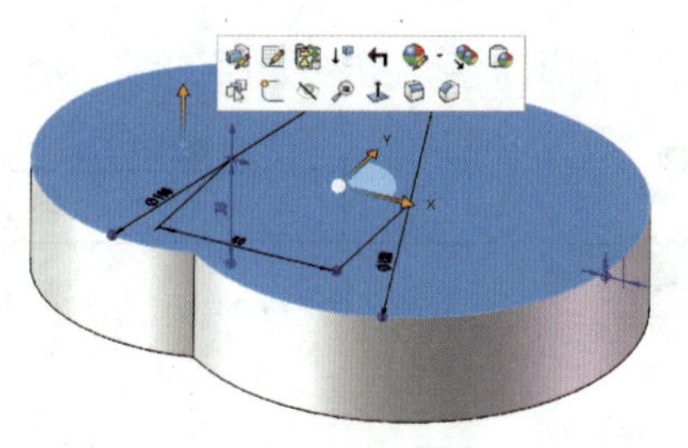

图 3-6　选择草图平面

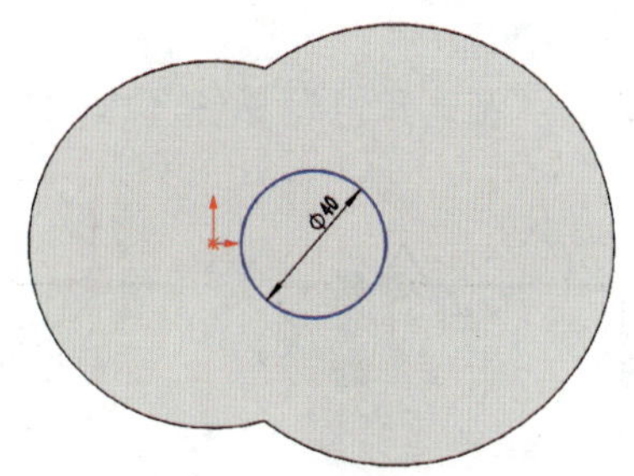

图 3-7　绘制圆

3）按住“Ctrl”键，分别单击原点和圆心，在弹出的“属性”对话框中单击“⊟ 水平（H）”。

4）单击“智能尺寸”按钮 ，约束圆心到原点的距离为“25”，结果如图 3-8 所示。

5）单击“特征”工具栏中的“拉伸切除”按钮 ，弹出如图 3-9 所示的建模界面，左侧为“切除－拉伸”对话框，右侧为切除拉伸预览。

6）修改拉伸长度参数“ ”为“10”，单击“确定”按钮 ✓，完成图 3-9 中圆孔的拉伸切除。

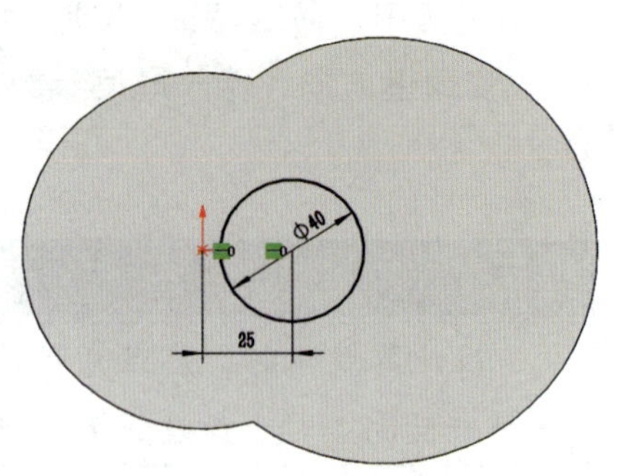

图 3-8　约束圆的位置

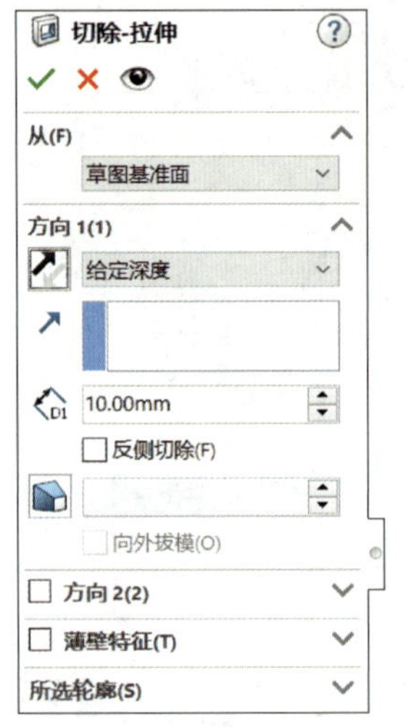

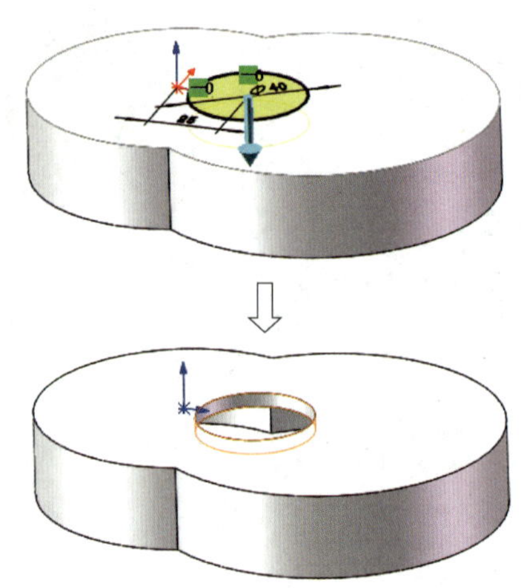

图 3-9　完成拉伸切除

（5）拉伸三角形实体

1）用鼠标右键单击特征管理设计树中的“ 前视基准面”，在弹出的右键菜单中选择“正视于”按钮 ，选择“ 前视基准面”作为草图平面。

2）单击“直线（L）”按钮 ，将光标移至原点水平线位置，出现水平引导虚线并显示“重合（D）”标记 时，单击鼠标左键，向右沿水平方向移动鼠标，出现“重合（D）”标记 时单击鼠标左键。再绘制三角形的其他两条直线，结果如图 3-10a 所示。

3）框选三角形的三条边，在弹出的“属性”对话框中单击“⊟ 相等（Q）”，结果如图 3-10b 所示。

4）单击“智能尺寸”按钮 ，约束三角形的位置和高度，结果如图 3-10c 所示。

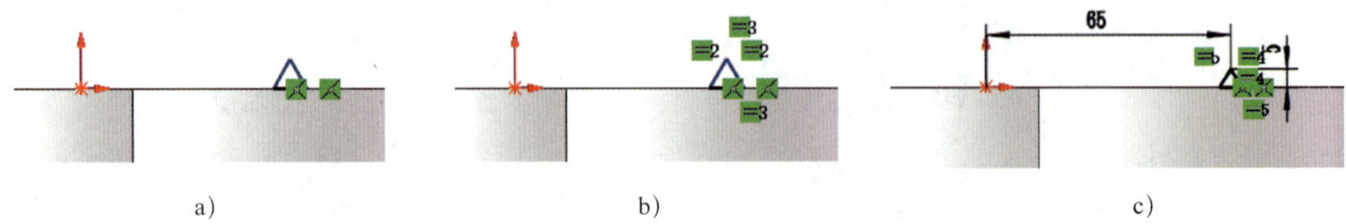

图 3-10　绘制等边三角形

5）按住鼠标中键，旋转图素至合适的观察位置。

6）单击“特征”工具栏中的“拉伸凸台/基体”按钮，弹出如图3–11所示的建模界面，左侧为“凸台–拉伸”对话框，右侧为拉伸预览。

7）单击对话框中“给定深度”右侧的下三角，在弹出的展开菜单中选择“两侧对称”。修改拉伸长度参数“D1”为“40”，选中“合并结果（M）”复选框。单击“确定”按钮，完成图3–11中三角形实体的拉伸。

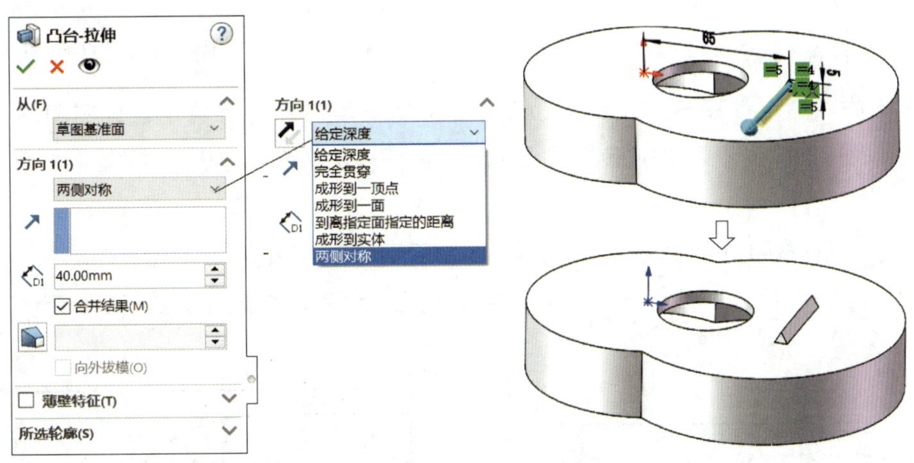

图3–11　拉伸三角形实体

2. 手柄建模

（1）绘制草图

1）单击命令管理器中的“草图”按钮。用鼠标左键单击实体上表面，在弹出的右键菜单中单击“正视于”按钮，选择实体上表面作为草图平面。

2）单击“直线（L）”按钮，按图3–12所示绘制草图。

3）按住“Ctrl”键，分别单击两条水平线右侧的端点，在弹出的“属性”对话框中单击“| 竖直（V）”。

4）单击“智能尺寸”按钮，对草图进行尺寸约束，结果如图3–13所示。

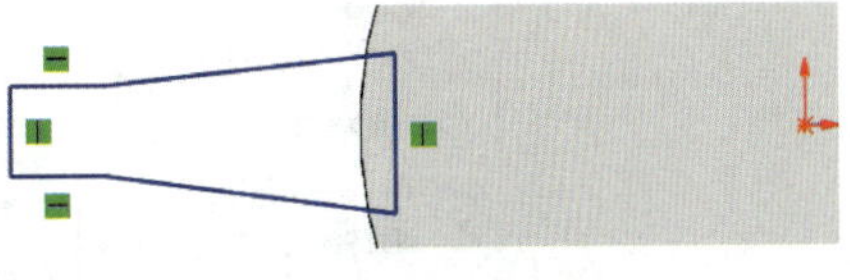

图3–12　绘制草图

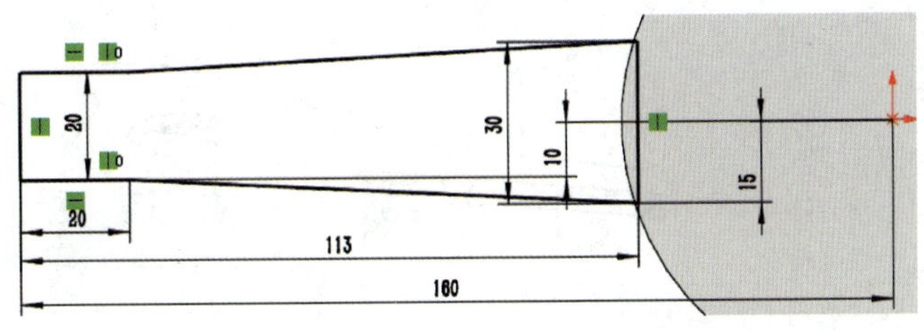

图3–13　约束草图

（2）拉伸手柄

1）单击“特征”工具栏中的“拉伸凸台 / 基体”按钮，弹出“凸台 – 拉伸”对话框。

2）选中“给定深度”，选定拉伸方向。修改拉伸长度参数“”为“30”，选中“合并结果（M）”复选框。

3）单击“确定”按钮 完成实体拉伸，结果如图 3–14 所示。

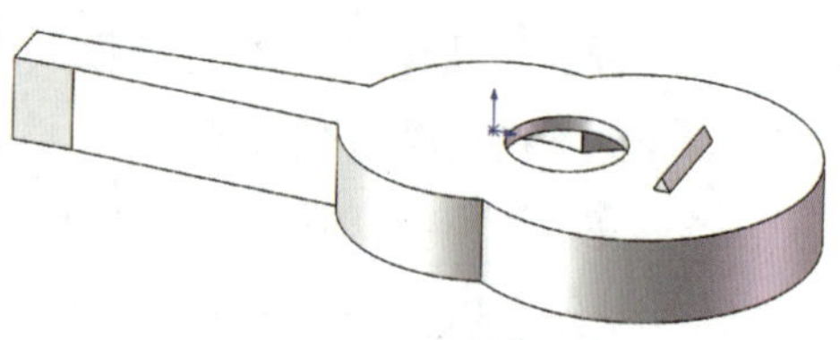

图 3–14 拉伸手柄

（3）切除底部轮廓

1）单击命令管理器中的“草图”按钮。用鼠标右键单击特征管理设计树中的“ 前视基准面”，在弹出的右键菜单中选择“正视于”按钮，选择“ 前视基准面”作为草图平面。

2）单击“直线（L）”按钮，按图 3–15 所示绘制草图。

3）单击“智能尺寸”按钮，对草图进行尺寸约束，结果如图 3–16 所示。

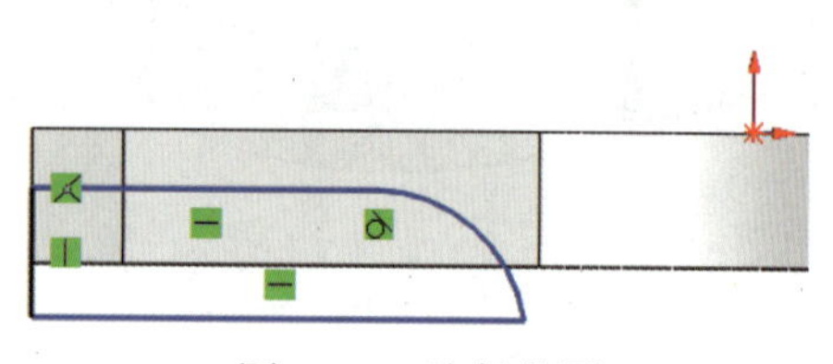

图 3–15 绘制草图

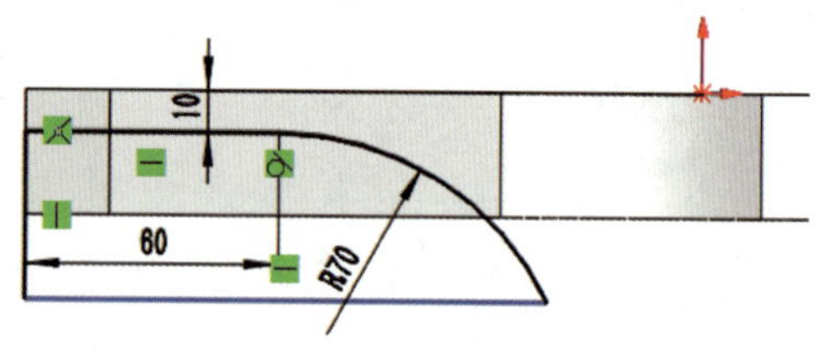

图 3–16 约束草图

4）单击“特征”工具栏中的“拉伸切除”按钮，弹出如图 3–17 所示的建模界面，左侧为“切除 – 拉伸”对话框，右侧为切除拉伸预览。

5）修改“方向 1（1）”中的拉伸长度参数“”为“15”。选中“方向 2（2）”复选框，修改拉伸长度参数“”为“15”。

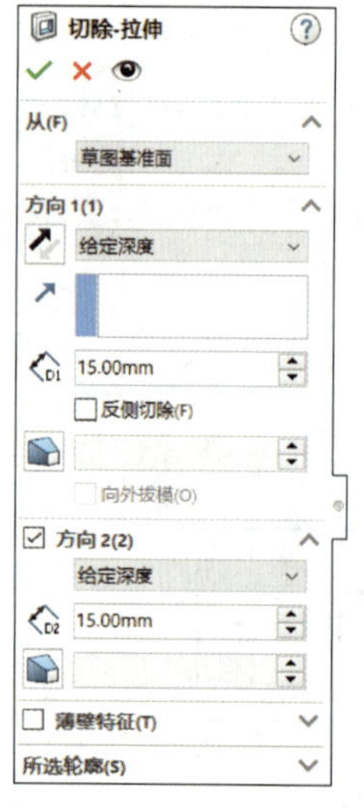

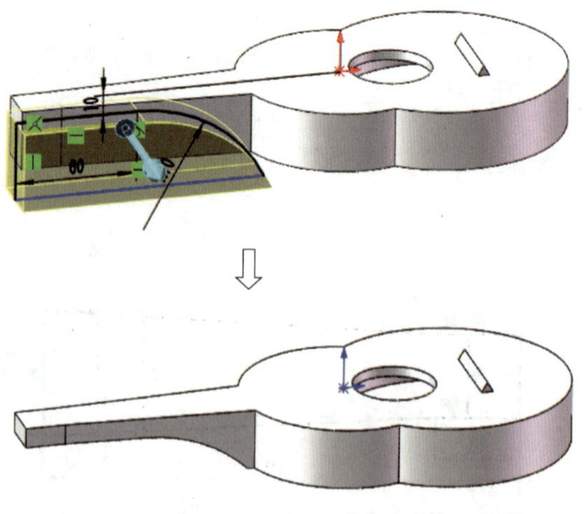

图 3–17 拉伸切除界面

6）单击“确定”按钮，完成图 3–17 中手柄底部轮廓的拉伸切除。

提示

拉伸建模时，可沿两个方向设置不同的拉伸长度参数，如果两个方向的长度相同，则可选中“两侧对称”进行拉伸操作。

3. 实体倒圆角

（1）单击“特征”工具栏中的“圆角”按钮，弹出如图 3–18 所示的建模界面，左侧为“圆角”对话框，右侧为建模预览。

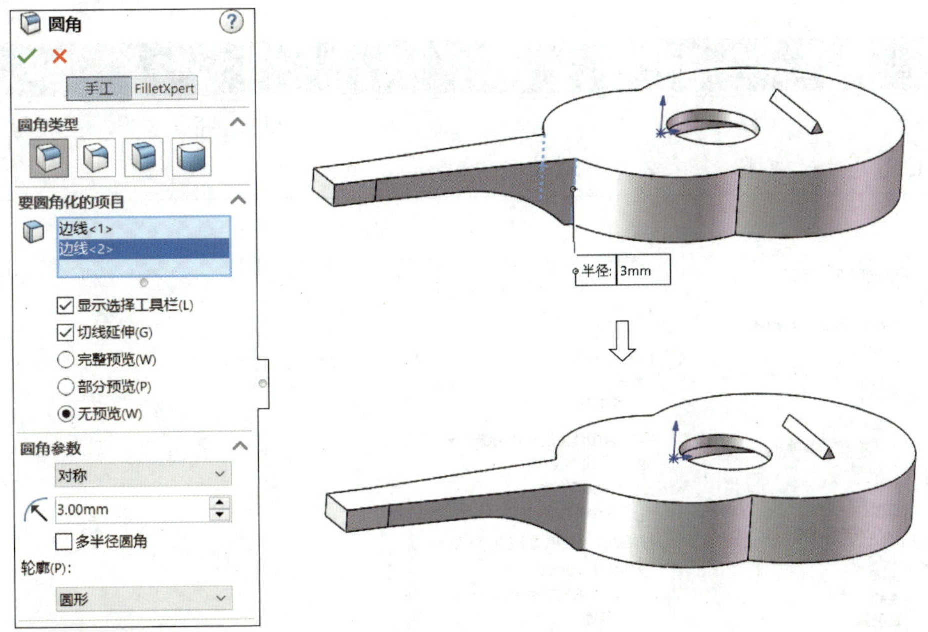

图 3–18　实体倒圆角

（2）单击“固定大小圆角”按钮，输入圆角半径“”值为“3”，选中“切线延伸（G）”复选框。

（3）依次单击选中两条边界交线，单击“确定”按钮完成实体圆角。

提示

在选择实体上的边界、面等图素时，应注意光标处图案的变化，选择边的图案为“ | ”，选择实体面的图案为“■”。

（4）单击“特征”工具栏中的“圆角”按钮，依次单击实体上表面需要倒圆角的边界，单击“固定大小圆角”按钮，输入圆角半径“”值为“1”，选中“切线延伸（G）”复选框，单击“确定”按钮完成实体上表面倒圆角操作，结果如图 3–19 所示。

（5）按住鼠标中键，旋转实体至合适的观察位置。采用同样的方法，完成实体下表面倒圆角操作，结果如图 3-20 所示。

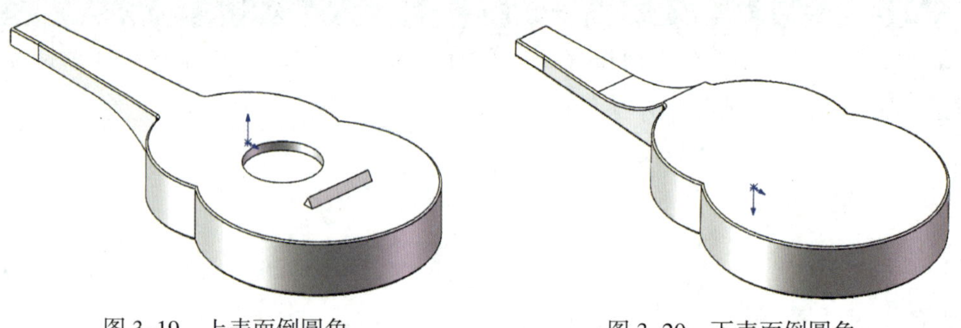

图 3-19　上表面倒圆角　　　　图 3-20　下表面倒圆角

提示

单击标准工具栏中的“选项”按钮，弹出“系统选项（S）”对话框，参照图 3-21 设置系统参数，即可显示实体的相切边线。

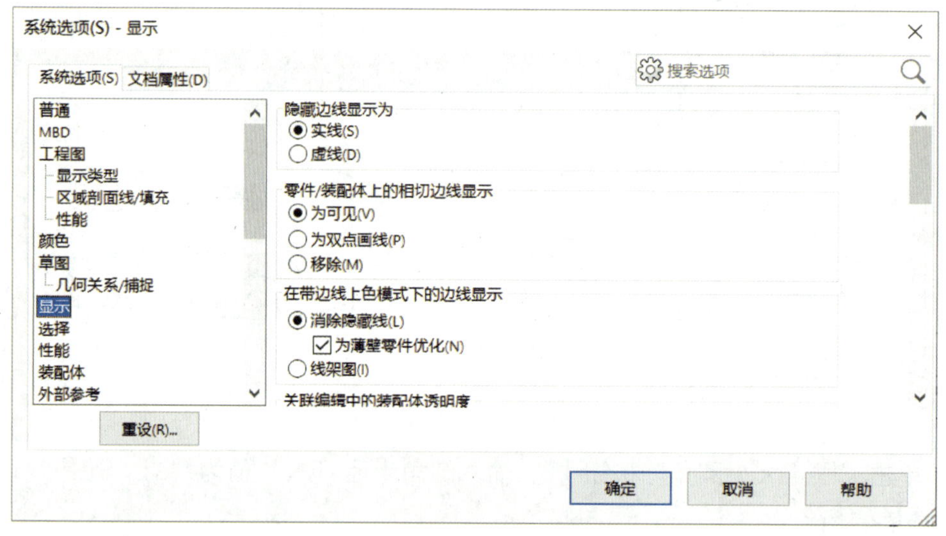

图 3-21　设置实体相切边线显示

四、知识与技能延伸

1. 拉伸实体建模的补充说明

对于拉伸实体建模，除了本例中介绍的几种方式外，还有如图 3-11 所示的多种拉伸方式。

（1）完全贯穿

采用“完全贯穿”方式拉伸实体建模的操作过程如图 3-22 所示。在对话框中选中“完全贯穿”，不管零件有多厚，所有拉伸方向上的实体均被贯穿。

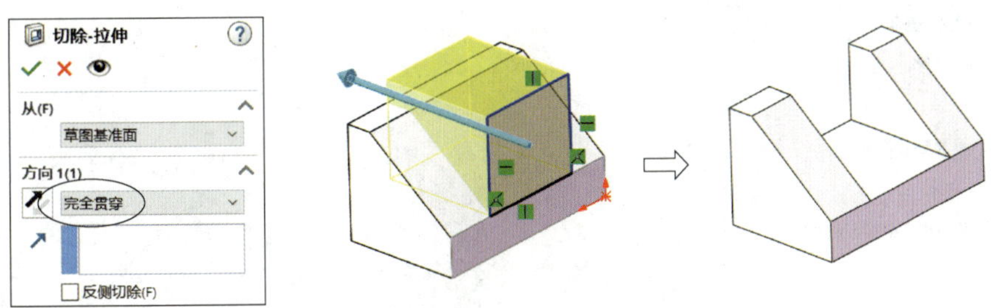

图 3-22　“完全贯穿”拉伸建模方式

（2）成形到一顶点

采用“成形到一顶点”方式拉伸实体建模的操作过程如图 3-23 所示。在对话框中选中“成形到一顶点”，在“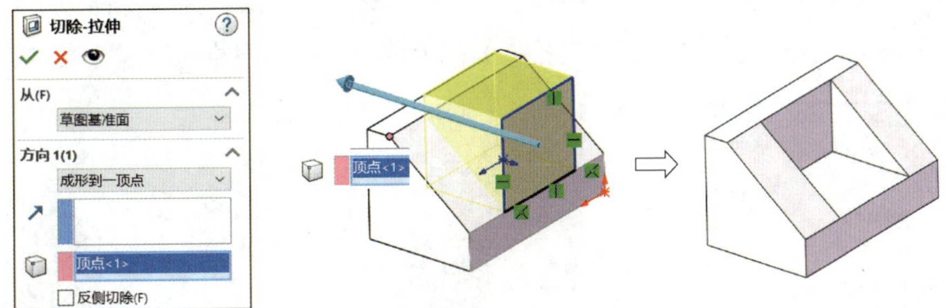”右侧的空白方框中单击，单击实体中的顶点，即可拉伸成形至指定顶点。

图 3-23　“成形到一顶点”拉伸建模方式

（3）成形到一面

采用“成形到一面”方式拉伸实体建模的操作过程如图 3-24 所示。在对话框中选中“成形到一面”，在“ ”右侧的空白方框中单击，单击要成形到的面，即可拉伸成形至该面。

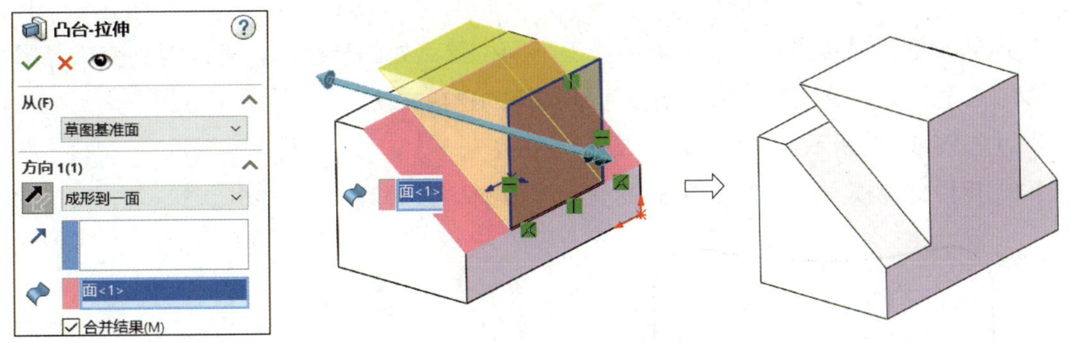

图 3-24　“成形到一面”拉伸建模方式

（4）到离指定面指定的距离

采用“到离指定面指定的距离”方式拉伸实体建模的操作过程如图 3-25 所示。在对话框中选中“到离指定面指定的距离”，在“ ”右侧的空白方框中单击，单击指定面，设定距离“ ”值，即可按“到离指定面指定的距离”完成拉伸成形。

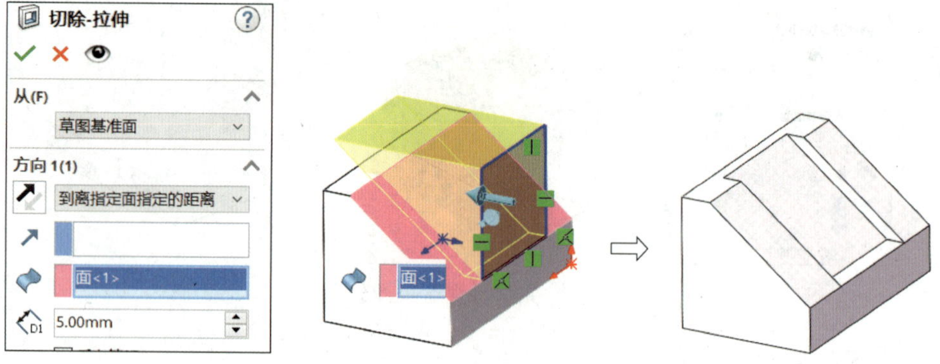

图 3-25 “到离指定面指定的距离”拉伸建模方式

（5）成形到实体

采用“成形到实体”方式拉伸实体建模的操作过程如图 3-26 所示。在对话框中选中“成形到实体”，在“ ”右侧的空白方框中单击，单击实体上任一面，即可拉伸成形到指定实体。

注意：采用这种方式时，草图截面在拉伸方向上的投影范围不能超出指定实体的轮廓范围。

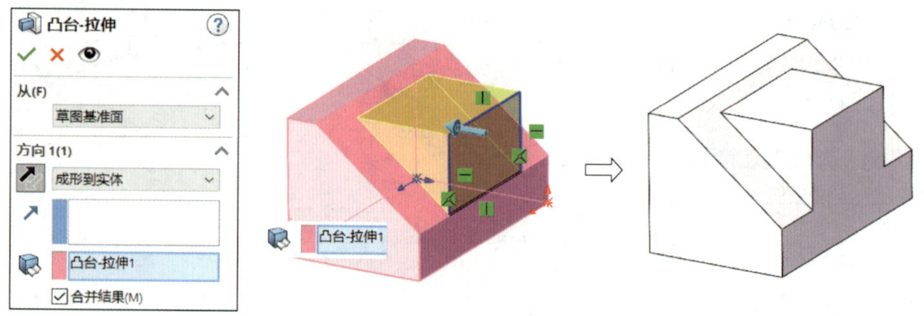

图 3-26 “成形到实体”拉伸建模方式

2. 变半径圆角的建模方法

在实体倒圆角过程中，通过设置曲线上不同位置点处的半径值，可以得到变半径圆角，下面以“香皂”零件建模实例来说明变半径圆角的建模方法。

（1）按图 3-27 所示绘制草图。

（2）用拉伸建模方式创建如图 3-28 所示的实体，实体高度为“26”。

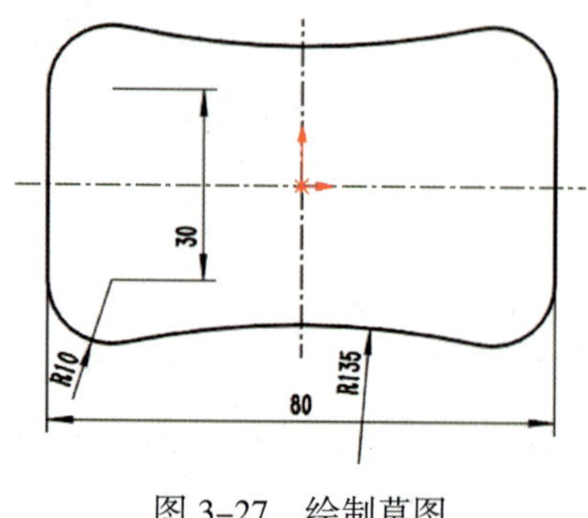

图 3-27 绘制草图

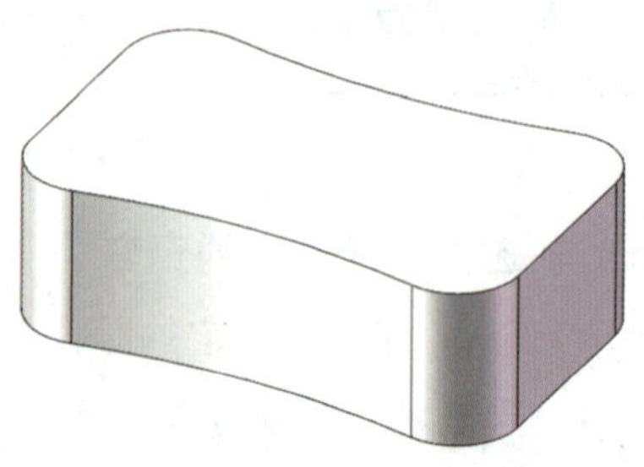

图 3-28 拉伸实体

（3）单击“特征”工具栏中的“圆角”按钮，弹出如图 3–29 所示的“圆角”对话框，单击“变量大小圆角”按钮。

（4）在“”右侧的空白方框中单击，在实体表面分别单击两条“R135”的圆弧轮廓，再分别单击圆弧的中点，此时在“”右侧的空白方框中显示“V1”“V2”“V3”“V4”“P1”“P2”。

（5）单击“V1”，在实体表面显示相应点的位置，在“”中输入该点的半径值为“5”，用同样的方法，输入“V2”“V3”“V4”的半径值为“5”。单击“”中的“P1”，在“”中输入半径值为“13”，用同样的方法，输入“P2”的半径值为“13”。

（6）单击“确定”按钮完成实体上表面变半径圆角。

（7）采用同样的方法，完成实体下表面的变半径圆角，结果如图 3–30 所示。

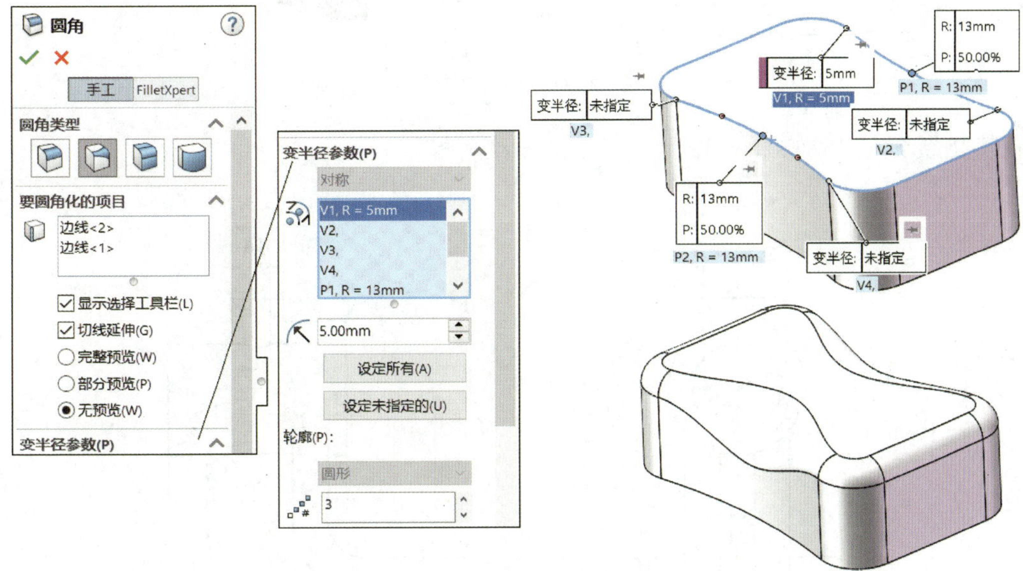

图 3–29　变半径圆角

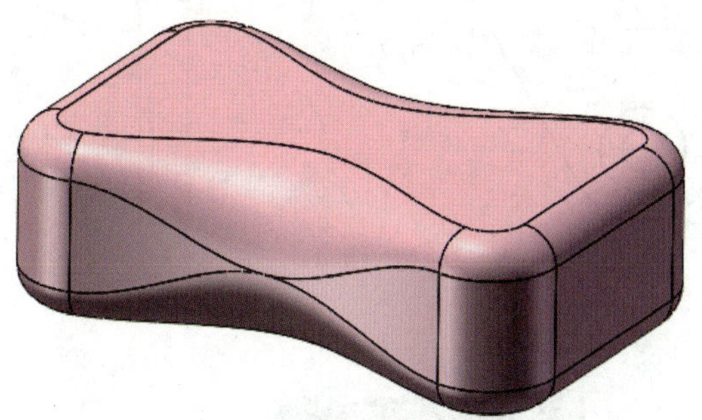

图 3–30　完成变半径圆角后的实体

五、任务拓展

任务拓展 1　完成如图 3–31 所示零件的三维建模。

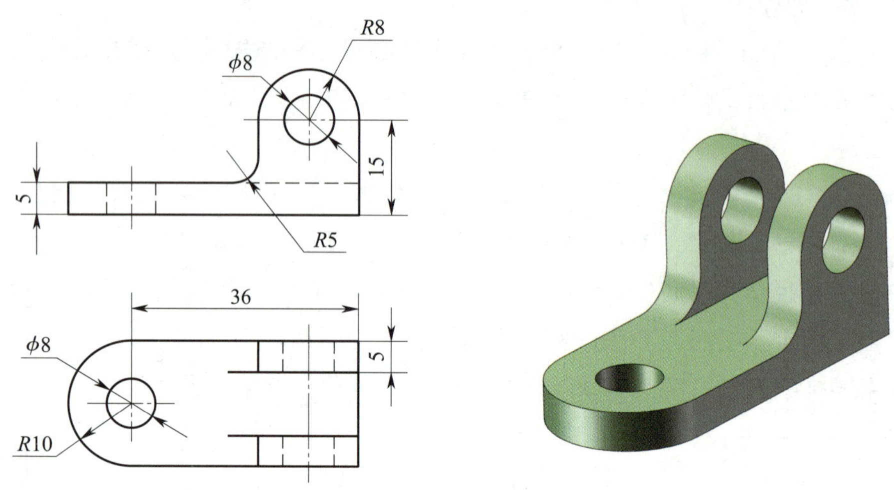

图 3-31　任务拓展 1

任务拓展 2　完成如图 3-32 所示零件的三维建模。

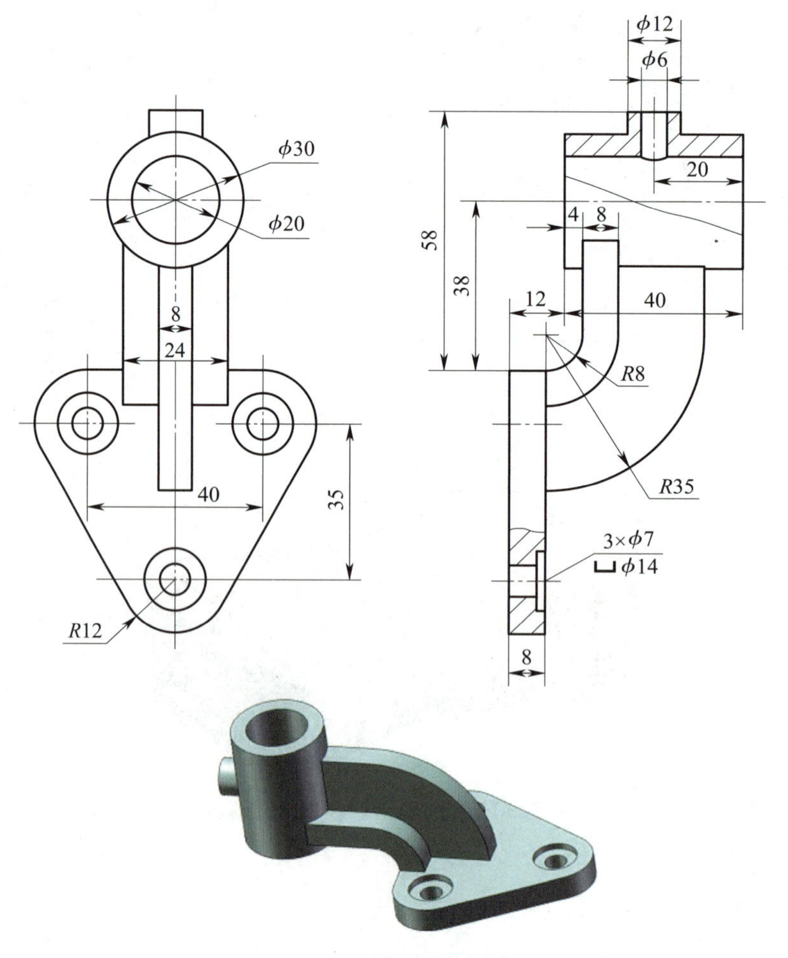

图 3-32　任务拓展 2

任务拓展 3　完成如图 3–33 所示零件的三维建模（圆角部分采用变半径圆角方式建模）。

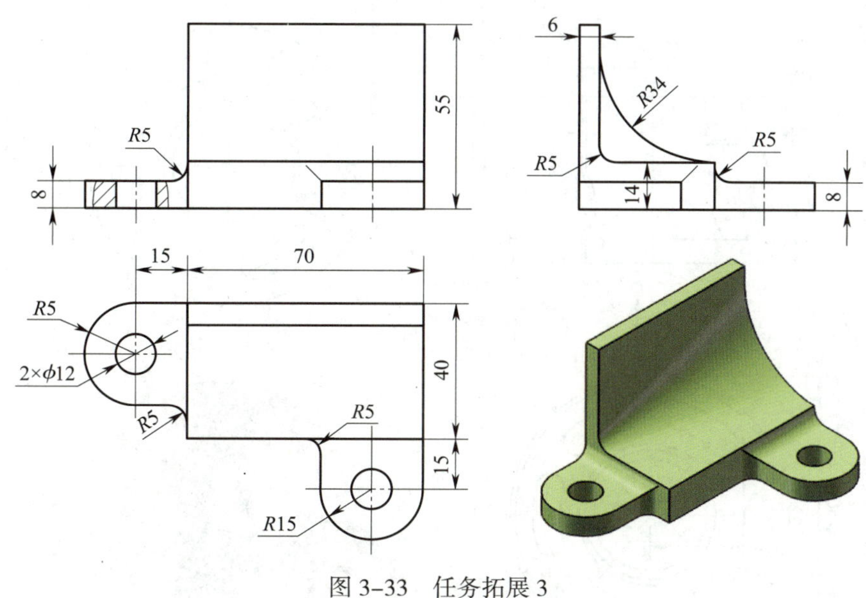

图 3–33　任务拓展 3

课题 2　旋转实体建模

一、学习目标

1．掌握旋转实体的建模方法。

2．掌握直槽口草图轮廓的绘制方法。

3．掌握圆周阵列的建模方法。

二、工作任务

完成如图 3–34 所示零件的实体建模。

三、任务实施

1．底部圆盘基体建模

（1）进入草图

1）单击标准工具栏中的“新建（Ctrl+N）”按钮，单击切换至“模板”选项卡，选中“gb_part”后单击“确定”按钮。

2）单击命令管理器中的“草图”按钮。

3）用鼠标右键单击特征管理设计树中的“前视基准面”，在弹出的右键菜单中单击“草图绘制”按钮进入草图绘制界面。

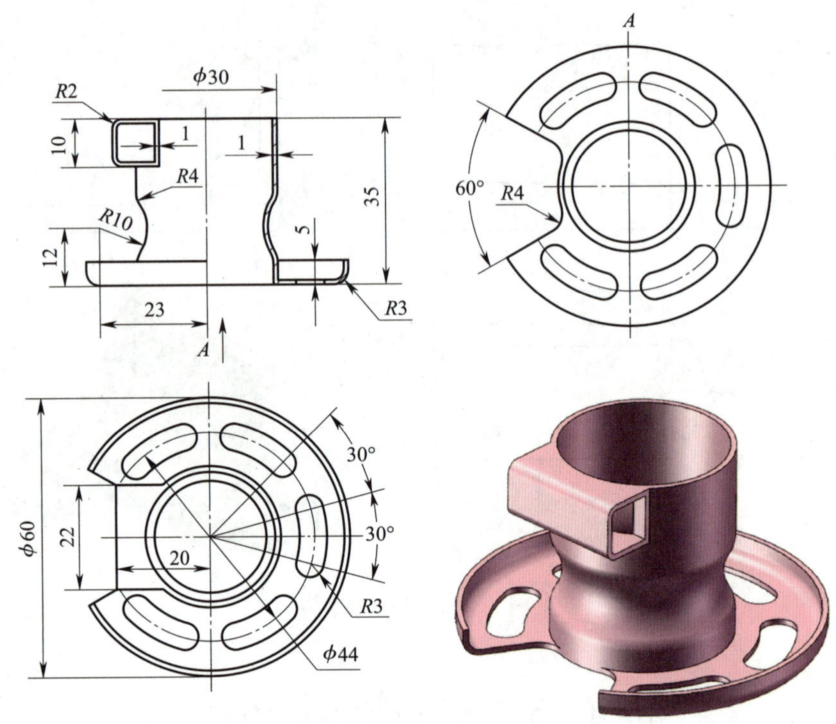

图 3-34　旋转实体建模示例

（2）绘制截面草图

截面草图的绘制流程如图 3-35 所示。

1）单击“直线（L）”按钮，在参数管理器中弹出“插入线条”对话框。

2）将鼠标移至原点右侧，显示水平引导虚线和“水平（V）”标记时，单击鼠标左键并向右移动鼠标，显示“重合 + 水平”标记时，输入“16”并按回车键。

3）向上移动鼠标，显示“竖直（H）”标记时，输入“5”并按回车键。

4）双击鼠标左键退出当前操作。单击“智能尺寸”按钮，对水平线左侧端点与原点的距离“14”进行尺寸约束。

5）单击“绘制圆角”按钮，弹出“绘制圆角”对话框，在“圆角参数（P）”下输

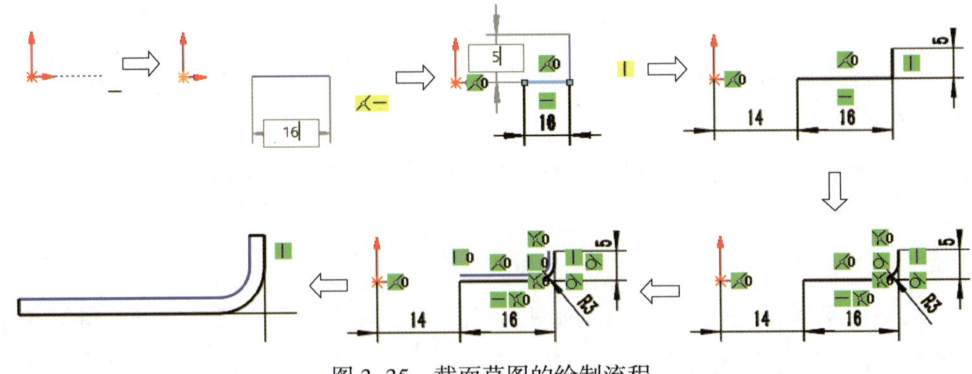

图 3-35　截面草图的绘制流程

入圆角半径“”值为“3”，绘制“R3”的圆角。

6）单击“等距实体”按钮，弹出“等距实体”对话框，输入“等距距离”“”值为“1”，选中“选择链（S）”复选框。单击任意直线，在轮廓的左上侧单击鼠标左键，绘制等距线。

7）单击“直线（L）”按钮，绘制两条等距线的连线。

（3）旋转建模

1）单击“草图”工具栏中“草图轮廓上色”按钮，给封闭的草图轮廓上色。

提示

此按钮位于“草图”工具栏的最右侧。也可单击下拉菜单中的“工具（T）”/“草图设置（S）”/“上色草图轮廓”来执行该操作，可用于检查草图轮廓是否封闭。

2）单击“直线（L）”按钮，弹出“插入线条”对话框，选中“作为构造线（C）”复选框。过原点绘制竖直线（回转轴线），结果如图 3–36 所示。

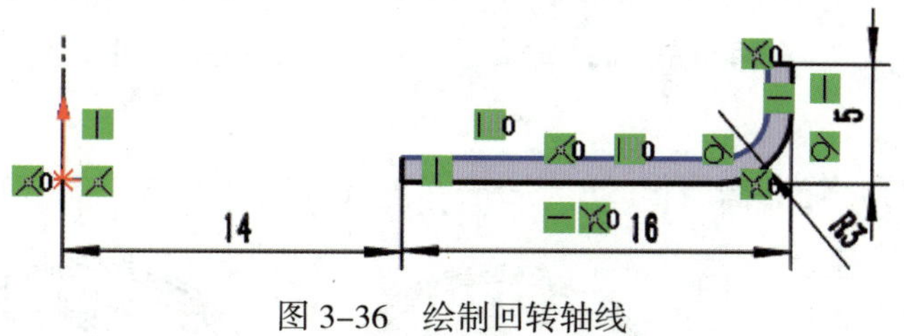

图 3–36 绘制回转轴线

3）单击“特征”工具栏中的“旋转凸台/基体”按钮，弹出如图 3–37 所示的建模界面，左侧为“旋转”对话框，右侧为旋转预览（系统自动选择截面轮廓和回转轴线）。

4）单击“旋转”对话框中“给定深度”右侧的下三角，在弹出的展开菜单中选择“两侧对称”，修改“”值为“300”。

5）单击“确定”按钮完成底部圆盘基体的旋转建模。

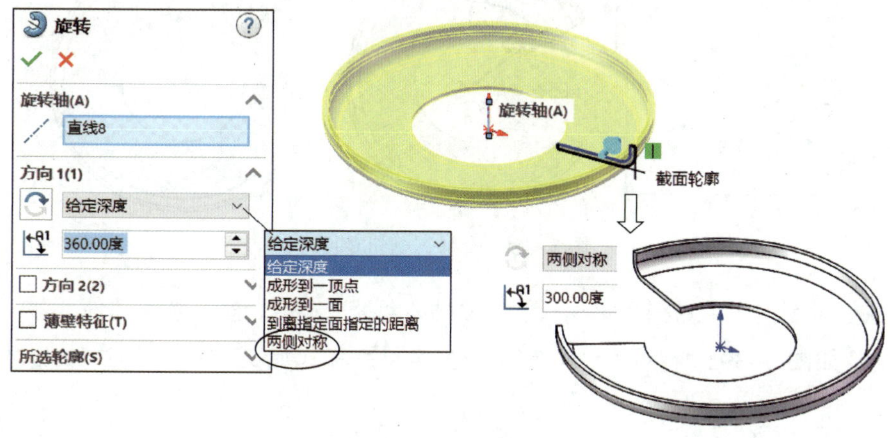

图 3–37 旋转建模

2. 弧形槽建模

（1）绘制草图

1）用鼠标右键单击底部圆盘基体的上表面，在弹出的右键菜单中单击“草图绘制”按钮 。

2）在“草图”工具栏中单击“直槽口”按钮 ，弹出如图 3–38 所示的“槽口”对话框。

提示

如果在当前的“草图”工具栏中找不到该按钮，可参照模块一课题 1 中自定义快捷方式按钮的方法将其定制在“草图”工具栏中。

3）在对话框的“槽口类型”下单击“中心点圆弧槽口”按钮 ，选中“添加尺寸”复选框。将鼠标移至原点位置，显示“重合（D）”标记 时单击鼠标左键，绘制直槽口的中心点。

4）向左上角位置移动鼠标，输入半径值“22”后按回车键，单击鼠标左键绘制直槽口起始圆中心点，向右上方移动鼠标，输入圆心角“30”后按回车键，绘制直槽口终止圆中心点。

5）上下移动鼠标，输入槽宽值“6”后按回车键，绘制如图 3–38 中的直槽口。

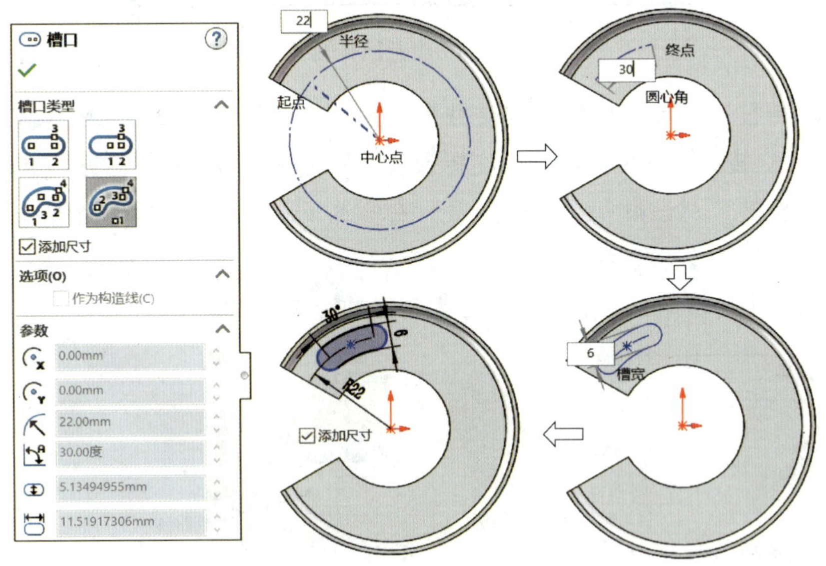

图 3–38 绘制直槽口草图

6）单击“直线（L）”按钮 ，弹出“插入线条”对话框，选中“作为构造线（C）”复选框。绘制如图 3–39a 所示两条构造线（连接原点和起始圆中心点的边线及过原点的竖直线）。

7）单击“智能尺寸”按钮 ，约束两条构造线的角度为“45”，结果如图 3–39b 所示。

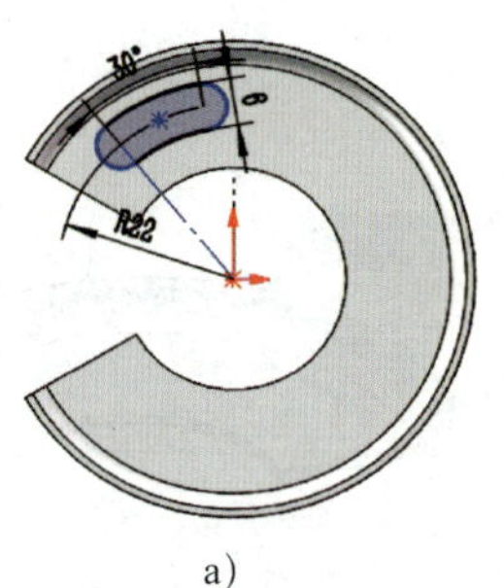

a)

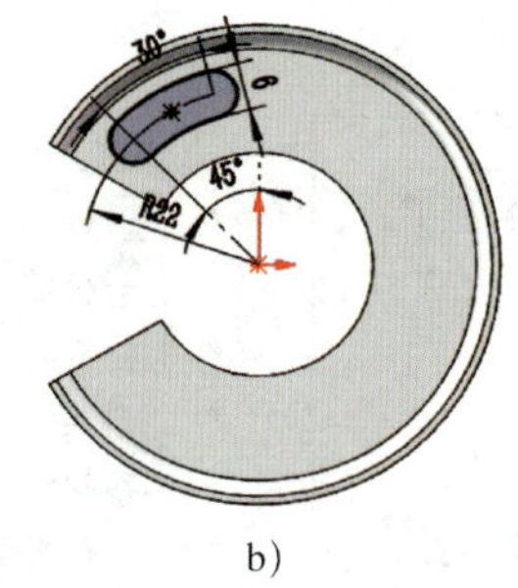

b)

图 3–39　约束直槽口位置

（2）直槽口建模

1）单击“特征”工具栏中的“拉伸切除”按钮 ，弹出“切除 – 拉伸”对话框，选中“完全贯穿”。

2）单击“确定”按钮 完成直槽口的拉伸切除，结果如图 3–40 所示。

3）单击“特征”工具栏中“线性阵列”按钮 下方的下三角 ，弹出如图 3–41 所示的展开菜单。单击“ 圆周阵列”，弹出如图 3–42 所示的建模界面，左侧为“阵列（圆周）2”对话框，右侧为圆周阵列建模预览。

提示

在实体建模过程中，在“× × 特征操作”后出现数字，只是显示该操作的次数（若撤消该操作后再重复进行操作，数值即“+1”），故读者操作时显示的数值可能与本书中不一致。

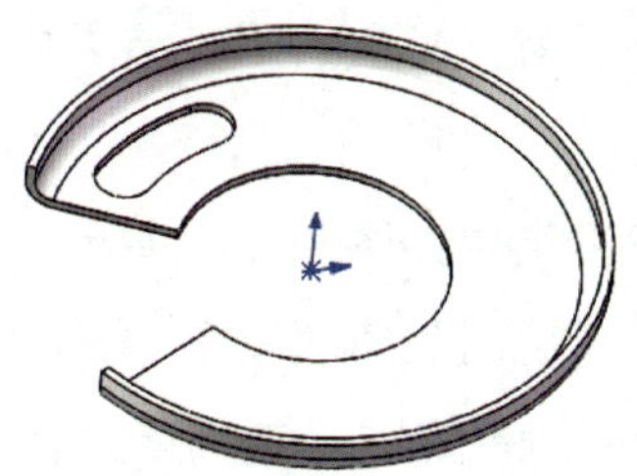
图 3–40　拉伸切除直槽口

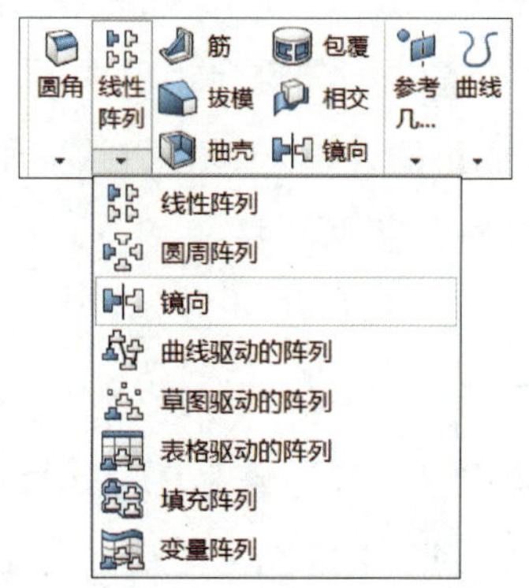

图 3–41　“线性阵列”展开菜单

4）在“ ”右侧的空白方框中单击，再单击外侧竖直方向圆柱面。单击对话框上方的“ ”，绘图区的“ 实例 3–2”呈展开显示。选中“特征和面（F）”复选框，并在其下方“ ”右侧的空白方框中单击，再单击“ 实例 3–2”下方的“ 切除 – 拉 ...”。

5）选中“实例间距”单选按钮，修改“ ”值为“60”，修改“ ”值为“5”。

6）单击“确定”按钮 完成直槽口的圆周阵列。

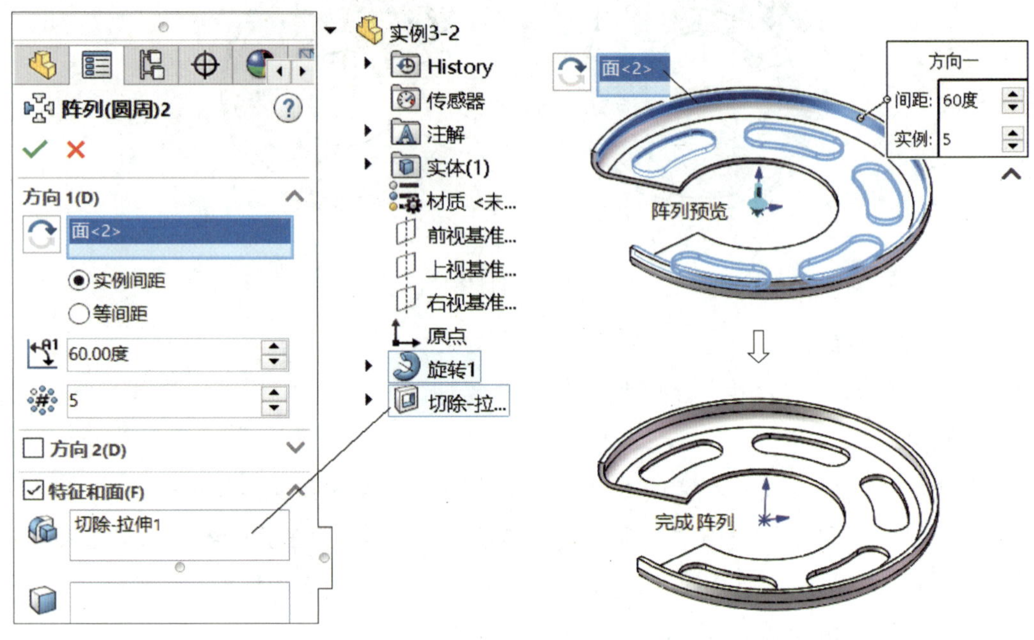

图 3-42 特征圆周阵列

3. 立柱建模

（1）绘制草图

1）用鼠标右键单击特征管理设计树中的“前视基准面”，在弹出的右键菜单中单击“草图绘制”按钮。

2）单击“直线（L）”按钮，弹出“插入线条”对话框。将鼠标移至原点右侧，显示水平引导虚线和“重合（D）”标记时，单击鼠标左键并向上移动鼠标，显示“竖直（V）”标记时，输入“35”并按回车键，绘制竖直线。

3）单击“圆形”按钮，在竖直线的右侧绘制直径为“20”的圆，结果如图 3-43a 所示。

4）单击“智能尺寸”按钮，约束直线和圆的位置，结果如图 3-43b 所示。

5）单击“剪裁实体（T）”按钮，剪裁图素。单击“绘制圆角”按钮，绘制半径“”值为“4”的圆角。单击“直线（L）”按钮，绘制过原点的竖直构造线。完成后如图 3-43c 所示。

（2）旋转建模

1）按住鼠标中键，旋转图素至合适的观察位置。单击“特征”工具栏中的“旋转凸台/基体”按钮，弹出如图 3-44 所示的提示对话框，单击“否（N）”按钮 否(N) 。

2）弹出如图 3-45 所示的建模界面，左侧为“旋转”对话框，右侧为旋转预览（系统自动选择截面轮廓和回转轴线）。

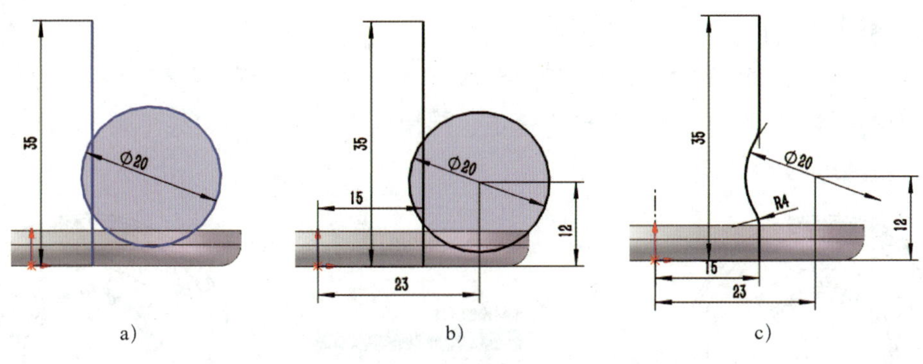

图 3–43　绘制截面草图

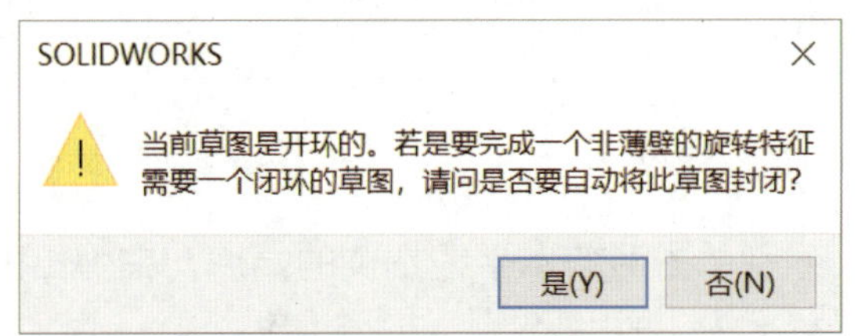

图 3–44　提示对话框

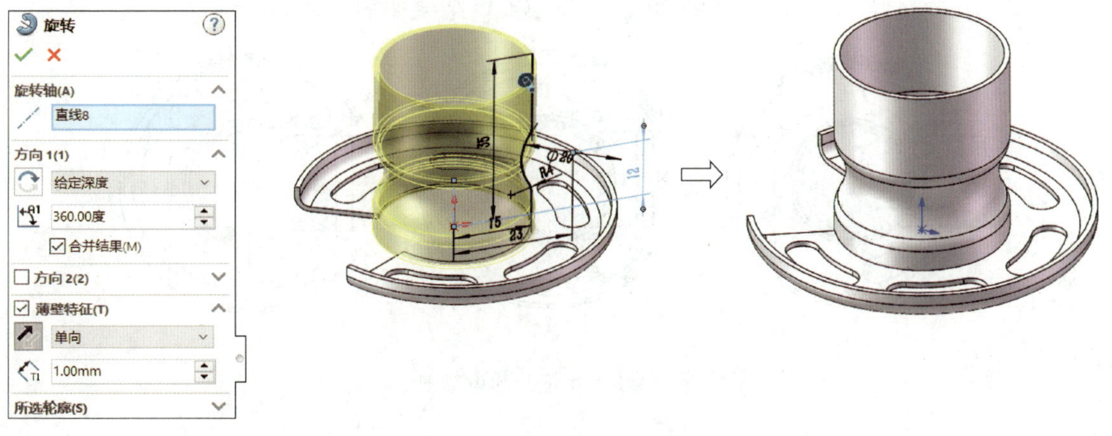

图 3–45　旋转薄壁特征建模

3）系统自动选中“薄壁特征（T）”复选框，根据实际情况可单击“ ”更改薄壁方向，选中“合并结果（M）”复选框。

4）单击“确定”按钮 ✓ 完成立柱的旋转建模。

4. 顶部凸台建模

（1）绘制草图

1）用鼠标右键单击立柱的上表面，在弹出的右键菜单中单击“草图绘制”按钮 。

2）单击“直线（L）”按钮 ，弹出“插入线条”对话框。将鼠标移至实体外轮廓边线，实体外轮廓呈虚线显示，同时出现“重合（D）”标记 ，单击鼠标左键并向左移动鼠标，显示“水平（H）”标记 时单击鼠标左键绘制水平线。再绘制相连的竖直线和水平线，结果如图 3–46 所示。

3）单击“转换实体引用”按钮 ，弹出如图 3–47 所示的“转换实体引用”对话框。在“要转换的实体”下方的空白方框中单击，再单击立柱外轮廓边线（圆），单击“确定”按钮 完成转换实体引用。

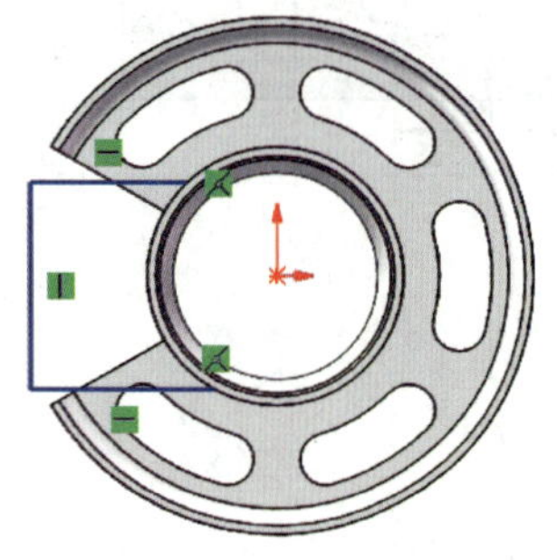

图 3–46　绘制水平线和竖直线

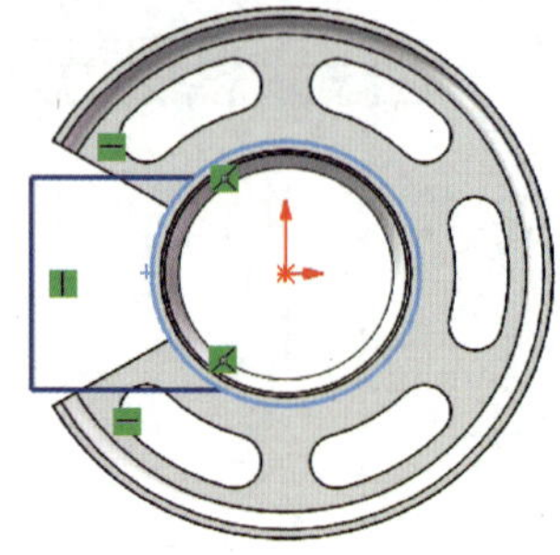

图 3–47　转换实体引用

4）按住“Ctrl”键，分别单击两条水平线右侧的端点，在弹出的“属性”对话框中单击“ 竖直（V）”，结果如图 3–48a 所示。

5）单击“智能尺寸”按钮 ，约束直线的位置，结果如图 3–48b 所示。

6）单击“剪裁实体（T）”按钮 ，剪裁图素，结果如图 3–48c 所示。

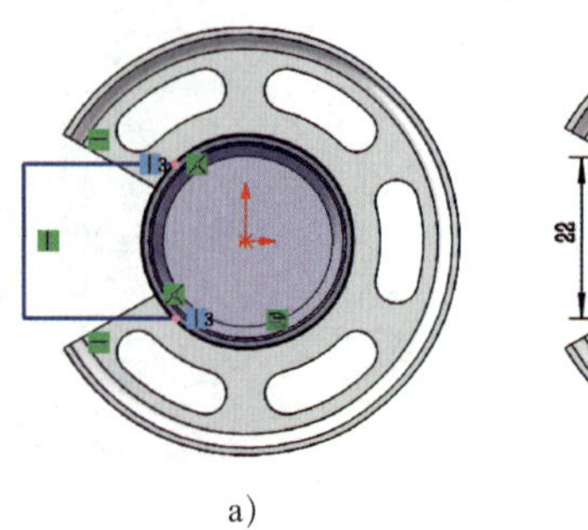

a）

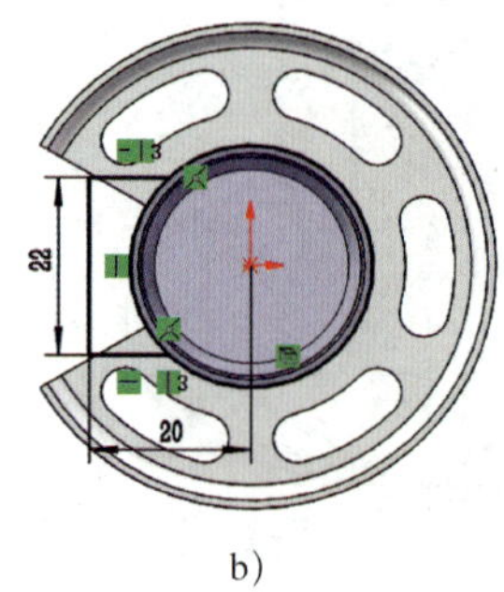

b）

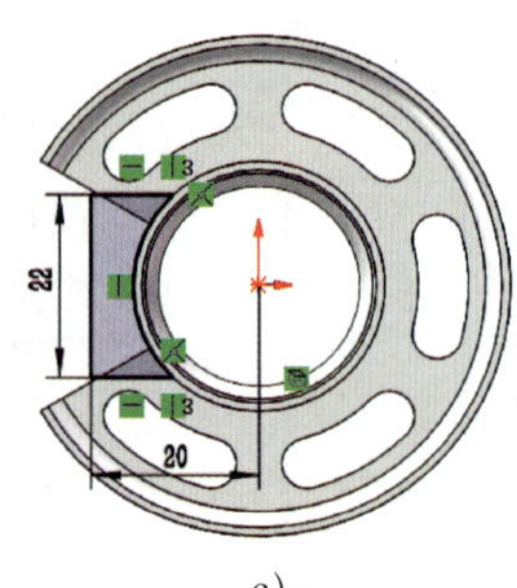

c）

图 3–48　修正并约束草图

（2）拉伸凸台

1）单击“特征”工具栏中的“拉伸凸台 / 基体”按钮 ，弹出“凸台 – 拉伸”对话框。

2）选中对话框中的“给定深度”，选定拉伸方向向下。修改拉伸长度参数“ ”为“10”，选中“合并结果（M）”复选框。

3）按住鼠标中键，旋转图素至合适的观察位置，单击“确定”按钮 完成实体拉伸，结果如图 3–49 所示。

4）单击“特征”工具栏中的“圆角”按钮 ，弹出“圆角”对话框，单击“固定大小圆角”按钮 ，输入圆角半径“ ”值为“2”，完成实体圆角。

5）单击标准工具栏中的“选项”按钮 ，弹出“系统选项（S）”对话框，在“显示”项中“零件 / 装配体上的相切边线显示”下选中“移除（M）”单选按钮，实体显示如图 3–50 所示。

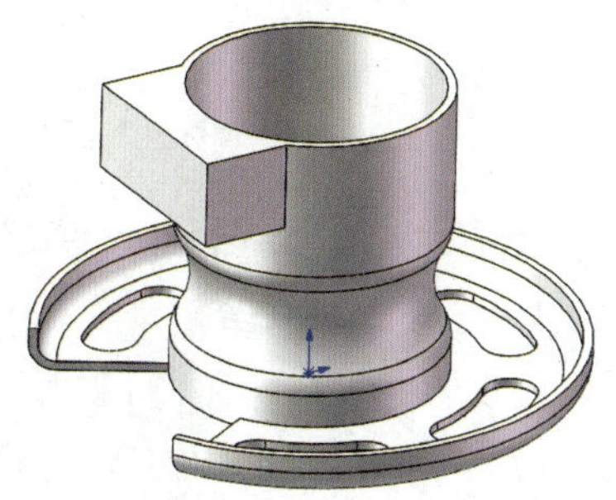

图 3–49　拉伸凸台

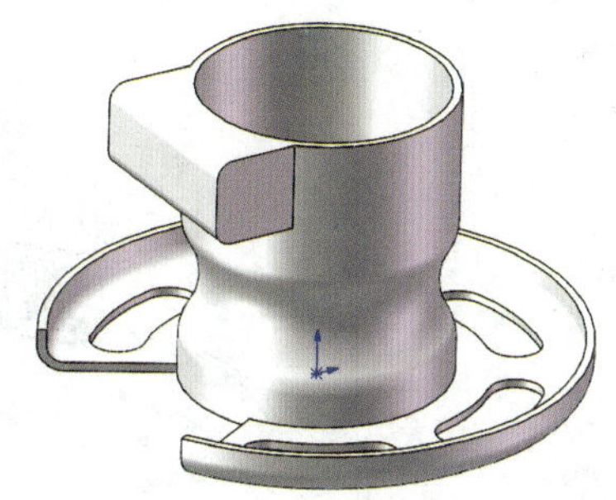

图 3–50　实体圆角

（3）拉伸切除

1）用鼠标右键单击凸台的端面，在弹出的右键菜单中单击“草图绘制”按钮。

2）单击“转换实体引用”按钮，弹出如图 3–51 所示的“转换实体引用”对话框。在“要转换的实体”下方的空白方框中单击，再单击凸台的端面，单击“确定”按钮完成转换实体引用。

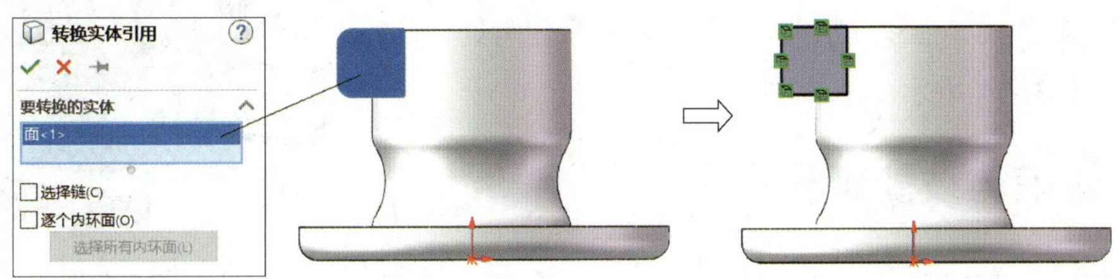

图 3–51　转换实体引用

3）单击“等距实体”按钮，弹出如图 3–52 所示的“等距实体”对话框。输入距离“D1”值为“1”。

4）选中“选择链（S）”复选框，单击外轮廓中的任一条边，外轮廓链被选中。根据等距实体的方向，确定是否选择“反向（R）”复选框。单击“确定”按钮绘制等距实体。

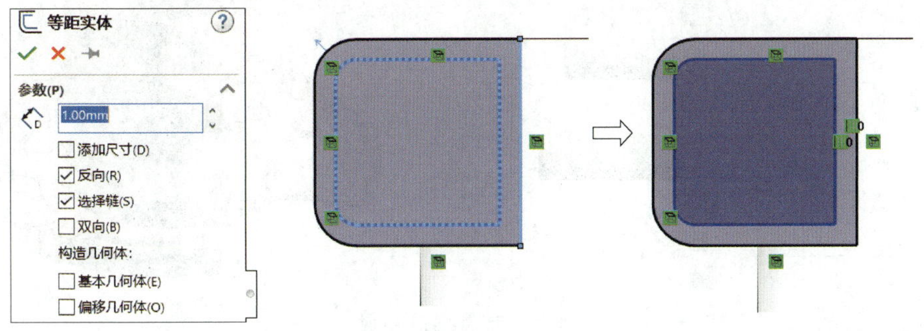

图 3–52　绘制等距实体

5）单击“特征”工具栏中的“拉伸切除”按钮，弹出如图 3–53 所示的“切除 – 拉伸”对话框，选中“给定深度”，设定“D1”值为“25”。

6）在“所选轮廓（S）”下方的空白方框中单击，单击等距实体内部轮廓的任何图素，选择该轮廓作为拉伸用轮廓。单击“确定”按钮完成实体拉伸切除。

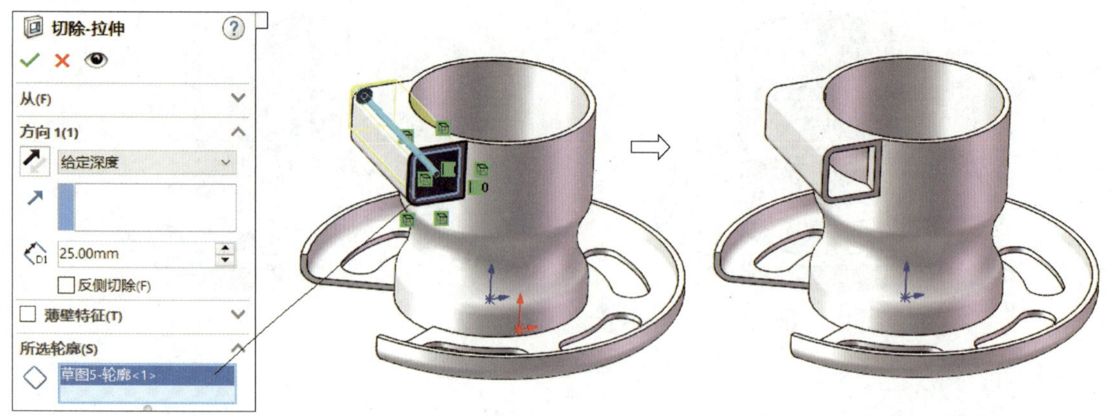

图 3-53　实体拉伸切除

7）单击“特征”工具栏中的“圆角”按钮，弹出“圆角”对话框，单击“固定大小圆角”按钮，输入圆角半径“”值为“4”，完成底面基座两处圆角，结果如图 3-54 所示。

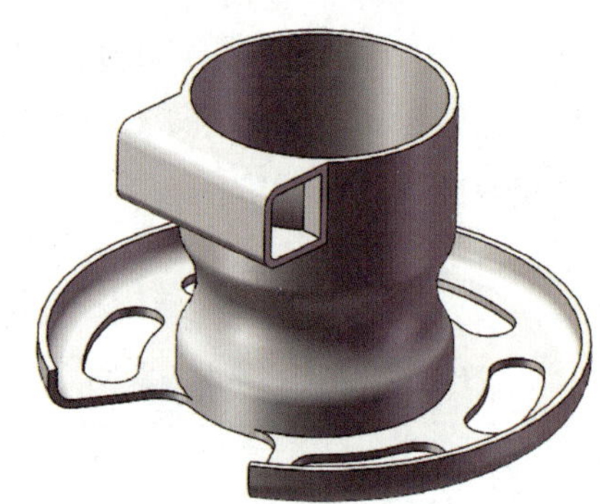

图 3-54　完成后的实体

四、知识与技能延伸

1. 编辑外观

单击前导工具栏中的“编辑外观”按钮，弹出如图 3-55 所示的“color”对话框，在“配色板”的相应颜色位置单击鼠标左键，则实体外表呈该颜色显示。

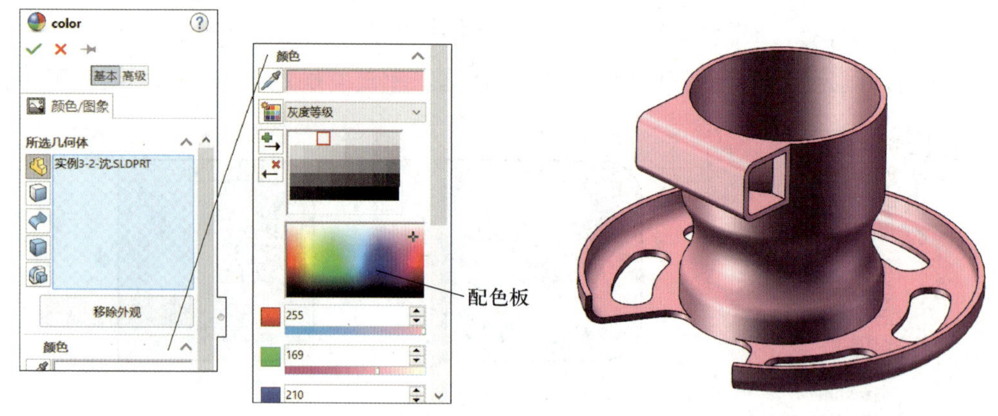

图 3-55　编辑外观

通过选择“所选几何体”中不同的类型（如“”“”“”“”等），可对实体的局部区域进行外观编辑，读者不妨试一试不同的编辑效果。

2. 旋转实体建模的补充说明

关于旋转实体建模，除了本例中介绍的两种方式外，还有以下多种方式：

（1）成形到一顶点

采用“成形到一顶点”方式旋转实体建模的操作过程如图 3–56 所示。在对话框中选中“成形到一顶点”，在“”右侧的空白方框中单击，单击实体中的顶点“A”，即可旋转成形至指定顶点。

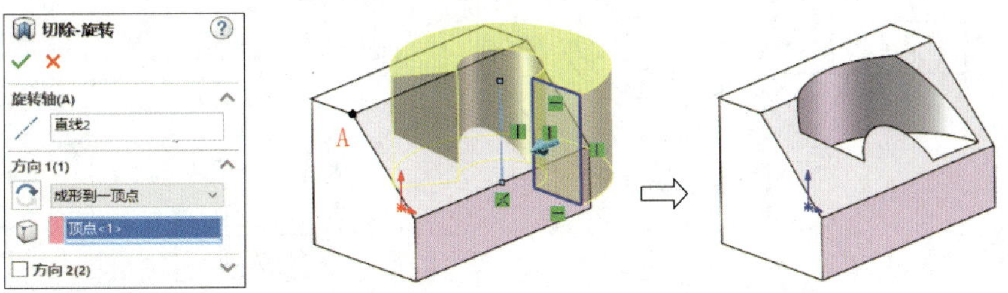

图 3–56　“成形到一顶点”旋转实体建模方式

（2）成形到一面

采用“成形到一面”方式旋转实体建模的操作过程如图 3–57 所示。在对话框中选中“成形到一面”，在“”右侧的空白方框中单击，单击成形到的面，即可旋转成形至该面。

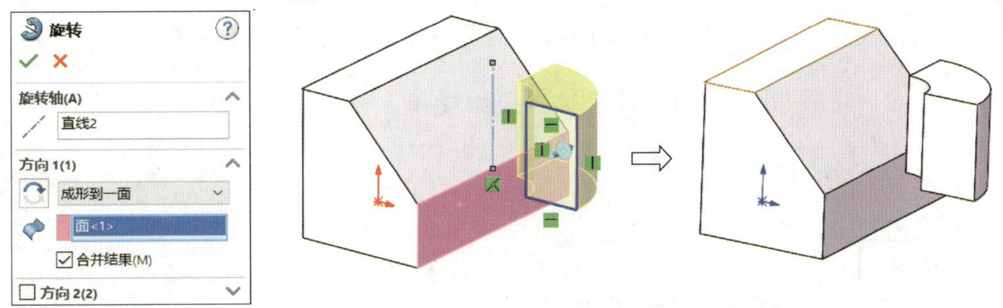

图 3–57　“成形到一面”旋转实体建模方式

（3）到离指定面指定的距离

采用“到离指定面指定的距离”方式旋转实体建模的操作过程如图 3–58 所示。在对话框中选中“到离指定面指定的距离”，在“”右侧的空白方框中单击，单击指定面，设定距离“”值，即可旋转成形到离指定面指定的距离。

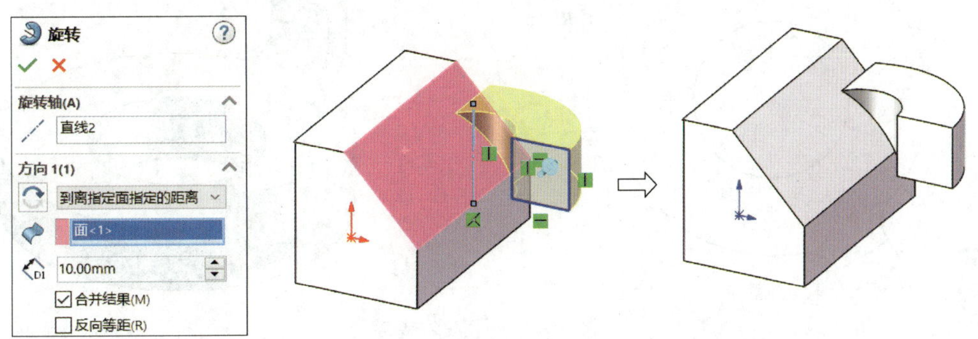

图 3–58　“到离指定面指定的距离”旋转实体建模方式

五、任务拓展

任务拓展 1　完成如图 3-59 所示实体的三维建模。

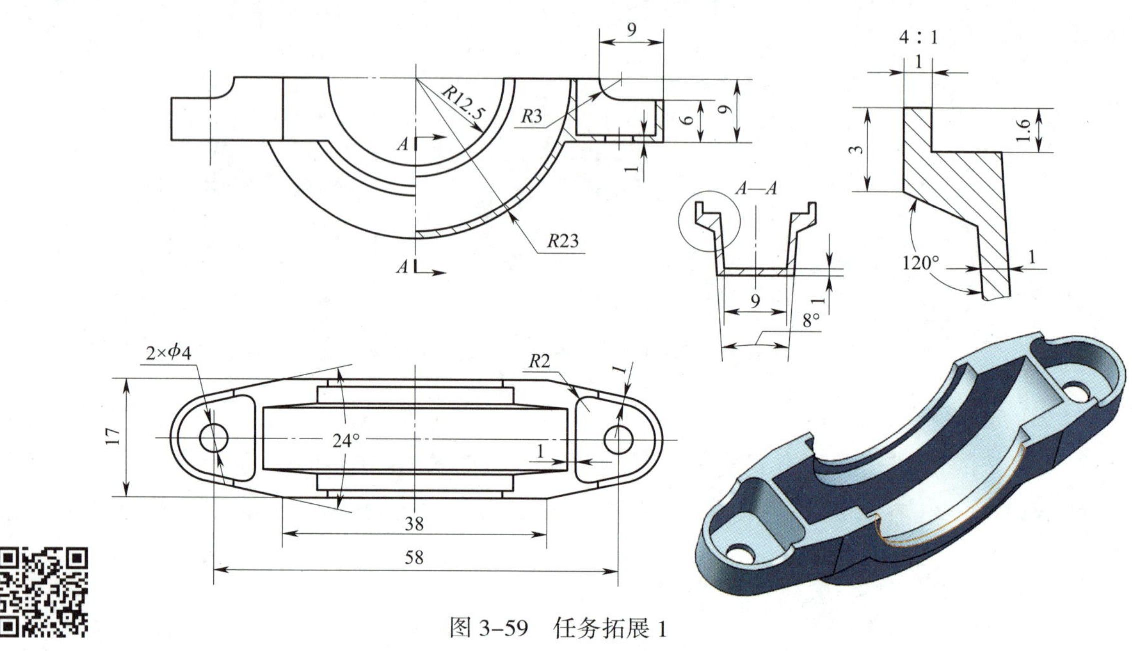

图 3-59　任务拓展 1

任务拓展 2　完成如图 3-60 所示实体的三维建模。

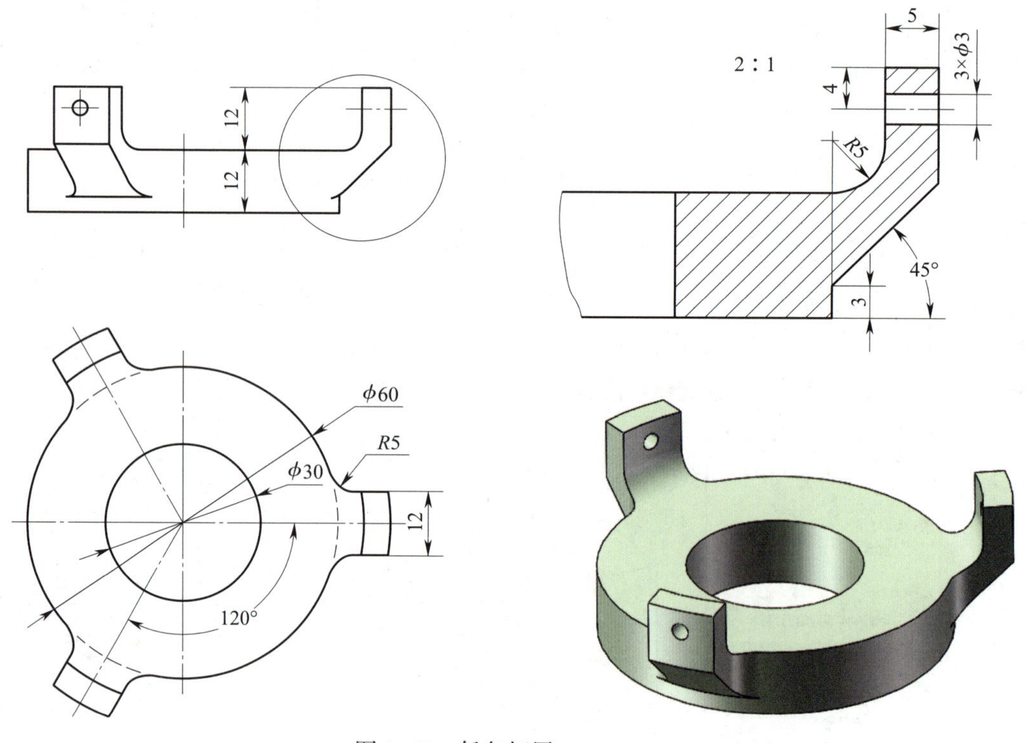

图 3-60　任务拓展 2

任务拓展 3　完成如图 3-61 所示实体的三维建模。

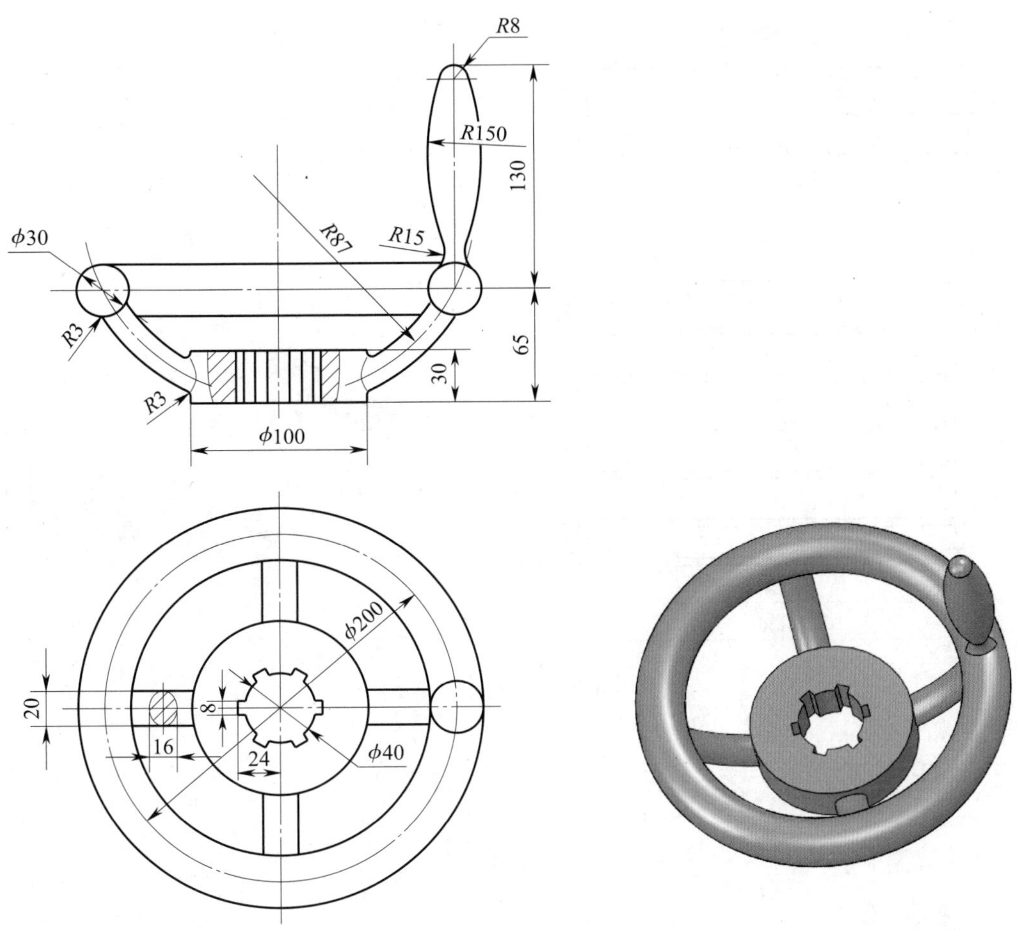

图 3-61　任务拓展 3

课题 3　扫描实体建模

一、学习目标

1．掌握扫描实体的建模方法。

2．掌握基准面的创建方法。

3．掌握特征镜像的建模方法。

4．掌握特征线性阵列的建模方法。

5．掌握隐藏和显示参考几何体的操作方法。

二、工作任务

完成如图 3-62 所示“香皂架”零件的实体建模。

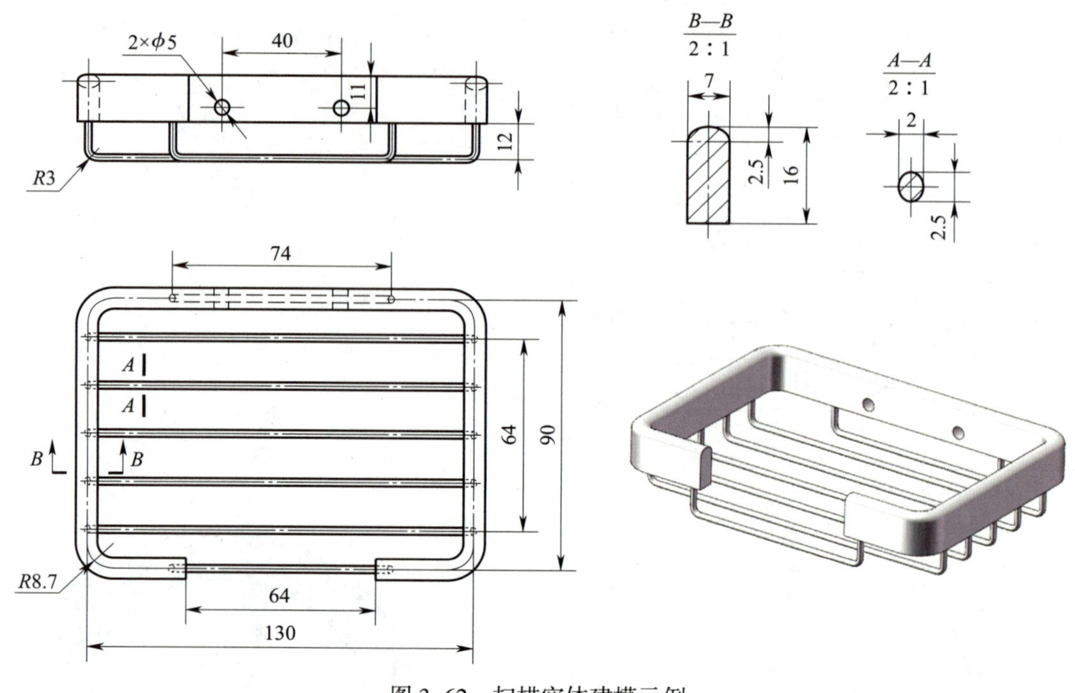

图 3–62 扫描实体建模示例

三、任务实施

1. 基体建模

（1）进入草图

1）单击标准工具栏中的“新建（Ctrl+N）”按钮，单击切换至“模板”选项卡，选中“gb_part”后单击“确定”按钮。

2）单击“特征”工具栏中“参考几何体”按钮右侧的下三角，弹出如图 3–63 所示的“基准面”对话框。

3）单击绘图区“实例 3–3”左侧箭头使其展开，单击“右视基准 ...”，输入“偏移距离”“”值为“32”，选中“反转等距”复选框。单击“确定”按钮完成基准面的创建，在特征管理设计树中显示“基准面 1”。

4）用鼠标右键单击“基准面 1”，在弹出的右键菜单中单击“草图绘制”按钮，进入草图绘制界面。

（2）绘制截面

截面轮廓的绘制过程如图 3–64 所示。

1）单击“椭圆”按钮，沿原点向上移动鼠标，出现引导虚线标记时单击鼠标左键。沿水平方向移动鼠标，出现“水平（H）”标记时单击鼠标左键，向上移动鼠标，再次单击鼠标左键，绘制椭圆。

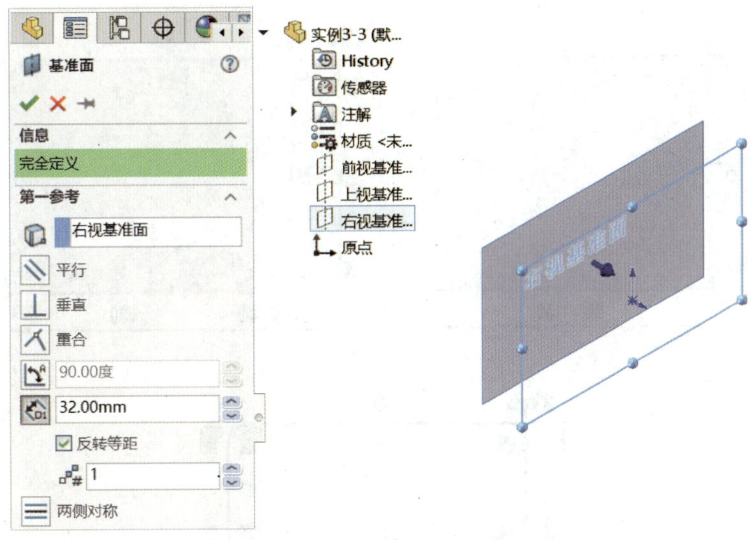

图 3-63　“基准面”对话框

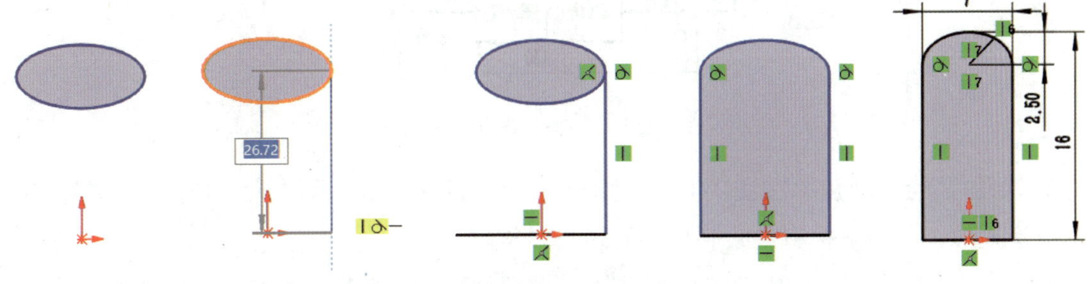

图 3-64　绘制截面轮廓

2）单击“直线（L）”按钮 ，弹出“插入线条”对话框。将鼠标移至椭圆右侧象限点位置，出现“重合 + 水平”标记 时单击鼠标左键，向下移动鼠标至原点水平位置，出现“竖直 + 相切 + 水平”标记 时，单击鼠标左键绘制竖直线。再向左移动鼠标绘制过原点的水平线。

3）采用同样的方法绘制与椭圆相切的左侧竖直线。

4）单击“剪裁实体（T）”按钮 ，剪裁图素。

5）按住“Ctrl”键，分别单击椭圆中心点、椭圆上方象限点和原点，在“属性”对话框中单击“ 竖直（V）”。

6）单击“智能尺寸”按钮 ，约束草图。

（3）绘制扫描路径

扫描路径轮廓的绘制过程如图 3-65 所示。

1）用鼠标右键单击“ 上视基准面”，在弹出的右键菜单中单击“草图绘制”按钮 。

2）单击“边角矩形”按钮 右侧的下三角 ，在弹出的菜单中选中“ 边角矩形”，绘制宽度和长度分别为“130”和“90”的矩形，其底边与原点重合。

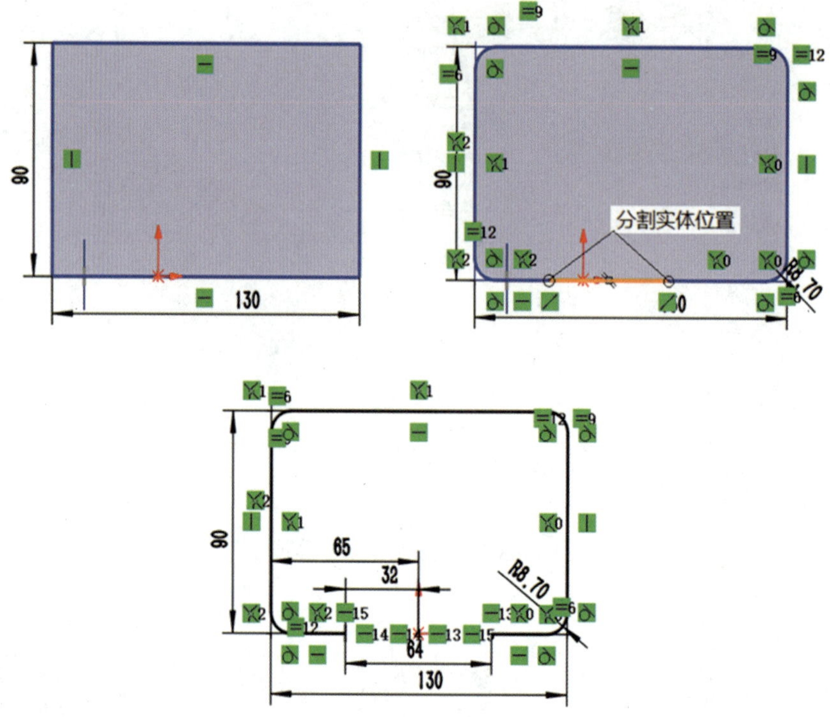

图 3-65　绘制扫描路径轮廓

3）单击“绘制圆角”按钮，在弹出的对话框中修改半径“”值为“8.7”，在绘图区框选矩形，单击鼠标右键绘制矩形的四个圆角。

4）单击“草图”工具栏中“分割实体”按钮，分别在原点的左、右两侧单击矩形的底边，将其分割成三段。

提示

如果在当前的“草图”工具栏中找不到“分割实体”按钮，可通过自定义快捷方式按钮的方法将其定制在“草图”工具栏中。

5）删除底边中间的线段。单击“智能尺寸”按钮，完成草图约束。

6）对下方两段直线进行几何约束，使其处于水平位置且与原点共处在一条水平线上。

（4）环形特征扫描建模

1）按住鼠标中键，旋转图素至合适的观察位置。

2）单击“特征”工具栏中的“扫描”按钮 扫描，弹出如图 3-66 所示的操作界面，左侧为“扫描”对话框，右侧为扫描建模预览。

3）在“”右侧的空白方框中单击，单击截面轮廓。在“”右侧的空白方框中单击，单击扫描路径轮廓。

4）单击“确定”按钮 完成外形特征的扫描建模。

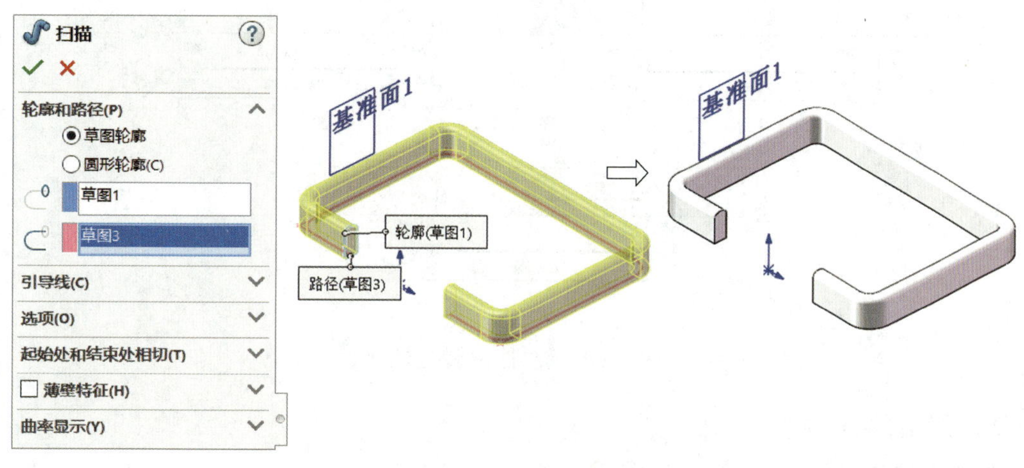

图 3-66　扫描外形特征

5）用鼠标右键单击绘图区中的“基准面 1”，弹出如图 3-67 所示的右键菜单，单击“隐藏”按钮，隐藏“基准面 1”。在特征管理设计树中用鼠标右键单击“基准面 1”，在弹出的右键菜单中单击“显示”按钮，即可重新显示隐藏的特征。

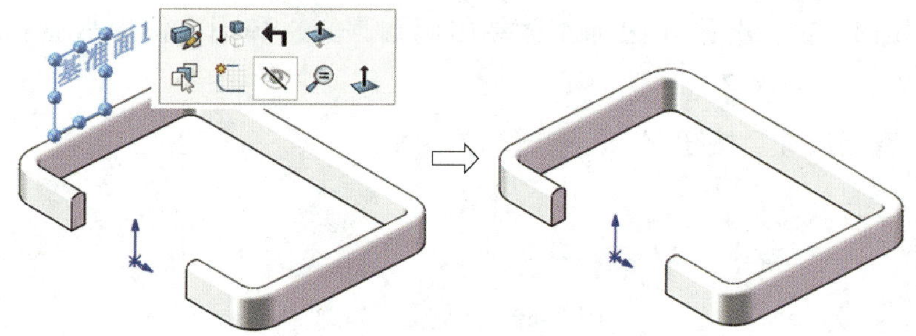

图 3-67　隐藏“基准面 1”

2. 对称特征建模

（1）绘制扫描路径轮廓

扫描路径轮廓的绘制过程如图 3-68 所示。

1）用鼠标右键单击“前视基准面”，在弹出的右键菜单中单击“草图绘制”按钮，进入草图绘制界面。

2）单击“直线（L）”按钮，弹出“插入线条”对话框。将鼠标移至原点左侧位置，出现引导虚线和“重合（D）”标记时单击鼠标左键，向下移动鼠标，出现“竖直（V）”标记时，输入“12”并按回车键。向右移动鼠标，出现“水平（H）”标记时，输入“74”并按回车键。向上移动鼠标，出现“重合 + 竖直”标记时，单击鼠标左键。

3）单击“绘制圆角”按钮，在弹出的对话框中修改半径“”值为“3”，绘制两个圆角。

4）单击“智能尺寸”按钮，完成草图约束。

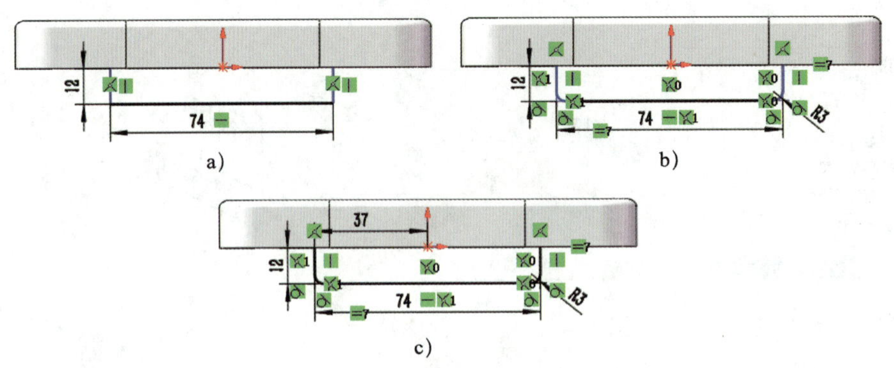

图 3-68　绘制扫描路径轮廓

（2）绘制截面轮廓

截面轮廓的绘制过程如图 3-69 所示。

1）用鼠标右键单击“ 上视基准面”，在弹出的右键菜单中单击“草图绘制”按钮 ，进入草图绘制界面。

2）单击“椭圆”按钮 ，沿原点向左侧移动鼠标，出现引导虚线和“重合（D）”标记 时单击鼠标左键，此时椭圆圆心锁定在引导线端点，移动鼠标绘制椭圆。

3）按住“Ctrl”键，分别用鼠标左键单击椭圆圆心、椭圆左侧象限点和原点，在“属性”对话框中单击“ 水平（H）”。

4）单击“智能尺寸”按钮 ，完成草图约束。

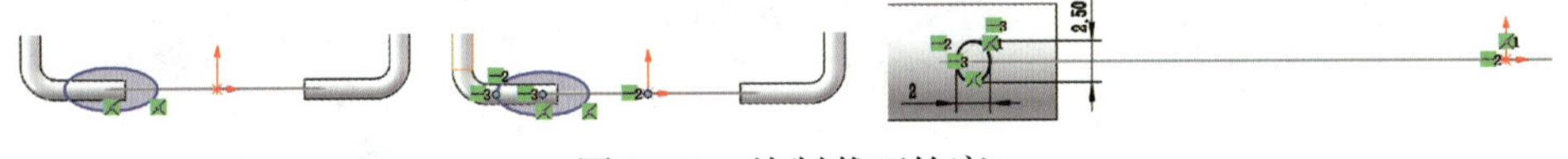

图 3-69　绘制截面轮廓

（3）“镜向”特征建模

1）按住鼠标中键，旋转图素至合适的观察位置。

2）单击“特征”工具栏中的“扫描”按钮 扫描，弹出如图 3-70 所示的操作界面，左侧为“扫描”对话框，右侧为扫描预览。

3）在“ ”右侧的空白方框中单击，单击截面轮廓。在“ ”右侧的空白方框中单击，单击扫描路径轮廓。单击“确定”按钮 完成外形特征的扫描建模。

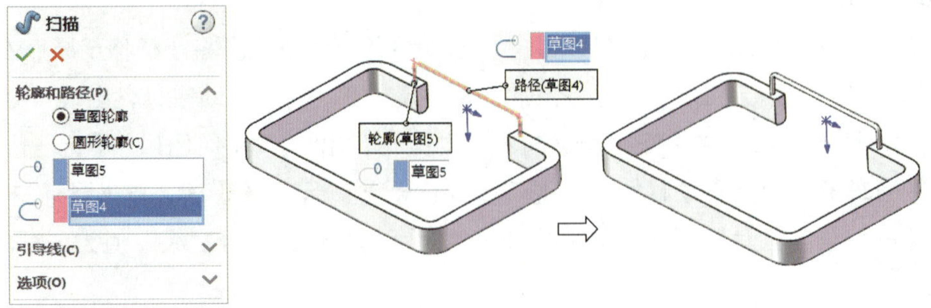

图 3-70　扫描特征

4）单击“参考几何体”按钮 右侧的下三角 ，弹出如图 3–71 所示的“基准面”对话框。分别单击基体内侧的两个面。在对话框中分别显示“ 面 <1>”和“ 面 <2>”，在所选择的两平面中间位置显示基准面，单击“确定”按钮 完成基准面创建。

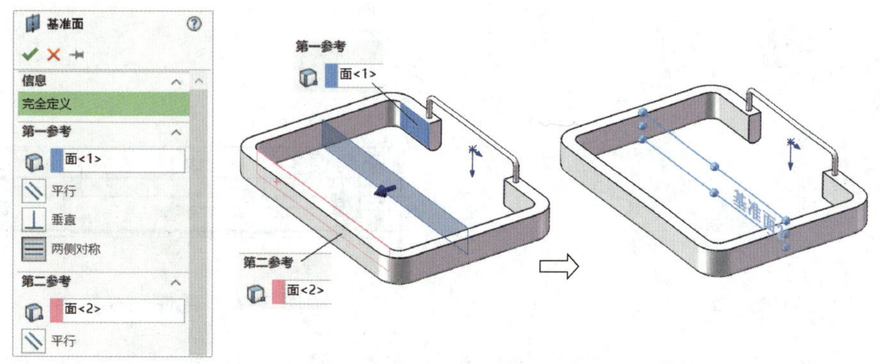

图 3–71　创建基准面

5）单击“特征”工具栏中“线性阵列”按钮 下方的下三角 ，在弹出的展开菜单中单击“ 镜向”，弹出如图 3–72 所示的建模界面，左侧为“镜向”对话框，右侧为镜像建模预览。

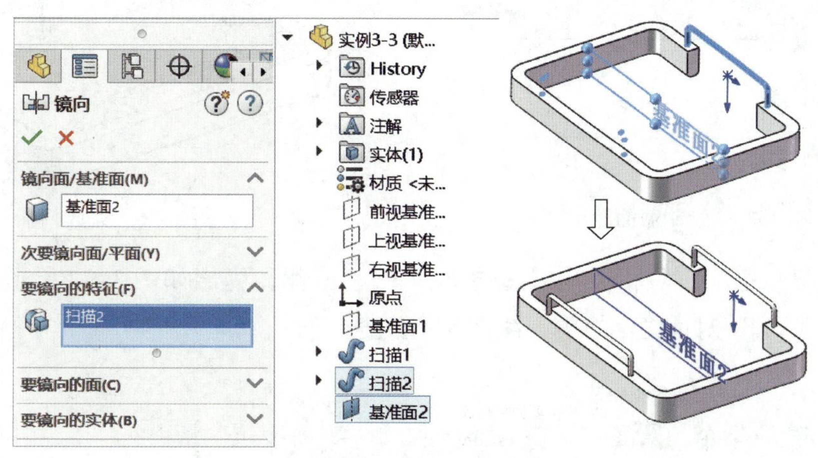

图 3–72　“镜向”特征

6）单击绘图区“ 实例 3–3”左侧箭头 使其展开，在“ ”右侧的空白方框中单击，再单击“ 基准面 2”。在“ ”右侧的空白方框中单击，再单击“ 扫描 2”。单击“确定”按钮 完成“镜向”特征。

7）用鼠标右键单击“ 基准面 2”，在弹出的右键菜单中单击“隐藏”按钮 ，隐藏“ 基准面 2”。

3．其他特征建模

（1）线性阵列特征建模

1）单击“参考几何体”按钮 右侧的下三角 ，弹出“基准面”对话框。单击

“前视基准面”，创建如图 3–73 所示的“基准面 3”（与前视基准面的距离为“13”）。

2）以“基准面 3”作为草图平面，绘制如图 3–74 所示的路径轮廓。完成后用鼠标右键单击“基准面 3”，在弹出的右键菜单中单击“隐藏”按钮，隐藏“基准面 3”。

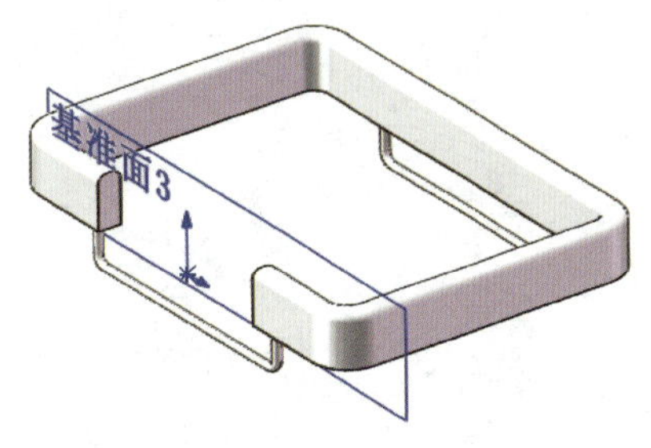

图 3–73　创建“基准面 3”

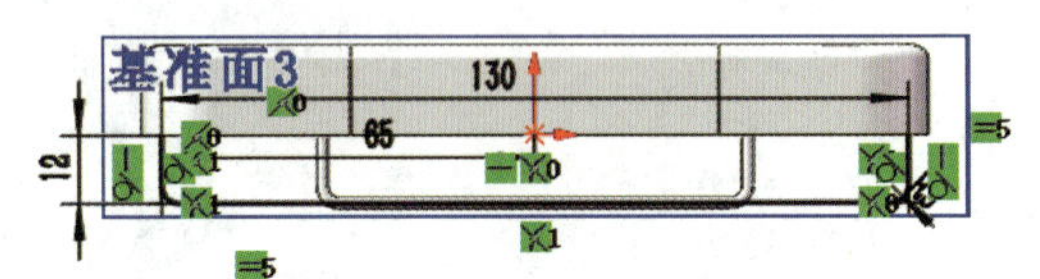

图 3–74　绘制路径轮廓

3）单击基体底平面，在弹出的菜单中单击“草图绘制”按钮，绘制如图 3–75 所示的截面轮廓。

4）单击“特征”工具栏中的“扫描”按钮扫描，完成如图 3–76 所示特征的扫描建模。

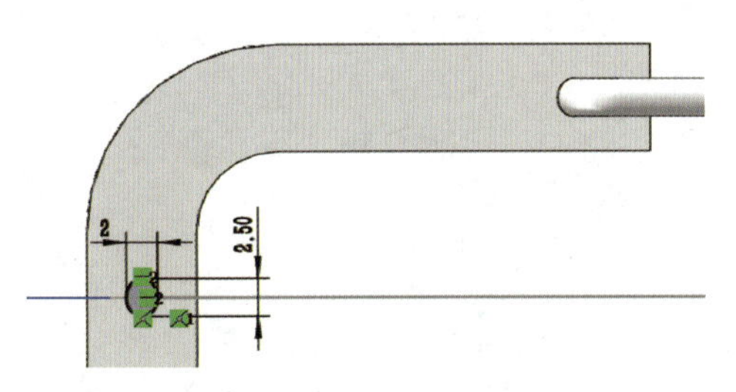

图 3–75　绘制截面轮廓

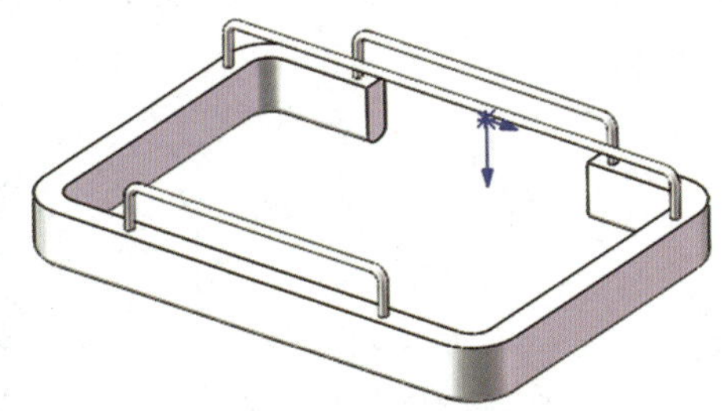

图 3–76　完成扫描

5）单击“特征”工具栏中的“线性阵列”按钮，弹出如图 3–77 所示的操作界面，左侧为“线性阵列”对话框，右侧为线性阵列预览。

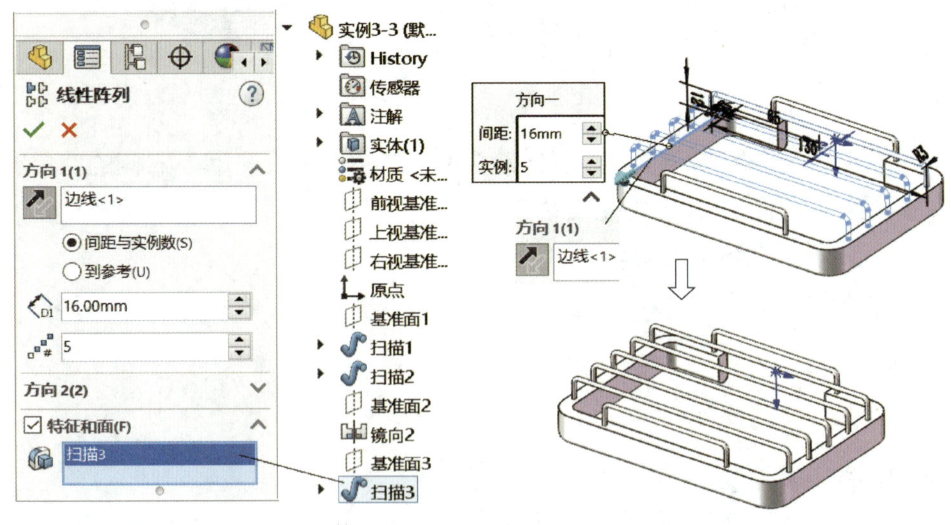

图 3–77　线性阵列特征

6）在“ ”右侧的空白方框中单击，单击图中实体的边界线以指定“方向 1（1）”（单击“ ”可改变矢量方向）。在“ ”右侧的空白方框中单击，单击“ 实例 3–3”选项中的“ 扫描 3”。修改“ ”值为“16”，修改“ ”值为“5”。单击“确定”按钮 ✓ 完成线性阵列特征。

提示

在后续操作过程中，将不再提示“旋转”“移动”“缩放”等窗口操作以及草图绘制后单击“退出草图”按钮 结束草图操作，请读者根据需要自行操作。

（2）拉伸孔

1）单击图 3–77 所示基体前侧表面，在弹出的菜单中单击“草图绘制”按钮 ，绘制如图 3–78 所示的拉伸截面轮廓。

2）单击“特征”工具栏中的“拉伸切除”按钮 ，在弹出的“切除 – 拉伸”对话框中修改参数“ ”值为“10”，单击“确定”按钮 ✓ 完成拉伸切除。

3）在特征管理设计树中用鼠标右键单击“ 原点”，在弹出的右键菜单中单击“隐藏”按钮 ，隐藏“原点”标记，结果如图 3–79 所示。

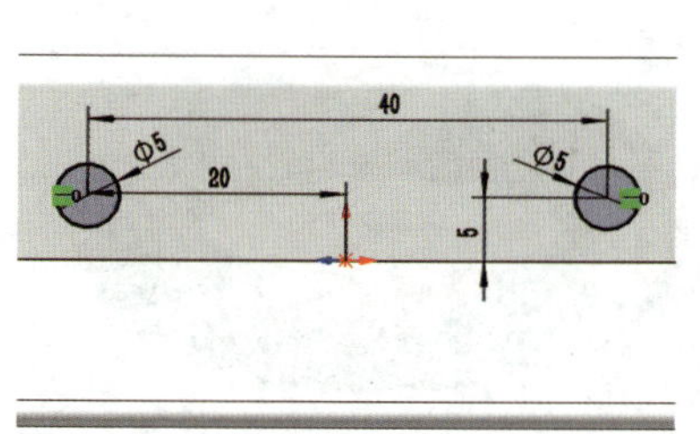

图 3–78　绘制拉伸截面

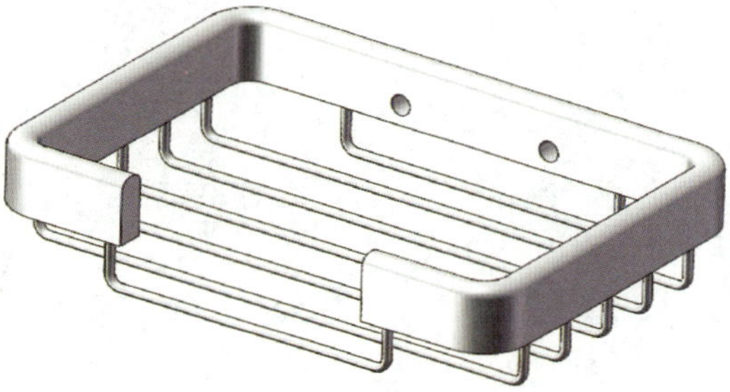

图 3–79　完成后的实体

四、知识与技能延伸

1. 扫描过程中的定向方法

进行实体扫描的轮廓必须为封闭的轮廓。在扫描过程中，截面与路径之间存在多种定位关系，可在“扫描”对话框中通过设置图 3–80 所示的“轮廓方位”和“轮廓扭转”来设定定位关系。

（1）随路径变化

采用“随路径变化”定位关系时，扫描过程如图 3–81 所示，在扫描过程中截面的法线方向与路径方向的夹角始终不变，所以在扫描建模过程中不会

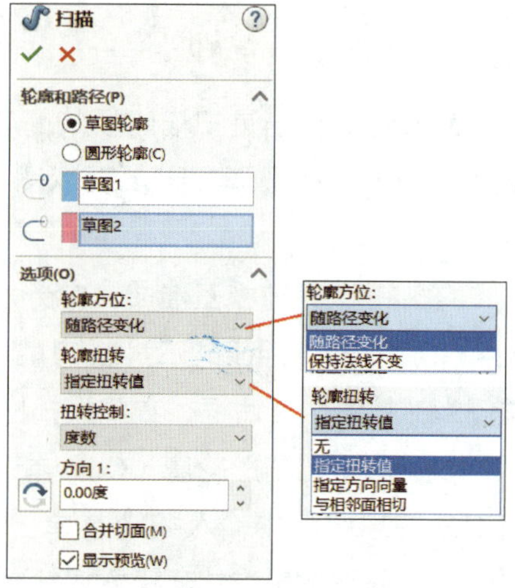

图 3–80　定向方法

发生扭转。

（2）保持法线不变

采用“保持法线不变”定位关系时，扫描过程如图 3–82 所示，在扫描过程中截面的法线方向始终不变，所以在扫描建模过程中不会发生扭转。

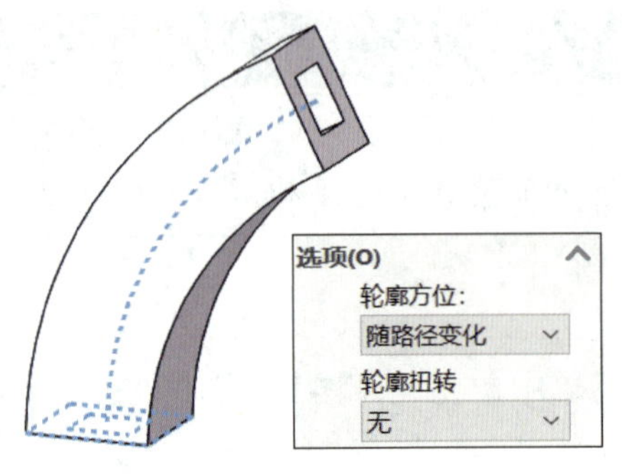

图 3–81 “随路径变化”扫描

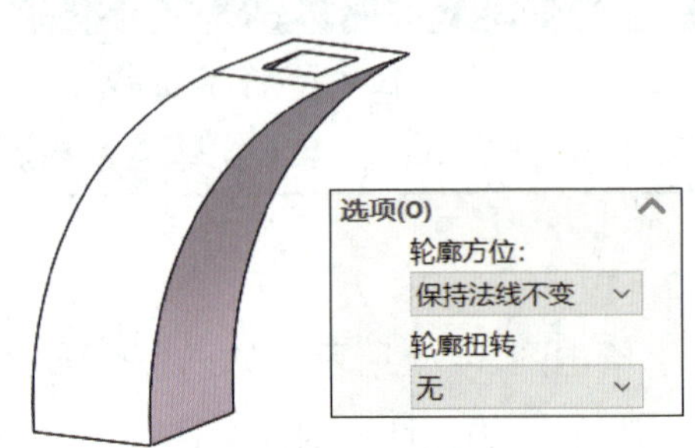

图 3–82 “保持法线不变”扫描

（3）指定扭转值

采用“指定扭转值”定位关系时，扫描过程如图 3–83 所示，在扫描过程中截面沿路径线发生扭转，扭转角度在“方向 1”下方的“”中设定。

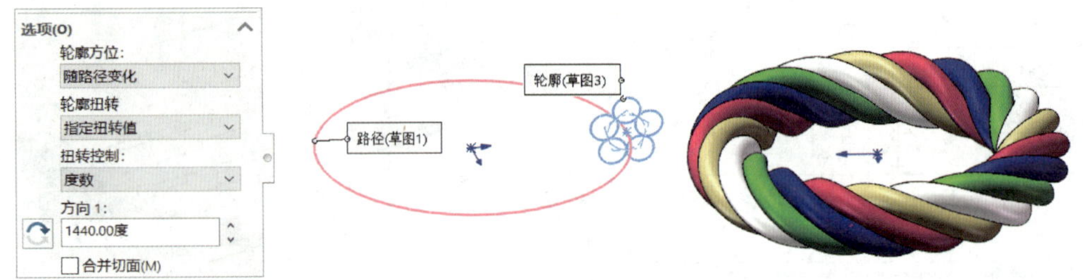

图 3–83 “指定扭转值”扫描

2. 圆形轮廓扫描

圆形轮廓扫描是扫描建模的简化形式，在建模过程中只需绘制路径（不需要绘制截面轮廓）即可完成圆形扫描。现以图 3–84 所示的“手柄”建模实例来说明圆形扫描的建模方法。

（1）在“ 前视基准面”中分别绘制如图 3–85 所示的三个草图。

（2）单击“特征”工具栏中的“扫描”按钮 扫描，弹出如图 3–86 所示的操作界面，左侧为“扫描”对话框，右侧为扫描建模预览。

（3）选中“圆形轮廓（C）”单选按钮，在“”右侧的空白方框中单击，单击“ 草图 1”。在“”中输入“1”，单击“确定”按钮 完成扫描建模。

（4）分别采用旋转建模方式绘制两端的手柄。

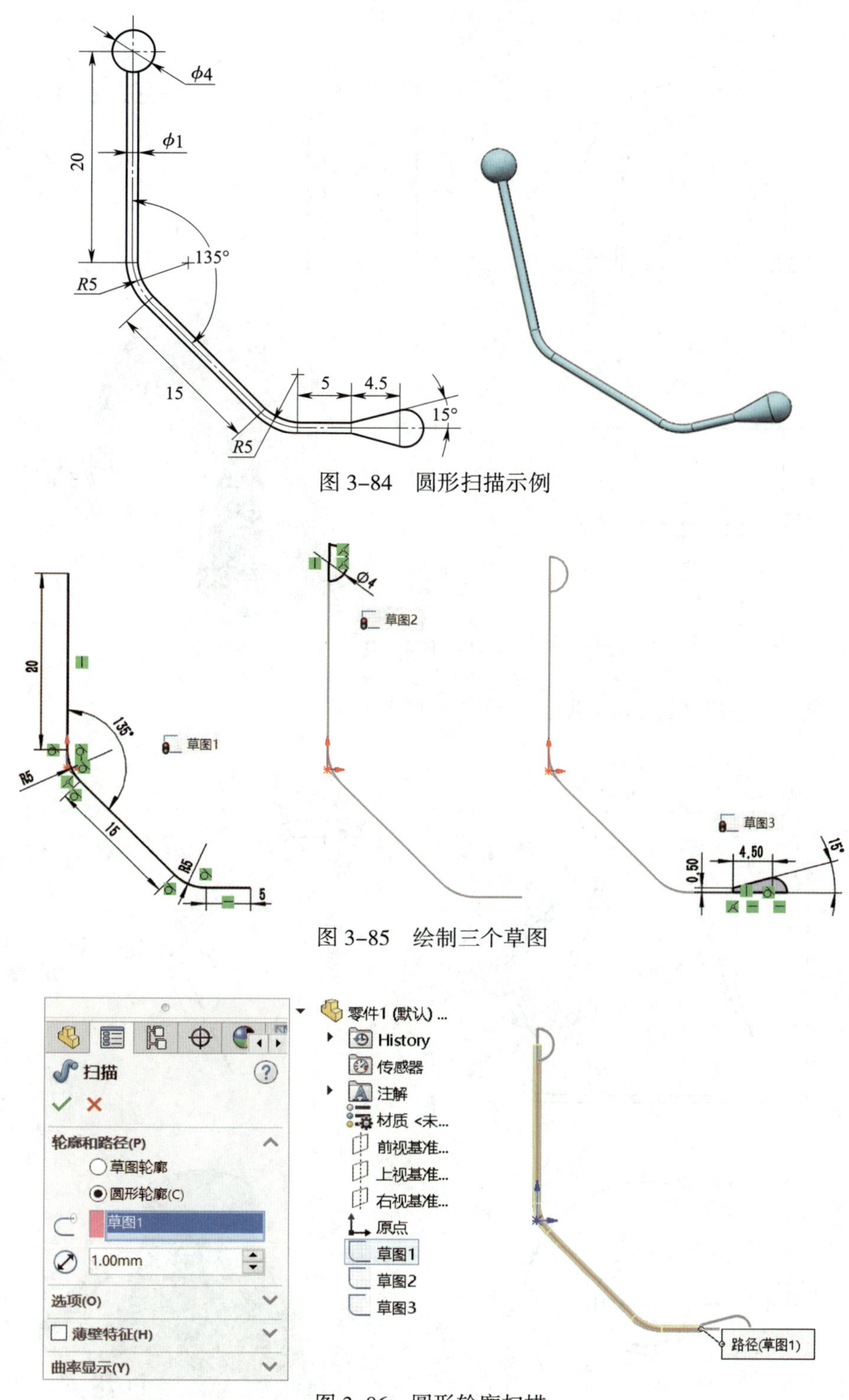

图 3-84　圆形扫描示例

图 3-85　绘制三个草图

图 3-86　圆形轮廓扫描

五、任务拓展

任务拓展 1　完成如图 3-87 所示零件的三维建模。

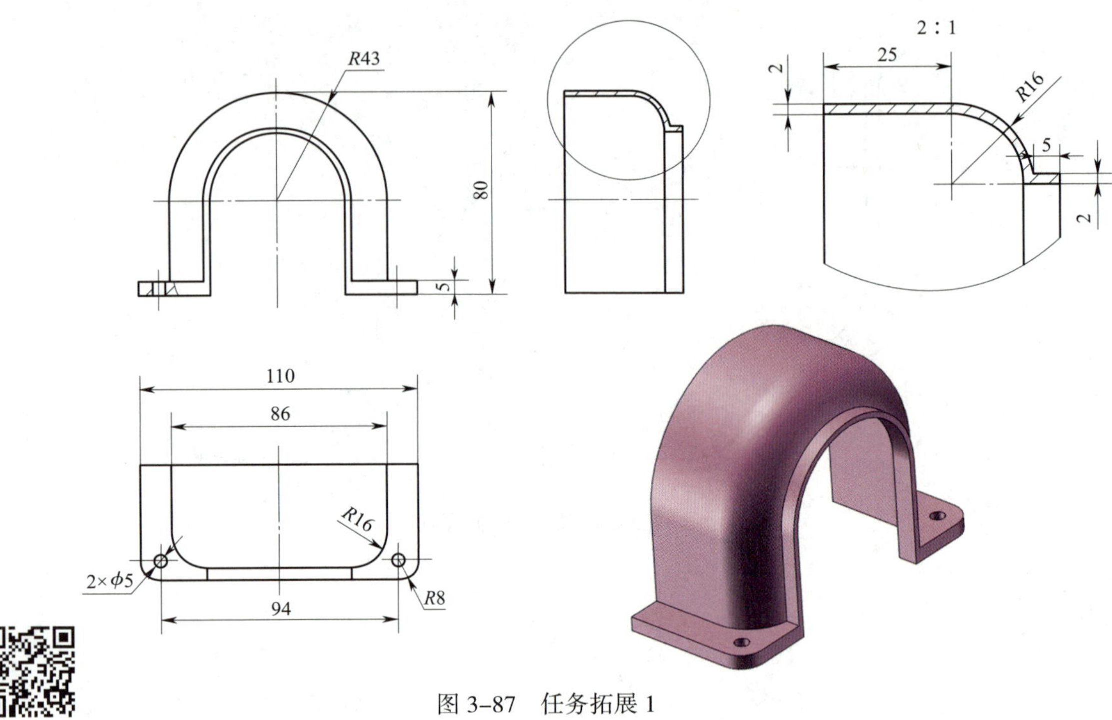

图 3–87　任务拓展 1

任务拓展 2　完成如图 3–88 所示零件的三维建模。

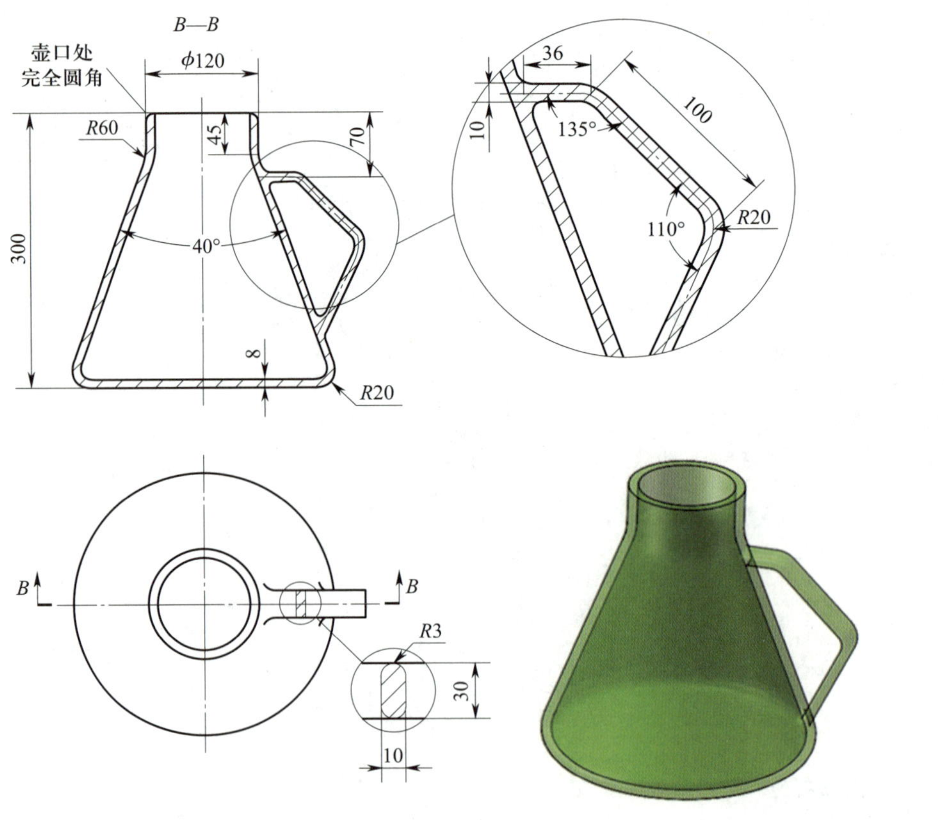

图 3–88　任务拓展 2

任务拓展 3　完成如图 3-89 所示零件的三维建模。

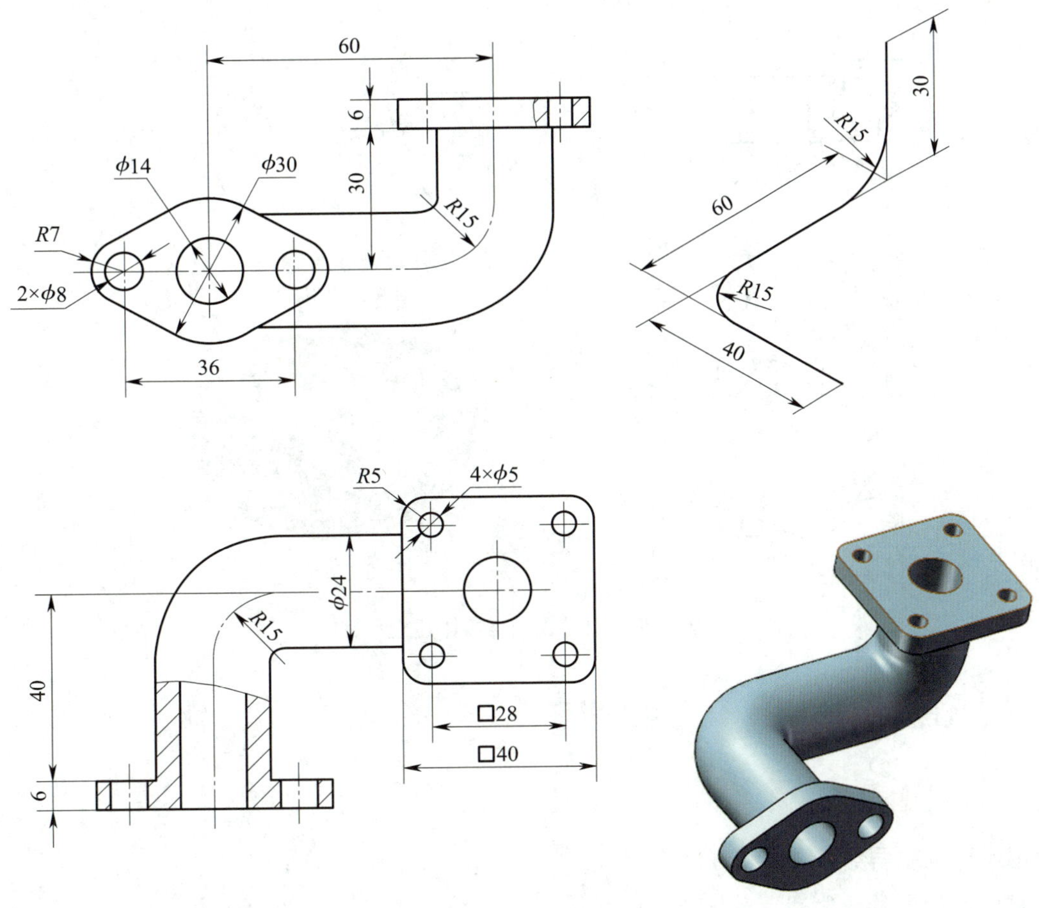

图 3-89　任务拓展 3

课题 4　引导线扫描实体建模

一、学习目标

1．掌握引导线扫描实体的建模方法。

2．掌握抽壳的建模方法。

3．掌握“筋”特征的建模方法。

4．掌握拉伸薄壁的建模方法。

二、工作任务

完成如图 3-90 所示“干果盆”零件的三维建模。

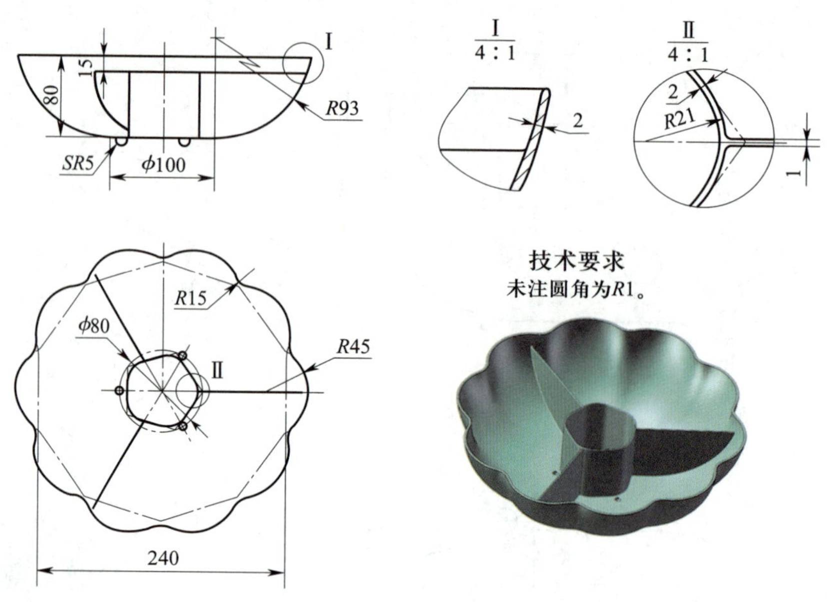

图 3–90　引导线扫描实体建模示例

三、任务实施

1. 基体建模

（1）绘制引导线轮廓

引导线轮廓的绘制过程如图 3–91 所示。

1）选择“上视基准面”作为草图绘制界面。

2）单击“多边形”按钮，在弹出的“多边形”对话框中选中“内切圆”单选按钮，设置边数“”值为“10”。移动鼠标至原点位置，出现“重合（D）”标记时单击鼠标左键，移动鼠标至任意位置，单击鼠标左键绘制十边形。

3）约束多边形其中一个顶点与原点的关系为“竖直（V）”，对内切圆直径“240”进行尺寸约束，选择所有图素，在属性对话框中选中“作为构造线（C）”复选框。

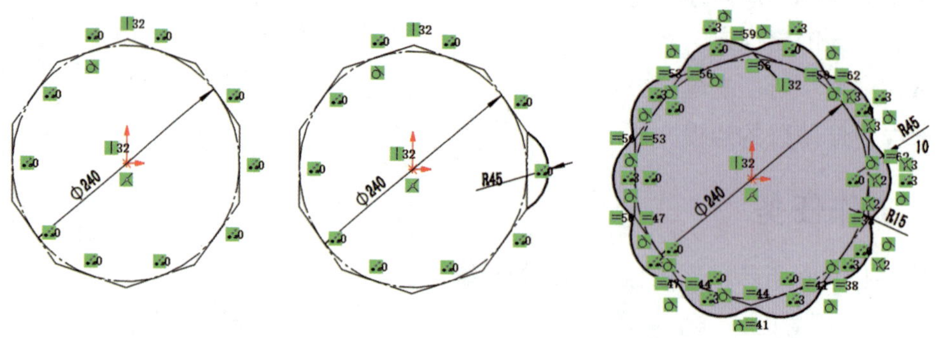

图 3–91　绘制引导线轮廓

4）单击“圆心/起/终点画弧”按钮，在弹出的“圆弧”对话框中“圆弧类型”下单击“三点圆弧”按钮，单击多边形边线的两个端点后移动鼠标，输入“45”并按回车键，绘制三点圆弧。

5）单击“草图”工具栏中“线性草图阵列”按钮 线性草图阵列 右侧的下三角，在其展开菜单中选择“圆周草图阵列”，对三点圆弧进行圆周阵列。

6）单击“绘制圆角”按钮，在弹出的对话框中修改半径“”值为“15”，完成圆角绘制，单击“退出草图”按钮退出草图。

（2）绘制截面轮廓和路径轮廓

1）选择“前视基准面”作为草图平面。

2）单击“直线（L）”按钮，弹出“插入线条”对话框。单击原点，向下移动鼠标，出现“竖直（V）”标记时，输入“80”并按回车键。向右移动鼠标，出现“水平（H）”标记时，输入“50”并按回车键。

3）沿水平线反向移动鼠标，再沿水平线正向移出，绘制切线弧至引导线轮廓圆弧位置，出现“重合+水平”标记时单击鼠标左键，输入半径“93”并按回车键，绘制切线弧。向左移动鼠标至原点位置，单击鼠标左键，完成截面轮廓绘制，结果如图3–92所示。

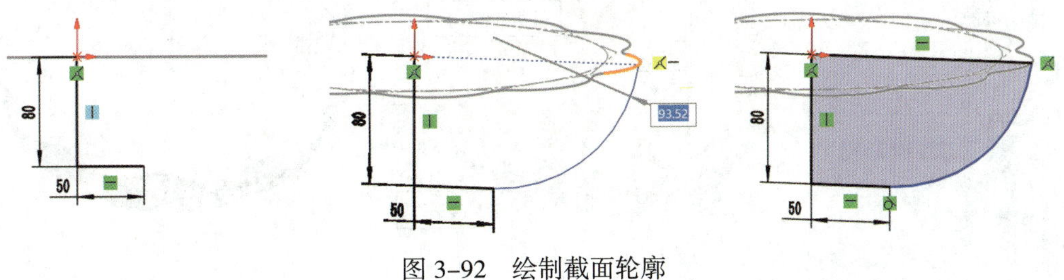

图3–92 绘制截面轮廓

4）单击切线弧上方的端点，再按住“Ctrl”键单击图3–92中橘黄色的圆弧段，弹出如图3–93所示的“属性”对话框，单击“穿透（P）”，单击“确定”按钮完成引导线与轮廓的“穿透”约束。

5）选择“上视基准面”作为草图平面，以原点为中心绘制任意尺寸的圆作为路径，结果如图3–94所示。

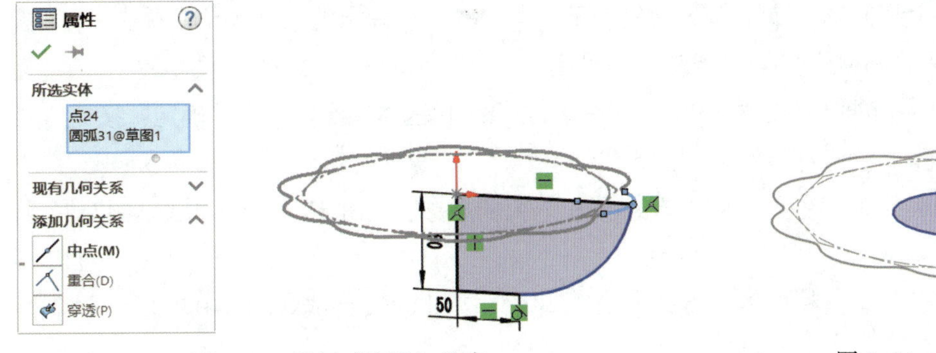

图3–93 设置“穿透”约束

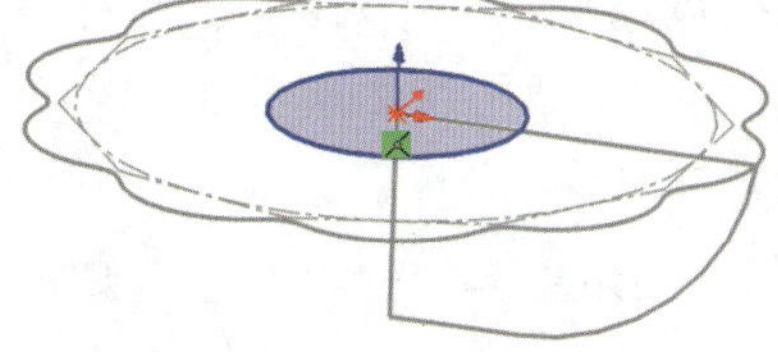

图3–94 绘制路径轮廓

提示

本例路径轮廓和引导线轮廓虽然处在同一平面上，但最好选择不同的绘图基准面进行绘制。为了正确实施引导线扫描建模，截面线上的某个交点须与引导线穿透。

（3）引导线扫描

1）单击“特征”工具栏中的“扫描”按钮 扫描，弹出如图 3–95 所示的操作界面，左侧为“扫描”对话框，右侧为扫描预览。

2）在“ ”右侧的空白方框中单击，单击截面轮廓（主视基准面中的轮廓）。在“ ”右侧的空白方框中单击，单击扫描路径轮廓（上视基准面中的圆）。在“ ”右侧的空白方框中单击，单击引导线轮廓（上视基准面中的圆弧轮廓）。单击“确定”按钮 ✓ 完成引导线扫描建模。

3）单击前导工具栏中的“编辑外观”按钮 ，完成外观编辑。

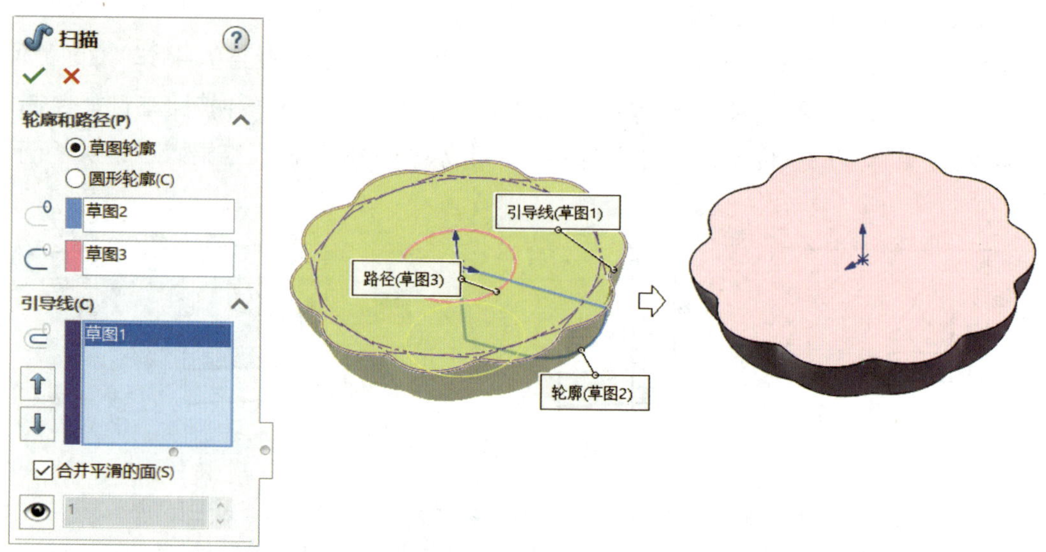

图 3–95 引导线扫描

2. 基体薄壁建模

（1）半球体建模

1）单击“参考几何体”按钮 右侧的下三角 ，在弹出的展开菜单中单击“ 基准轴”，弹出如图 3–96 所示的“基准轴”对话框。

2）选中“ 点和面 / 基准面（P）”，分别单击原点和基体底面，单击“确定”按钮 ✓ 完成基准轴的创建。

3）单击基体底平面，在弹出的菜单中单击“草图绘制”按钮 ，绘制如图 3–97a 所示截面草图。

4）单击“特征”工具栏中的“旋转凸台 / 基体”按钮 ，完成如图 3–97b 所示单个半球体的建模。

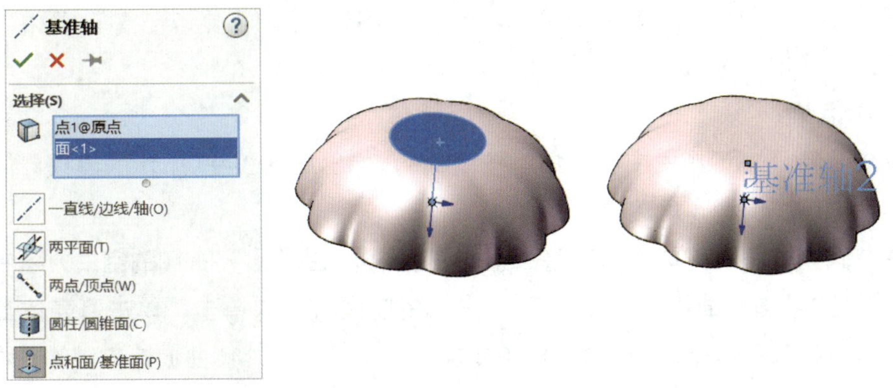

图 3–96　创建基准轴

5）单击“特征”工具栏中“线性阵列”按钮 下方的下三角 ，在弹出的展开菜单中单击“ 圆周阵列”，弹出“阵列（圆周）”对话框。

6）在“ ”右侧的空白方框中单击，再单击基准轴。在其下方“ ”右侧的空白方框中单击，再单击“ 零件 3–4”中的“ 旋转 1”。单击“确定”按钮 完成半球体特征的圆周阵列，结果如图 3–97c 所示。

7）用鼠标右键单击“基准轴 2”，在弹出的右键菜单中单击“隐藏”按钮 ，隐藏“基准轴 2”。

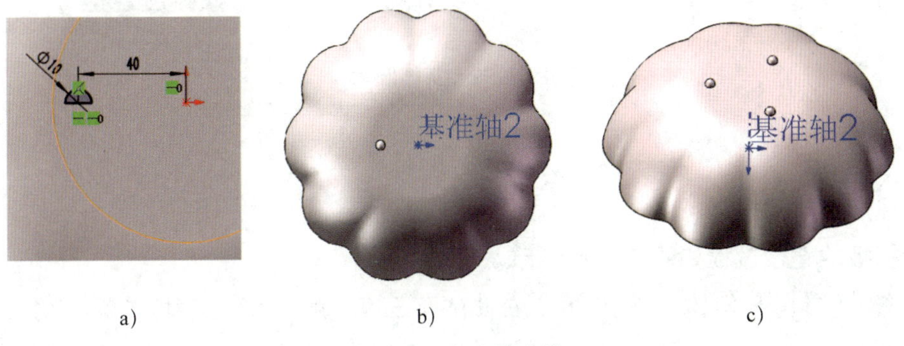

a)　　b)　　c)

图 3–97　半球体建模

（2）实体抽壳

1）单击“特征”工具栏中的“抽壳”按钮 抽壳，弹出如图 3–98 所示的建模界面，左侧为“抽壳 3”对话框，右侧为抽壳建模预览。

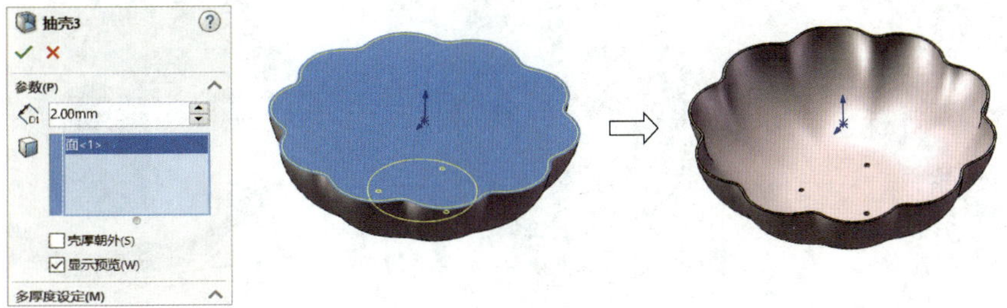

图 3–98　实体抽壳

2）在“ ”右侧的空白方框中单击，再单击基体上表面。修改“ ”值为“2”。

3）单击“确定”按钮 ✓ 完成实体抽壳。

（3）实体圆角

1）单击“特征”工具栏中“圆角”按钮 ，弹出如图 3–99 所示的建模界面，左侧为“圆角”对话框，右侧为圆角建模预览。

2）在“圆角类型”下单击“完整圆角”按钮 。在“ ”右侧的空白方框中单击，单击内侧曲面选中“边侧面组 1”。在“ ”右侧的空白方框中单击，单击薄壳体上平面选中“中央面组”。在“ ”右侧的空白方框中单击，单击薄壳体外侧曲面选中“边侧面组 2”。

3）单击“确定”按钮 ✓ 完成实体圆角。

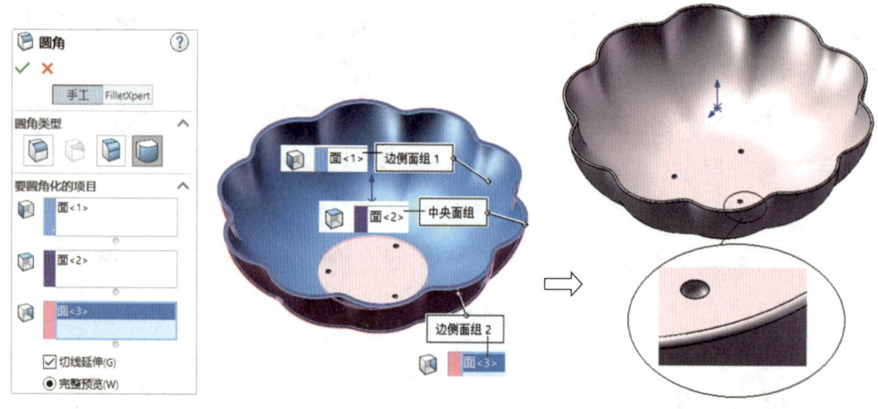

图 3–99 实体圆角

3. 挡板建模

（1）环形挡板建模

环形挡板的建模过程如图 3–100 所示。

1）单击“参考几何体”按钮 右侧的下三角 ，弹出“基准面”对话框。单击“ 零件 3–4”中的“ 上视基准面”，选中“反转等距”复选框，修改“ ”值为“15”。单击“确定”按钮 ✓ 创建“ 基准面 1”。

2）在特征管理设计树中单击“ 基准面 1”，在弹出的菜单中单击“草图绘制”按钮 。

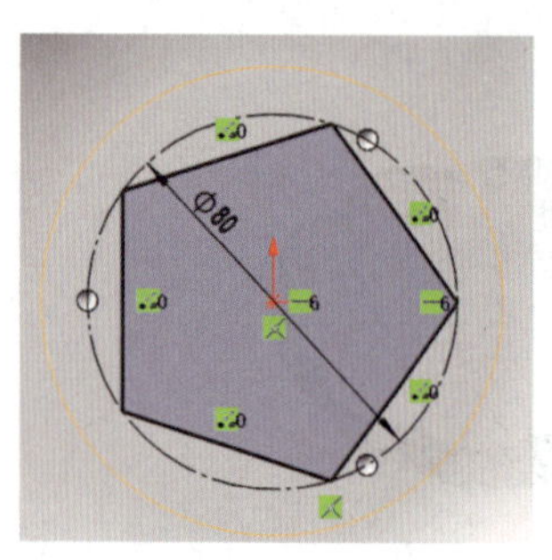

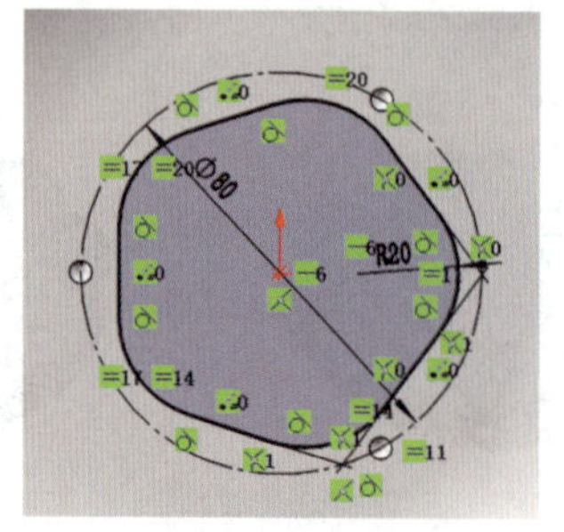

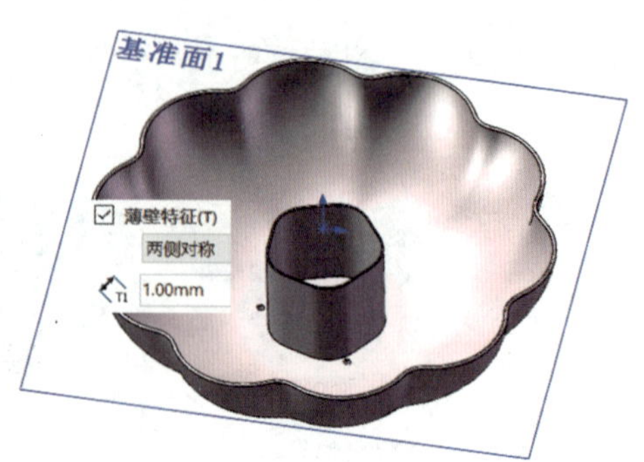

图 3–100 环形挡板建模

3）单击“多边形”按钮 ，在弹出的“多边形”对话框中选中“外接圆（B）”单选按钮，设置边数“”值为“5”。移动鼠标至原点位置，出现“重合（D）”标记 时单击鼠标左键，移动鼠标至任意位置，单击鼠标左键绘制五边形。

4）约束多边形，其中一个顶点与原点的关系为“ 水平（H）”，对外接圆直径“80”进行尺寸约束。

5）单击“绘制圆角”按钮 ，在弹出的对话框中修改半径“”值为“20”，完成圆角绘制。

6）单击“特征”工具栏中的“拉伸凸台/基体”按钮 ，弹出“凸台-拉伸”对话框。在对话框中选择“成形到一面”，单击薄壳体内侧的底部平面。

7）选中“薄壁特征（T）”复选框，在其下方选中“两侧对称”，设置“”值为“1”，单击“确定”按钮 完成薄壳拉伸。

8）单击“圆角”按钮 ，弹出“圆角”对话框，在“圆角类型”下单击“完整圆角”按钮 ，完成环形挡板上表面的圆角。

（2）“筋”特征建模

1）选择“ 基准面 1”作为草图平面。

2）单击“直线（L）”按钮 ，弹出“插入线条”对话框。将光标沿原点水平位置移至环形挡板右侧位置，出现引导虚线和“重合（D）”标记 时单击鼠标左键，向右移动鼠标，出现“水平（H）”标记 时单击鼠标左键，绘制如图 3-101 所示水平线（水平线右侧端点不要超出基体轮廓）。

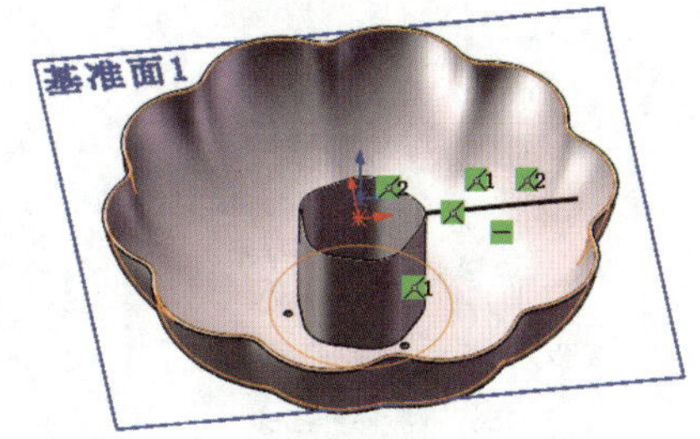

图 3-101　绘制水平线

3）单击“特征”工具栏中“筋”按钮 ，弹出如图 3-102 所示的建模界面，左侧为“筋 1”对话框，右侧为“筋 1”建模预览。

4）在“”右侧的空白方框中单击，单击图 3-101 中的水平线。选中“厚度：”下方的“两侧”按钮 ，设置“”值为“1”。选中“拉伸方向：”下方的“垂直于草图”按钮 。单击“确定”按钮 完成“筋 1”建模。

5）单击“特征”工具栏中的“圆角”按钮 ，弹出“圆角”对话框，在“圆角类型”下单击“完整圆角”按钮 。完成“筋 1”上表面的圆角。

6）隐藏“ 基准面 1”，显示“基准轴 2”。单击“圆周阵列”按钮 圆周阵列，弹出如图 3-103 所示的建模界面，左侧为“阵列（圆周）2”对话框，右侧为圆周阵列建模预览。

7）在“”右侧的空白方框中单击，单击“基准轴 2”。在“”右侧的空白方框中单击，再单击“ 零件 3-4”中的“ 筋 1”和“ 圆角 5”。选中“等间距”单选按钮，设置“”值为“3”。单击“确定”按钮 完成“筋 1”的圆周阵列。

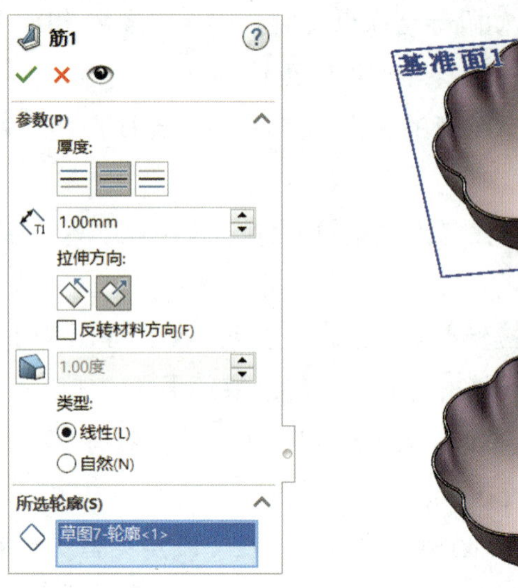

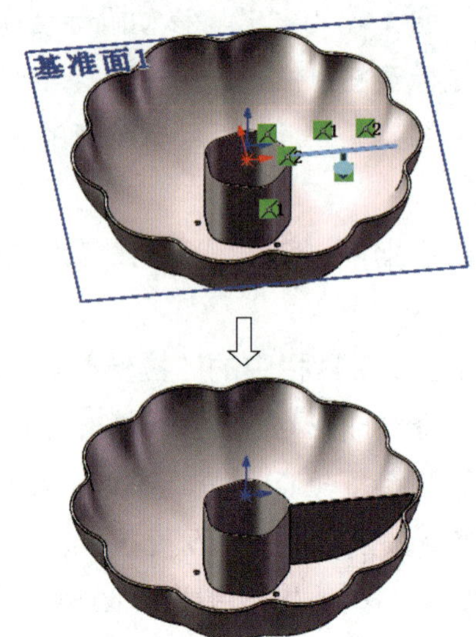

图 3-102 “筋 1”建模

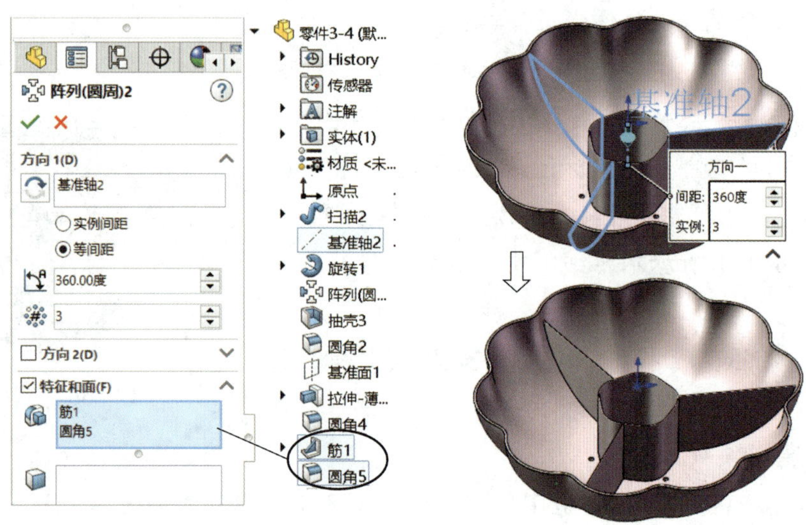

图 3-103 圆周阵列“筋 1”

4. 实体圆角

单击“特征”工具栏中的“圆角”按钮 ，弹出“圆角”对话框。在“圆角类型”下单击“固定大小圆角”按钮 ，输入圆角半径“”值为“1”，选中“切线延伸（G）”复选框。依次单击底部所有锐边处，单击“确定”按钮 ✓ 完成实体圆角。

单击前导工具栏中的“编辑外观”按钮 ，完成外观编辑，结果如图 3-104 所示。

图 3-104 完成后的实体

四、知识与技能延伸

1. 特征管理设计树中特征的“退回”和“压缩”操作

（1）“退回”操作

在建模过程中，有时需暂时隐藏后续的操作，返回前一步操作以观察效果，SolidWorks软件可采用特征管理设计树的“退回”操作来实现该项功能，具体操作流程如下：

将鼠标移至图3–105所示特征管理设计树最下方的横线处，出现“小手”形状时，按住鼠标不松开，此时下方横线可随“小手”一起上下移动，移至相应位置松开鼠标，则该位置下方的特征操作在特征管理设计树中呈灰色，此类特征在绘图区中被隐藏。同理，按住横线向下移至底部，即可解除“退回”操作。

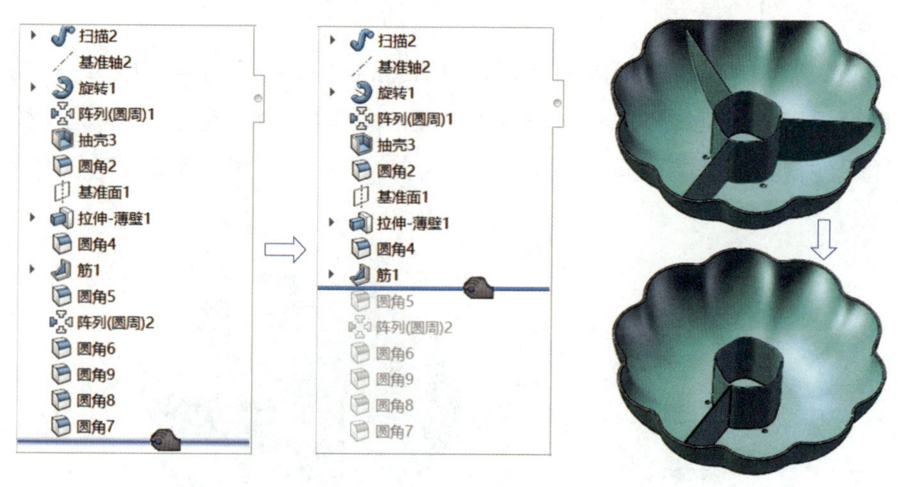

图3–105 “退回”操作

“退回”的另一种操作方法如下：在特征管理设计树中需要退回的特征上单击鼠标左键，弹出如图3–106所示的操作菜单，单击“退回”按钮退回至该操作的上方。

（2）“压缩”操作

“压缩”操作与“退回”操作类似，但有两处不同：一是“退回”操作下方的特征均被“退回”，而“压缩”操作下方仅有与当前操作相关联的操作才被“压缩”，而不被关联的操作则不被“压缩”。二是解除“退回”操作后，所有操作均被解除，而进行“解除压缩”操作后，仅解除当前被“压缩”的操作，其余与之关联的“压缩”操作不能被解除。“压缩”的操作过程如下：

在特征管理设计树中单击相应的特征，在如图3–106所示的菜单中单击“压缩”按钮，则该特征及其关联的特征被“压缩”，结果如图3–107所示。用鼠标单击已经被“压缩”的特征，在弹出的菜单中单击“解除压缩”按钮，仅有该特征被解除“压缩”。

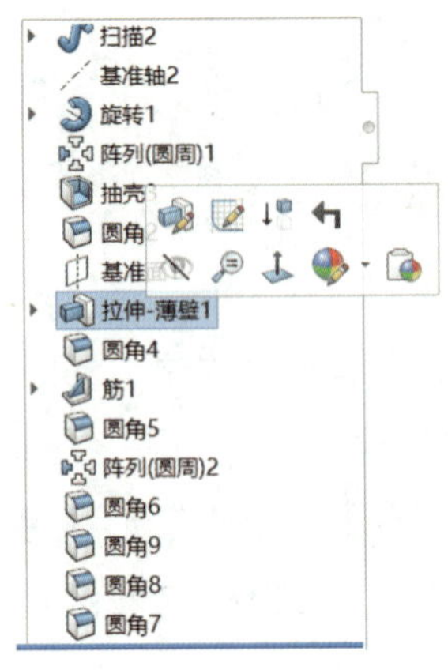

图 3-106　操作菜单

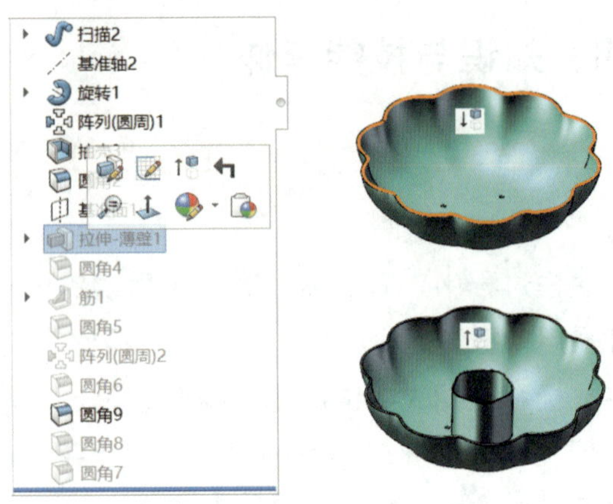

图 3-107　“压缩”操作

2. 特征和草图的编辑操作

在特征管理设计树中单击相应的特征，在如图 3-106 所示的菜单中单击“编辑特征”按钮，即可返回该特征操作的参数设置对话框，修改相应的参数后，单击“确定”按钮 ✓ 即可依修改后的参数重新生成特征。如图 3-108 所示为编辑“筋 1”特征的厚度参数为“3”后的实体。

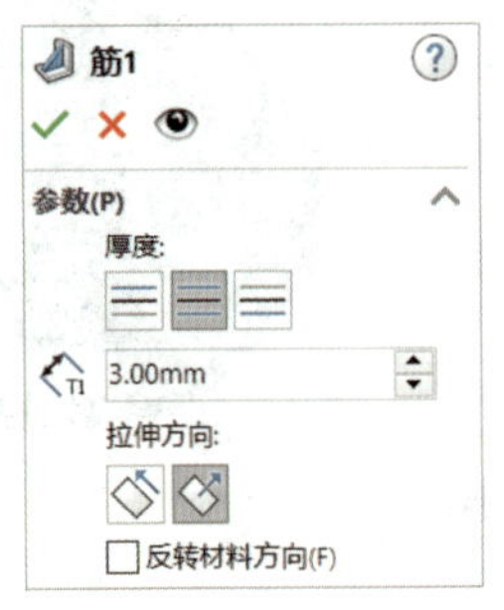

图 3-108　编辑特征

五、任务拓展

任务拓展 1　完成如图 3-109 所示零件的三维建模。

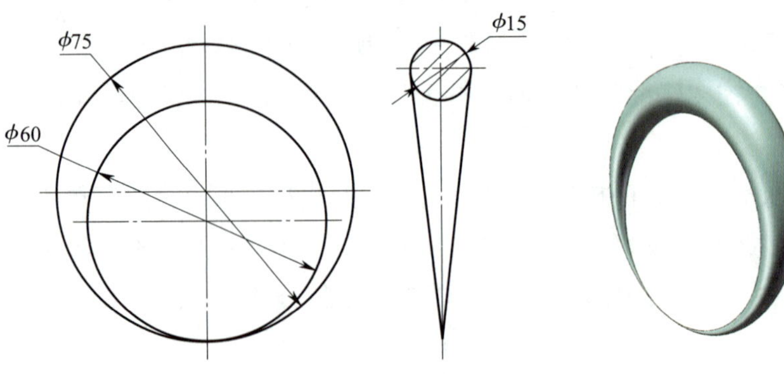

图 3-109　任务拓展 1

任务拓展 2　完成如图 3–110 所示零件（内部轮廓为样条曲线）的三维建模。

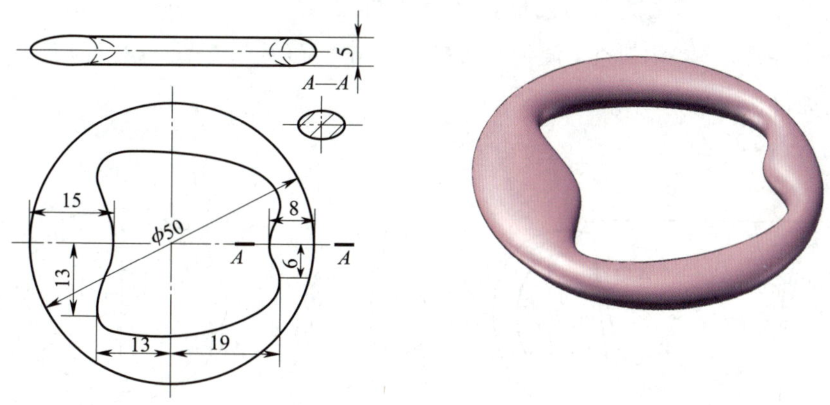

图 3–110　任务拓展 2

课题 5　放样实体建模

一、学习目标

1．掌握放样实体的建模方法。

2．进一步掌握扫描实体的建模方法。

3．掌握曲面分割实体的建模方法。

4．掌握组合的建模方法。

二、工作任务

完成如图 3–111 所示“水杯”零件（上、下轮廓扭转 40°）的实体建模。

三、任务实施

1．水杯基体建模

（1）绘制截面轮廓

1）选择“上视基准面”作为草图平面。

2）绘制如图 3–112 所示的“截面 1”草图。

3）单击“参考几何体”按钮右侧的下三角，弹出“基准面”对话框。单击“实例 3–5”中的“上视基准面”，选中对话框中的“反转等距”复选框，修改“”值为“105”。单击“确定”按钮创建“基准面 1”。

4）选择“基准面 1”作为草图平面。绘制与图 3–112 相同的草图，删除“R18”和“ϕ75”的尺寸约束。

5）单击“移动实体”按钮 移动实体 右侧的下三角 ▼，在其展开菜单中单击“缩放实体比例”，弹出“比例”对话框，框选所有图素，在“比例缩放点：”下方的空白方框中单击，单击原点。输入“ ”值为“0.8”，单击“确定”按钮 ✓ 完成“截面 2”的草图绘制，结果如图 3–113 所示。

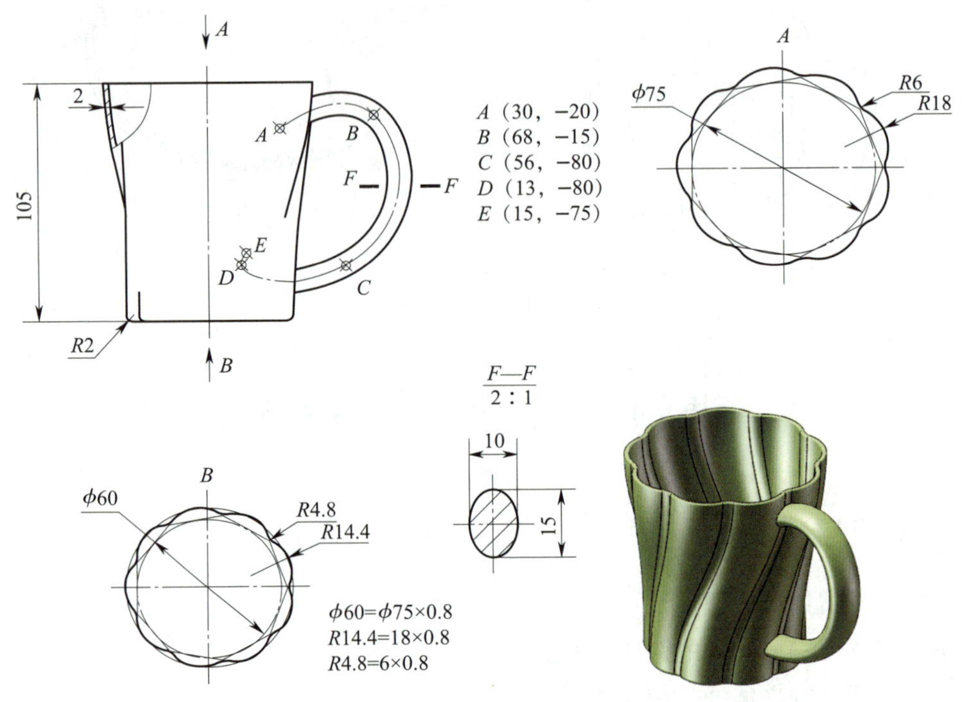

图 3–111 放样实体建模示例

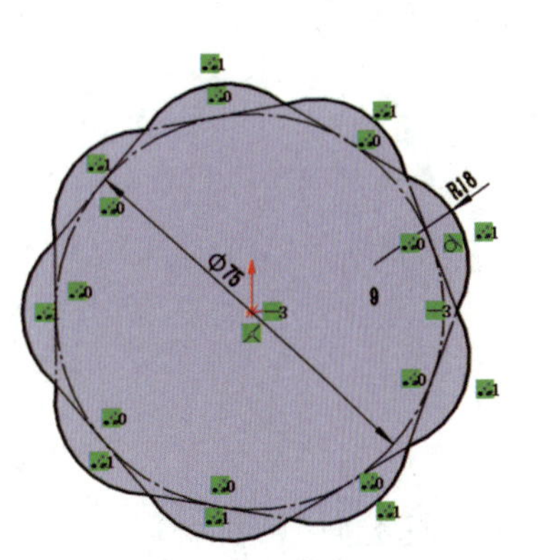

图 3–112 绘制“截面 1”草图

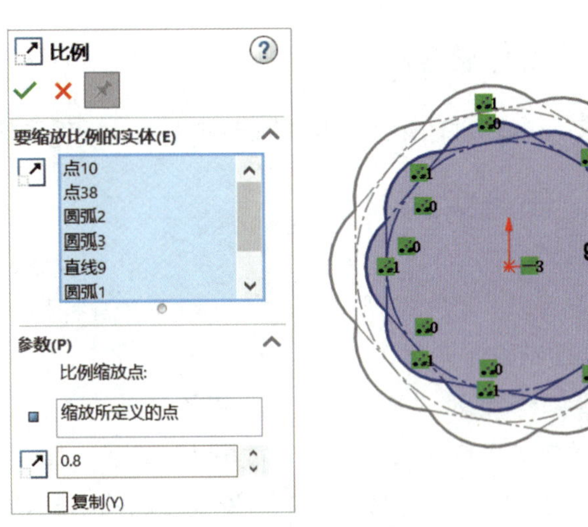

图 3–113 绘制“截面 2”草图

（2）放样建模

1）单击“特征”工具栏中“放样凸台 / 基体”按钮 放样凸台/基体，弹出如图 3–114 所示的建模界面，左侧为“放样 1”对话框，右侧为放样建模预览。

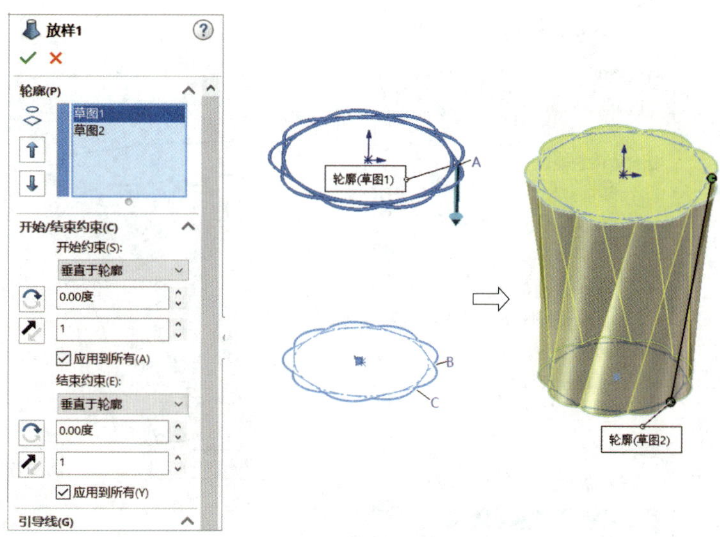

图 3–114　“放样”建模界面

2）单击“截面 1”草图轮廓的“A”点，在“截面 2”中与之对应的是“B”点，为实现放样扭曲效果，单击“截面 2”草图轮廓的“C”点，在绘图区显示放样效果。

3）单击“开始 / 结束约束（C）”使其展开，在“开始约束（S）：”下方的空白方框中选择“垂直于轮廓”，设置“”参数为“0”，设置“”参数为“1”，选中“应用到所有（A）”复选框。采用相同的方法设置“结束约束（E）：”参数。

4）单击“确定”按钮 完成实体放样建模，结果如图 3–115 所示。

（3）抽壳建模

1）单击“特征”工具栏中的“圆角”按钮 ，弹出如图 3–116 所示的建模界面，在“圆角”对话框中单击“变量大小圆角”按钮 。

2）在“”右侧的空白方框中单击，在实体表面单击其中一条交线，此时在“”右侧的空白方框中显示“V1”“V2”。单击“V1”，输入半径“”值为“6”；单击“V2”，输入半径“”值为“4.8”。

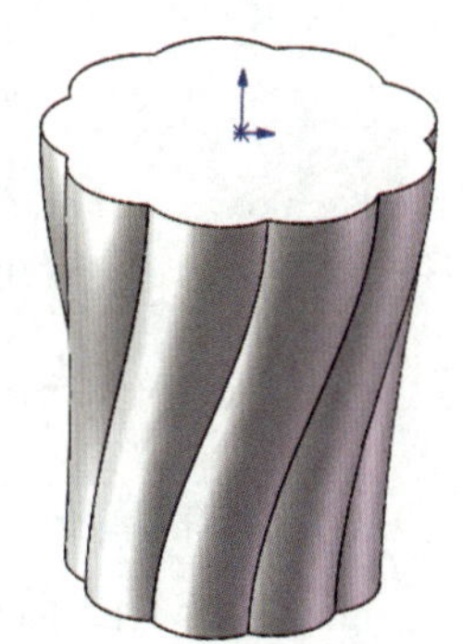

图 3–115　完成放样建模

3）单击“确定”按钮 完成实体变半径圆角。采用相同的方法，完成其他八条交线的变半径圆角，结果如图 3–117 所示。

4）单击“特征”工具栏中的“抽壳”按钮 抽壳，弹出“抽壳”对话框。在“”右侧的空白方框中单击，单击基体上表面，修改“”值为“2”。

5）单击“确定”按钮 完成实体抽壳。

6）单击“特征”工具栏中的“圆角”按钮 ，单击“固定大小圆角”按钮 ，完成底部“R2”圆角，结果如图 3–118 所示。

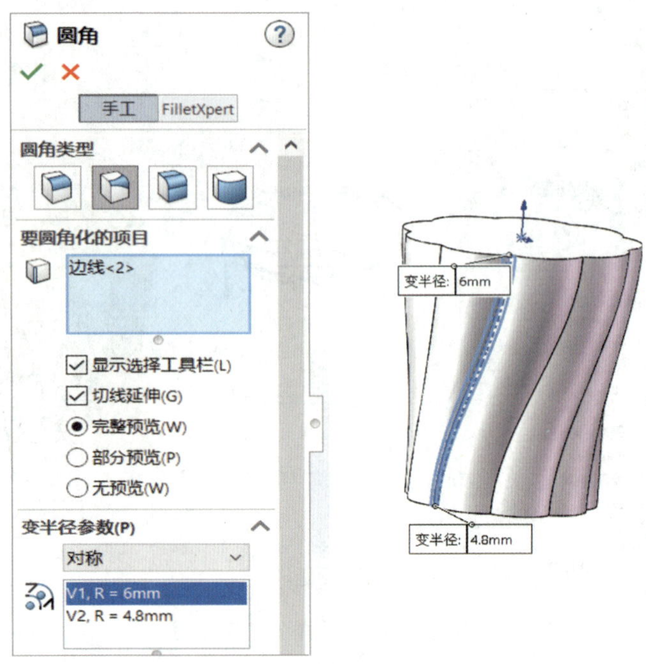

图 3-116　变化圆角建模界面

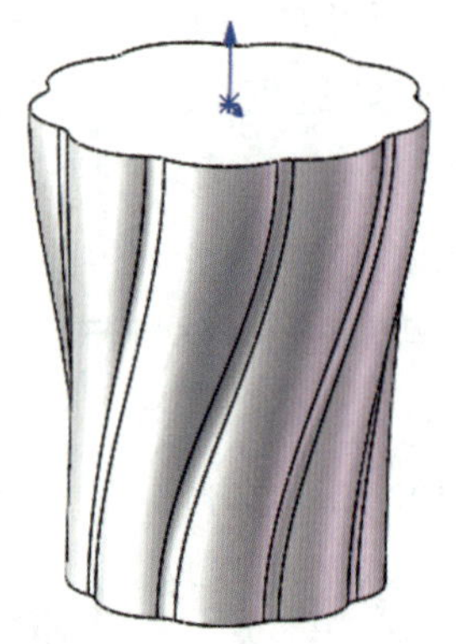

图 3-117　完成变化圆角建模

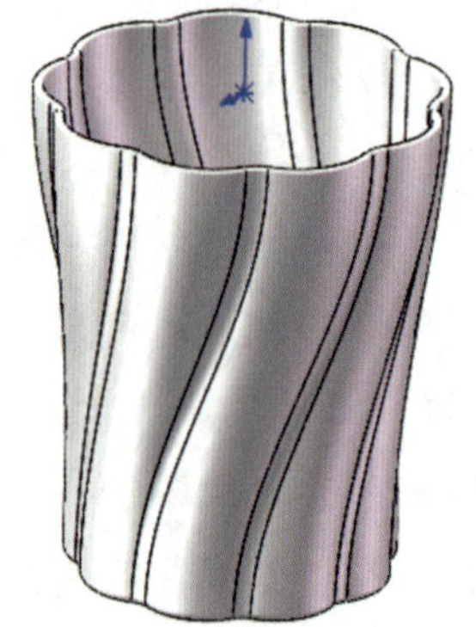

图 3-118　完成水杯基体建模

2. 水杯手柄建模

（1）绘制草图

1）选择“前视基准面”作为草图平面。

2）单击“草图”工具栏中的“样条曲线”按钮，在大致位置单击五个点（样条曲线的形状与手柄形状相似，其中起点和终点位于水杯内部），双击鼠标左键结束样条曲线的绘制。

3）单击样条曲线，显示如图 3-119a 所示构成样条曲线的五个点和该点处切线方向的标记。单击第一点，弹出如图 3-119b 所示的“点”对话框，输入坐标“X30，Y-20”，单击“固定（F）”。

4）采用同样的方法约束样条曲线上其他四个点的位置，其坐标分别为“X68，Y-15”“X56，Y-80”“X13，Y-80”“X15，Y-75”。

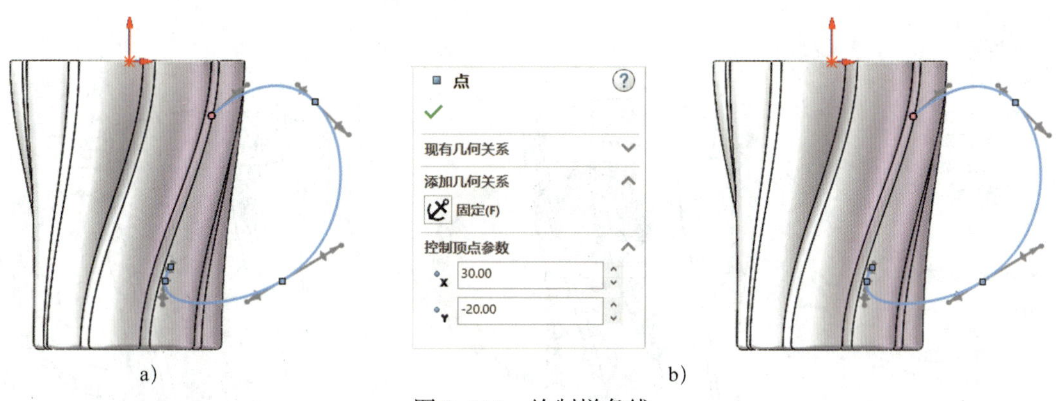

a)　b)

图 3–119　绘制样条线

5）单击“参考几何体”按钮右侧的下三角，弹出“基准面”对话框。单击样条曲线后再单击其上方的端点，显示如图 3–120 所示的基准面，单击“确定”按钮创建“基准面 2”。

6）选择“基准面 2”作为草图平面，以原点为中心绘制如图 3–121 所示的椭圆，隐藏“基准面 2”。

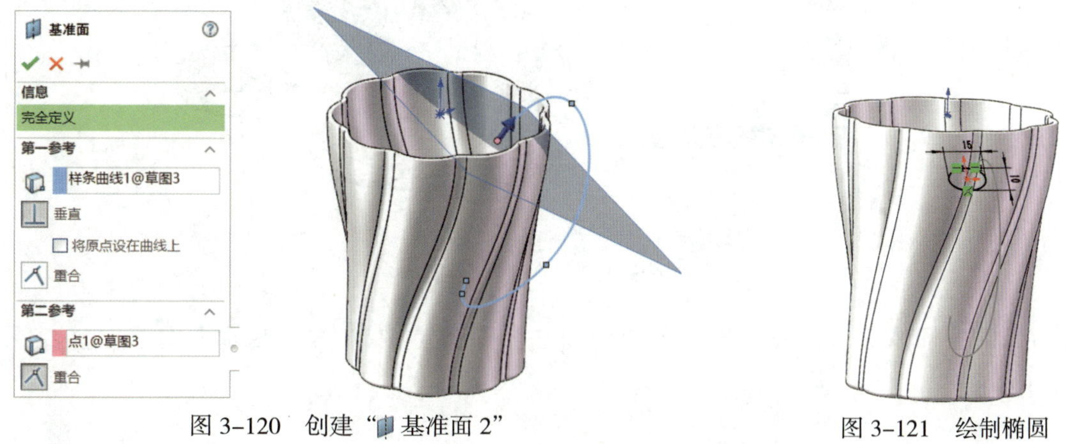

图 3–120　创建“基准面 2”　　图 3–121　绘制椭圆

（2）扫描建模

1）单击“特征”工具栏中的“扫描”按钮 扫描，弹出如图 3–122 所示的操作界面，左侧为“扫描”对话框，右侧为扫描建模预览。

2）在“”右侧的空白方框中单击，单击椭圆轮廓。在“”右侧的空白方框中单击，单击样条曲线。取消选中“合并结果（R）”复选框。

3）单击“确定”按钮完成手柄的扫描建模。

（3）曲面分割实体

1）单击“曲面”工具栏中的“等距曲面”按钮 等距曲面，弹出如图 3–123 所示的操作界面，左侧为“复制曲面”对话框，右侧为复制曲面预览。

2）设置“”值为“0”，在“”右侧的空白方框中单击，单击杯体内侧的五个曲面，单击“确定”按钮绘制等距曲面。

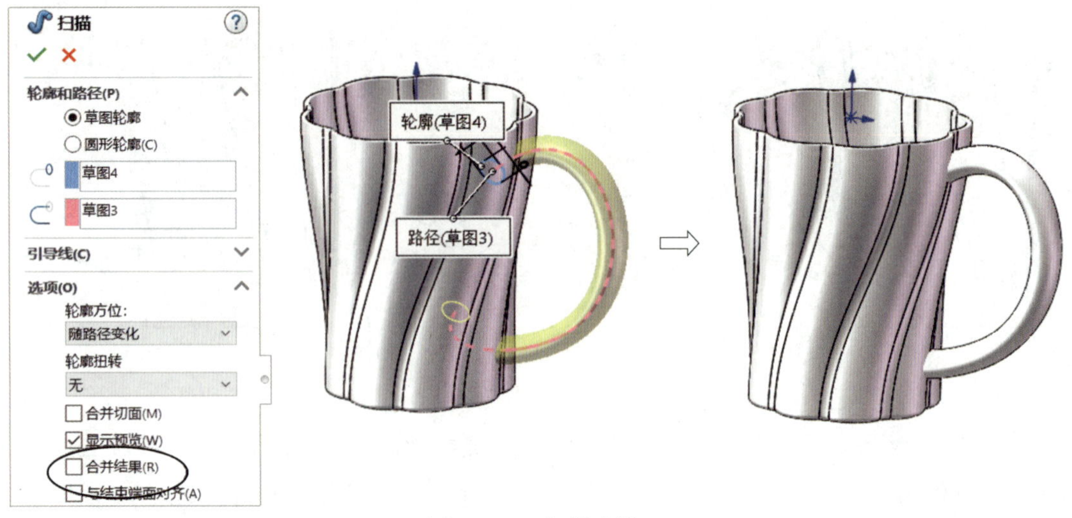

图 3-122　扫描建模

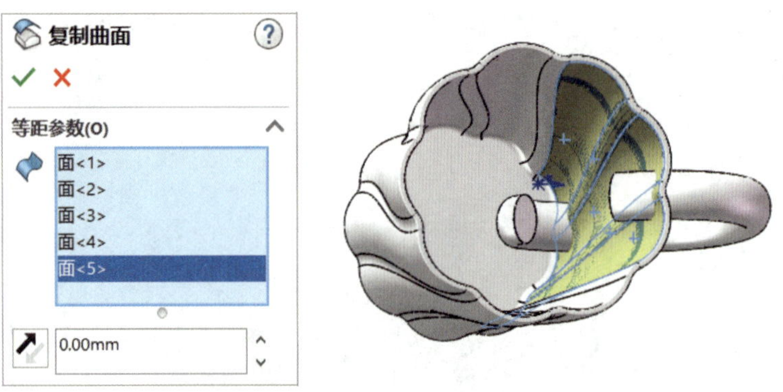

图 3-123　绘制等距曲面

3）单击杯体实体，在弹出的菜单中单击“隐藏”按钮，隐藏杯体实体，结果如图 3-124 所示。

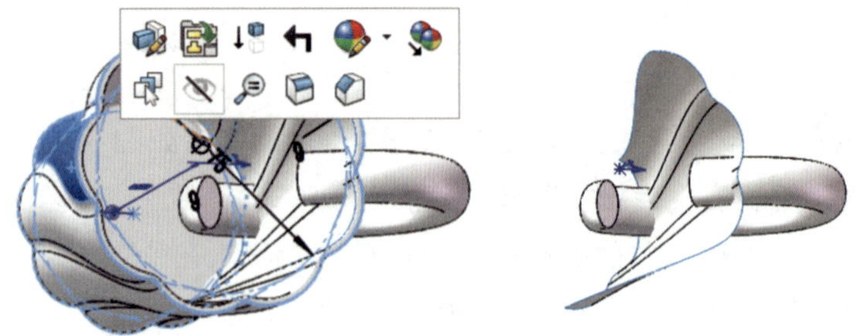

图 3-124　隐藏实体

4）单击下拉菜单中的“插入（I）”/“特征（F）”/“分割（L）...”，弹出如图 3-125 所示的操作界面，左侧为“分割”对话框，右侧为分割实体预览。

5）在“”右侧的空白方框中单击，单击等距曲面。选中“选定的实体”单选按钮，在“”右侧的空白方框中单击，单击手柄实体。

6）单击“切割实体（C）”，在绘图区显示分割实体，选中“消耗切除实体（U）”复选框，再分别单击选中“1☑”和“2☑”。

7）单击“确定”按钮 ✓ 完成曲面分割实体。

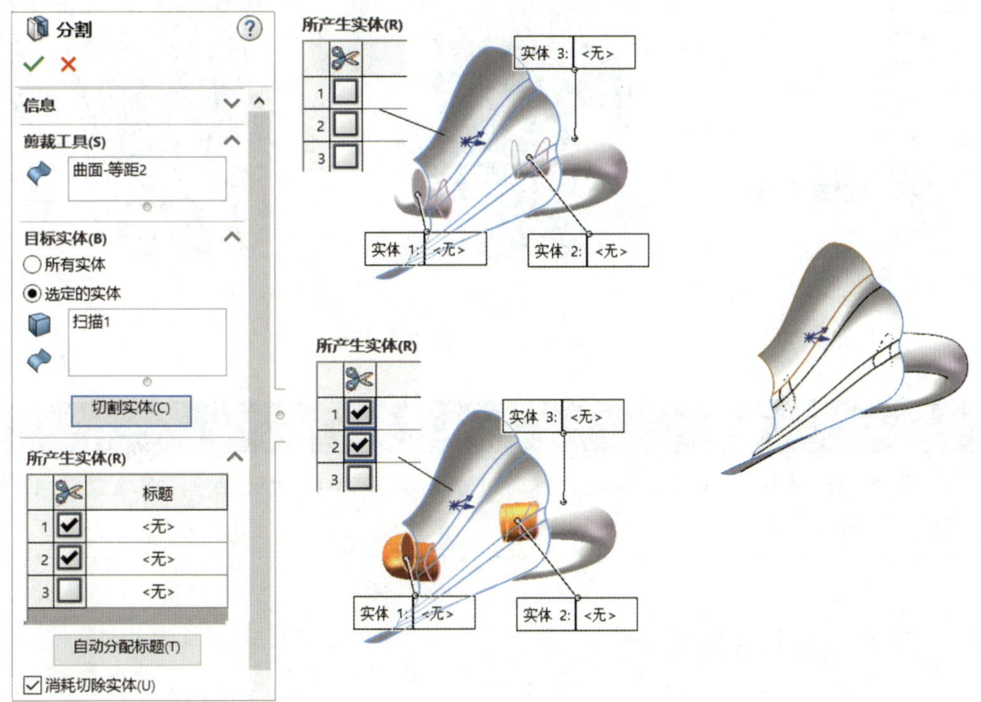

图 3–125　曲面分割实体

（4）组合实体

1）单击等距曲面，在弹出的菜单中单击“隐藏”按钮，隐藏等距曲面。单击特征管理设计树中“▸ 实体（2）”左侧的 ▸，在“ 实体（2）”的展开菜单中单击“ 圆角 4”，在弹出的菜单中单击“显示”按钮，显示杯体实体，结果如图 3–126 所示。

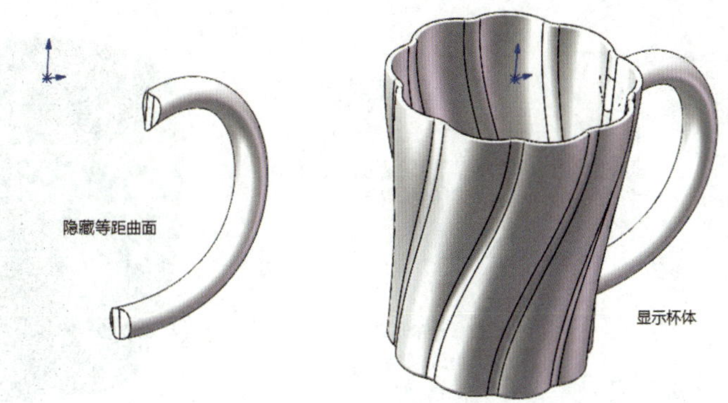

图 3–126　隐藏等距曲面并显示杯体

2）单击下拉菜单中的“插入（I）”/“特征（F）”/“ 组合（B）...”，弹出如图 3–127 所示的操作界面，左侧为“组合 1”对话框，右侧为组合实体预览。

3）在“ ”右侧的空白方框中单击，分别单击手柄实体和杯体实体。

4）单击“确定”按钮 ✓ 完成实体组合。

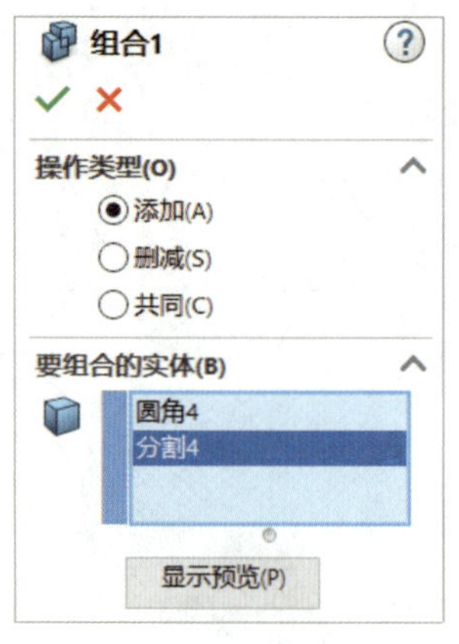

图 3-127 实体组合

提示

读者不妨试一试组合后对实体进行操作（如隐藏、编辑外观等），看看能否单独对手柄或杯体进行操作。

四、知识与技能延伸

1. 多截面放样 / 转换实体引用

放样建模时，除了采用两个截面进行放样建模外，还可采用多截面进行放样建模。现以如图 3-128 所示的“花盆”零件（壁厚为 3 mm，顶部圆角为 *R*1 mm，底部圆角为 *R*3 mm）建模为例进行说明。

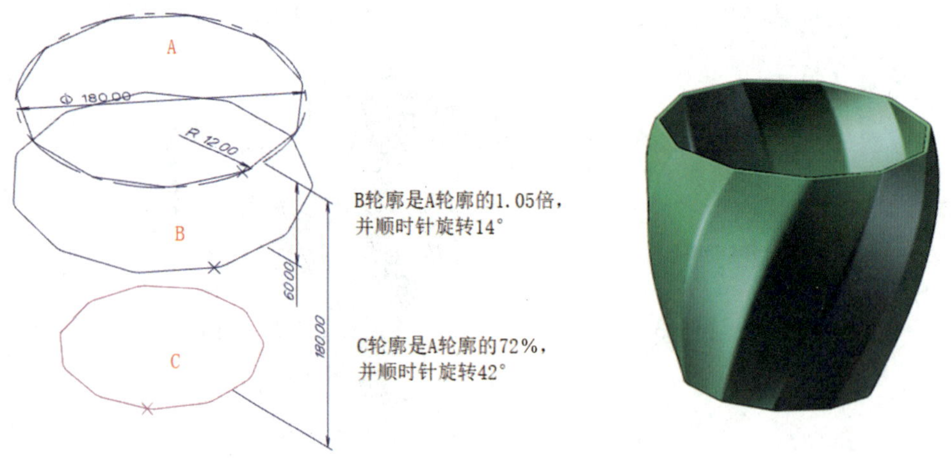

图 3-128 多截面放样 / 转换实体引用实例

（1）创建“基准面 1”和“基准面 2”，该基准面平行于“上视基准面”且距离分别为“60”和“180”。

（2）以“上视基准面”作为草图平面，绘制如图 3-129 所示的 11 边形，其外接圆直径为“180”，圆角半径为“R12”。

（3）选择“基准面 1”作为草图平面。单击“草图”工具栏中的“转换实体引用”按钮，弹出“转换实体引用”对话框。选中“选择链（C）”复选框，单击“确定”按钮完成转换实体引用，结果如图 3–130 所示。

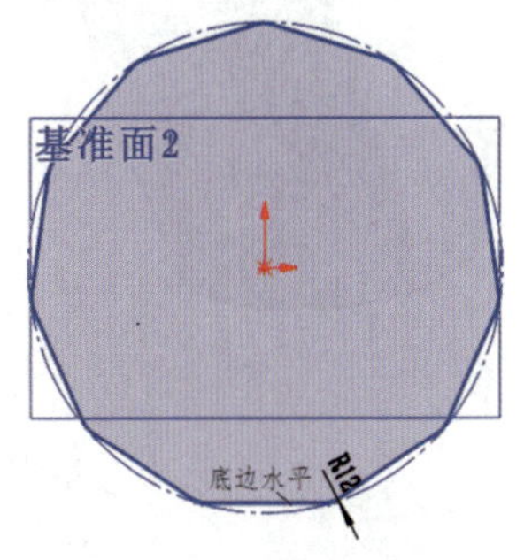

图 3–129　绘制截面草图 1

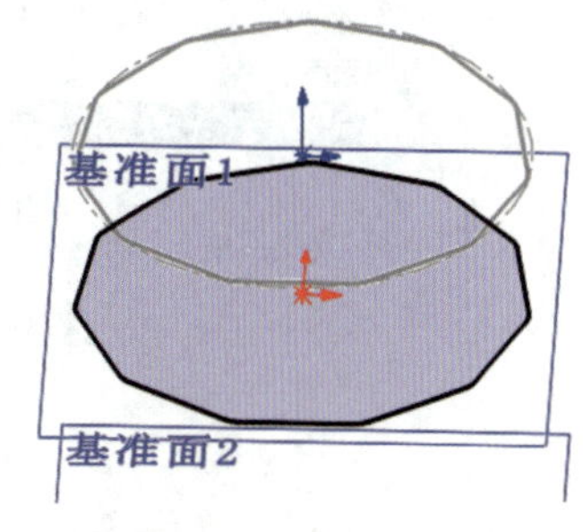

图 3–130　转换实体引用

（4）单击下拉菜单中的“工具（T）”/“草图工具（T）”/“缩放实体比例”，将“基准面 1”上的草图以原点为中心进行缩放，缩放比例选择“1.05”，结果如图 3–131a 所示。单击下拉菜单中的“工具（T）”/“草图工具（T）”/“旋转实体”，将“基准面 1”上的草图以原点为中心进行旋转，旋转角度为“–14”，结果如图 3–131b 所示。

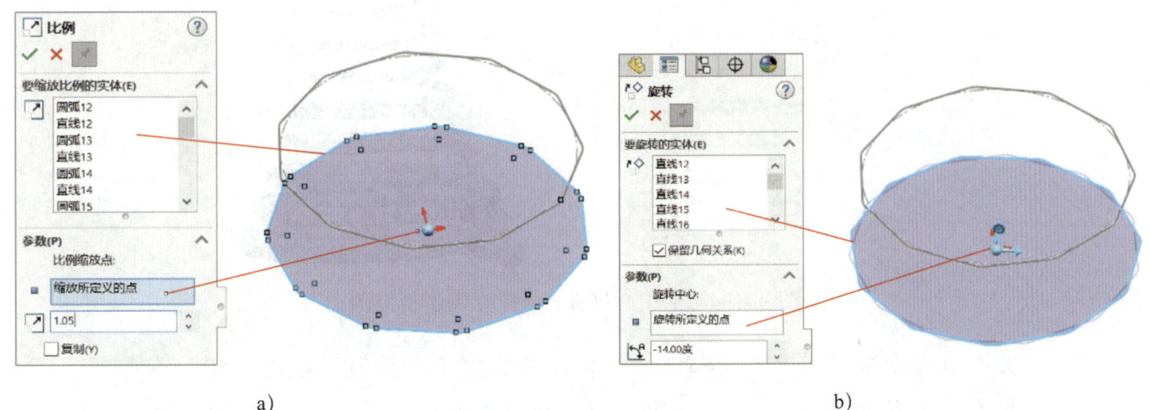

图 3–131　绘制截面草图 2

（5）采用同样的方式绘制“基准面 2”上的草图，其缩放比例选择“0.72”，旋转角度为“–42”，结果如图 3–132 所示。

（6）单击“特征”工具栏中的“放样凸台/基体”按钮 放样凸台/基体，弹出如图 3–133 所示的建模界面，左侧为“放样”对话框，右侧为放样建模预览。

（7）分别单击三个草图平面中的轮廓（单击轮廓时，选择旋转前的相同部位），单击“确定”按钮完成多截面放样建模。

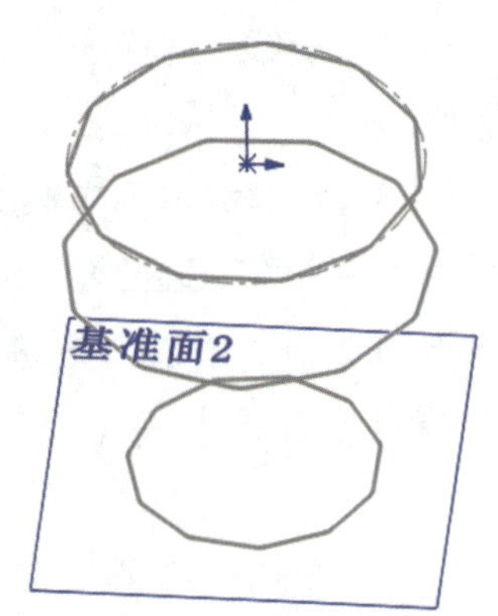

图 3–132　绘制截面草图 3

（8）完成实体的“抽壳”“圆角”等操作，结果如图 3–133 所示。

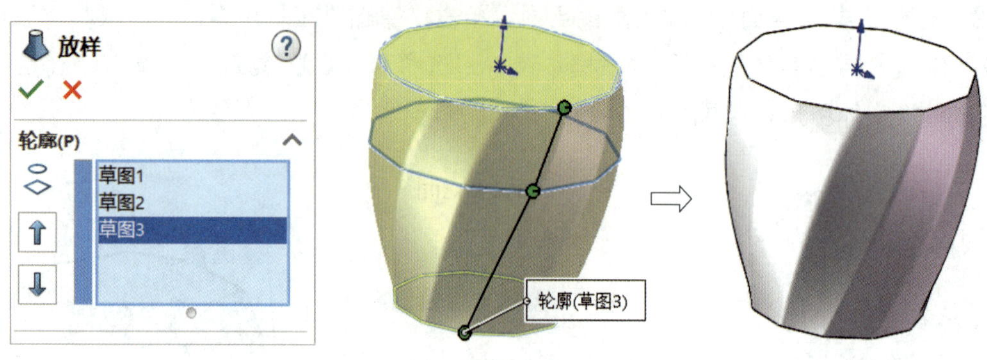

图 3–133　多截面放样建模

2. 沿中心线放样 / 螺旋线绘制

采用“沿中心线放样”这种建模方式时，轮廓沿中心线放样，截面法向与中心线角度始终不变。现以如图 3–134 所示圆锥弹簧的三维建模（弹簧的螺距为 6 mm，直径为 5 mm，螺旋线的直径为 50 mm，圈数为 10，锥形角度为 20°）为例进行说明。

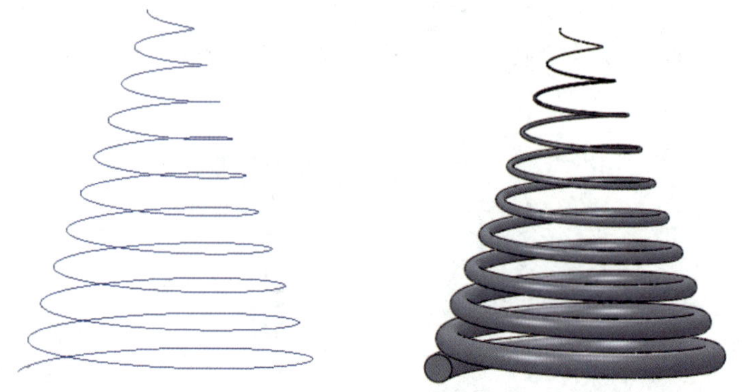

图 3–134　沿中心线放样 / 螺旋线绘制实例

（1）以“上视基准面”作为草图平面，以原点为中心绘制直径为“50”的圆。

（2）单击下拉菜单中的“插入（I）”/“曲线（U）”/“螺旋线 / 涡状线（H）...”，弹出“螺旋线 / 涡状线”对话框，按图 3–135 所示设置参数，单击“确定”按钮 ✓ 绘制螺旋线。

（3）创建经过下方螺旋线端点且垂直于螺旋线的“基准面 1”，以此为草图平面，以原点为中心绘制直径为“5”的圆，结果如图 3–136 所示。

（4）创建经过上方螺旋线端点且垂直于螺旋线的“基准面 2”，以此为草图平面，在原点位置绘制点（完成后可单击该点，将其坐标修改为“0，0”），结果如图 3–137 所示。

（5）单击“特征”工具栏中“放样凸台 / 基体”按钮 放样凸台/基体，完成沿中心线放样建模，结果如图 3–138 所示。

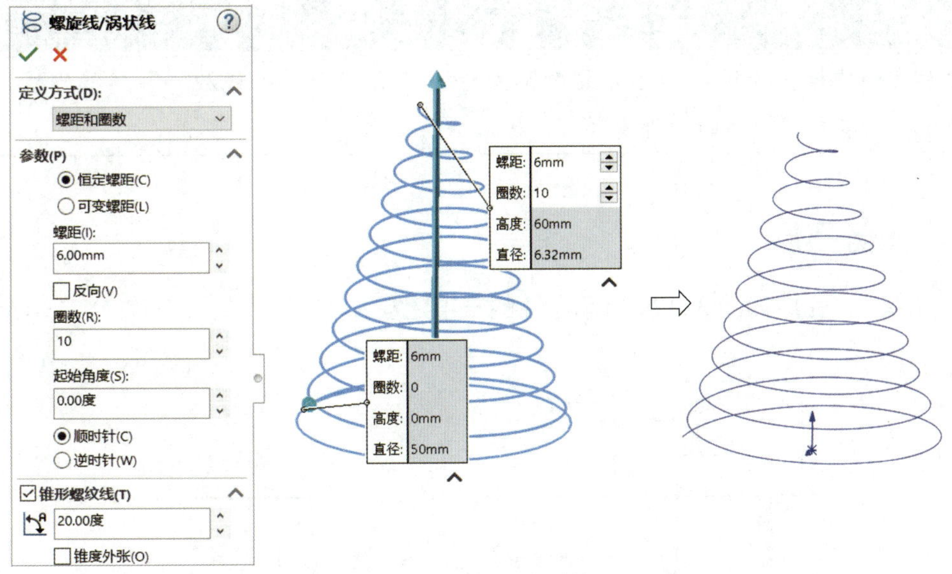

图 3-135　绘制螺旋线

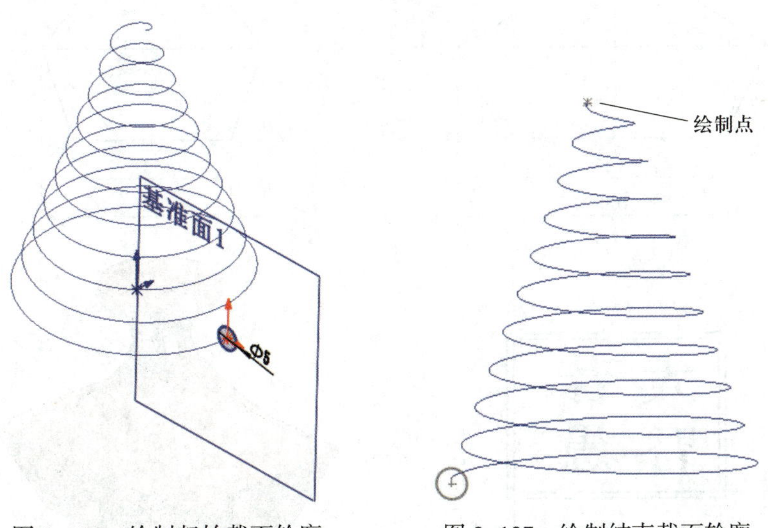

图 3-136　绘制起始截面轮廓　　图 3-137　绘制结束截面轮廓

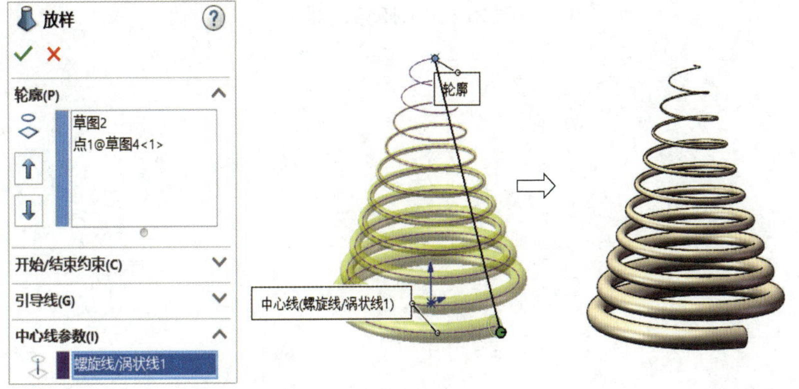

图 3-138　沿中心线放样实体

提示

对于放样建模，除了前面已介绍的形式外，还有“沿引导线放样”建模形式，其操作过程可参阅本书“模块四的课题 4”。

五、任务拓展

任务拓展 1　完成如图 3-139 所示零件的三维建模。

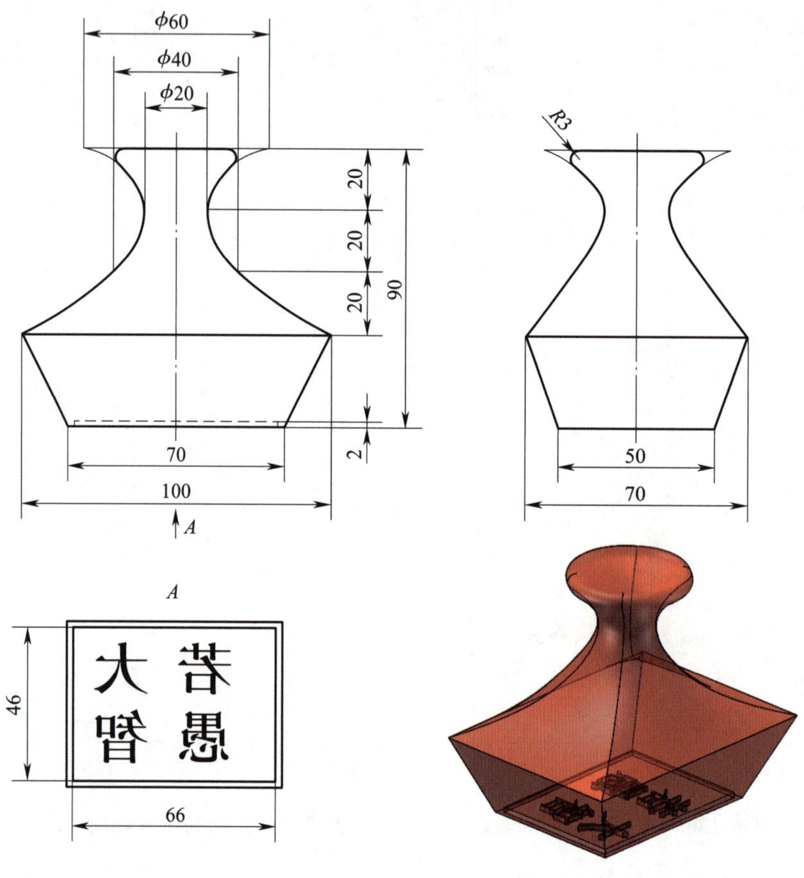

图 3-139　任务拓展 1

任务拓展 2　完成如图 3–140 所示零件的三维建模。

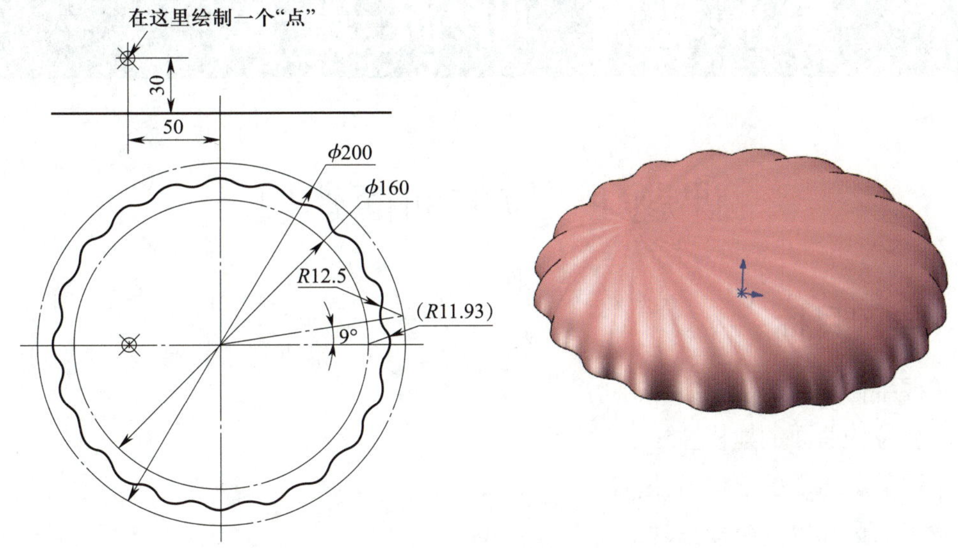

图 3–140　任务拓展 2

任务拓展 3　完成如图 3–141 所示零件的三维建模。

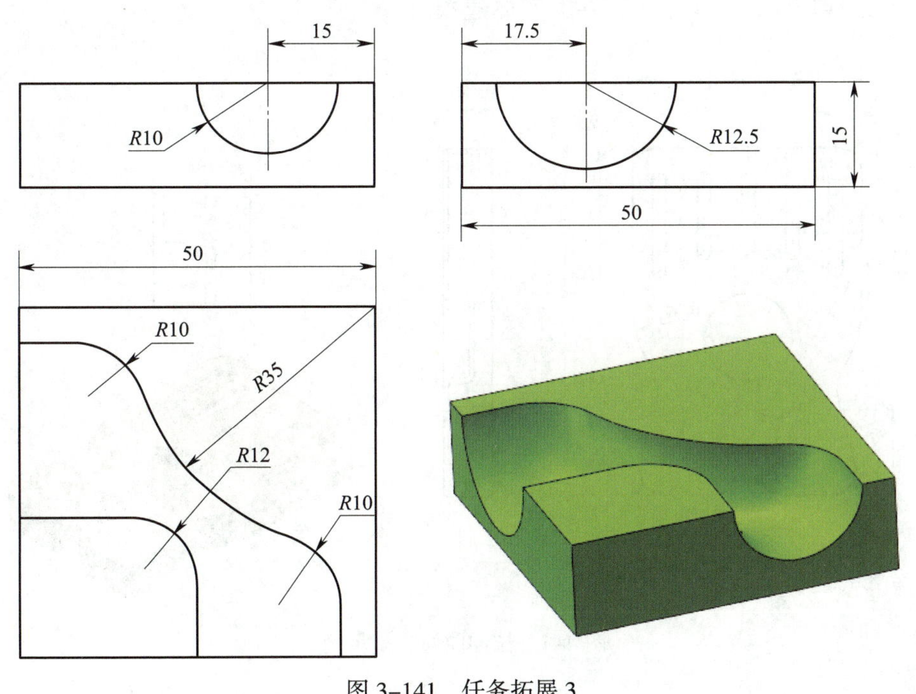

图 3–141　任务拓展 3

模块四　曲 面 建 模

课题 1　拉伸曲面建模

一、学习目标

1．掌握平面区域的建模方法。

2．掌握拉伸曲面的建模方法。

3．掌握剪裁曲面的建模方法。

4．掌握曲面加厚的建模方法。

二、工作任务

完成如图 4–1 所示“罩壳”零件的实体建模。

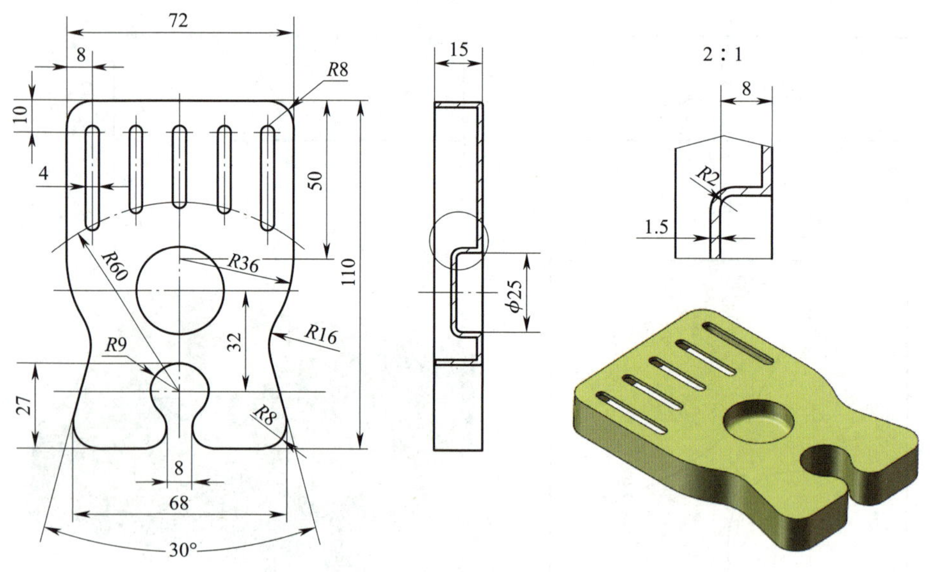

图 4–1　拉伸曲面建模示例

三、任务实施

1．绘制拉伸曲面

（1）绘制截面轮廓

截面轮廓的绘制过程如图 4–2 所示。

1）选择“上视基准面”作为草图平面。

2）单击“边角矩形”按钮，弹出“矩形”对话框。绘制宽度为“72”、长度为“110”的矩形。

3）单击“圆形”按钮，弹出“圆”对话框，在“圆类型”下单击“圆”按钮。绘制三个圆，其半径分别为“9”“12.5”“36”。

4）单击“直线（L）”按钮，弹出“插入线条”对话框。绘制两条与底边相交且与底边夹角为“75°”的斜线，再绘制一条距原点为“4”的竖直构造线。

5）单击“圆形”按钮，弹出“圆”对话框，在“圆类型”下单击“圆”按钮。绘制两个相等的圆，分别与“ϕ18”的圆和底边相切。再约束其中一个圆与竖直构造线相切。

6）单击“绘制圆角”按钮，完成两条斜线与底边倒圆角操作，其半径“”值为“8”，对圆角的位置进行尺寸约束。

7）单击“剪裁实体（T）”按钮，剪裁图素。单击“绘制圆角”按钮，根据相关尺寸要求完成轮廓倒圆角操作。

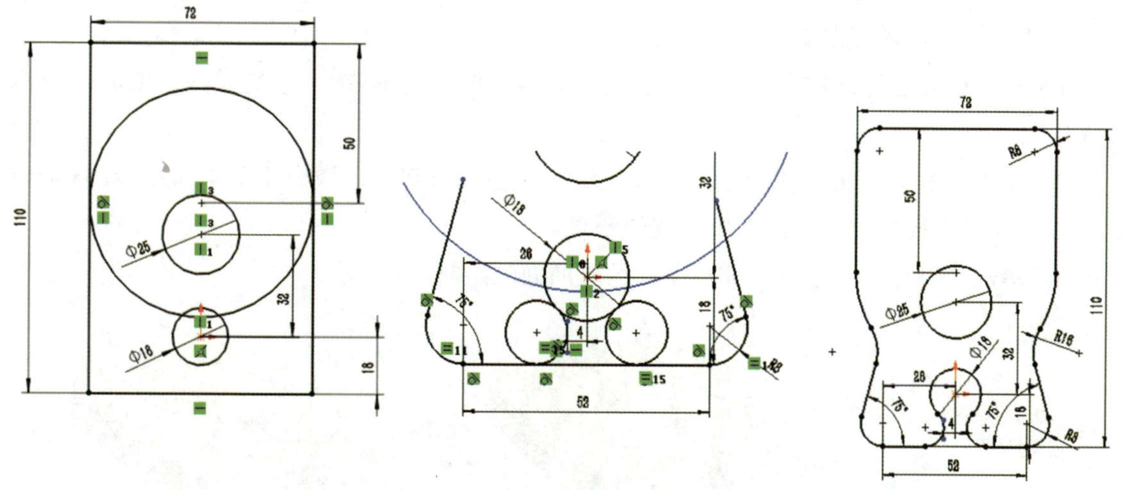

图 4–2　绘制拉伸曲面的截面草图

（2）拉伸曲面

1）单击“曲面”工具栏中的“拉伸曲面”按钮，弹出如图 4–3 所示的建模界面，左侧为“曲面 – 拉伸”对话框，右侧为拉伸曲面预览。

2）单击“反向”按钮可改变拉伸方向，在对话框中修改拉伸长度“”值为“15”。

3）单击“所选轮廓（S）”右侧的下三角，在其展开的空白方框中用鼠标右键单击“草图 1”，在弹出的右键菜单中单击“删除（B）”，然后单击截面草图中的外围轮廓。

4）单击“确定”按钮完成曲面拉伸。

5）采用同样的方法拉伸轮廓内部的圆形曲面，其拉伸长度“”值为“8”。单击“编辑外观”按钮，完成外观编辑。

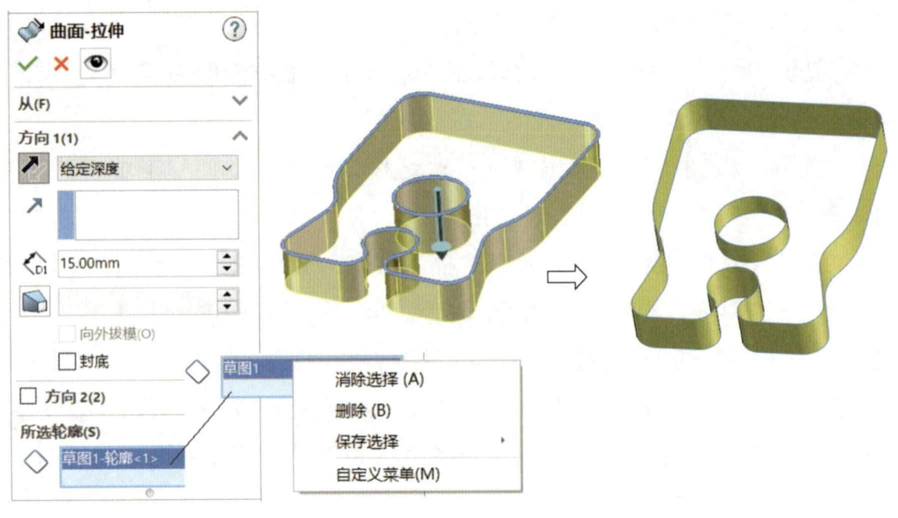

图 4–3　绘制拉伸曲面

2. 绘制平面区域

（1）绘制平面区域曲面

1）在特征管理设计树中单击“曲面 – 拉伸 1”左侧的使其展开，单击“草图 1”。

2）单击“曲面”工具栏中的“平面区域”按钮 平面区域，弹出如图 4–4 所示的建模界面，左侧为“平面”对话框，右侧为建模预览。

3）单击“确定”按钮完成平面区域曲面的绘制。

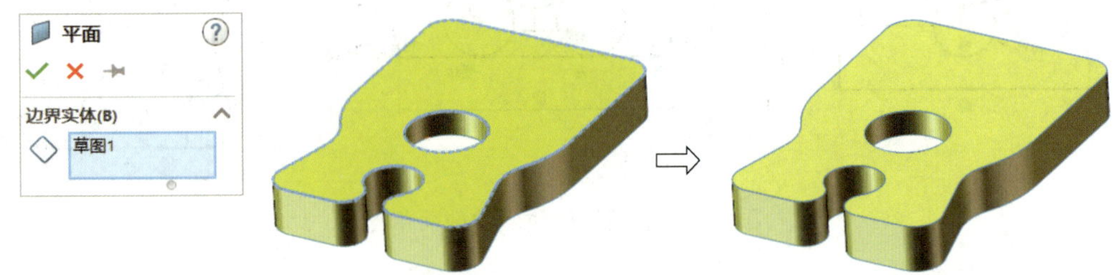

图 4–4　绘制平面区域曲面

4）单击“曲面”工具栏中的“平面区域”按钮 平面区域，弹出“平面”对话框，单击中间圆拉伸曲面的底部边界，单击“确定”按钮绘制如图 4–5 所示底部曲面。

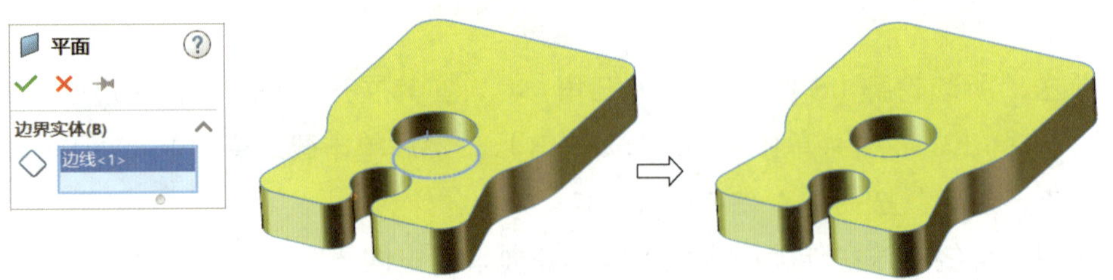

图 4–5　绘制底部曲面

（2）绘制用于剪裁曲面的草图

剪裁曲面草图的绘制过程如图 4–6 所示。

1）选择“上视基准面”作为草图平面。

2）单击“圆心 / 起 / 终点画弧”按钮，绘制半径为“60”的圆弧作为构造线，其圆心与下方“R9”圆弧的圆心相同。

3）单击“直线（L）”按钮，绘制上方的水平构造线和竖直构造线。再采用等距实体方式绘制其他四条竖直构造线。

4）单击“草图”工具栏中的“直槽口”按钮，弹出“槽口”对话框。单击“中心点圆弧槽口”按钮，选中“添加尺寸”复选框。分别单击左侧竖直线的端点，修改槽宽值为“4”。

5）采用同样的方法绘制其他四个“直槽口”。

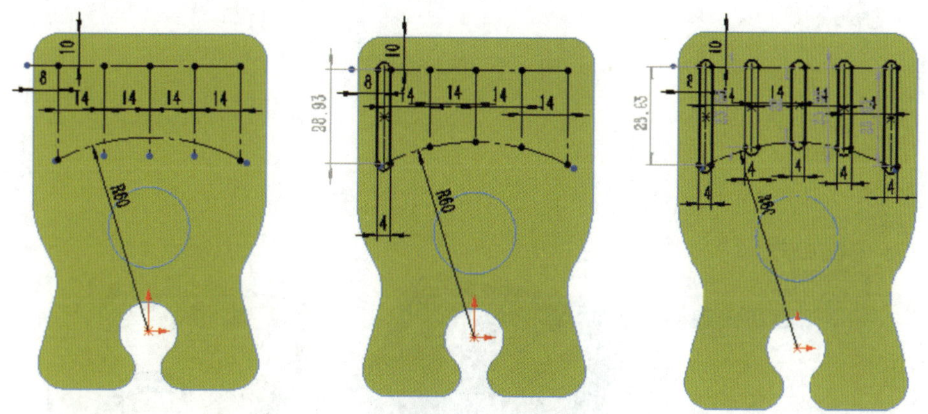

图 4–6　绘制用于剪裁曲面的草图

（3）剪裁曲面

1）单击“曲面”工具栏中的“剪裁曲面”按钮 剪裁曲面，弹出如图 4–7 所示的建模界面，左侧为“剪裁曲面”对话框，右侧为剪裁曲面建模预览。

2）在“选择（S）”下方“”右侧的空白方框中单击，单击草图中的任意图素。选中“保留选择（K）”单选按钮，在“”右侧的空白方框中单击，单击上平面要保留的部位（该部位呈橘黄色）。

3）单击“确定”按钮 ✓ 完成曲面的剪裁。

3. 完成零件建模

（1）曲面圆角

1）单击“曲面”工具栏中“缝合曲面”按钮，弹出如图 4–8 所示的建模界面，左侧为“曲面 – 缝合”对话框，右侧为曲面缝合建模预览。

2）在“选择（S）”下方“”右侧的空白方框中单击，框选绘图区的所有曲面，单击“确定”按钮 ✓ 完成曲面缝合，缝合后的曲面从视觉上与原曲面无区别。

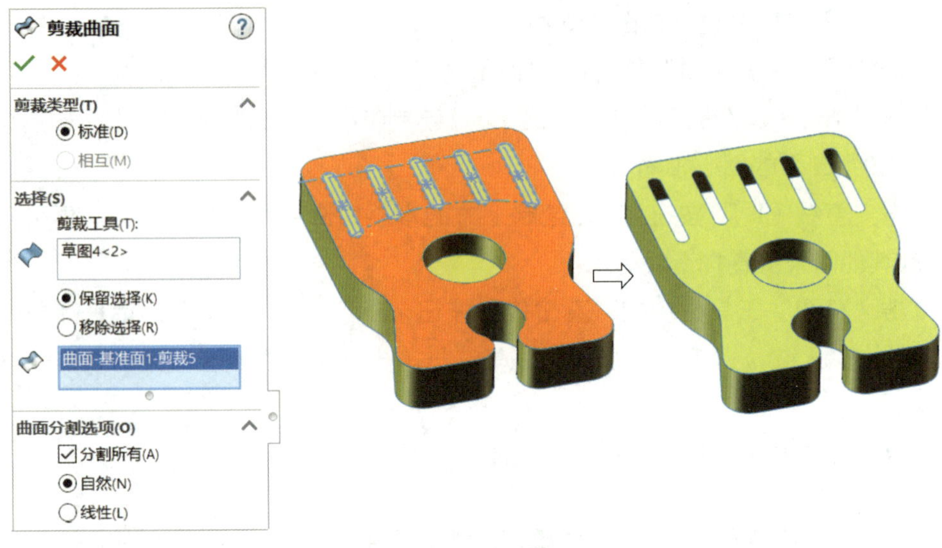

图 4–7　剪裁曲面

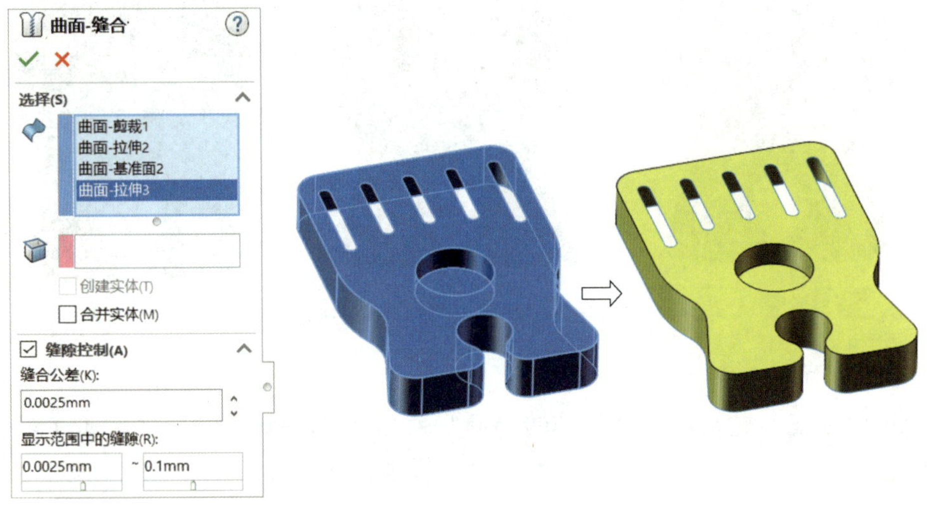

图 4–8　缝合曲面

3）单击“曲面”工具栏中“圆角”按钮，弹出如图 4–9 所示的建模界面，左侧为“圆角”对话框，右侧为圆角建模预览。

4）在“圆角类型”下单击“固定大小圆角”按钮，单击需要倒圆角的边界，输入圆角半径“”值为“2”，选中“切线延伸（G）”复选框。单击“确定”按钮 ✓ 完成曲面圆角。

提示

读者可试一试，如果不进行“缝合曲面”操作，还能不能进行“圆角”操作和“曲面加厚”操作。

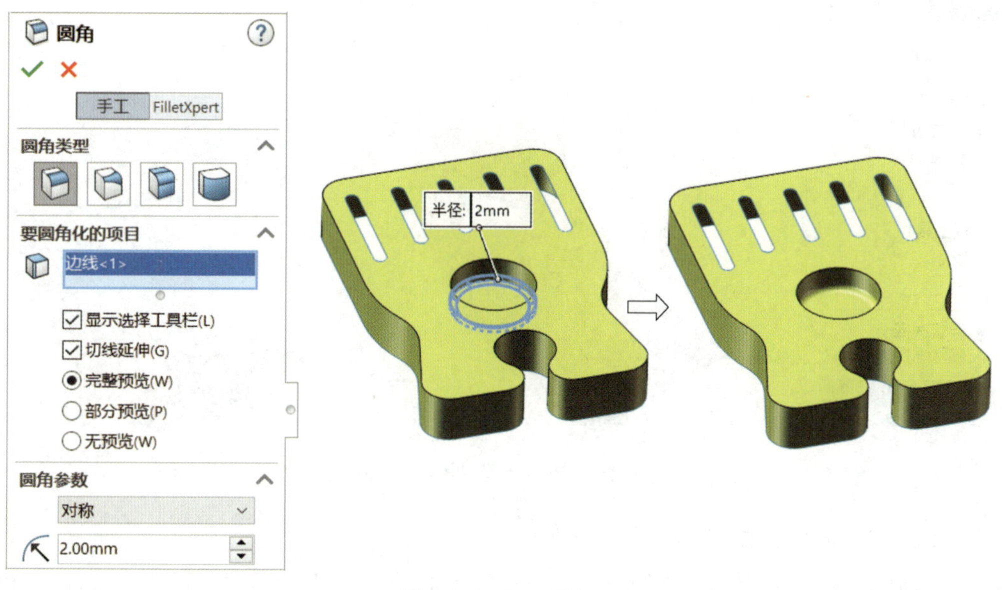

图 4–9　曲面圆角

（2）曲面加厚

单击“曲面”工具栏中的“加厚”按钮 加厚，或单击下拉菜单中的“插入（I）”/“凸台/基体（B）”/“加厚（T）...”，弹出“加厚”对话框，自动选中“圆角1”作为加厚面，单击“加厚侧边2”按钮，修改“”值为“1.5”，单击“确定”按钮 ✓ 完成曲面加厚，结果如图 4–10 所示。

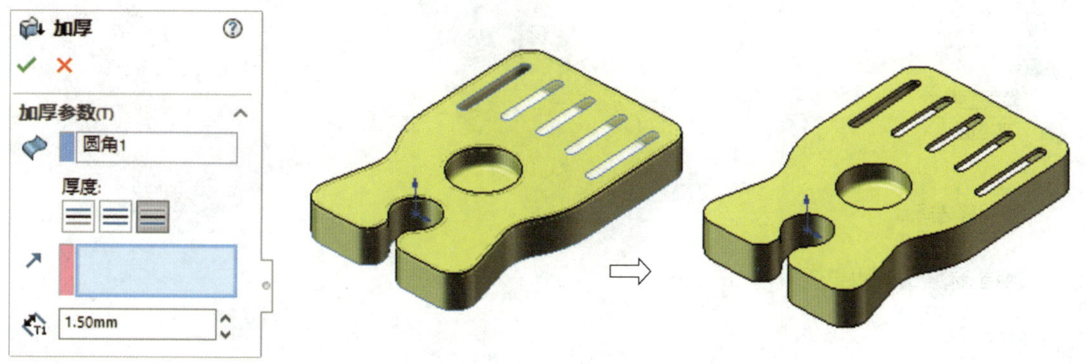

图 4–10　曲面加厚

四、知识与技能延伸

1. 曲面剪裁的补充说明

（1）通过投影曲线剪裁曲面

如图 4–11 所示，用于剪裁曲面的草图并没有绘制在曲面表面，可以采用“投影曲线”命令将曲线投影至曲面表面，再进行曲面剪裁。

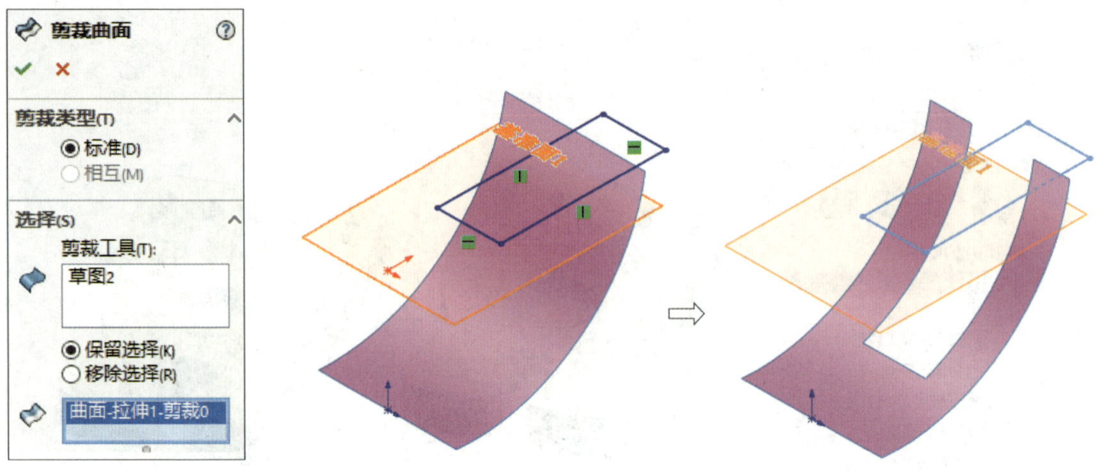

图 4–11　通过投影曲线剪裁曲面

（2）曲面与曲面之间的剪裁

曲面剪裁除了采用曲线形式剪裁外，还可采用曲面与曲面之间的剪裁形式。此处的曲面既可以是曲面，也可以是“平面”或“基准面”，如图 4–12 所示为采用基准面剪裁曲面的示例。

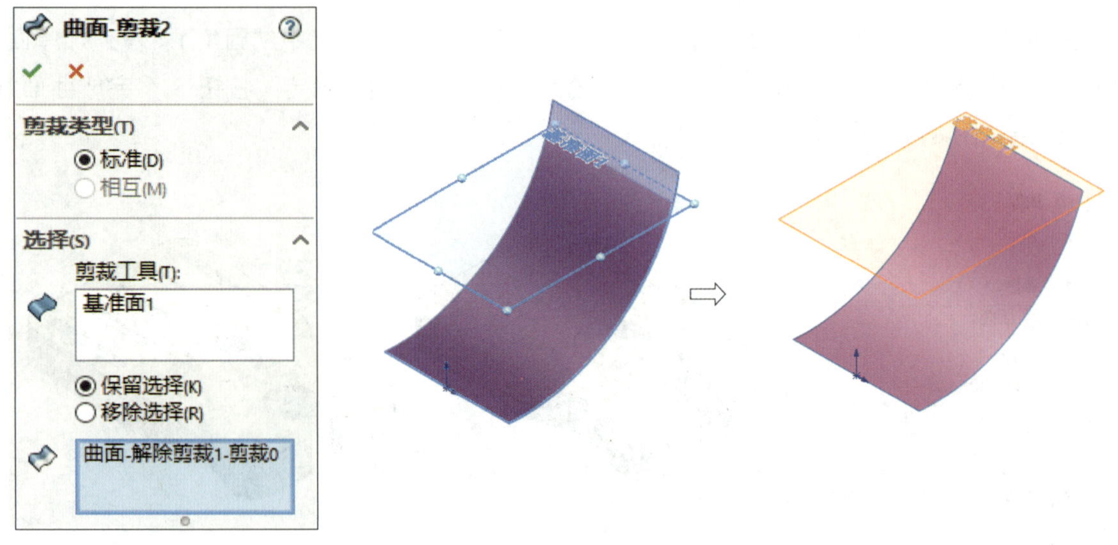

图 4–12　曲面与曲面之间的剪裁

2. 解除剪裁曲面

对于已执行剪裁操作的曲面，可通过单击按钮 **解除剪裁曲面** 来解除剪裁曲面操作，其操作流程如图 4–13 所示。

单击“曲面”工具栏中“解除剪裁曲面”按钮 **解除剪裁曲面**，弹出“曲面 – 解除剪裁 2”对话框，单击已执行剪裁操作的曲面中需要解除剪裁的曲面，单击“确定”按钮 ✓ 完成解除剪裁曲面操作。

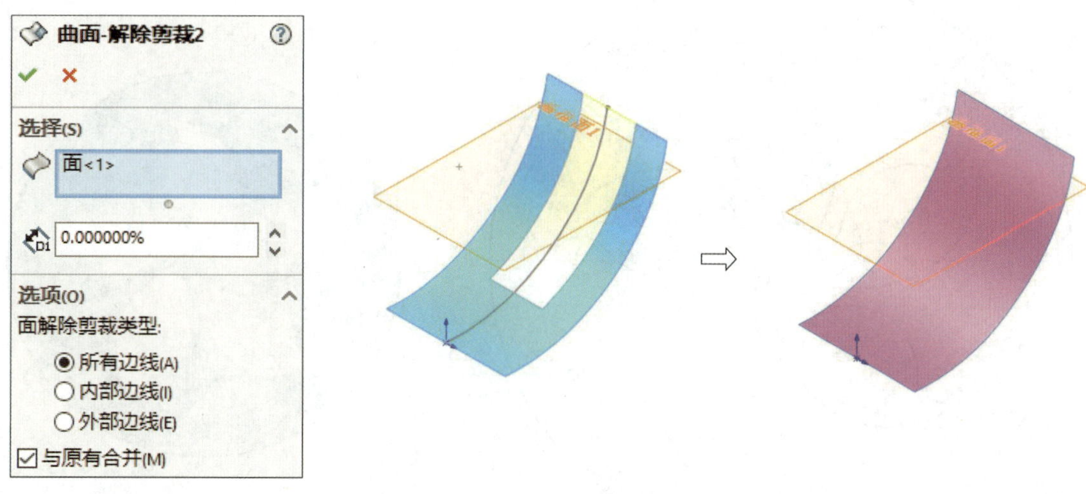

图 4–13　解除剪裁曲面

五、任务拓展

任务拓展 1　完成如图 4–14 所示“回形针”零件的三维建模（“回形针”零件材料直径为 1 mm）。

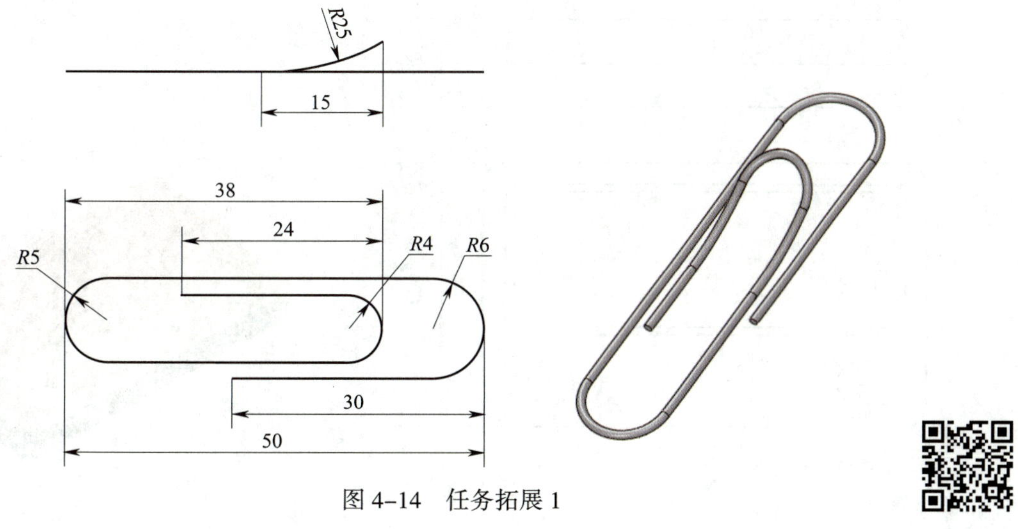

图 4–14　任务拓展 1

任务拓展 2　完成如图 4–15 所示“地漏”零件的曲面建模。

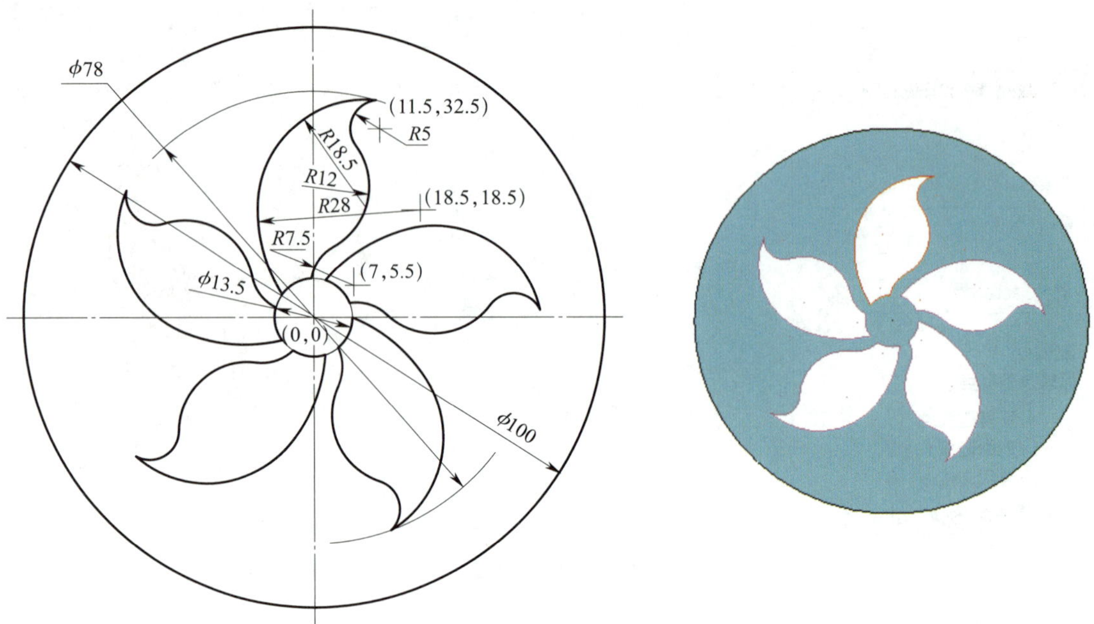

图 4–15　任务拓展 2

任务拓展 3　完成如图 4–16 所示零件的曲面建模。

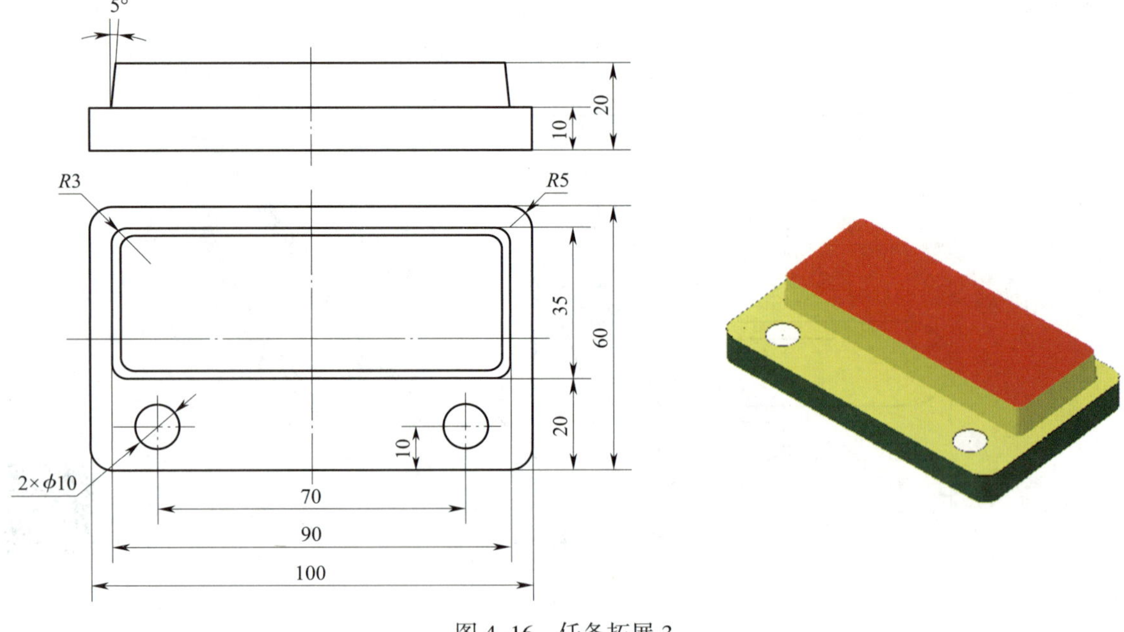

图 4–16　任务拓展 3

课题 2　旋转曲面建模

一、学习目标

1．掌握旋转曲面的建模方法。

2．掌握曲面上样条曲线的绘制方法。

3．掌握曲面延伸的建模方法。

4．掌握等距曲面的建模方法。

二、工作任务

完成如图 4–17 所示“花边桶”零件的实体建模（轮廓花边形状由曲面上的样条曲线分割而成，将该实体线性尺寸放大至原来的 10 倍，即为家用花边桶）。

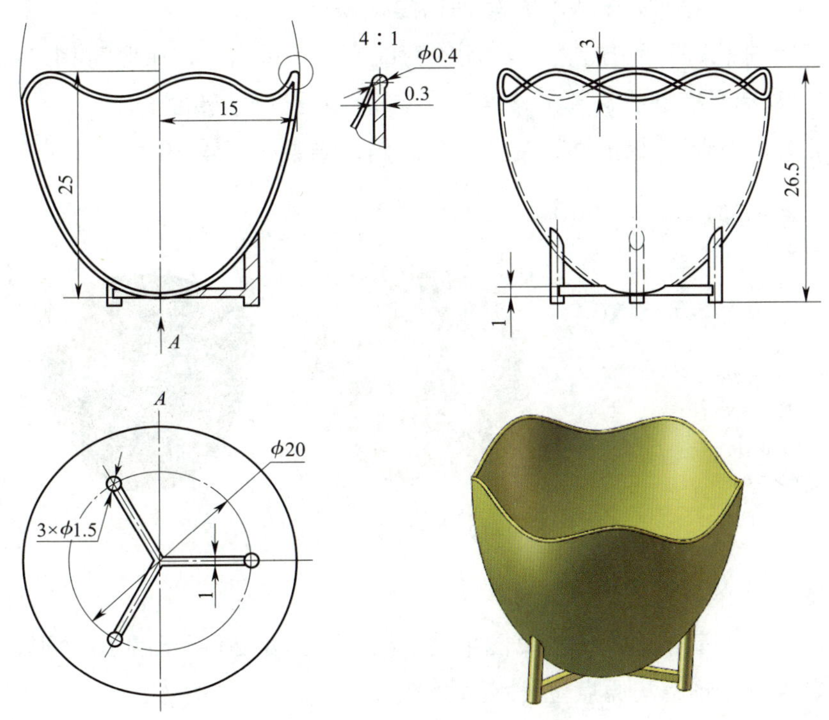

图 4–17　旋转曲面建模示例

三、任务实施

1．基体建模

（1）绘制旋转曲面

1）选择“前视基准面”作为草图平面。

2）单击“椭圆”按钮 椭圆(L)，以原点为中心绘制椭圆，约束其位置和尺寸。单击“直线（L）”按钮，绘制两条水平构造线和一条竖直构造线。剪裁草图轮廓，结果如图 4–18 所示。

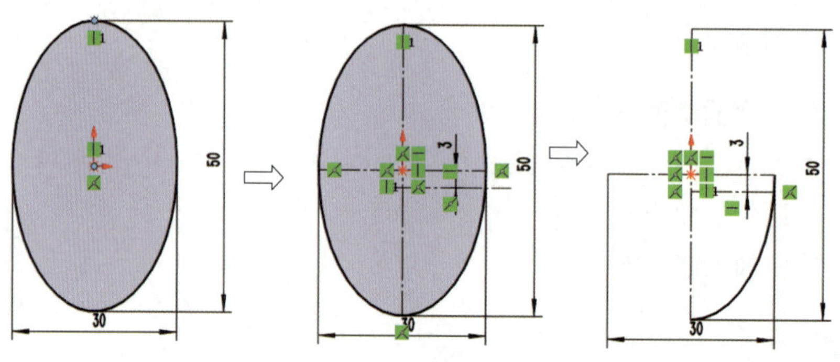

图 4–18　绘制截面轮廓

3）单击“曲面”工具栏中“旋转曲面”按钮，弹出如图 4–19 所示的建模界面，左侧为“曲面 – 旋转”对话框，右侧为旋转曲面建模预览。

4）在“旋转轴（A）”下方“”右侧的空白方框中单击，选中竖直构造线，此时“所选轮廓（S）”自动选择椭圆弧，单击“确定”按钮 ✓ 绘制旋转曲面。

5）单击“编辑外观”按钮，完成外观编辑，结果如图 4–19 所示。

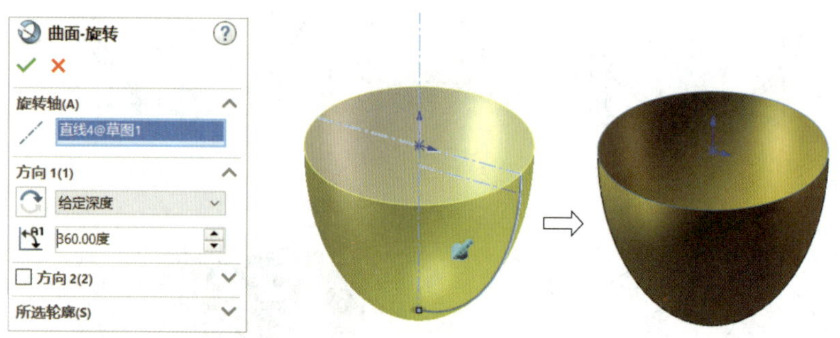

图 4–19　绘制旋转曲面

（2）绘制曲面上的样条曲线

1）选择“上视基准面”作为草图平面，绘制如图 4–20 所示的 10 边形，其外接圆直径为“30”，其中一个顶点与原点位于水平位置。

2）单击“参考几何体”按钮右侧的下三角，弹出“基准面”对话框。单击“实例 4–2”中的“上视基准面”，选中“反转等距”复选框，修改“”值为“3”，单击“确定”按钮 ✓ 创建“基准面 1”。

3）单击“曲面 – 旋转 1”左侧的，在其展开菜单中单击“草图 1”，在弹出的菜单中单击“显示”按钮显示“草图 1”中的轮廓。

4）选择“基准面 1”作为草图平面，绘制如图 4–21 所示的 10 边形，其外接圆通过“草图 1”下方水平线的右侧端点（即与旋转曲面重合）。

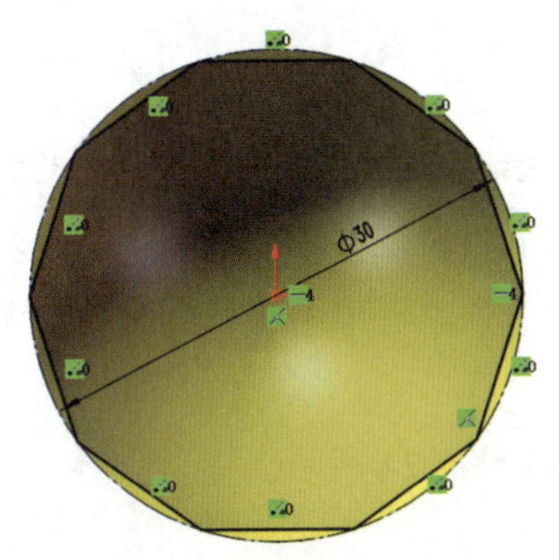

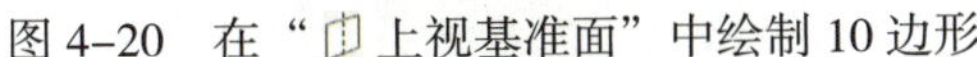
图 4-20　在“上视基准面”中绘制 10 边形

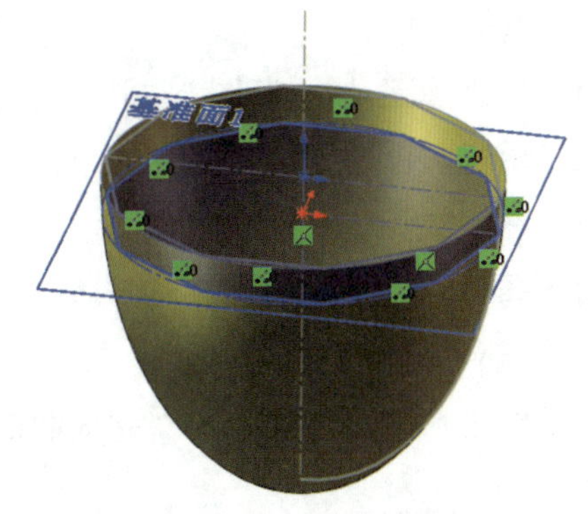

图 4-21　在“基准面 1”中绘制 10 边形

5）分别隐藏“草图 1”和“基准面 1”。

6）单击“曲面”工具栏中的“延伸曲面”按钮 延伸曲面，弹出如图 4-22 所示的“曲面－延伸 1”对话框。单击旋转曲面，选中“距离（D）”单选按钮，输入“D1”值为“1”。单击“确定”按钮 ✓ 完成曲面延伸。

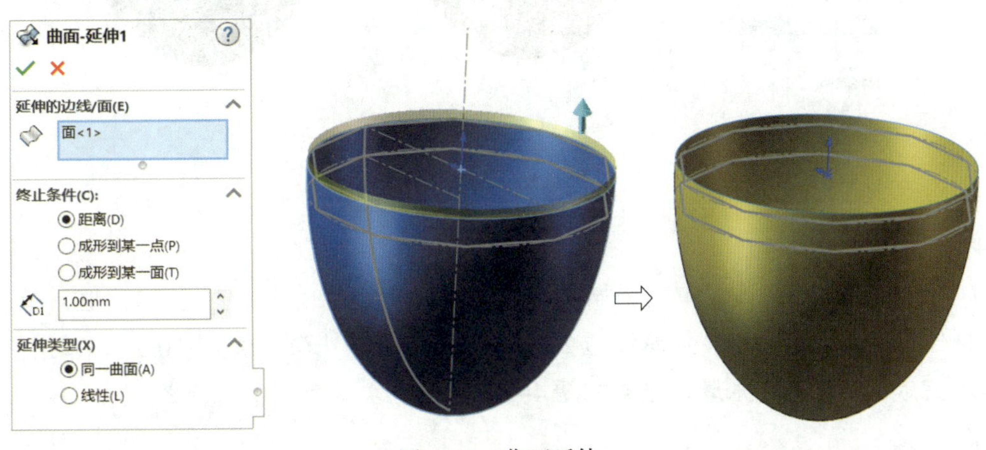

图 4-22　曲面延伸

7）单击下拉菜单中的“工具（T）”/“草图绘制实体（K）”/“曲面上的样条曲线（F）”，依次单击（相互错开）两个 10 边形的顶点，如图 4-23 所示绘制曲面上的样条曲线。

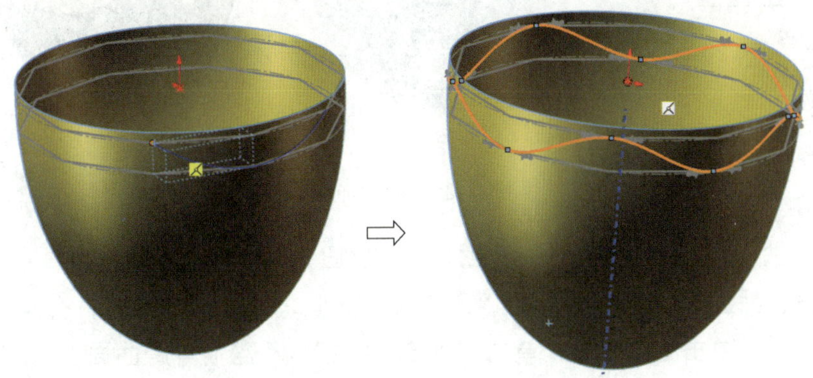

图 4-23　绘制曲面上的样条曲线

（3）剪裁曲面

1）分别隐藏“草图 2”和“（-）草图 3”。

2）单击“曲面”工具栏中的“剪裁曲面”按钮 剪裁曲面，弹出“剪裁曲面”对话框。

3）在“选择（S）”下方“”右侧的空白方框中单击，单击曲面上的样条曲线。选中“保留选择（K）”单选按钮，在“”右侧的空白方框中单击，单击旋转曲面下方需保留的部位（该部位呈橘黄色）。

4）单击“确定”按钮 ✓ 完成曲面的剪裁，结果如图 4-24 所示。

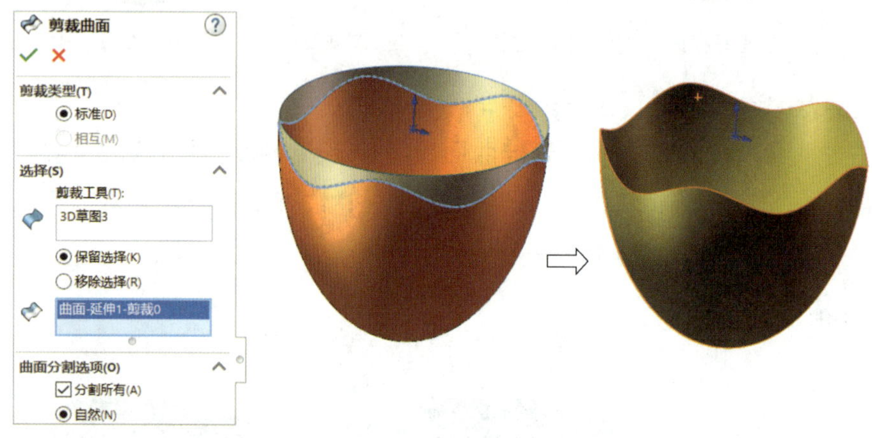

图 4-24　剪裁曲面

（4）实体建模

1）单击“曲面”工具栏中的“加厚”按钮 加厚，弹出“加厚 1”对话框，单击选中旋转曲面作为加厚面，单击“加厚侧边 2”按钮 ，修改“”值为“0.3”，单击“确定”按钮 ✓ 完成曲面的向内加厚，结果如图 4-25 所示。

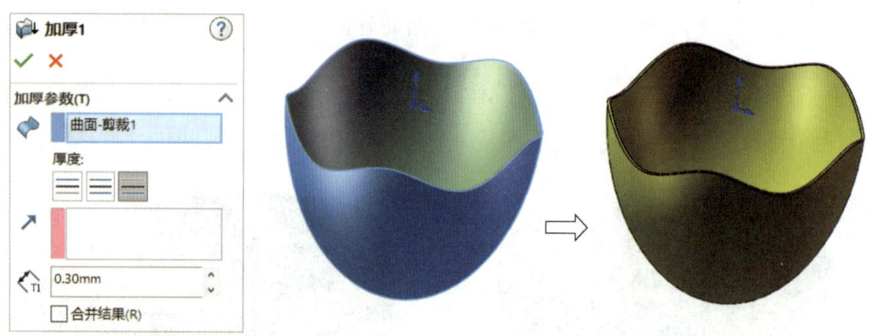

图 4-25　曲面加厚

2）单击“曲面”工具栏中的“等距曲面”按钮 等距曲面，弹出“曲面－等距 1”对话框，单击“反转等距方向”按钮 可以改变等距方向，使其向内等距，在其右侧的空白方框中输入“0.15”，单击旋转曲面，单击“确定”按钮 ✓ 绘制等距曲面。

3）隐藏加厚实体，结果如图 4-26 所示。

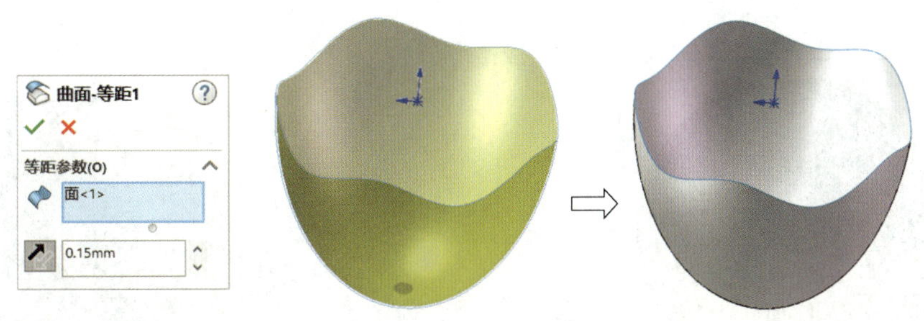

图 4–26　绘制等距曲面

4）单击“特征”工具栏中的“扫描”按钮 扫描，弹出“扫描”对话框。选中“圆形轮廓（C）”单选按钮，在“ ”右侧的空白方框中单击，单击等距曲面的边界线。在“ ”中输入“0.4”。单击“确定”按钮 ✓ 完成圆形轮廓扫描建模，结果如图 4–27 所示。

5）显示加厚实体。

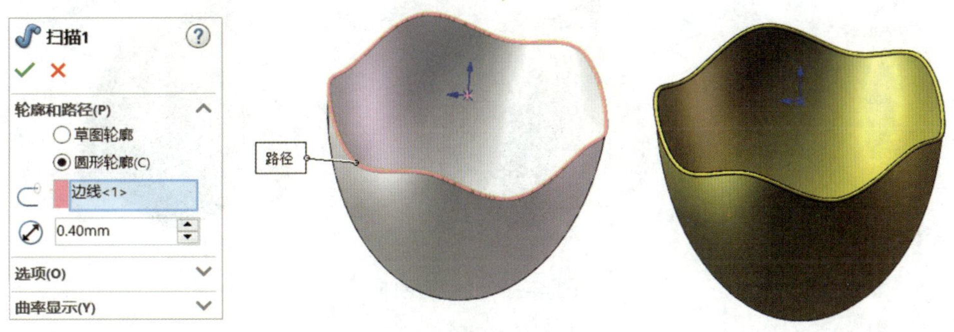

图 4–27　圆形轮廓扫描建模

2. 底部支架建模

（1）单个支架建模

1）单击“参考几何体”按钮 右侧的下三角 ，弹出“基准面”对话框。单击“ 实例 4–2”中的“ 上视基准面”，选中“反转等距”复选框，修改“ ”值为“26.5”，单击“确定”按钮 ✓ 创建“ 基准面 2”。

2）选择“ 基准面 2”作为草图平面，绘制如图 4–28 所示的草图。

3）单击“拉伸凸台 / 基体”按钮 ，弹出“凸台 – 拉伸”对话框。在“方向 1（1）”下方选中“成形到一面”，单击等距曲面。取消选中“合并结果（M）”复选框，单击“确定”按钮 ✓ 完成拉伸建模，结果如图 4–29 所示。

4）隐藏“ 基准面 2”。单击“参考几何体”按钮 右侧的下三角 ，弹出“基准面”对话框。单击“ 实例 4–2”中的“ 上视基准面”，选中“反转等距”复选框，修改“ ”值为“25”，单击“确定”按钮 ✓ 创建“ 基准面 3”。

5）选择“ 基准面 3”作为草图平面，绘制图 4–30 中的水平线，该水平线的端点分别位于原点和圆柱圆心位置。

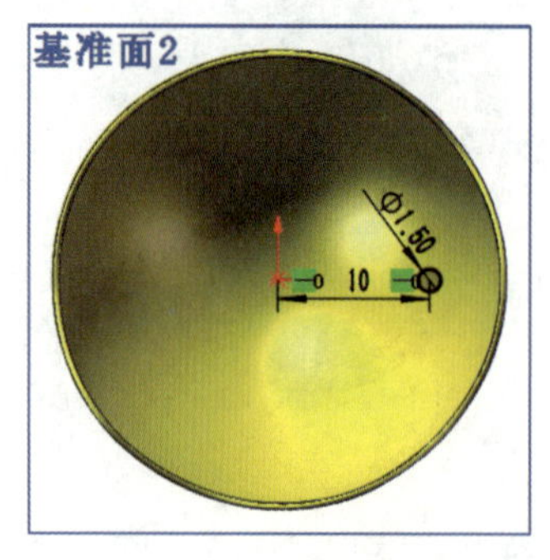

图 4–28　绘制截面草图

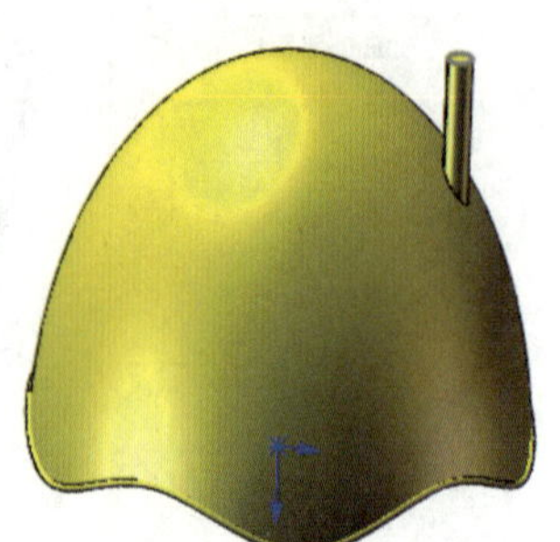

图 4–29　拉伸圆柱

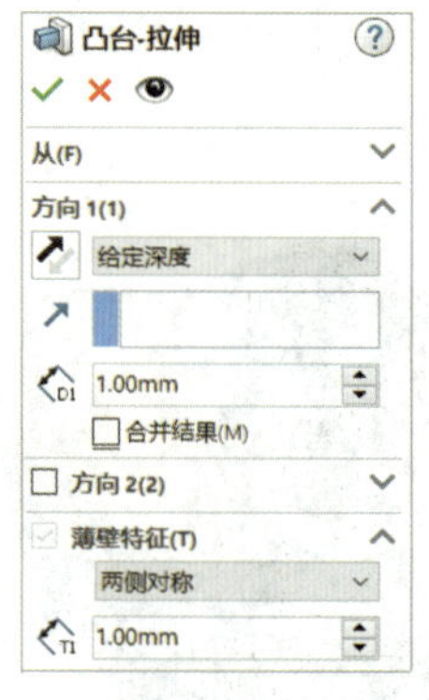

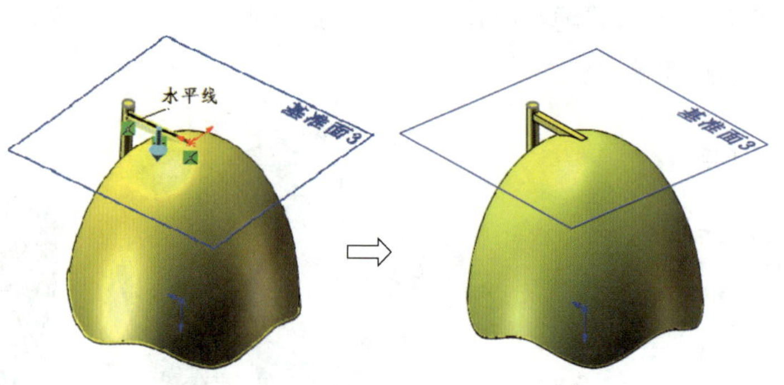

图 4–30　薄壁拉伸

6）单击“拉伸凸台 / 基体”按钮，弹出“凸台 – 拉伸”对话框。单击水平线，在“方向 1（1）”下方选中“给定深度”，输入“D1”值为“1”。

7）自动选中“薄壁特征（T）”复选框，再选中“两侧对称”，输入“T1”值为“1”。取消选中“合并结果（M）”复选框，单击“确定”按钮 ✓ 完成拉伸建模，结果如图 4–30 所示。

（2）用曲面分割实体

1）单击下拉菜单中的“插入（I）”/“特征（F）”/“分割（L）...”，弹出“分割 1”对话框。

2）在“”右侧的空白方框中单击，单击基体内侧面。选中“选定的实体”单选按钮，在“”右侧的空白方框中单击，单击“花边桶”实体。

3）单击“切割实体（C）”按钮 切割实体(C)，在绘图区显示分割实体，单击选中“1 ☑”，再单击“花边桶”实体内侧伸出位置。

4）单击“确定”按钮 ✓ 完成用曲面分割实体操作，结果如图 4–31 所示。

5）完成薄壁件实体和圆柱的组合操作。

（3）圆周阵列支架

1）隐藏“基准面 3”，显示“草图 1”。

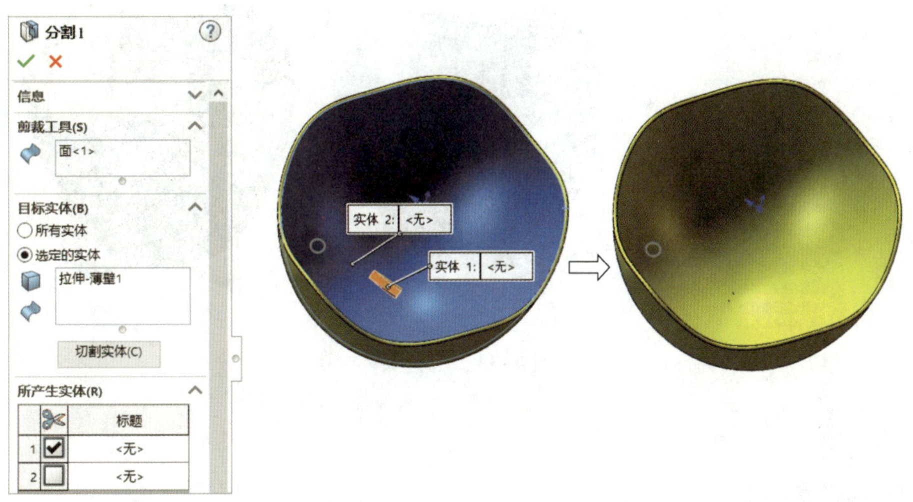

图 4–31 分割实体

2）单击“特征”工具栏中的“圆周阵列”按钮 圆周阵列，弹出“阵列（圆周）1”对话框。

3）选中“实体（B）”复选框，在其下方“ ”右侧的空白方框中单击，单击“ 实例 4–2”中的“ 凸台 – 拉伸 1”和“ 分割 1”。在“ ”右侧的空白方框中单击，再单击“ 草图 1”中的竖直构造线。选中“等间距”单选按钮，输入“ ”值为“3”。

4）单击“确定”按钮 ✓ 完成圆周阵列，结果如图 4–32 所示。

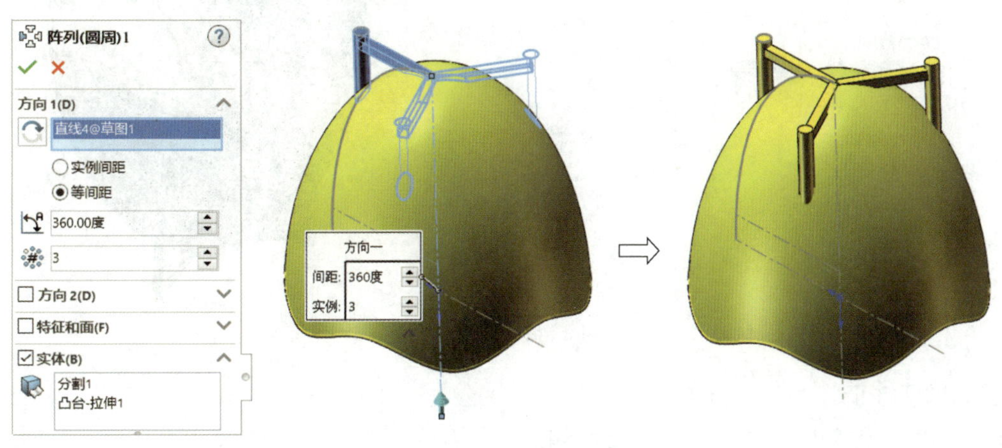

图 4–32 圆周阵列

5）单击下拉菜单中的“插入（I）”/“特征（F）”/“ 组合（B）...”，弹出“组合 1”对话框。选中对话框中的“添加（A）”单选按钮，单击选中所有实体，单击“确定”按钮 ✓ 完成实体组合，结果如图 4–33 所示。

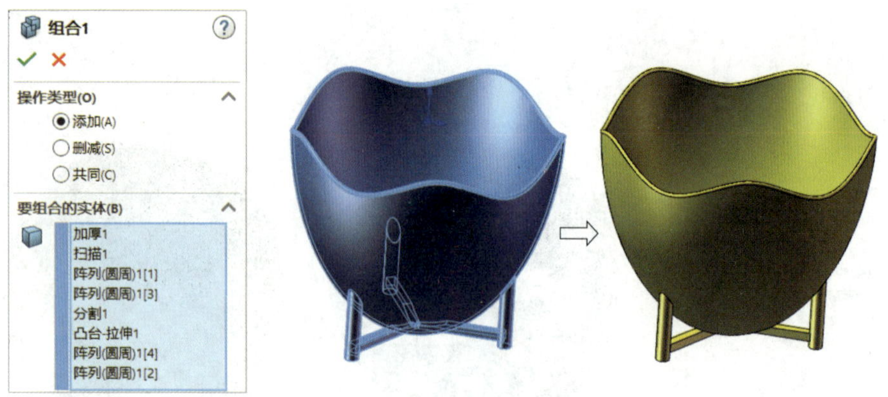

图 4–33 组合实体

3. 比例缩放实体与测量评估

（1）比例缩放实体

1）单击下拉菜单中的“插入（I）”/“特征（F）”/“缩放比例（A）...”，弹出如图 4–34 所示的建模界面，左侧为“缩放比例”对话框，右侧为建模预览。

2）在“ ”右侧的空白方框中单击，单击需要缩放的实体。选中“统一比例缩放（U）”复选框，并在其下方的空白方框中输入“10”。在“比例缩放点（S）：”中选择“重心”。

3）单击“确定”按钮 ✓ 完成比例缩放实体，实体的线性尺寸是原来的 10 倍。

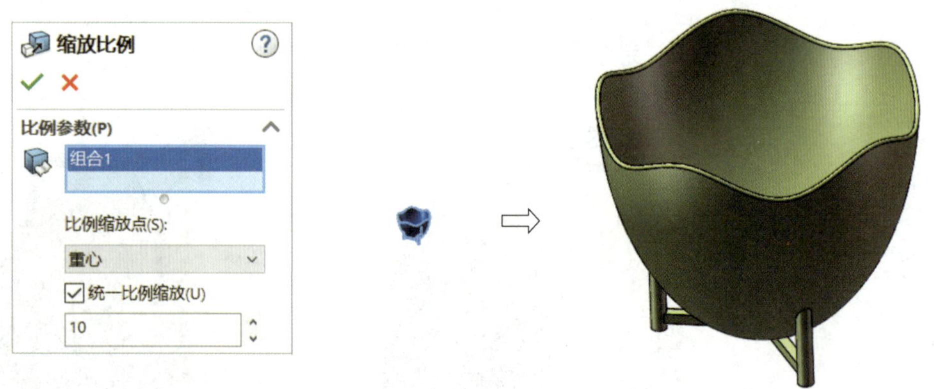

图 4–34 缩放实体

（2）尺寸评估

1）单击命令管理器中的“评估”按钮。

2）在“评估”工具栏中单击“测量”按钮 。

3）分别单击下方支架中两个平行的面，在绘图区显示如图 4–35 所示的测量数据（两测量点之间所有关联的测量数据）。

说明：两点之间的垂直距离显示为“垂直距离：10 mm”，原建模数据为“1”，说明实体的线性尺寸已成比例放大了 10 倍。

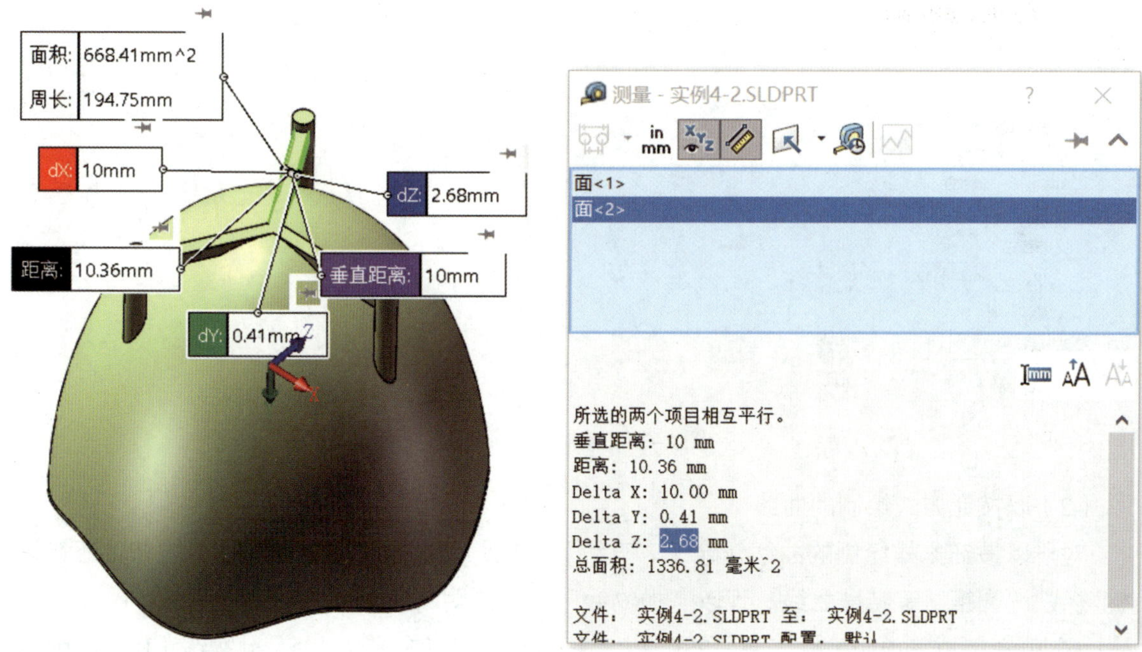

图 4-35　测量评估

四、知识与技能延伸

1. 绘制公式曲线

（1）方程式驱动的曲线

方程式驱动的曲线通过定义“X”“Y”的分量并指定每个分量的规律来创建一定规律的曲线，如正弦曲线、余弦曲线等。现以绘制长度为 20 mm、振幅为 3 mm、周期为 5、相位角为 0° 的正弦曲线为例说明规律曲线的创建过程。

1）选择“前视基准面”作为草图平面。

2）单击下拉菜单中的“工具（T）”/“草图绘制实体（K）”/“方程式驱动的曲线”，弹出如图 4-36 所示的“方程式驱动的曲线”对话框。

3）选中“显性”单选按钮，在“y_x”中输入“3*sin（3.14159*2*5/20*x）”，起始值“x_1”为“0”，终止值“x_2”为“20”。

4）单击“确定”按钮 ✓ 绘制图 4-36 中的正弦曲线。

提示

如需绘制长度为 25 mm、振幅为 4 mm、周期为 3、相位角为 0° 的正弦曲线，则其公式为“Y_x=4*sin（3.14159*2*3/25*x）”。

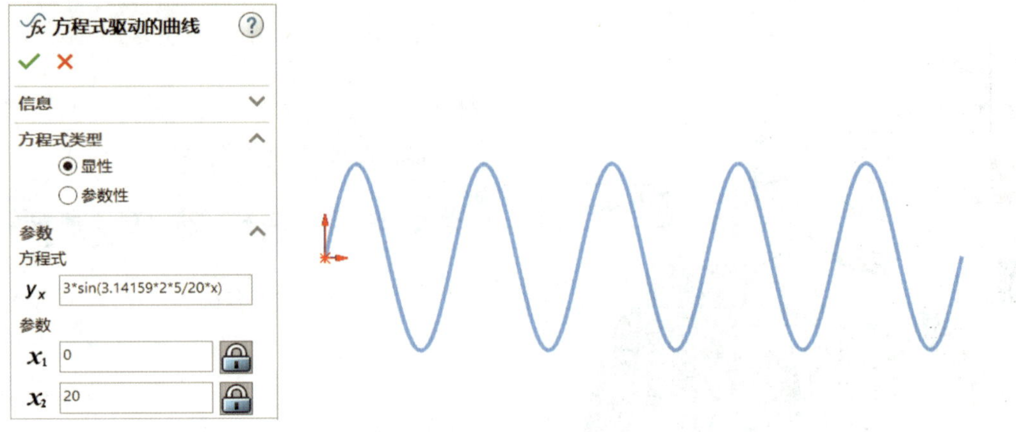

图 4-36　绘制正弦曲线

（2）以按钮方式绘制的曲线

对于以按钮方式绘制的曲线，除了“直线”“圆弧 / 圆”“椭圆”等常规曲线外，还包括“抛物线”“圆锥”等特殊曲线。现以“抛物线”为例说明特殊曲线的绘制过程。

1）单击下拉菜单中的“工具（T）”/“草图绘制实体（K）”/“ 抛物线（B）”，弹出如图 4-37 所示的“抛物线”对话框，此时对话框中数据均不能修改。

2）在绘图区分别单击“焦点”“顶点”“起点”“终点”后，可根据需要在对话框中修改各点的坐标值，绘制出相应的抛物线。

3）另外，还可通过尺寸约束和位置约束精确绘制相应的抛物线。

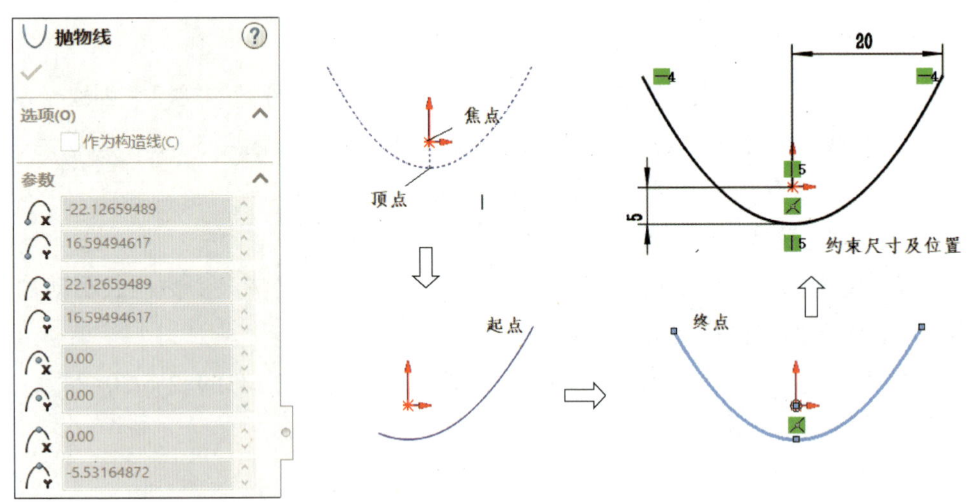

图 4-37　绘制抛物线

2. 绘制螺旋线 / 涡状线的补充说明

利用“螺旋线 / 涡状线”功能，除了可绘制螺旋线外，还能绘制涡状线。现以“蚊香”零件建模为例，说明涡状线的绘制过程。

（1）单击下拉菜单中的“插入（I）”/“曲线（U）”/“螺旋线/涡状线（H）...”，弹出“螺旋线/涡状线”对话框。

（2）在“定义方式（D）：”中选中“涡状线”，设定“螺距（I）：”为“14”，“圈数（R）：”为“5”。单击“确定”按钮 ✓ 绘制如图 4–38 所示的涡状线。

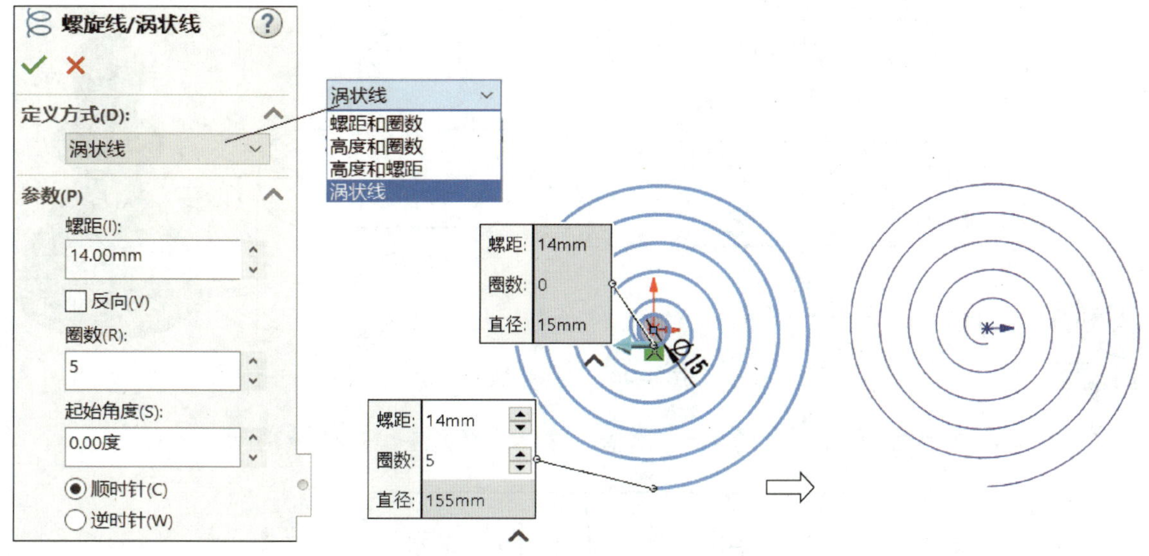

图 4–38　绘制涡状线

（3）再采用“扫描”和“拉伸凸台/基体”的建模方式完成“蚊香”实体建模，结果如图 4–39 所示。

图 4–39　“蚊香”实体建模

五、任务拓展

任务拓展 1　完成如图 4–40 所示曲面的三维建模。

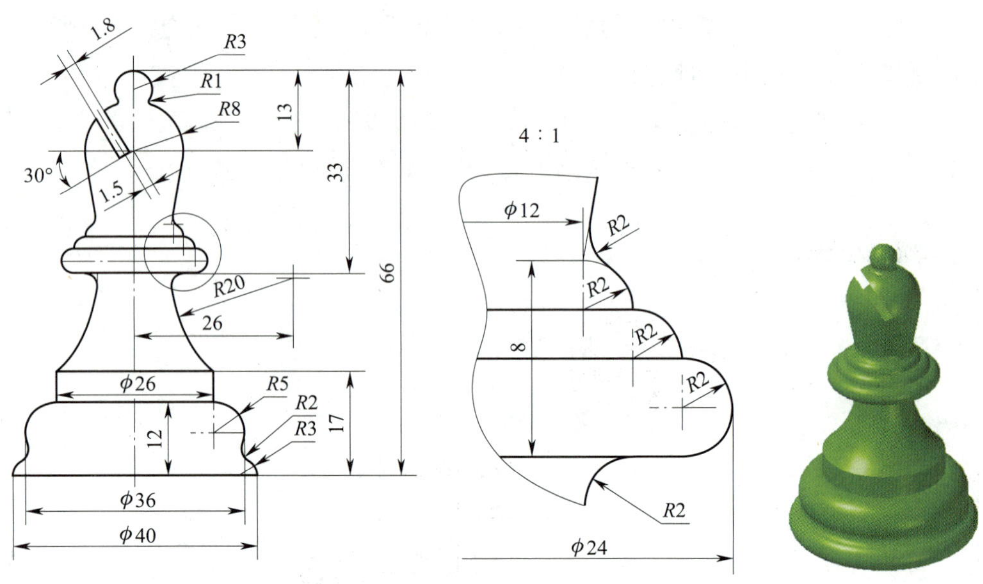

图 4–40　任务拓展 1

任务拓展 2　完成如图 4–41 所示“水槽”零件曲面的三维建模。

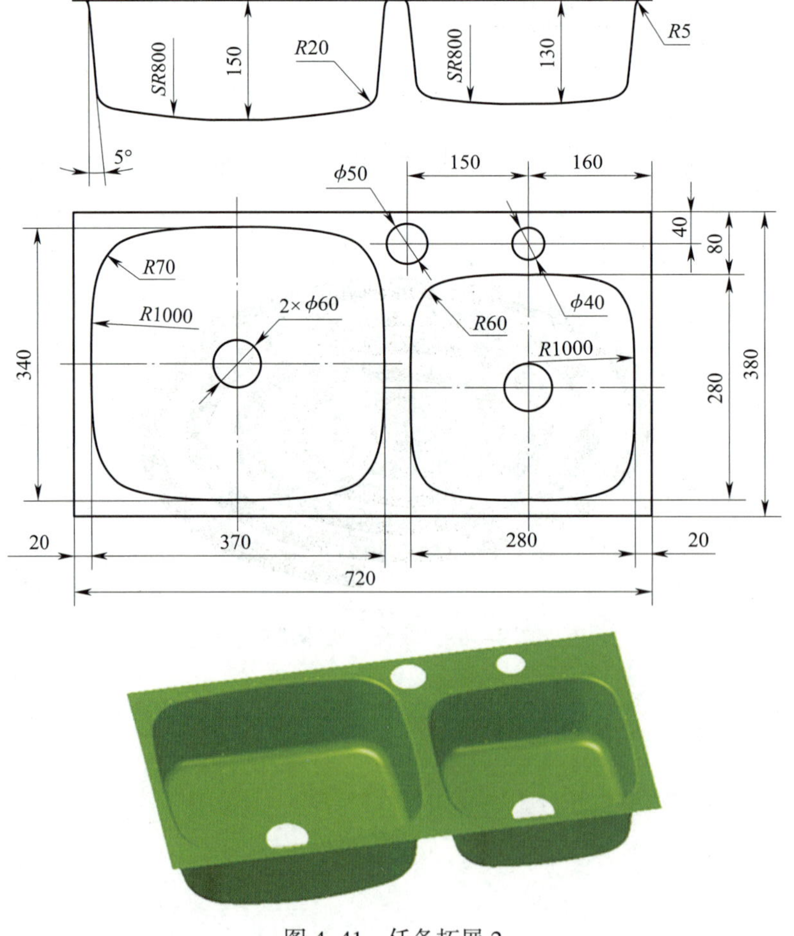

图 4–41　任务拓展 2

任务拓展 3　完成如图 4–42 所示“灯罩”零件曲面的三维建模（花边形状由曲面上的样条曲线分割而成）。

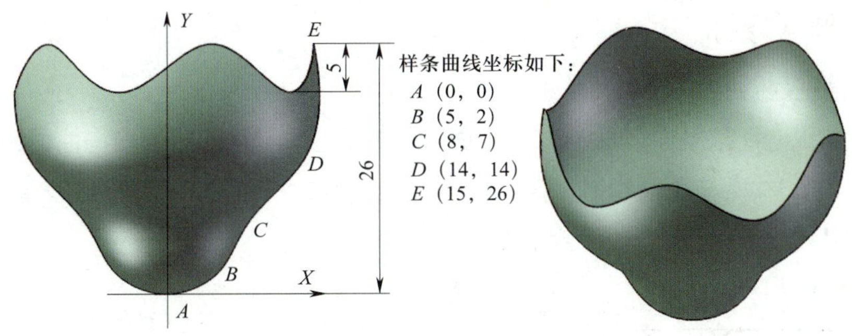

图 4–42　任务拓展 3

课题 3　扫描曲面建模

一、学习目标

1．掌握路径扫描曲面的建模方法。

2．掌握引导线扫描曲面的建模方法。

3．掌握曲面圆角的建模方法。

4．掌握曲面分割的建模方法。

二、工作任务

完成如图 4–43 所示“桶盖”零件的实体建模。

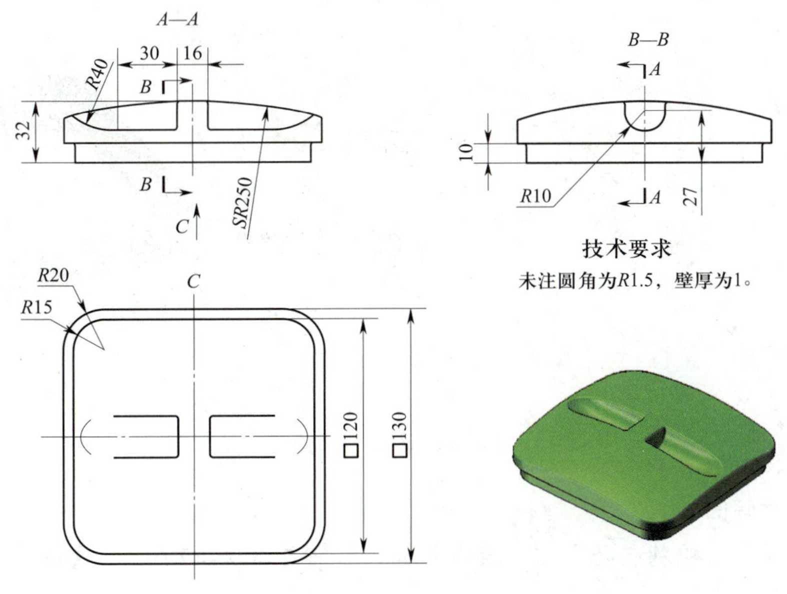

图 4–43　扫描曲面建模示例

三、任务实施

1. 基体曲面建模

（1）绘制扫描曲面

1）选择“上视基准面”作为草图平面，绘制如图 4–44 所示的扫描曲面路径草图轮廓。

2）选择“前视基准面”作为草图平面，绘制如图 4–45 所示的扫描曲面截面草图轮廓，其竖直线下方端点与路径轮廓穿透。

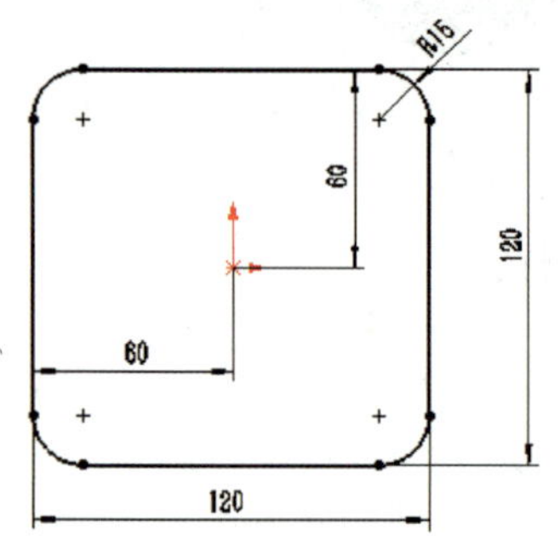

图 4–44 扫描曲面路径草图轮廓

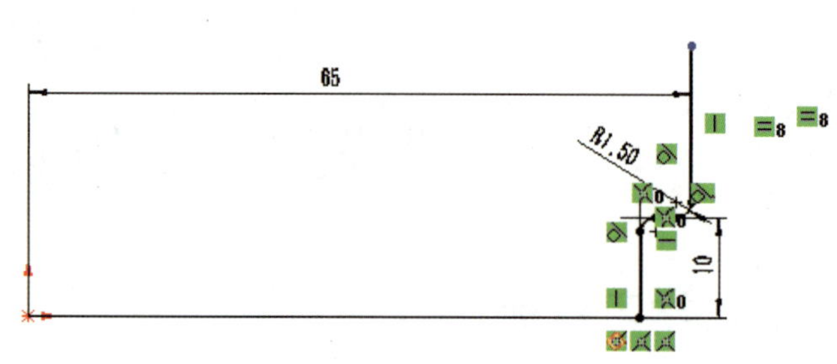

图 4–45 扫描曲面截面草图轮廓

3）单击“曲面”工具栏中的“扫描曲面”按钮，弹出如图 4–46 所示的建模界面，左侧为“曲面 – 扫描 1”对话框，右侧为扫描曲面建模预览。

4）在“”右侧的空白方框中单击，单击截面轮廓。在“”右侧的空白方框中单击，单击扫描路径轮廓。单击“确定”按钮 ✓ 完成曲面扫描建模。

5）单击“编辑外观”按钮，完成外观编辑，结果如图 4–46 所示。

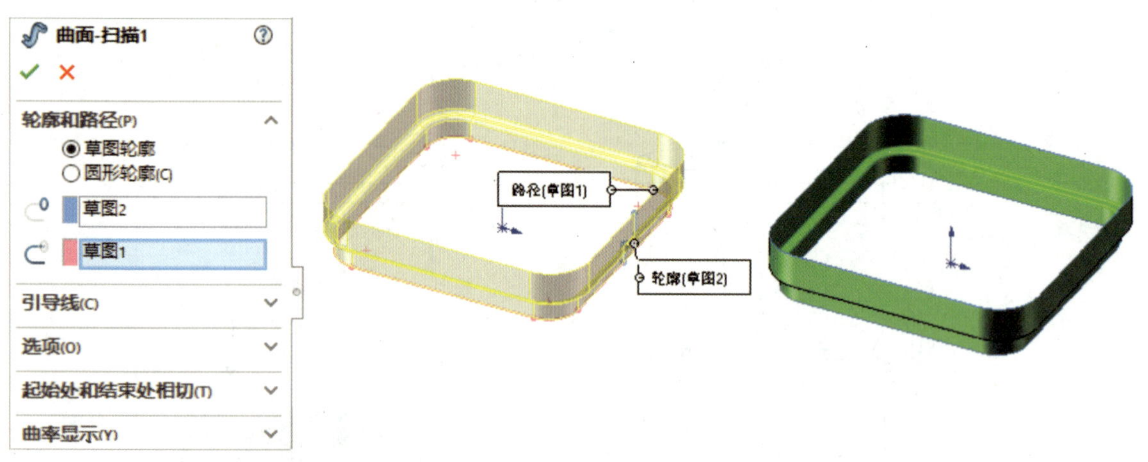

图 4–46 曲面扫描建模

（2）绘制旋转曲面

1）选择“前视基准面”作为草图平面，绘制如图 4–47 所示的旋转曲面截面草图轮廓，其旋转后的曲面超出扫描曲面边界。

2）单击“曲面”工具栏中的“旋转曲面”按钮，弹出“曲面－旋转”对话框。

3）在“旋转轴（A）”下方“⟋”右侧的空白方框中单击，选中竖直构造线，此时“所选轮廓（S）”自动选择圆弧，单击“确定”按钮 ✓ 绘制旋转曲面，结果如图 4–48 所示。

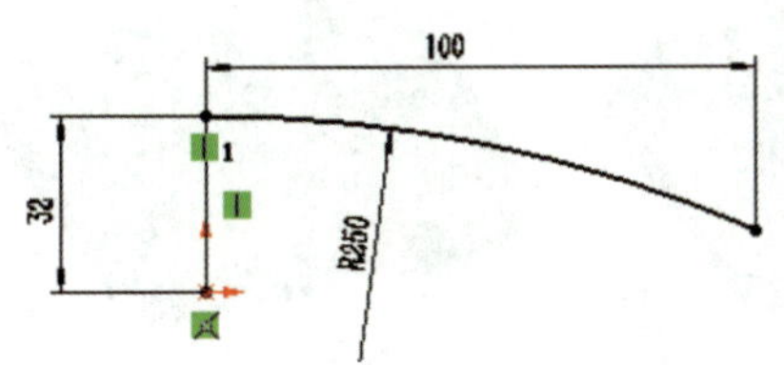

图 4–47　旋转曲面截面草图轮廓

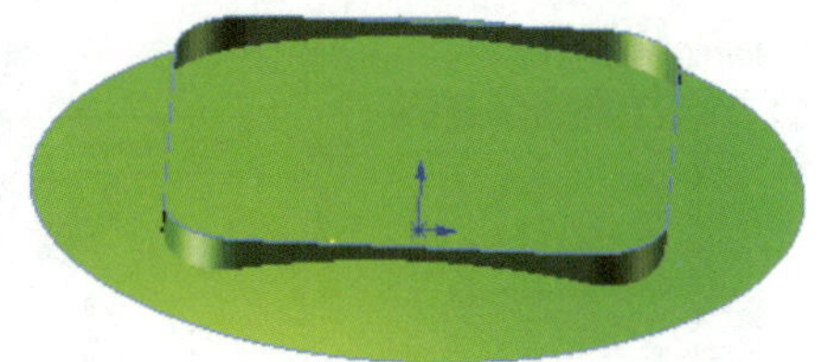
图 4–48　绘制旋转曲面

（3）剪裁曲面

1）单击“曲面”工具栏中的“剪裁曲面”按钮 剪裁曲面，弹出如图 4–49 所示的建模界面，左侧为“曲面－剪裁 1”对话框，右侧为剪裁曲面建模预览。

2）在“剪裁类型（T）”中选中“相互（M）”单选按钮。在“”右侧的空白方框中单击，选中扫描曲面和旋转曲面。选中“移除选择（R）”单选按钮，在“”右侧的空白方框中单击，分别单击曲面的待移除部位（即旋转曲面的外侧和扫描曲面的上侧）。在“预览选项”中单击“显示包含和排除的曲面”按钮，此时曲面“保留部位”呈浅黄色，曲面“移除部位”呈浅蓝色。

3）单击“确定”按钮 ✓ 完成曲面剪裁，结果如图 4–49 所示。

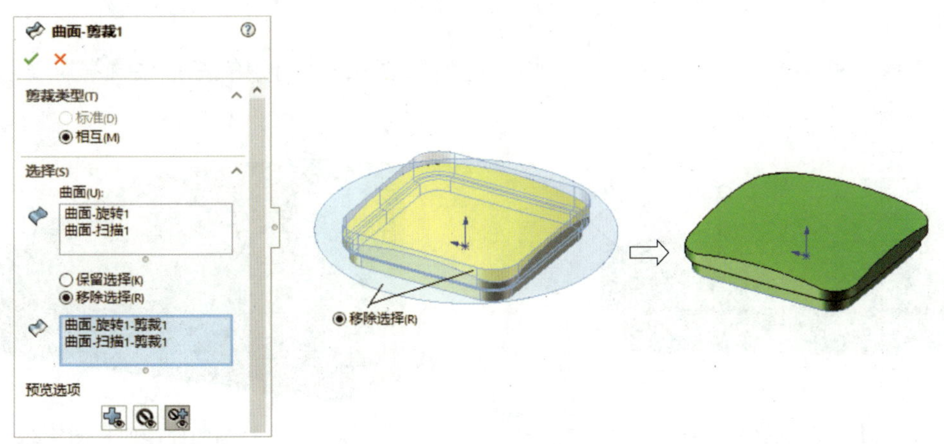

图 4–49　剪裁曲面

4）单击“曲面”工具栏中的“圆角”按钮，弹出如图 4–50 所示的建模界面，左侧为“圆角 1”对话框，右侧为建模预览。

5）在“特征类型”中单击“固定大小圆角”按钮。单击选中上方曲面中的任意一条边界线，由于选中了“切线延伸（G）”复选框，自动选中上方曲面的所有边界线。输入圆角半径“”值为“1.5”。单击“确定”按钮 ✓ 完成曲面圆角，结果如图 4–50 所示。

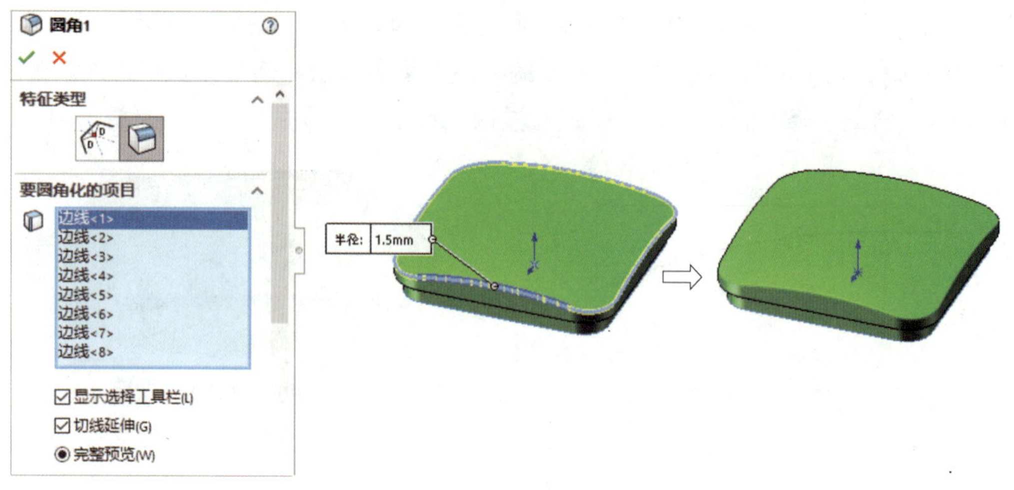

图 4-50　曲面圆角

2. 手柄曲面建模

（1）绘制扫描曲面

1）选择“前视基准面”作为草图平面，绘制如图 4-51 所示的扫描曲面路径草图轮廓。

2）单击“参考几何体”按钮右侧的下三角，弹出“基准面”对话框。单击“实例 4-3”中的“右视基准面”，修改“”值为“8”，单击“确定”按钮创建“基准面 1”。

3）选择“基准面 1”作为草图平面，绘制如图 4-52 所示的扫描曲面截面草图轮廓。

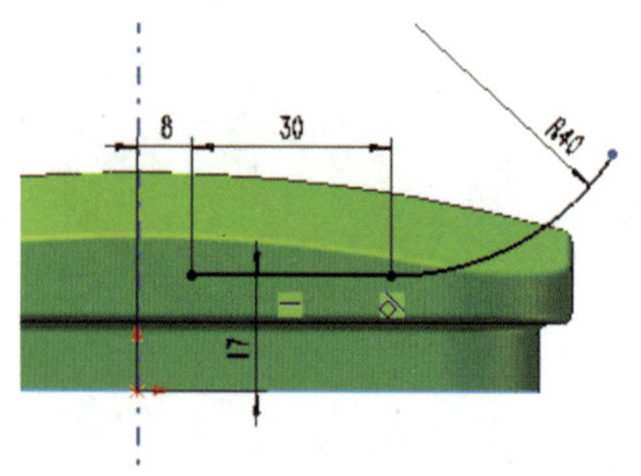

图 4-51　扫描曲面路径草图轮廓

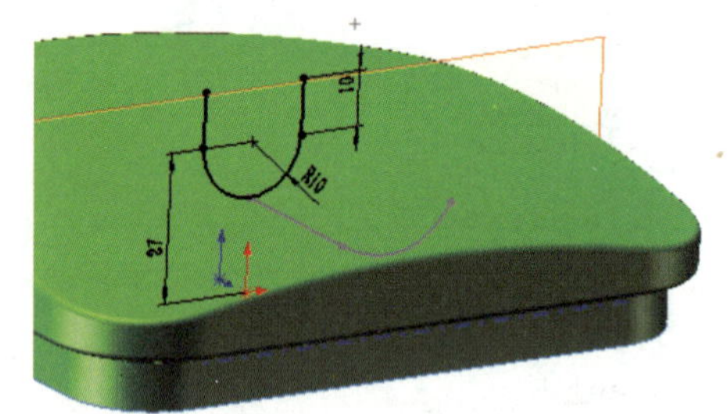

图 4-52　扫描曲面截面草图轮廓

4）单击“曲面”工具栏中的“扫描曲面”按钮，弹出“曲面 – 扫描”对话框。在“”右侧的空白方框中单击，单击截面轮廓。在“”右侧的空白方框中单击，单击扫描路径轮廓。单击“确定”按钮完成曲面扫描建模，结果如图 4-53 所示。

（2）镜像曲面

1）选择“基准面 1”作为草图平面。单击“草图”工具栏中的“转换实体引用”按钮，将扫描曲面截面上的边界线投影至草图平面，再绘制连接上方两端点的直线，结果如图 4-54 所示。

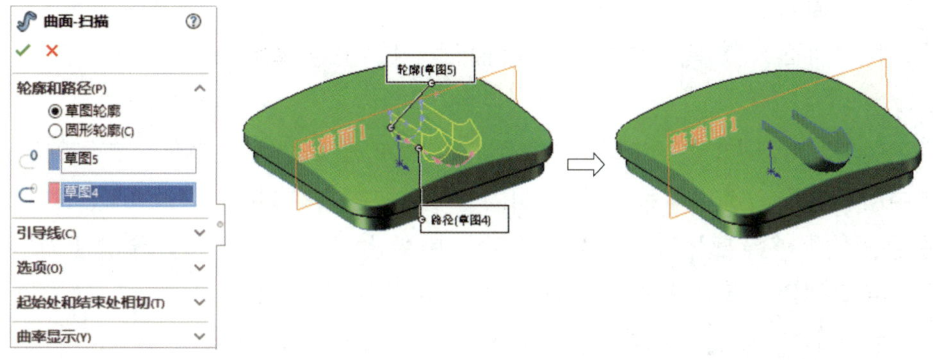

图 4-53　绘制扫描曲面

2）单击“曲面”工具栏中的“平面区域”按钮 平面区域，弹出“平面”对话框，绘制如图 4-55 所示的平面区域曲面。

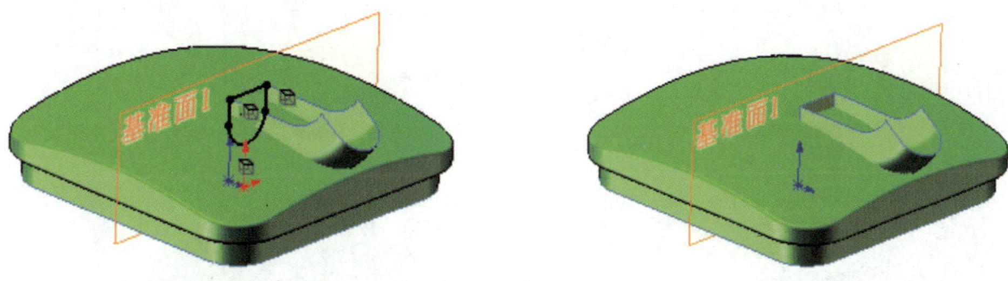

图 4-54　转换实体引用　　　　图 4-55　绘制平面区域曲面

3）隐藏“基准面 1”。

4）单击“特征”工具栏中的“镜向”按钮 镜向，弹出如图 4-56 所示的建模界面，左侧为“镜向”对话框，右侧为镜像建模预览。

5）在对话框“镜向面 / 基准面（M）”下方“”右侧的空白方框中单击，单击“实例 4-3”中的“右视基准面”。在“要镜向的实体（B）”下方“”右侧的空白方框中单击，单击平面区域曲面和扫描曲面。

6）单击“确定”按钮 完成曲面镜像，结果如图 4-56 所示。

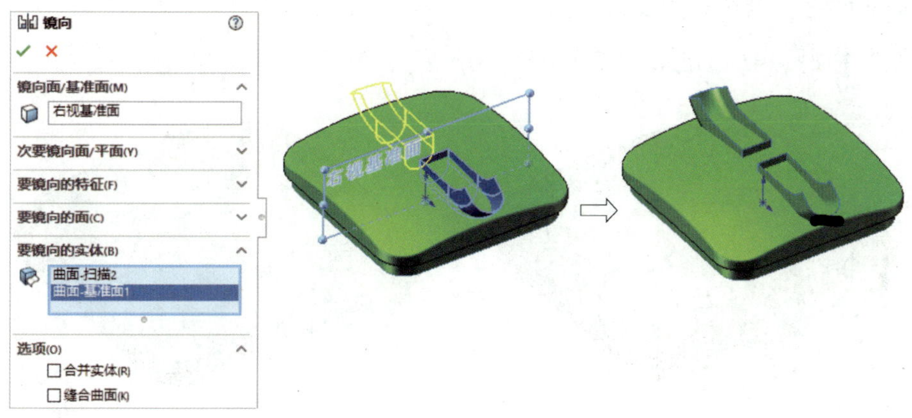

图 4-56　曲面镜像

（3）剪裁曲面

1）单击“曲面”工具栏中的“剪裁曲面”按钮 剪裁曲面，弹出“剪裁曲面”对话框。

2）在“剪裁类型（T）”中选中“相互（M）”单选按钮。在“ ”右侧的空白方框中单击，选中所有曲面。选中“移除选择（R）”单选按钮，在“ ”右侧的空白方框中单击，分别单击曲面的待移除部位。在“预览选项”中单击“显示包含和排除的曲面”按钮 ，此时曲面“保留部位”呈浅黄色，曲面“移除部位”呈浅蓝色。

3）单击“确定”按钮 完成曲面剪裁，结果如图 4–57 所示。

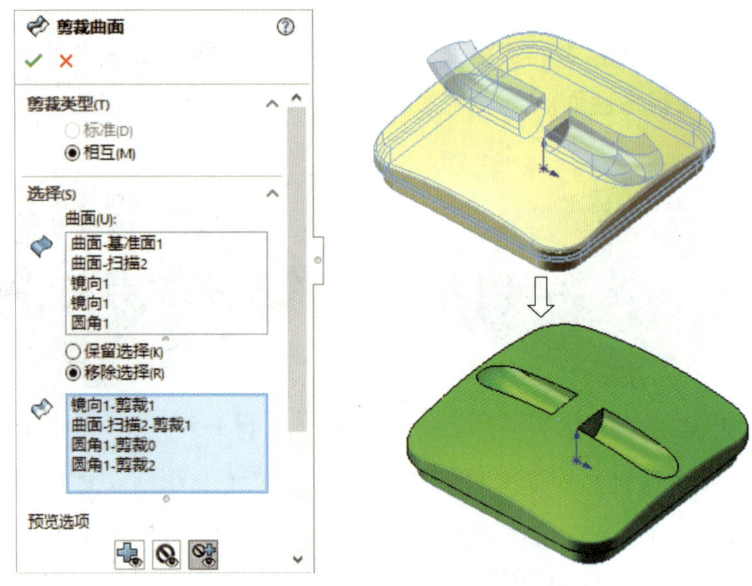

图 4–57　剪裁曲面

4）单击“曲面”工具栏中的“圆角”按钮 ，弹出“圆角 1”对话框。

5）在“特征类型”中单击“固定大小圆角”按钮 。选中“切线延伸（G）”复选框，依次单击选中剪裁后的曲面边界线。输入圆角半径“ ”值为“1.5”。单击“确定”按钮 完成曲面圆角，结果如图 4–58 所示。

6）完成曲面圆角后的曲面将自动缝合在一起。

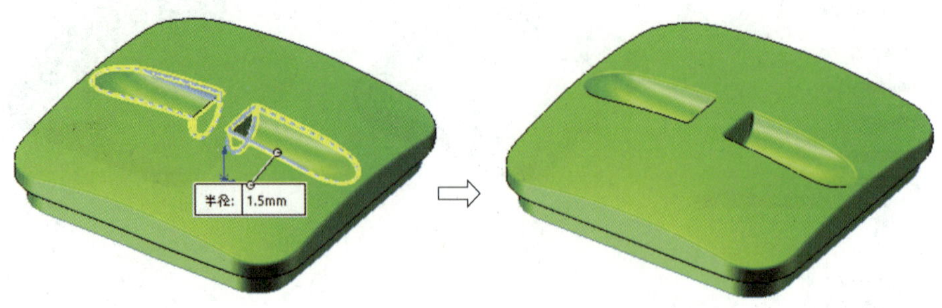

图 4–58　曲面圆角

3. 曲面加厚

单击“曲面”工具栏中的“加厚”按钮 加厚，弹出“加厚 1”对话框，自动选中“圆角 1”作为加厚面，单击“加厚侧边 2”按钮，修改“”值为“1”，单击“确定”按钮 ✓ 完成曲面加厚，结果如图 4–59 所示。

图 4–59　完成后的实体

四、知识与技能延伸

1. 扫描曲面建模的补充说明

在曲面扫描建模过程中，除了采用简单的路径扫描方式外，还可采用引导线扫描曲面的方式建模。现以图 4–60 所示“墩子”零件的建模为例来进一步说明引导线扫描曲面的操作过程。

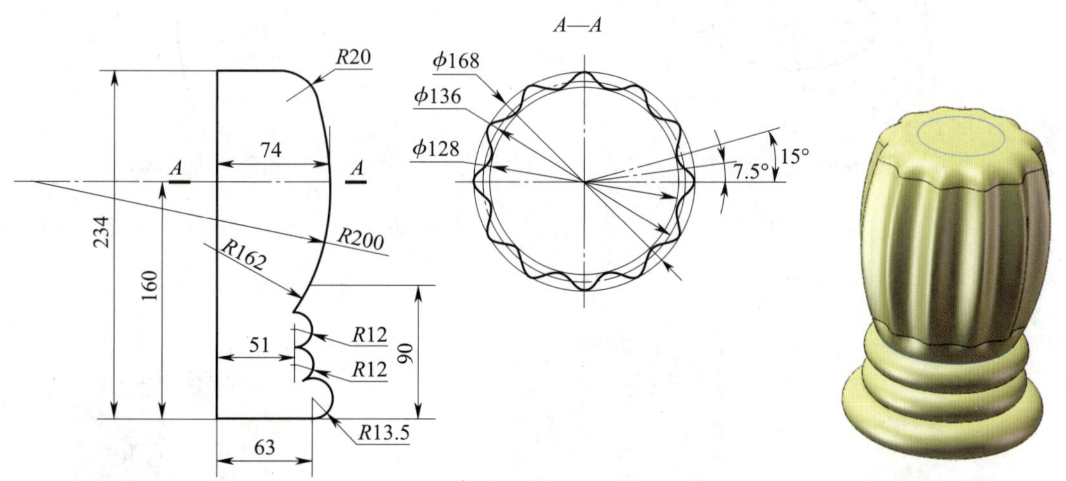

图 4–60　引导线扫描曲面示例

（1）创建平行于“上视基准面”且距离为“160”的“基准面 1”，以此为草图平面，绘制如图 4–61 所示的引导线草图。

（2）以“前视基准面”作为草图平面，绘制如图 4–62 所示的草图（均为构造线，主要用于创建绘制路径的基准面）。

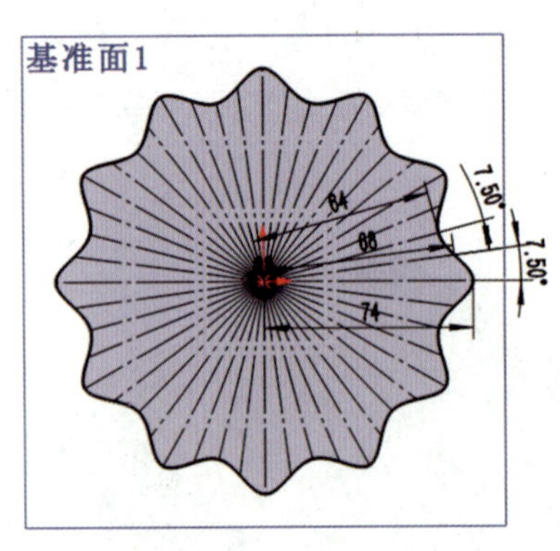

图 4–61　绘制引导线草图

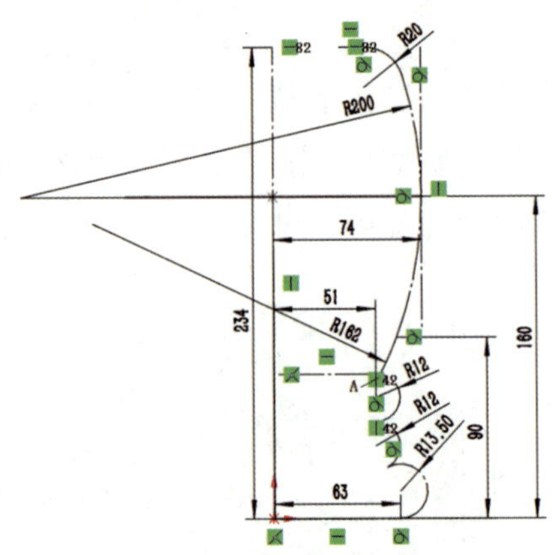

图 4–62　绘制截面轮廓的构造线

（3）创建平行于“上视基准面”且过图 4–62 中“A”点的“基准面 2”，以此为草图平面，绘制如图 4–63 所示经过“A”点的圆。

（4）以“前视基准面”作为草图平面，采用“转换实体引用”方式将截面轮廓投影，隐藏图 4–62 所在的草图，结果如图 4–64 所示。

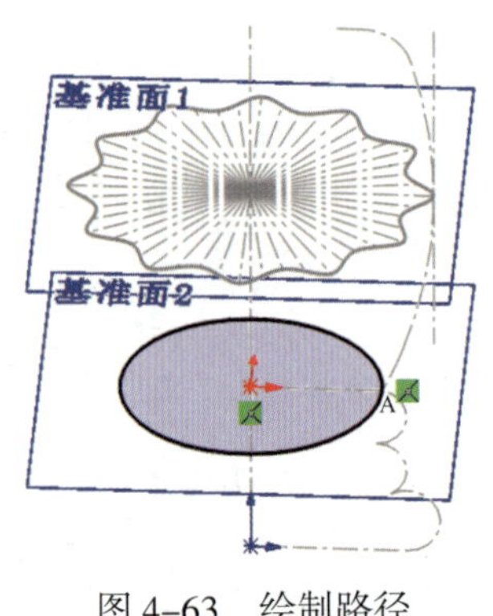

图 4–63　绘制路径

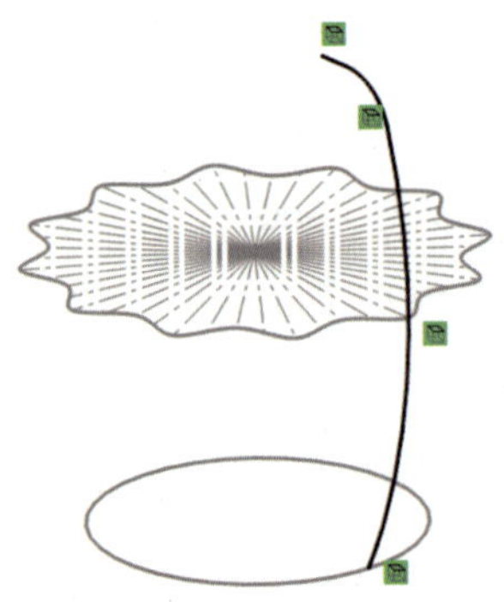

图 4–64　投影截面轮廓

（5）单击“曲面”工具栏中的“扫描曲面”按钮，弹出“曲面 – 扫描”对话框，完成引导线扫描曲面建模，结果如图 4–65 所示。

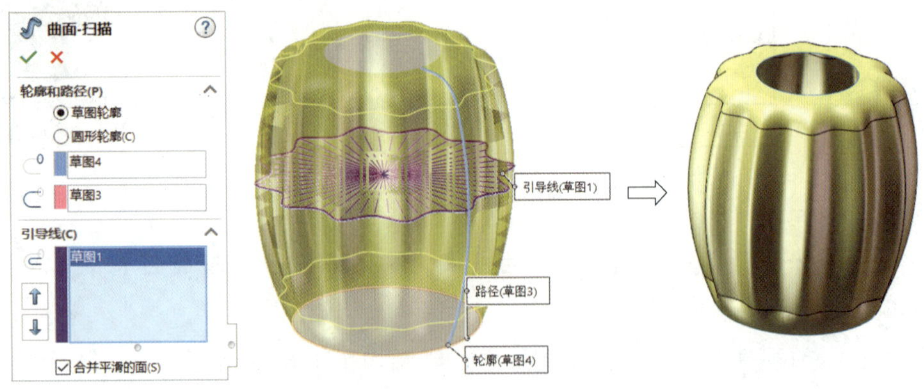

图 4–65　引导线曲面扫描

（6）采用旋转曲面"　"和创建平面区域"平面区域"方式完成其他曲面轮廓的建模，完成后如图 4–66 所示。

2. 封闭曲面转化实体

在封闭曲面缝合过程中，可将封闭曲面直接转化为实体。单击"缝合曲面"按钮，弹出如图 4–67 所示的"缝合曲面"对话框，选中"创建实体（T）"和"合并实体（M）"复选框，单击"确定"按钮 ✓ 即可将封闭曲面转化为实体。

图 4–66　完成后的曲面

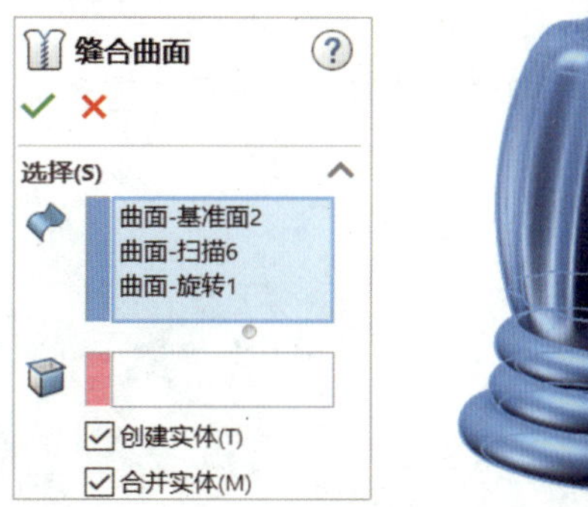

图 4–67　封闭曲面转化实体

五、任务拓展

任务拓展 1　完成如图 4–68 所示"手机外壳"（厚度为 1 mm）零件的三维建模。

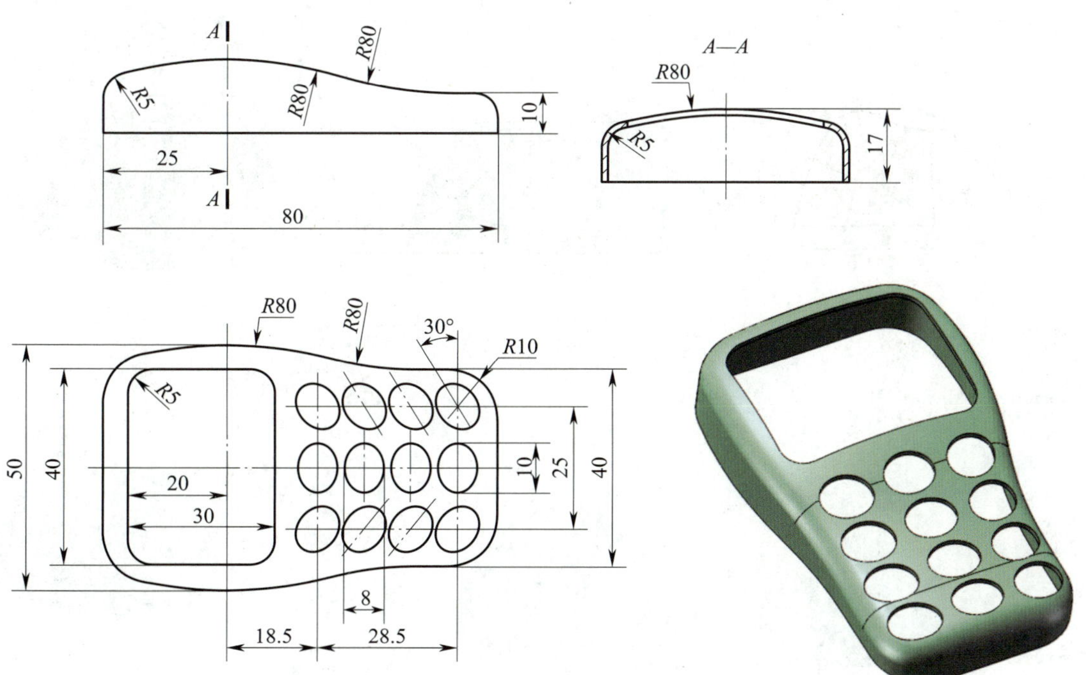

图 4–68　任务拓展 1

建模思路：本零件的建模思路如图 4–69 所示，在扫描曲面和拉伸曲面之间倒圆角，实体加厚以后拉伸切除。

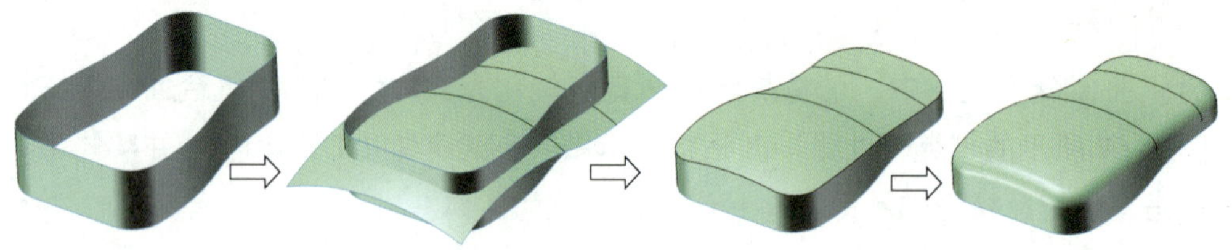

图 4–69　建模思路

任务拓展 2　完成如图 4–70 所示“雪碧瓶底”零件的三维建模。

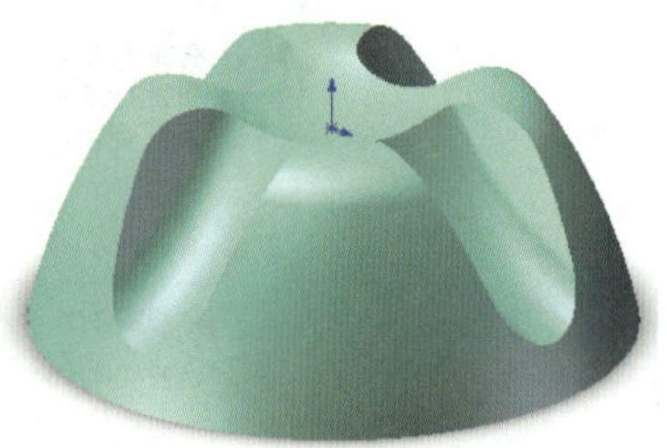

图 4–70　任务拓展 2

建模思路：本零件的建模思路如图 4–71 所示，绘制扫描曲面，圆周阵列曲面后分割实体，然后对实体倒圆角。

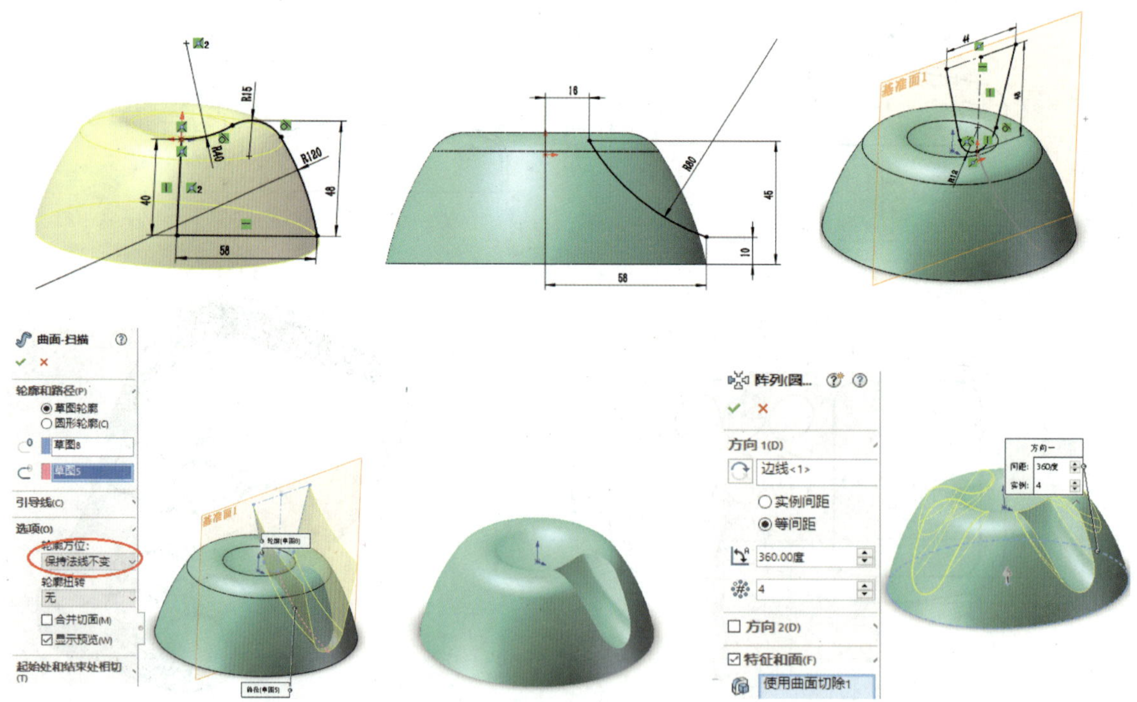

图 4–71　建模思路

任务拓展 3 完成如图 4–72 所示“花瓶”零件的三维建模。

建模思路：本零件的建模思路如图 4–73 所示，先绘制扫描曲面，再绘制封闭曲面，在曲面加厚过程中选择“从闭合的体积生成实体（C）”方式加厚。

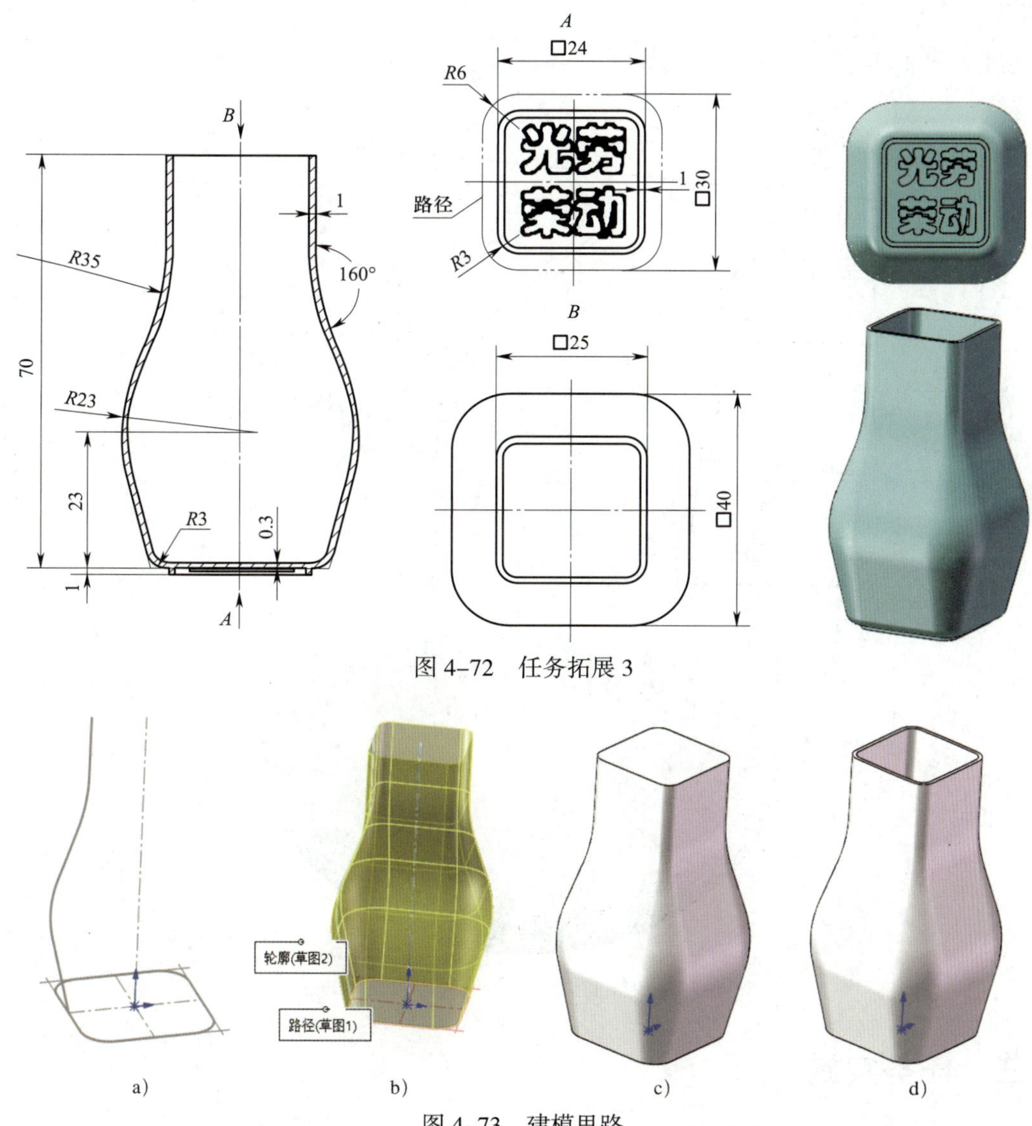

图 4–72 任务拓展 3

图 4–73 建模思路

a）绘制扫描轮廓和路径 b）扫描曲面 c）曲面转化成实体 d）实体抽壳

课题 4 放样曲面建模

一、学习目标

1．掌握中心放样曲面的建模方法。

2．掌握引导线放样曲面的建模方法。

3．掌握圆周阵列实体的建模方法。

4．掌握边界曲面的建模方法。

二、工作任务

完成如图 4–74 所示“果盘”零件的实体建模。

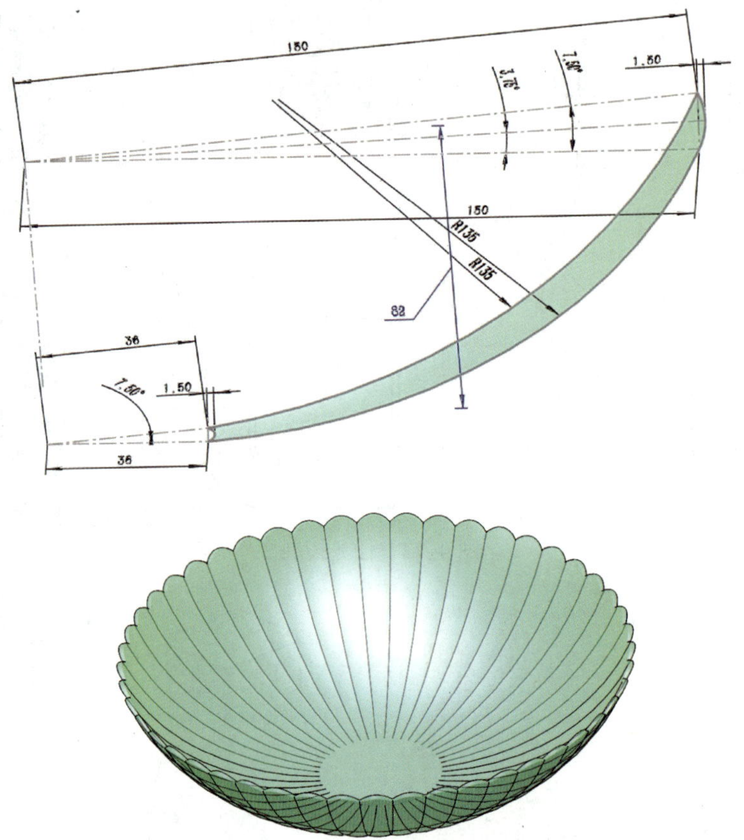

图 4–74　放样曲面建模示例（厚度为 4 mm）

三、任务实施

1．放样曲面建模

（1）绘制截面轮廓

1）选择“上视基准面”作为草图平面。

2）绘制如图 4–75 所示的“截面 1”草图。

3）单击“参考几何体”按钮右侧的下三角，弹出“基准面”对话框。单击“实例 4–4”中的“上视基准面”，选中对话框中的“反转等距”复选框，修改“”值为“82”。单击“确定”按钮创建“基准面 1”。

4）选择“基准面 1”作为草图平面。绘制如图 4–76 所示的“截面 2”草图。

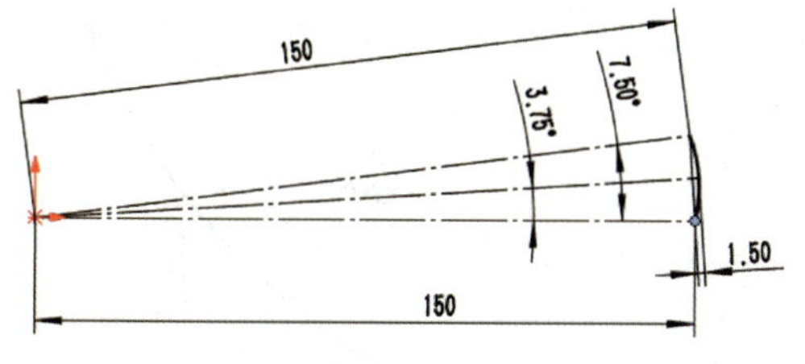

图 4–75　绘制“截面 1”草图

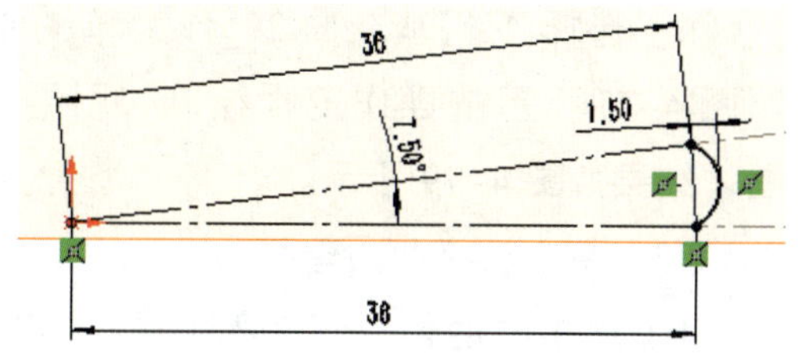

图 4–76　绘制“截面 2”草图

（2）绘制引导线

1）选择“前视基准面”作为草图平面，参照图 4–77 所示的流程绘制“引导线 1”草图。

2）单击“直线（L）”按钮，过原点绘制竖直中心线作为构造线。单击“圆心 / 起 / 终点画弧”按钮，在“圆弧类型”下单击“三点圆弧”按钮绘制图中的圆弧。

3）按住“Ctrl”键，单击圆弧上方的端点和图 4–76 中的圆弧，弹出“属性”对话框，单击“穿透（P）”。采用同样的方式使圆弧下方端点与图 4–75 中的圆弧穿透。创建了穿透的几何关系。

4）单击“智能尺寸”按钮，约束圆弧半径为“135”，完成“引导线 1”的绘制。

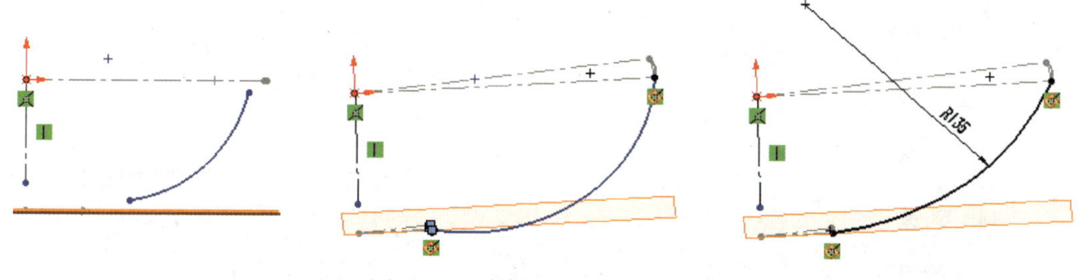

图 4–77　绘制“引导线 1”草图

5）单击“参考几何体”按钮右侧的下三角，弹出“基准面”对话框。分别单击竖直构造线和图 4–75 中上方的直线，创建如图 4–78 所示的“基准面 2”。

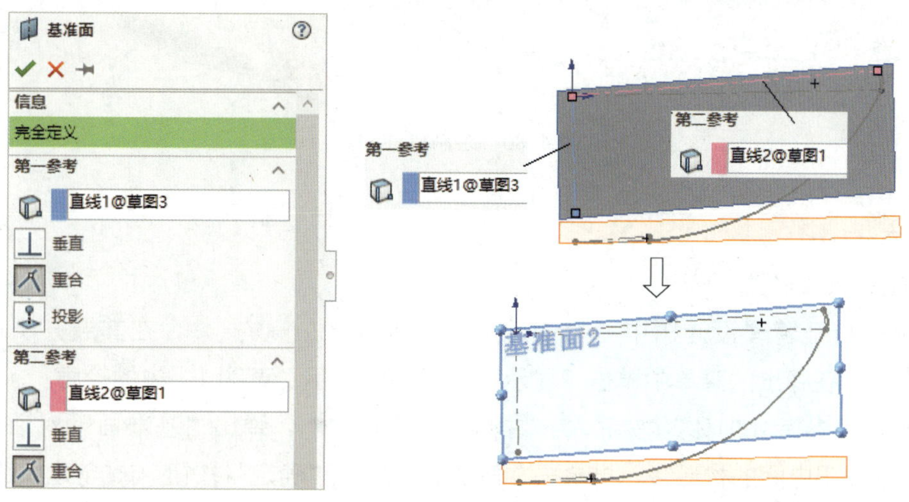

图 4–78　创建“基准面 2”

6）选择“基准面 2”作为草图平面，参照图 4–77 所示的操作流程绘制“引导线 2”草图，结果如图 4–79 所示。

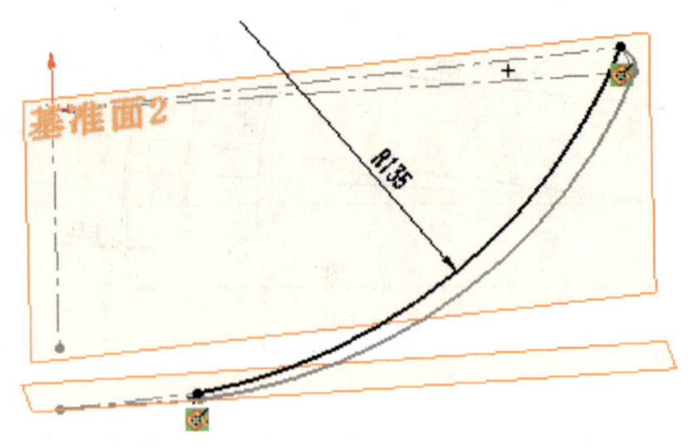

图 4–79 绘制“引导线 2”草图

（3）单个放样曲面建模

1）单击“曲面”工具栏中的“放样曲面”按钮，弹出如图 4–80 所示的建模界面，左侧为“曲面 – 放样”对话框，右侧为放样曲面建模预览。

2）在“轮廓（P）”下方“”右侧的空白方框中单击，分别单击“截面 1”草图中的圆弧和“截面 2”草图中的圆弧。在“引导线（G）”下方“”右侧的空白方框中单击，分别单击“引导线 1”草图中的圆弧和“引导线 2”草图中的圆弧。

3）单击“确定”按钮 ✓ 绘制图中的单个放样曲面。

4）隐藏绘图区的“基准面 1”和“基准面 2”。单击“编辑外观”按钮，完成外观编辑。

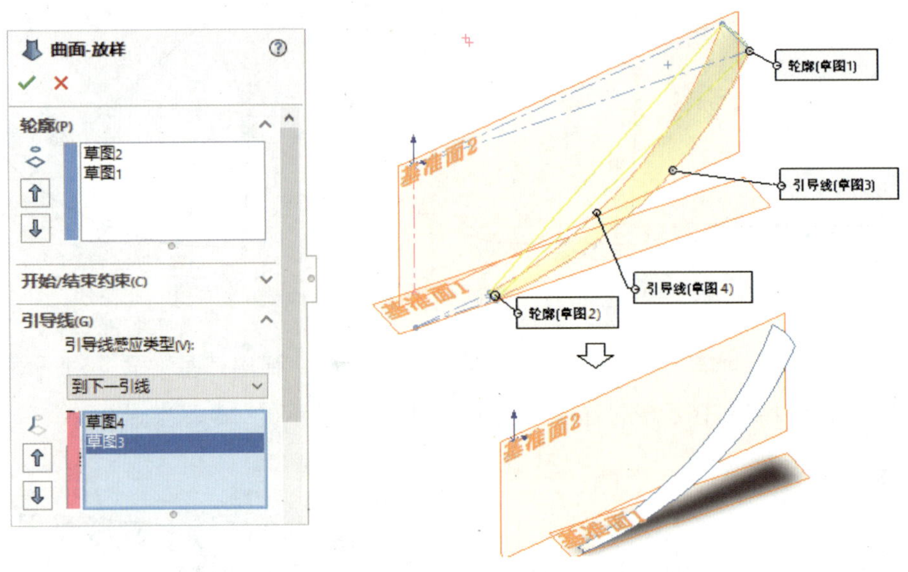

图 4–80 绘制放样曲面

2. 阵列曲面建模

（1）剪裁顶部花边

1）单击特征管理设计树中“曲面 – 放样 1”左侧的，在其展开子项中单击“草图 1”，在弹出的菜单中单击“显示”按钮显示“草图 1”中的轮廓。

2）单击“参考几何体”按钮右侧的下三角，弹出“基准面”对话框。单击“草图 1”中位于中间的构造线，再单击右侧端点，单击“确定”按钮 ✓ 创建如图 4–81 所示的“基准面 3”。以“基准面 3”作为草图平面，绘制草图轮廓。

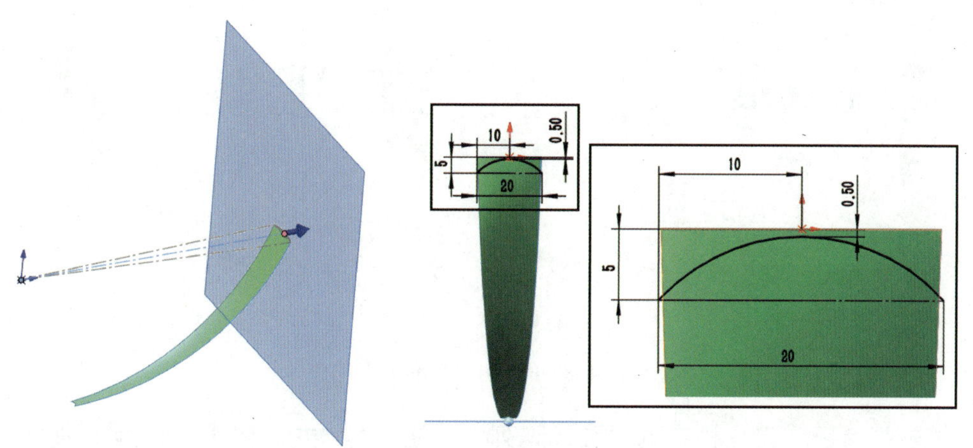

图 4–81　创建“基准面 3”并绘制草图

3）单击“曲面”工具栏中的“剪裁曲面”按钮 剪裁曲面，弹出“剪裁曲面”对话框。

4）在“选择（S）”下方“ ”右侧的空白方框中单击，单击图 4–81 中的圆弧。选中“保留选择（K）”单选按钮，在“ ”右侧的空白方框中单击，单击放样曲面下方保留部位（该部位呈橘黄色）。单击“确定”按钮 ✓ 完成曲面的剪裁，结果如图 4–82 所示。

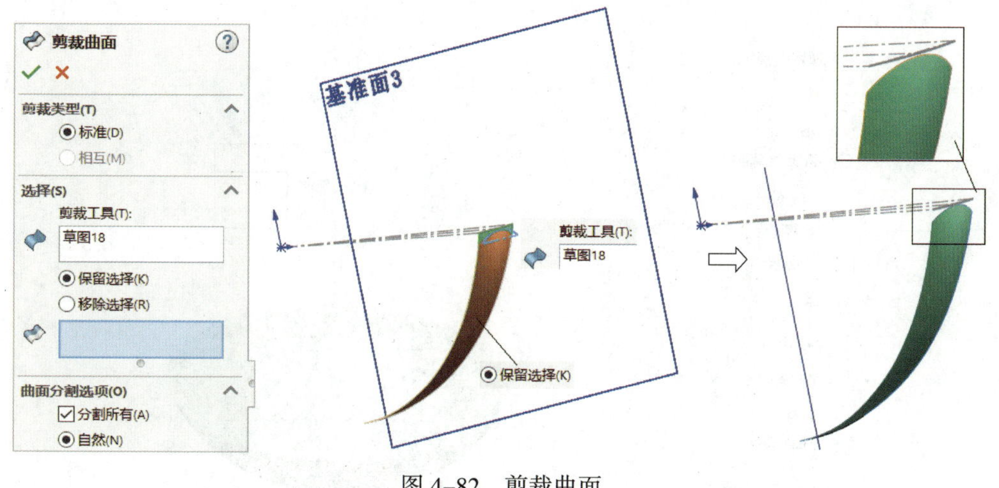

图 4–82　剪裁曲面

（2）阵列曲面

1）单击特征管理设计树中“ 曲面–放样 1”左侧的 ，在其展开子项中单击“ 草图 3”，在弹出的菜单中单击“显示”按钮 显示“草图 3”中的轮廓。隐藏“ 基准面 3”和“草图 1”。

2）单击“参考几何体”按钮 右侧的下三角 ，在弹出的展开菜单中单击“ 基准轴”，弹出“基准轴 1”对话框。

3）单击“草图 3”中的竖直中心线，单击“确定”按钮 ✓ 绘制如图 4–83 所示的“基准轴 1”。

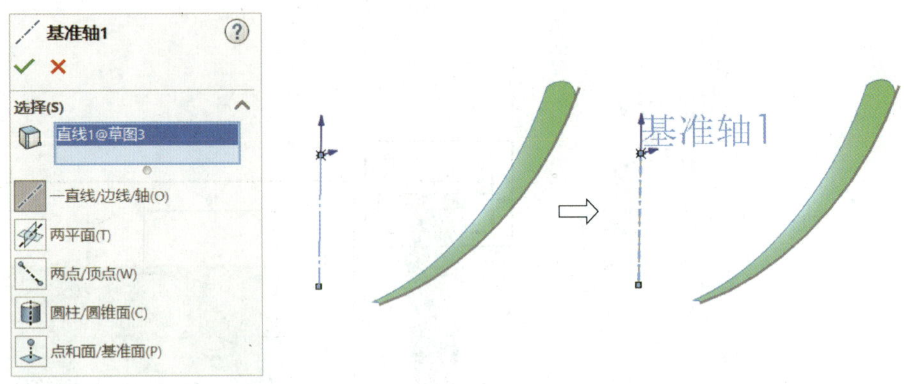

图 4–83　绘制“基准轴 1”

4）单击“特征”工具栏中的“圆周阵列”按钮 圆周阵列，弹出“阵列（圆周）1”对话框。

5）在“方向 1(D)”下方“ ”右侧的空白方框中单击，再单击“基准轴 1”。选中“实体（B）”复选框，在其下方“ ”右侧的空白方框中单击，单击单个放样曲面。选中“等间距”单选按钮，修改“ ”值为“360”，修改“ ”值为“48”。

6）单击“确定”按钮 ✓ 完成曲面的圆周阵列，结果如图 4–84 所示。完成后隐藏绘图区的“基准轴 1”。

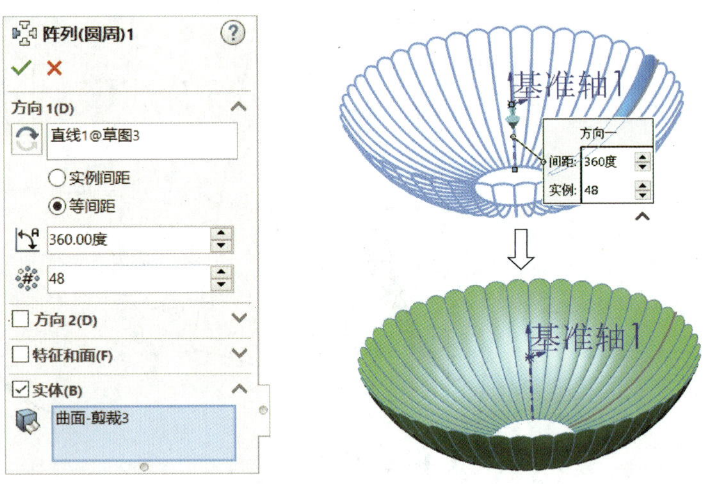

图 4–84　圆周阵列曲面

3. 实体建模

（1）缝合曲面

1）单击“曲面”工具栏中的“平面区域”按钮 平面区域，弹出“曲面 – 基准面 3”对话框。

2）在“边界实体（B）”下方“◇”右侧的空白方框中单击，分别单击 48 个小曲面下方的边界轮廓，单击“确定”按钮 ✓ 绘制底平面，结果如图 4–85 所示。

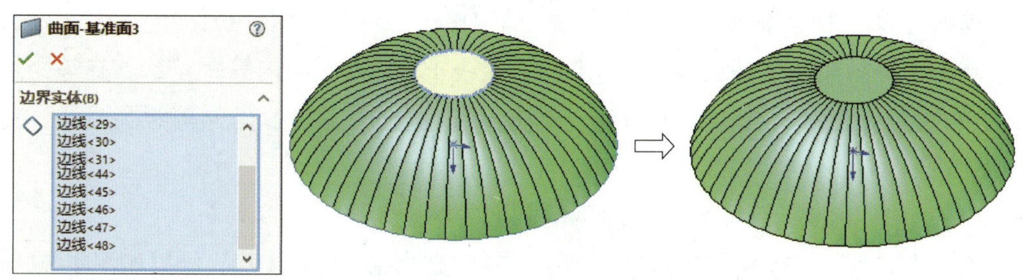

图 4–85　绘制底平面

3）单击“曲面”工具栏中的“缝合曲面”按钮，弹出“缝合曲面”对话框。

4）框选绘图区的所有曲面，单击“确定”按钮 ✓ 完成曲面缝合，结果如图 4–86 所示，缝合后的曲面从视觉上与原曲面无区别。

图 4–86　缝合曲面

（2）曲面加厚

1）单击“曲面”工具栏中的“加厚”按钮 加厚，弹出“加厚 1”对话框，自动选中“曲面 – 缝合 1”作为加厚面，修改“”值为“4”，单击“确定”按钮 ✓ 完成曲面加厚，结果如图 4–87 所示。

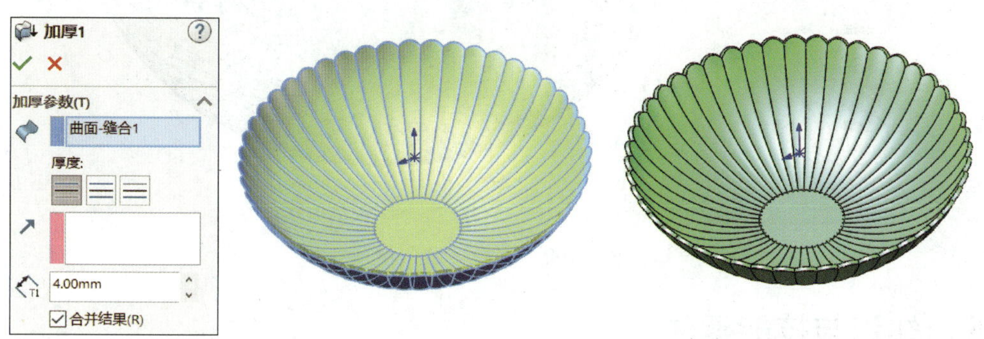

图 4–87　曲面加厚

2）单击“特征”工具栏中的“圆角”按钮，弹出“圆角”对话框。单击“固定大小圆角”按钮，输入圆角半径“”值为“1”，依次单击选中花边顶部 48 条边界交线，单击“确定”按钮 ✓ 完成实体圆角。

（3）旋转切除内部实体

1）单击“前视基准面”，在弹出的菜单中单击“草图绘制”按钮。

2）单击“等距实体”按钮，单击“引导线 1”圆弧，向内等距“2”。在等距线上方端点的上方绘制任意水平线作为辅助线，单击“延伸实体”，延伸等距圆弧线，完成后删除辅助线。

3）绘制如图 4–88 所示“旋转切除”的截面轮廓。

4）单击“特征”工具栏中的“旋转切除”按钮，完成旋转切除，结果如图 4–89 所示。

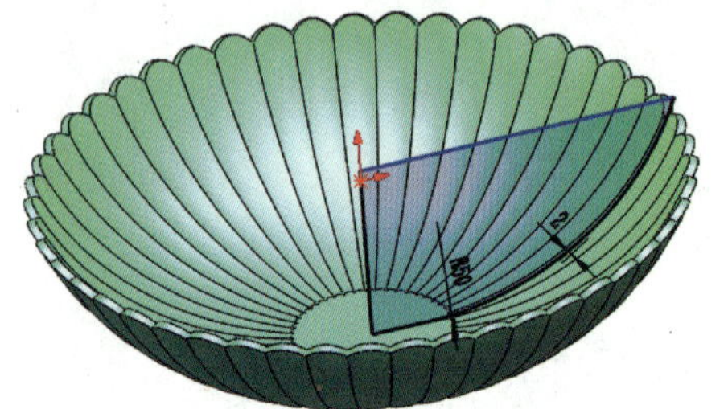

图 4–88 绘制“旋转切除”的截面轮廓

图 4–89 旋转切除

5）单击“特征”工具栏中的“圆角”按钮，弹出“圆角”对话框。单击“固定大小圆角”按钮，输入圆角半径“”值为“0.5”，完成上表面侧边交线圆角。

6）单击“编辑外观”按钮，在弹出的“color”对话框中单击“照明度”按钮 照明度，在其展开选项卡中修改“透明量（T）：”的值为“0.51”，结果如图 4–90 所示。

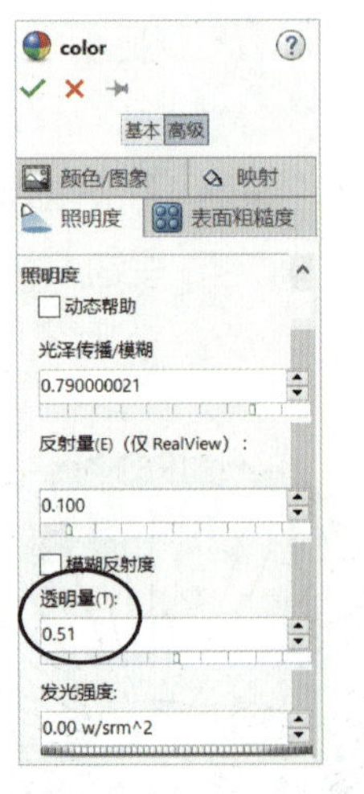

图 4–90 编辑“透明量”

四、知识与技能延伸

1. 填充曲面

与放样曲面类似，还可由多个空间边界构成填充曲面，现以如图 4–91 所示“伞”零件建模为例来说明填充曲面的建模过程。

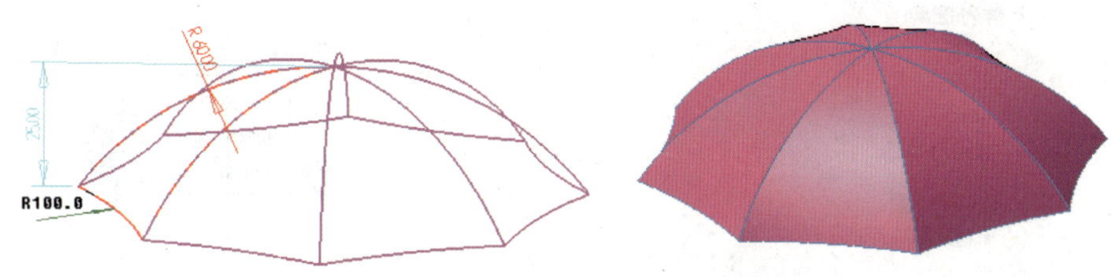

图 4–91 填充曲面示例

（1）参照图 4–92 所示流程绘制填充曲面的边界线。

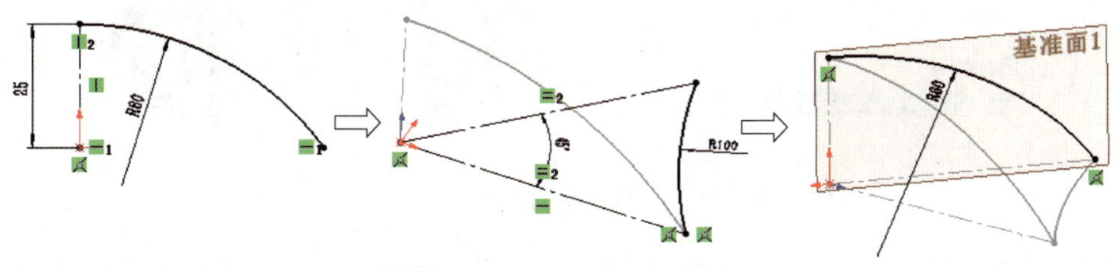

图 4–92 绘制填充曲面的边界线

（2）单击“曲面”工具栏中的“填充曲面”按钮，弹出“填充曲面”对话框。

（3）在“修补边界（B）”下方“”右侧的空白方框中单击，分别单击三条圆弧。单击“确定”按钮 ✓ 绘制填充曲面，结果如图 4–93 所示。

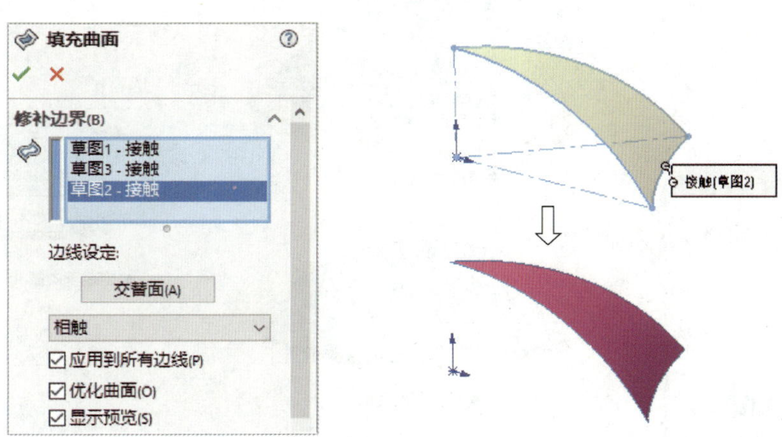

图 4–93 绘制填充曲面

（4）单击“特征”工具栏中的“圆周阵列”按钮 圆周阵列，弹出“阵列（圆周）1”对话框。选中“实体（B）”复选框，圆周阵列曲面，结果如图 4–94 所示。

2. 直纹曲面

直纹曲面必须以现有曲面为基准，在现有曲面的边界处绘制。此类曲面有相切于曲面（A）、正交于曲面（N）、锥削到向量（R）、垂直于向量（P）等多种形式，其建模操作流程如图 4–95 所示。

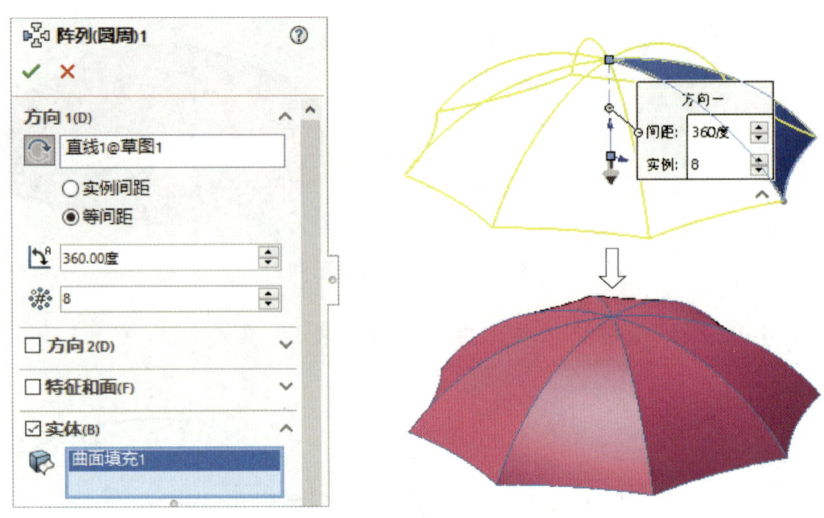

图 4–94　圆周阵列曲面

单击“曲面”工具栏中的“直纹曲面”按钮 直纹曲面，弹出“直纹曲面”对话框。在“类型（T）”下选择相应的直纹曲面，在“边线选择（E）”下方“ ”右侧的空白方框中单击，单击曲面的边界，在“ ”中输入直纹面的长度值。单击“确定”按钮 ✓ 绘制直纹曲面。

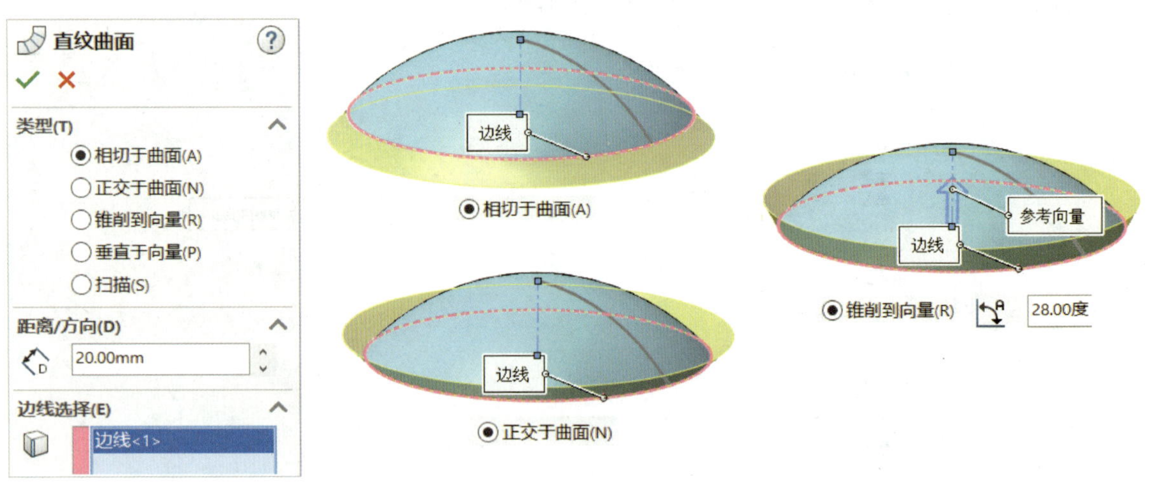

图 4–95　绘制直纹曲面

3. 曲面展平

曲面展平是指将现有空间曲面沿指定位置且沿该曲面的切面方向展开而成的曲面。其建模过程如图 4–96 所示。

单击“曲面”工具栏中的“曲面展平”按钮 ，弹出“展平”对话框。在“选择（S）”下方“ ”右侧的空白方框中单击，选择需要展平的曲面。在“ ”右侧的空白方框中单击，选择展平的边界和展平相切位置点。单击“确定”按钮 ✓ 绘制展平曲面。

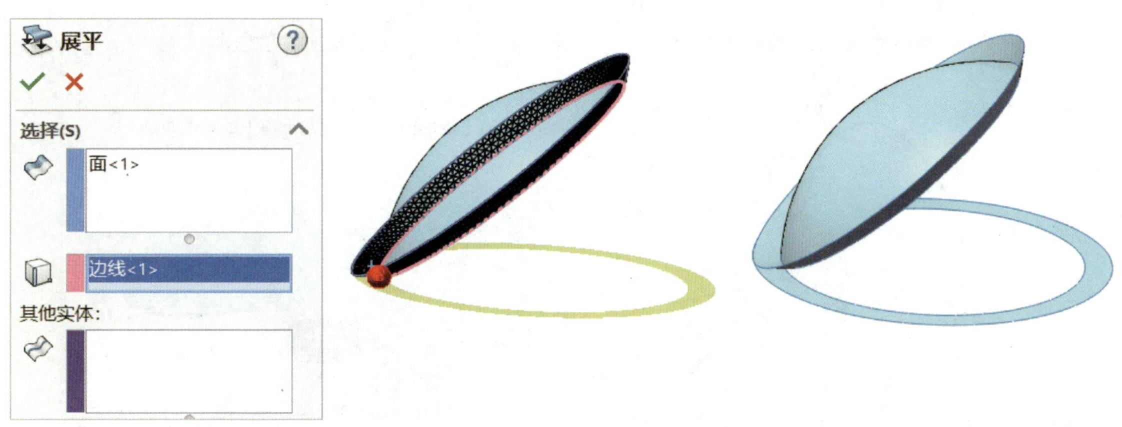

图 4–96　绘制展平曲面

五、任务拓展

任务拓展 1　完成如图 4–97 所示“水壶”零件的三维建模。

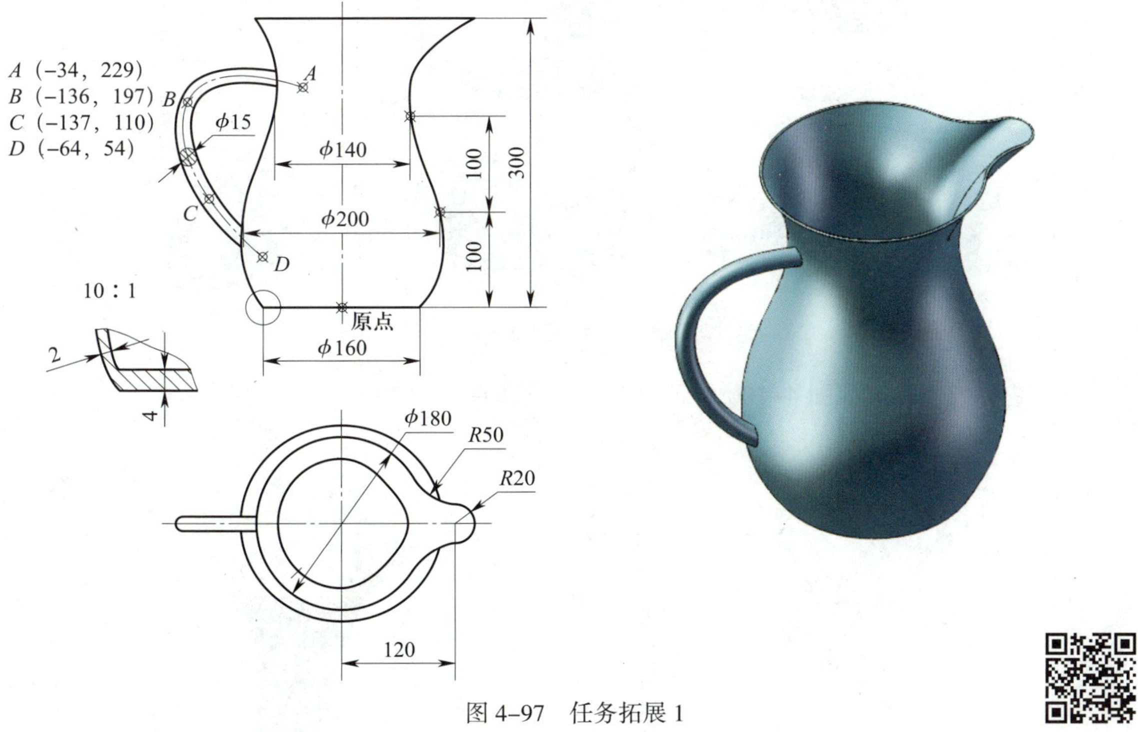

图 4–97　任务拓展 1

任务拓展 2　完成如图 4–98 所示“风扇”零件的三维建模。

建模思路：本零件的建模思路如图 4–99 所示，在前视基准面中分别绘制两条样条曲线，将样条曲线分别投影至两个圆柱曲面上，再以两条投影曲线放样建模。

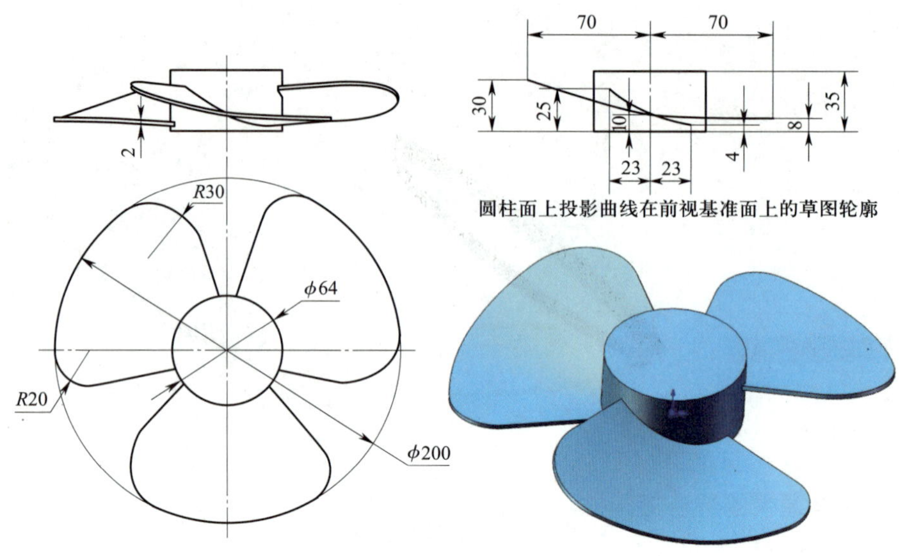

图 4-98　任务拓展 2

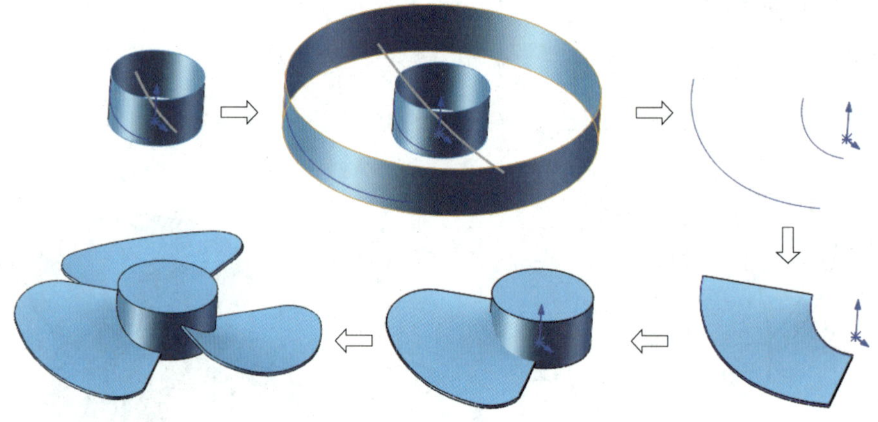

图 4-99　建模思路

任务拓展 3　完成如图 4-100 所示曲面的三维建模。

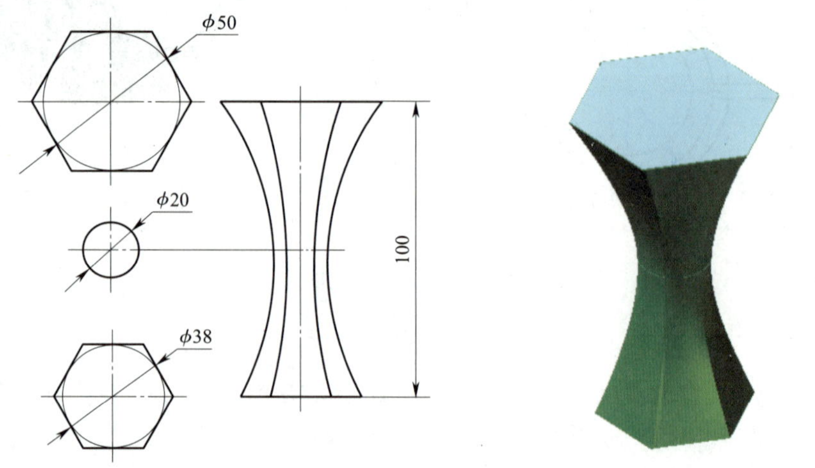

图 4-100　任务拓展 3

模块五　建模综合实例

课题 1　建模综合实例 1

一、学习目标

1．掌握异型孔向导的建模方法。

2．掌握曲面建模的综合应用方法。

3．掌握实体建模的综合应用方法。

4．进一步掌握创建基准面的方法。

二、工作任务

完成如图 5–1 所示“手柄”零件的实体建模。

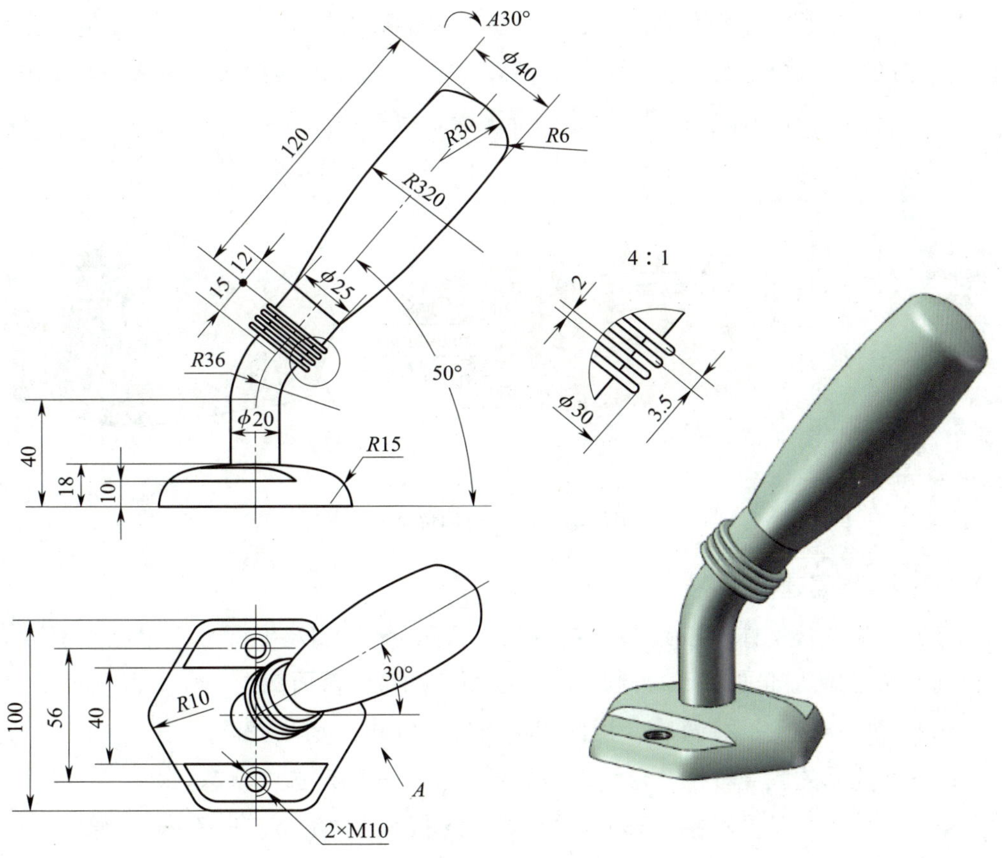

图 5–1　建模综合实例 1

三、任务实施

1. 底部凸台建模

（1）引导线扫描建模

1）选择“上视基准面”作为草图平面，绘制如图 5-2 所示的“引导线”草图。

2）选择“上视基准面”作为草图平面，以原点为圆心，绘制任意直径的圆（路径）。

3）选择“前视基准面”作为草图平面，绘制如图 5-3 所示的“截面”草图。

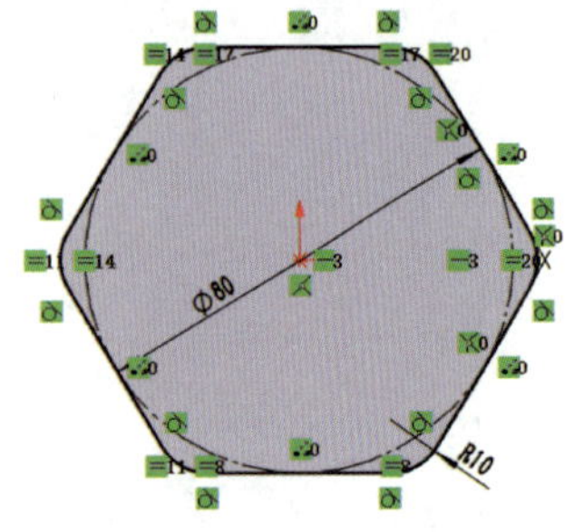

图 5-2 绘制“引导线”草图

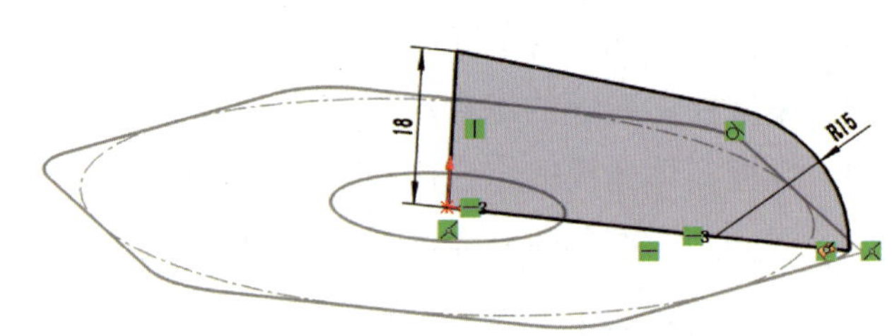

图 5-3 绘制“截面”草图

4）单击“特征”工具栏中的“扫描”按钮 扫描，弹出“扫描”对话框。在“轮廓和路径（P）”下方“”右侧的空白方框中单击，单击截面轮廓。在“”右侧的空白方框中单击，单击扫描路径轮廓。在“引导线（C）”“”右侧的空白方框中单击，单击引导线轮廓。单击“确定”按钮 ✓ 完成引导线扫描建模，结果如图 5-4 所示。

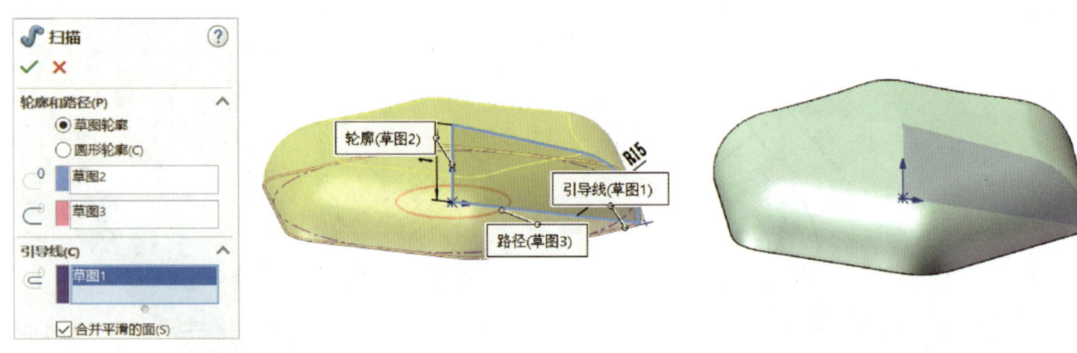

图 5-4 引导线扫描建模

（2）异型孔向导建模

1）单击“参考几何体”按钮右侧的下三角，创建平行于“上视基准面”且距离为“18”的“基准面 1”，绘制如图 5-5 所示的拉伸截面草图。

2）单击“拉伸切除”按钮，拉伸切除凸台，拉伸长度为“8”。

3）单击切除后的其中一个凸台平面，显示如图 5-6 所示选中状态。

4）单击“特征”工具栏中“异型孔向导”按钮右侧的下三角，弹出“孔规格”对话框，参照图 5-7 设置“孔规格”参数。

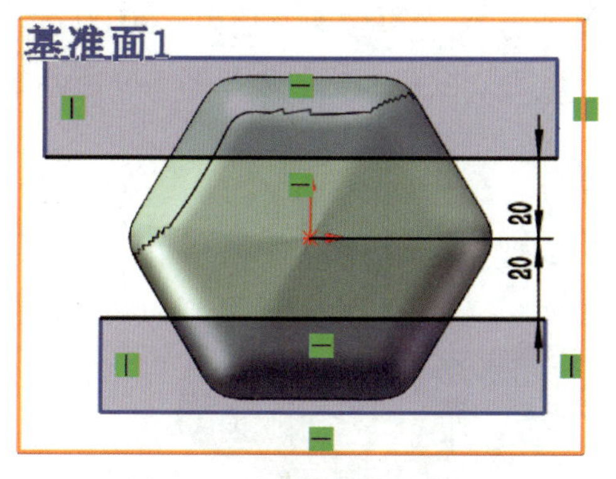

图 5-5　绘制拉伸截面草图

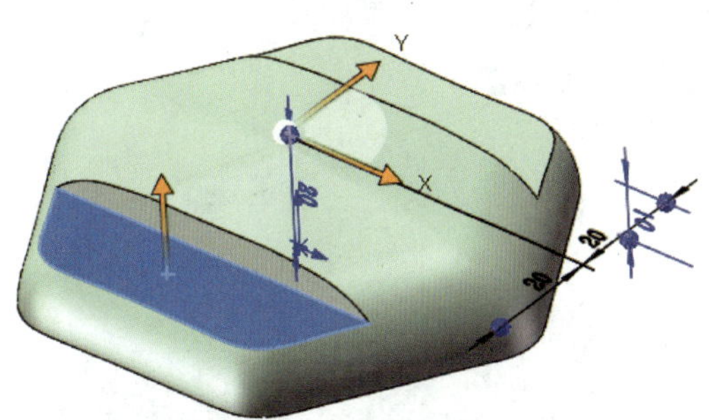

图 5-6　拉伸切除实体

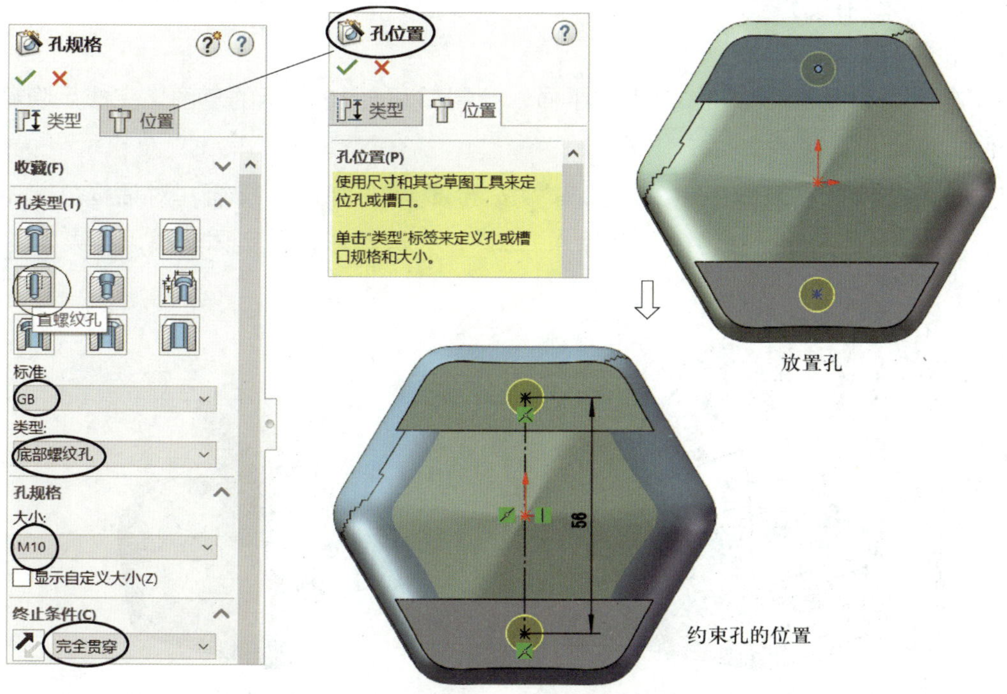

图 5-7　异型孔向导建模

5）设置完成后单击“位置”按钮 位置，对话框变为图 5-7 中的“孔位置”对话框。分别单击两处凸台平面后单击鼠标右键，在弹出的右键菜单中单击“选择（D）”。

6）绘制两孔中心的连线（构造线）作为辅助线，约束孔的位置。

7）单击“确定”按钮 ✓ 完成异型孔向导建模，结果如图 5-8 所示。

2. 上部手柄建模

（1）圆形扫描建模

1）单击特征管理设计树中“扫描 1”中的“草图 2”，在弹出的菜单中单击“显示”按钮显示“草图 2”中的轮廓。

2）单击“参考几何体”按钮右侧的下三角，弹出“基准面”对话框。单击

“前视基准面”，在对话框中“第一参考”的下方单击“ ”并修改其值为“30.00 度”。在绘图区单击“草图 2”轮廓中的竖直线，单击“确定”按钮 ✓ 创建如图 5-9 所示的“基准面 2”。

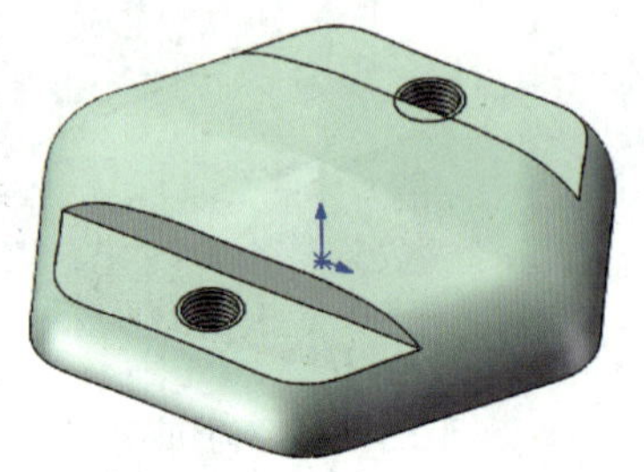
图 5-8　完成后的螺纹孔

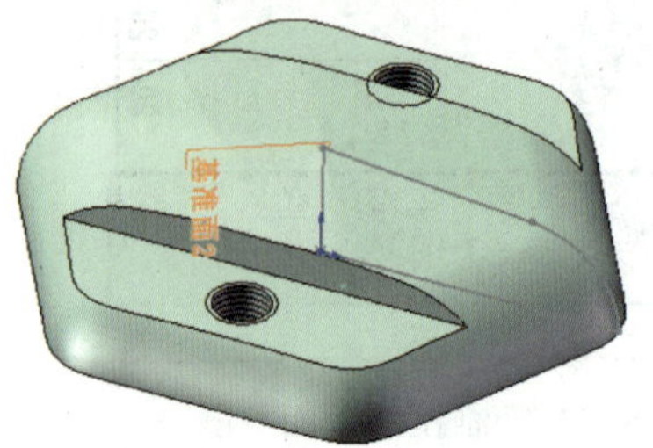

图 5-9　创建“基准面 2”

3）隐藏“草图 2”。

4）选择“基准面 2”作为草图平面，绘制如图 5-10 所示的草图，完成后隐藏“基准面 2”。

5）单击“特征”工具栏中的“扫描”按钮 扫描，弹出“扫描”对话框。选中“圆形轮廓（C）”单选按钮，在“⊘”中输入“20”，完成圆形扫描实体建模，结果如图 5-11 所示。

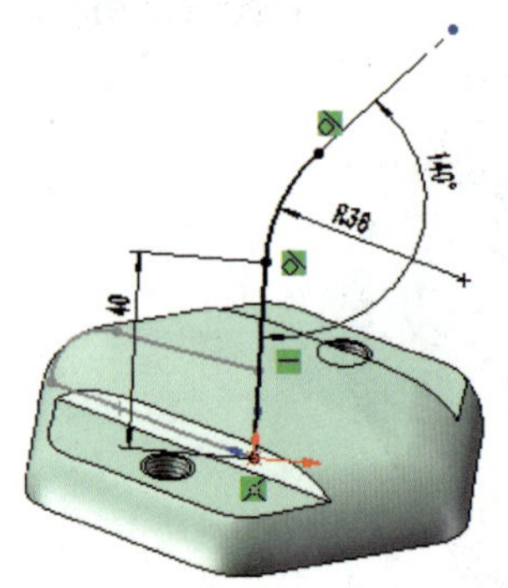

图 5-10　绘制扫描路径

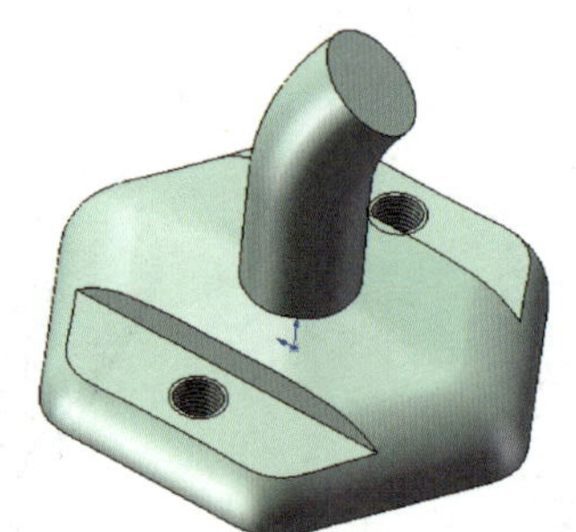
图 5-11　圆形扫描实体建模

（2）旋转建模

1）单击特征管理设计树中“扫描 2”中的“草图 7”，在弹出的菜单中单击“显示”按钮显示“草图 7”中的轮廓。

2）单击“参考几何体”按钮右侧的下三角，弹出“基准面 3”对话框。单击“基准面 2”，在对话框中“第一参考”的下方单击“ ”并修改其值为“90.00 度”。在绘图区单击“草图 7”轮廓中的构造线，单击“确定”按钮 ✓ 创建如图 5-12 所示的“基准面 3”。

3）选择“基准面 3”作为草图平面，绘制如图 5-13 所示的旋转截面草图，其中旋转截面轮廓左侧的中心与图 5-12 中构造线的端点“A”重合，完成草图后隐藏“基准面 3”和“草图 7”。

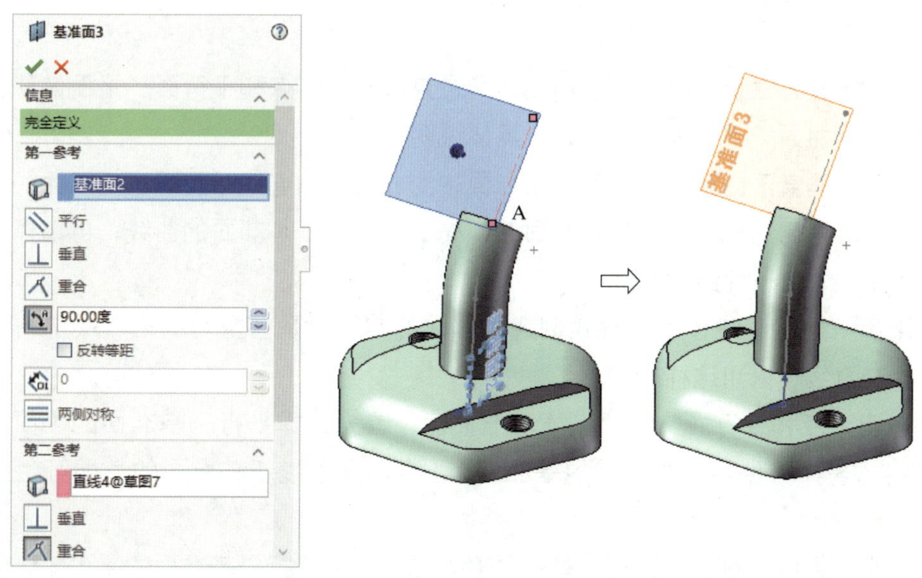

图 5-12　创建“基准面 3”

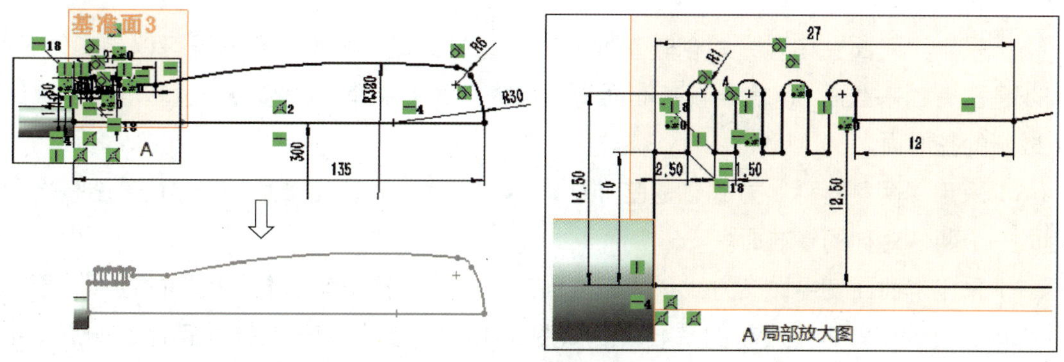

图 5-13　绘制旋转截面草图

4）单击“特征”工具栏中的“旋转凸台 / 基体”按钮，完成旋转实体建模，结果如图 5-14 所示。

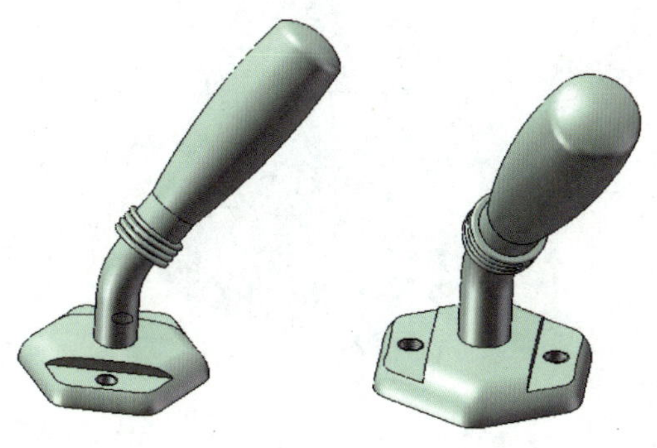

图 5-14　完成后的实体

四、知识与技能延伸

1. 创建基准面的补充说明

基准面的创建方法主要有垂直于曲线、通过直线和点、点和平行面、平面偏移、两面夹角、两侧对称、曲面切平面等多种方式，具体说明如下：

（1）采用“垂直于曲线”方式创建基准面中的曲线是指直线、圆弧、空间曲线、样条曲线等多种形式。采用这种方式创建基准面时，先选择垂直于基准面的曲线，再选择通过基准面的点即可生成垂直于曲线的基准面。

（2）采用“通过直线和点”方式创建基准面的实质就是“空间的三点决定一个平面”。选择两条相交直线也采用这种方式。

（3）采用“点和平行面”方式创建基准面时，首先选择平行于基准面的平面（该平面既可以是实体表面，也可以是已有的基准面），再选择通过新基准面的点即可生成新的基准面。

（4）采用“平面偏移”方式创建基准面时，首先选择平行于基准面的平面（该平面既可以是实体表面，也可以是已有的基准面），再在“基准面”对话框中输入偏移距离即可生成新的基准面。

（5）采用“两面夹角”方式创建基准面时，首先选择平面（该平面既可以是实体表面，也可以是已有的基准面），输入新基准面与所选择平面的夹角，再选择通过基准面的直线即可生成新的基准面。

（6）采用“两侧对称”方式创建基准面时，在平面、参考基准面以及 3D 草图基准面之间生成一个两侧对称的基准面。

（7）采用“曲面切平面”方式创建基准面时，首先选择与新基准面相切的曲面，再选择通过新基准面的点即可生成新的基准面。如图 5-15 所示为相切于圆锥面且通过一点（不能是圆锥顶点）的新基准面。

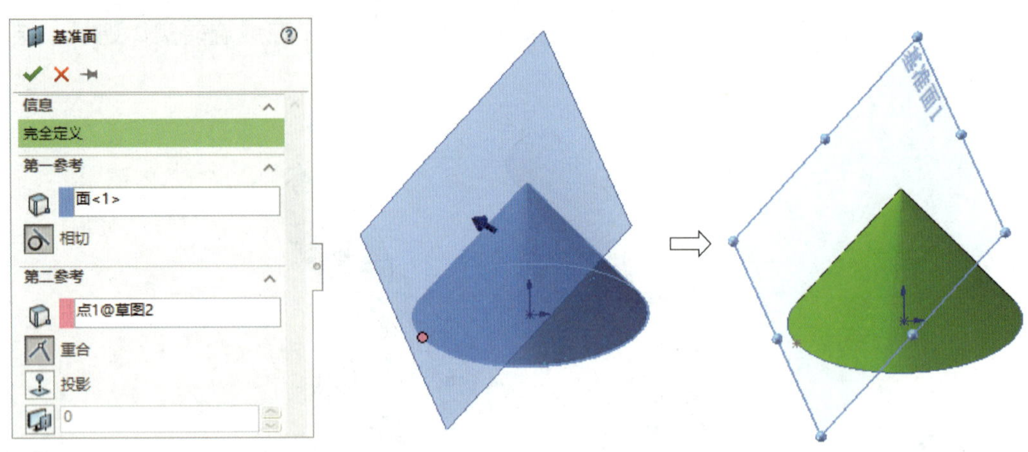

图 5-15　采用“曲面切平面”方式创建基准面

2. 孔建模的补充说明

利用“异型孔向导”功能除了能自动生成图 5–1 所示“手柄”零件的螺纹孔外，还能生成各种规格的沉头孔或螺纹孔。如图 5–16 所示，在“孔规格”对话框中选择不同的“孔类型（T）”，同时选择不同的螺纹或螺栓规格，即可完成各类沉头孔或螺纹孔的建模。

单击“异型孔向导”按钮 右侧的下三角 ，弹出如图 5–17 所示的展开菜单，单击不同的按钮，还可进行“高级孔”“螺纹线”“螺柱向导”等方式建模。如图 5–18 所示为采用“螺柱向导”功能完成建模的螺柱。

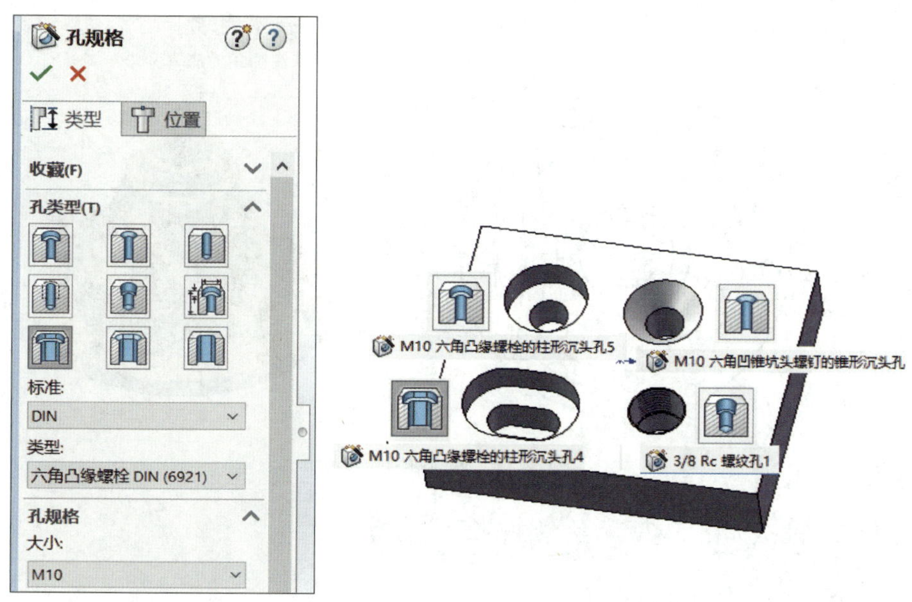

图 5–16　“异型孔向导”中“孔类型（T）”的选择

图 5–17　孔建模的引导类型

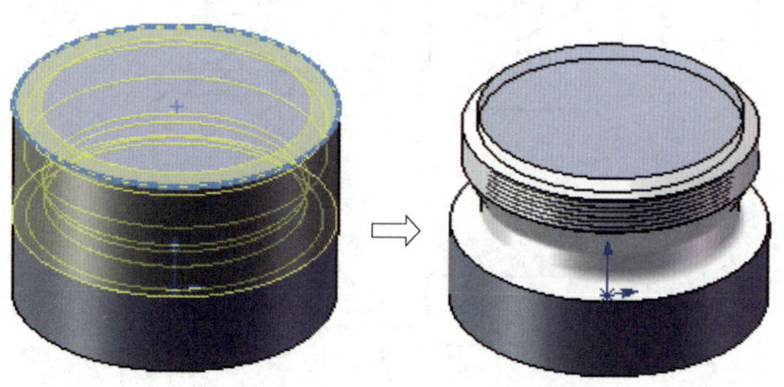

图 5–18　“螺柱向导”建模

五、任务拓展

任务拓展 1　完成如图 5–19 所示零件的三维建模。

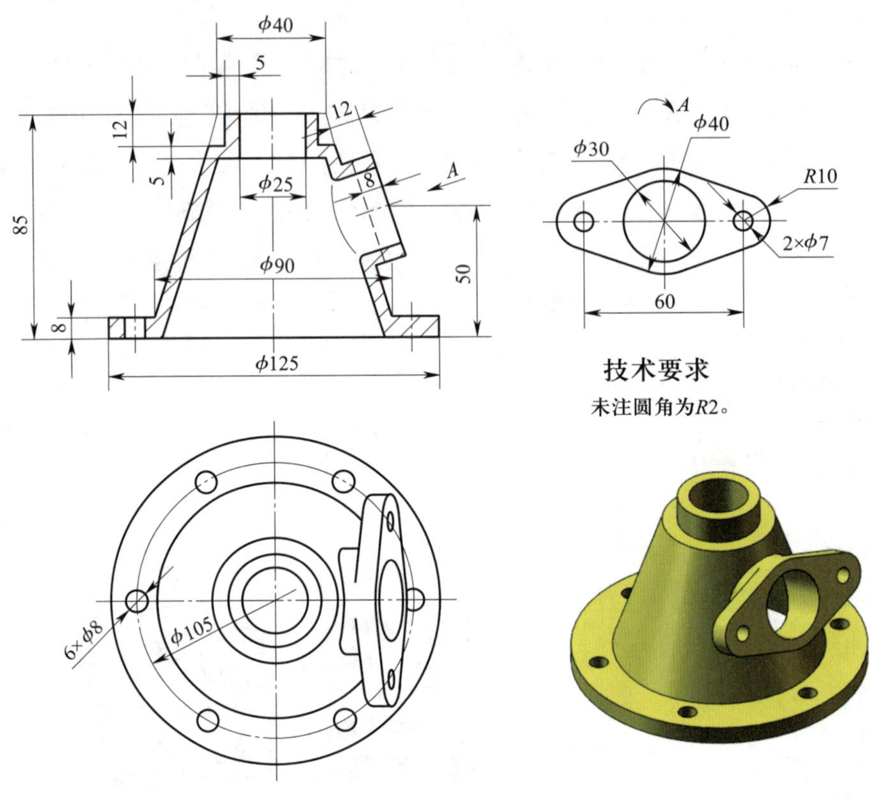

图 5-19　任务拓展 1

任务拓展 2　完成如图 5-20 所示零件的三维建模。

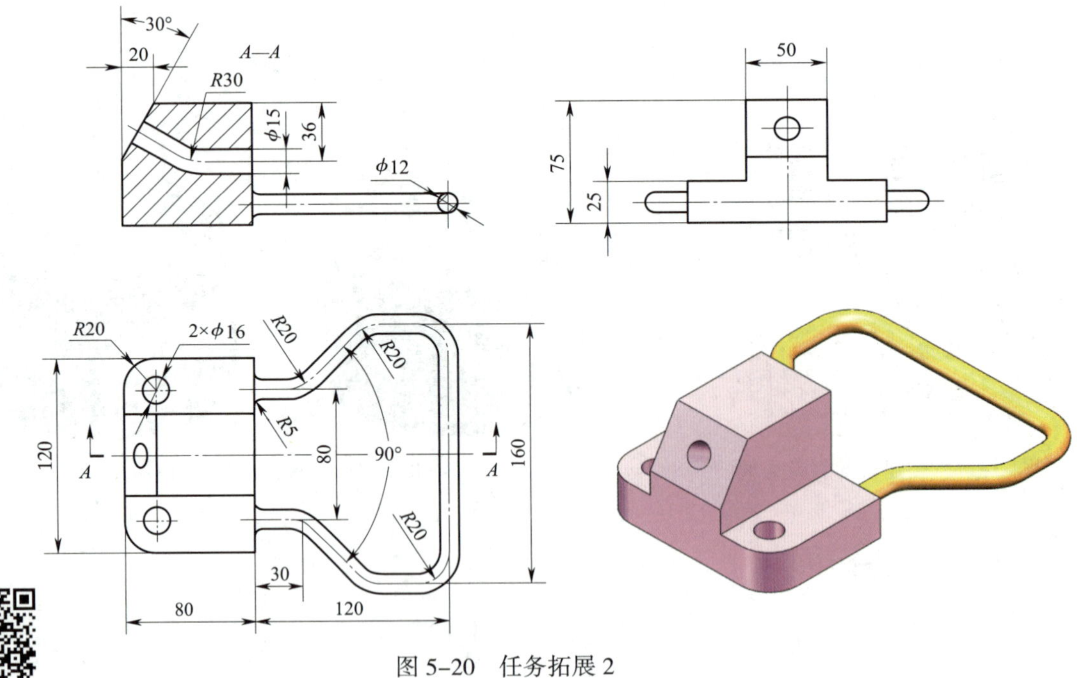

图 5-20　任务拓展 2

任务拓展 3　完成如图 5–21 所示零件的三维建模。

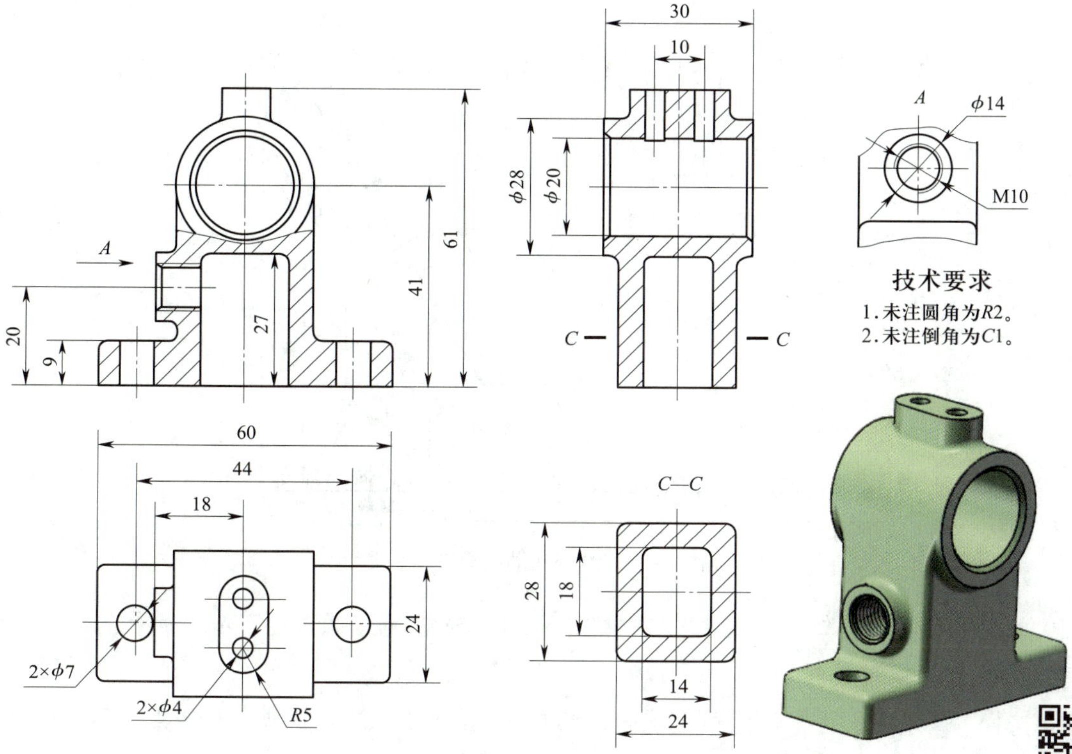

技术要求
1. 未注圆角为 $R2$。
2. 未注倒角为 $C1$。

图 5–21　任务拓展 3

课题 2　建模综合实例 2

一、学习目标

1．掌握空间曲线建模的综合应用。

2．掌握曲面建模的综合应用。

3．掌握实体建模的综合应用。

二、工作任务

完成如图 5–22 所示“花篮”零件的实体建模。

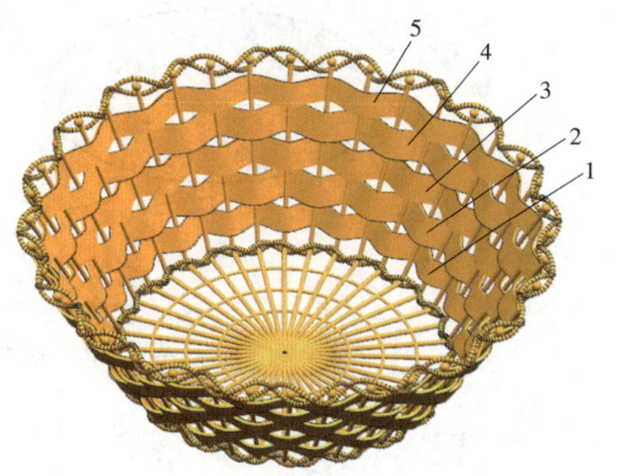

图 5–22　建模综合实例 2

三、任务实施

1. 花边建模

（1）上方花边建模

1）选择“前视基准面”作为草图平面，绘制如图 5–23 所示的辅助线草图。

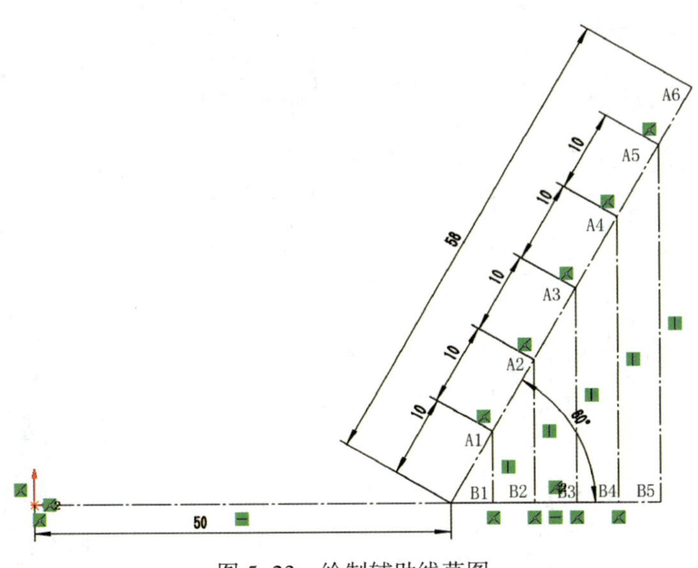

图 5-23　绘制辅助线草图

2）单击“参考几何体”按钮右侧的下三角，创建通过点“A6”且平行于“上视基准面”的“基准面 1”。

3）选择“基准面 1”作为草图平面，绘制图 5-24 所示的圆（圆心在原点位置，圆弧与点“A6”重合）。以“前视基准面”作为草图平面，绘制图 5-24 中的竖直线，其长度值为“3”。

提示

在建模过程中，为了清楚地显示所需要的图素，经常进行“隐藏”和“显示”操作以及“编辑外观”操作，此类操作只影响视觉效果，读者可根据喜好自行操作，在以后的操作中将不再进行提示。

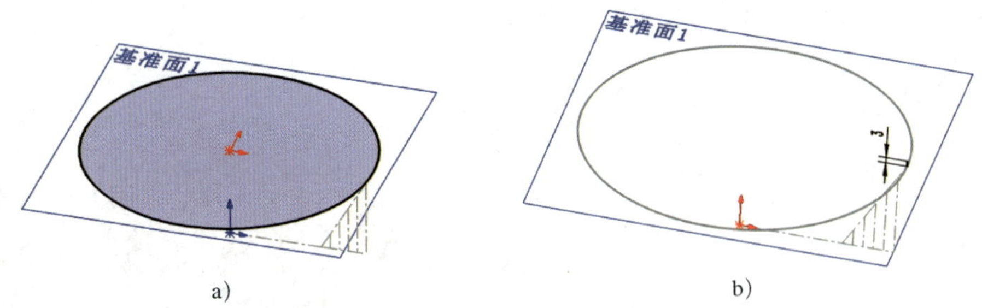

a)　b)

图 5-24　绘制两个草图

a）在基准面 1 中绘制草图　b）在前视基准面中绘制草图

4）单击“曲面”工具栏中的“扫描曲面”按钮，弹出“曲面 – 扫描”对话框，参照图 5-25 所示设置相应的参数，单击“确定”按钮完成曲面扫描建模。

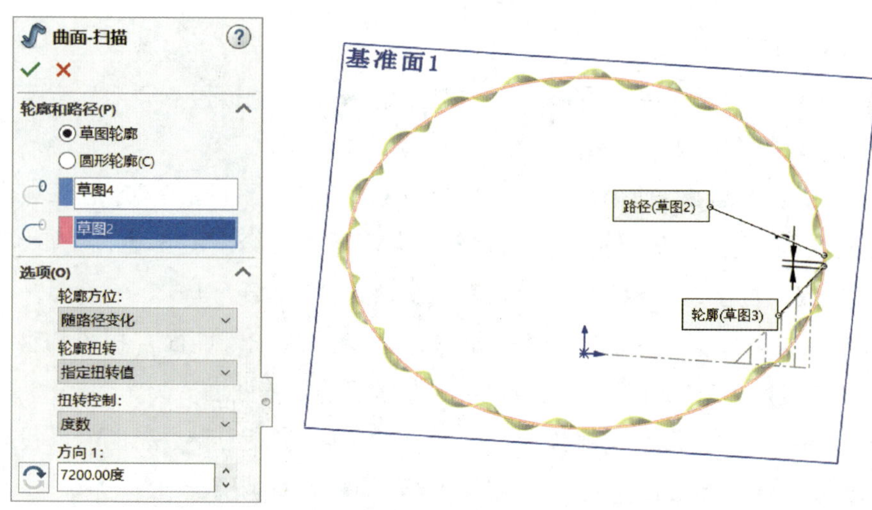

图 5-25 曲面扫描建模

5）单击“特征”工具栏中的“扫描”按钮 扫描，弹出“扫描”对话框。选中“圆形轮廓（C）”单选按钮，在“ ”右侧的空白方框中单击，单击扫描曲面的边界线。在“ ”中输入“1.5”，单击“确定”按钮 完成圆形扫描建模，结果如图 5-26 所示。

6）单击“特征”工具栏中的“镜向”按钮 镜向，以“ 基准面 1”作为“镜向面 / 基准面（M）”镜像扫描实体，结果如图 5-27 所示。

（2）下方花边建模

采用同样的方法完成下方花边建模（扫描截面线长度为“2”），结果如图 5-28 所示。

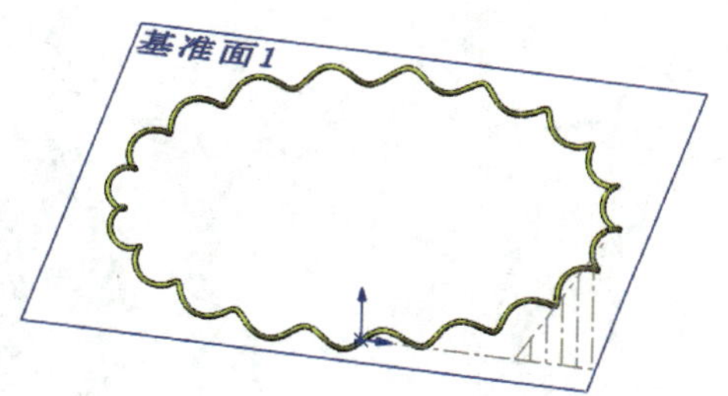

图 5-26 扫描特征

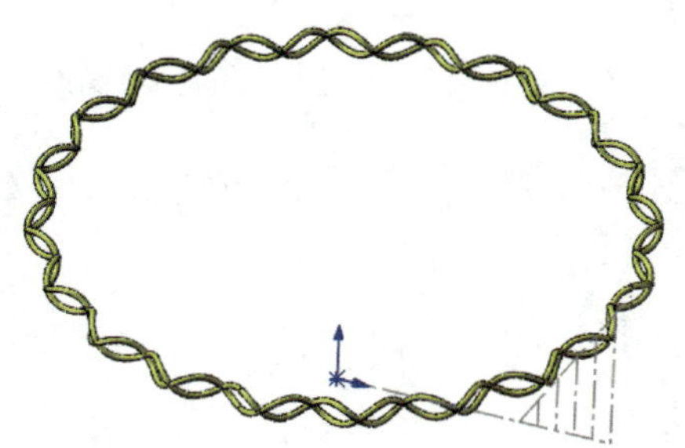

图 5-27 镜像特征

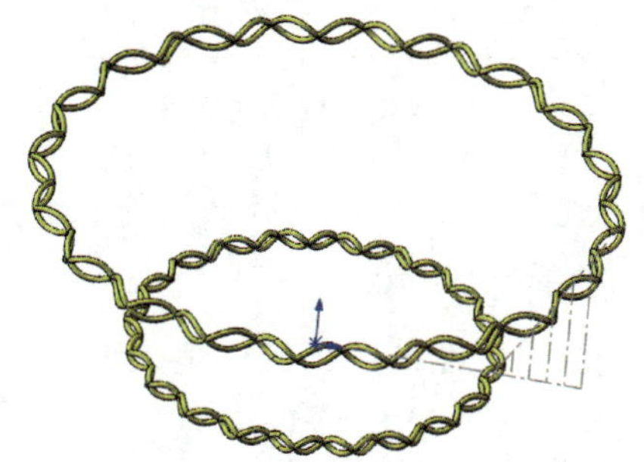

图 5-28 完成下方花边建模

2. 侧边建模

（1）侧边 1 建模

1）单击“参考几何体”按钮右侧的下三角，创建通过点“A1”且平行于“上视基准面”的“基准面 2”。

2）选择“基准面 2”作为草图平面，绘制图 5–29 所示的圆（圆心在原点位置，圆弧与点“A1”重合）。选择“前视基准面”作为草图平面，绘制图 5–29 中的水平线（以点“A1”为起点，终点位于点“A1”右侧），其长度值为“2”。

3）单击“曲面”工具栏中的“扫描曲面”按钮，弹出“曲面 – 扫描”对话框，设定“扭转控制：”的度数为“7200”，绘制如图 5–30 所示的扫描曲面。

4）选择“基准面 2”作为草图平面。单击“转换实体引用”按钮，投影扫描曲线的边界线，隐藏“基准面 2”和扫描曲面，结果如图 5–31 所示。

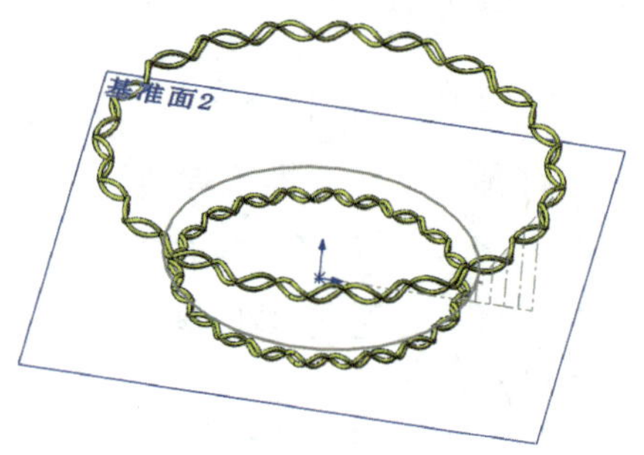

图 5–29　绘制两个草图

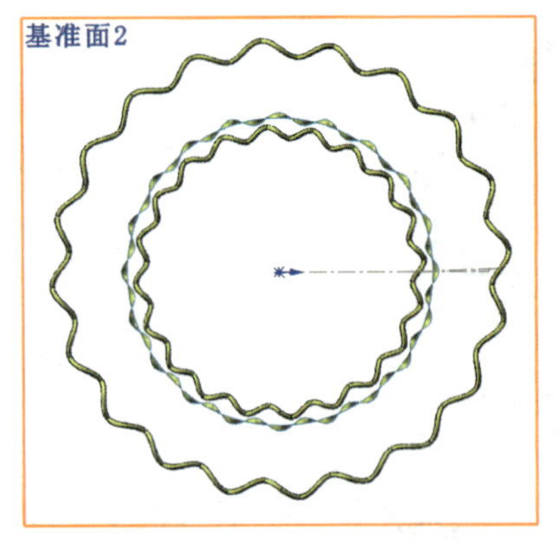

图 5–30　扫描曲面建模

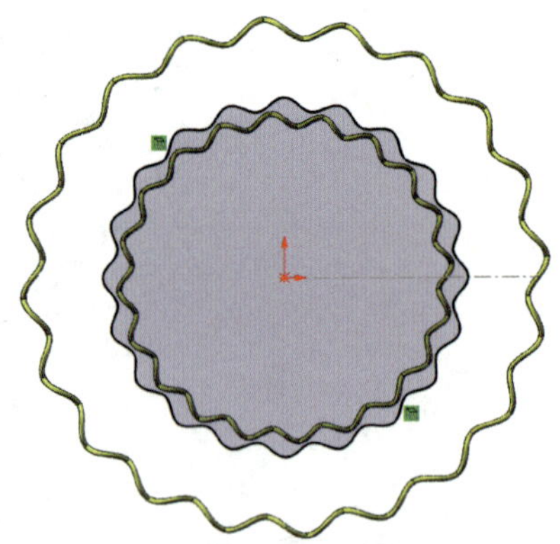

图 5–31　投影扫描曲线的边界线

5）选择“前视基准面”作为草图平面，在图 5–23 中点“A1”的位置绘制如图 5–32 所示的扫描截面轮廓。

6）单击“曲面”工具栏中的“扫描曲面”按钮，选中“草图轮廓”单选按钮，完成曲面扫描，结果如图 5–33 所示。

7）单击“曲面”工具栏中的“加厚”按钮加厚，弹出“加厚 1”对话框，自动选中扫描曲面作为加厚面，单击“加厚两侧”按钮 ，修改“”值为“0.5”，单击“确定”按钮 完成曲面加厚，结果如图 5–34 所示。

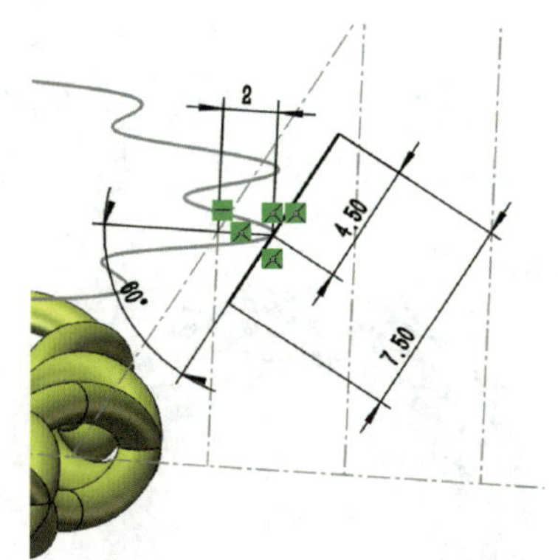

图 5–32 绘制扫描截面轮廓

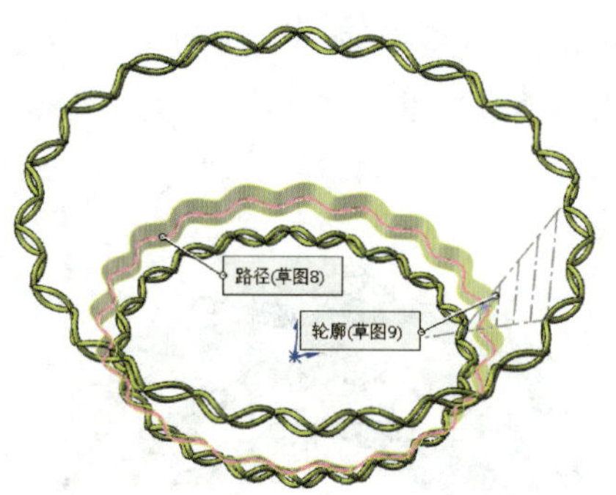

图 5–33 绘制扫描曲面

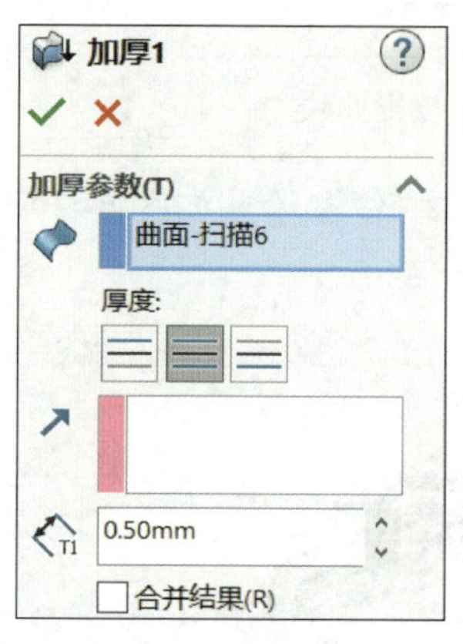

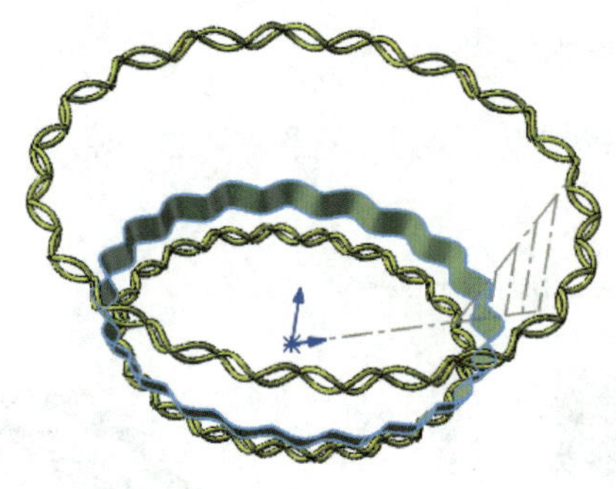

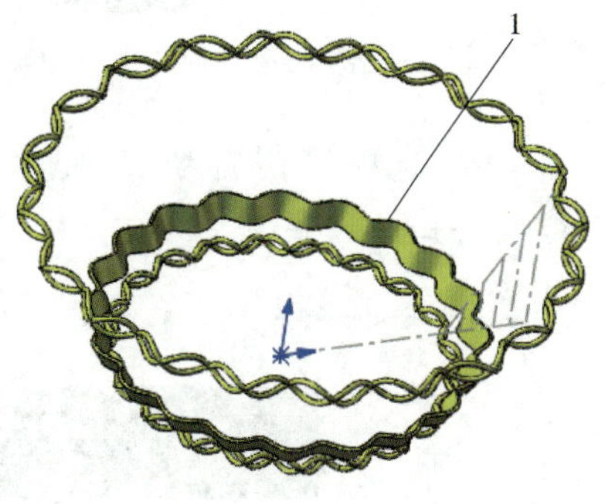

图 5–34 曲面加厚

（2）侧边 5 和侧边 3 建模

采用同样的方法完成侧边 5 和侧边 3 建模，侧边 5 的扫描截面轮廓如图 5–35 所示，侧边 3 的扫描截面轮廓如图 5–36 所示，完成后的实体如图 5–37 所示。

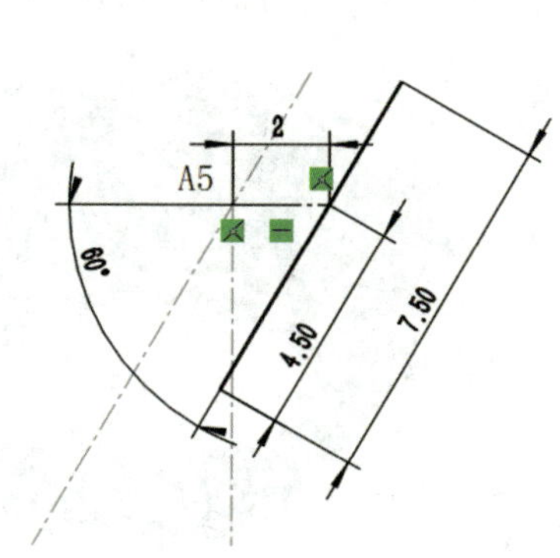

图 5–35 侧边 5 的扫描截面轮廓

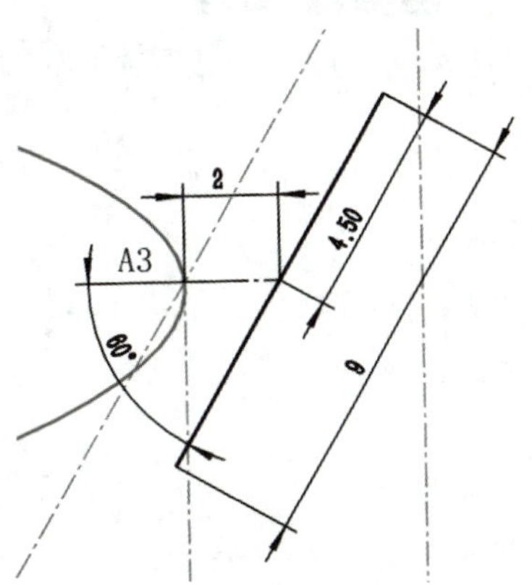

图 5–36 侧边 3 的扫描截面轮廓

（3）侧边 2 和侧边 4 建模

1）单击“参考几何体”按钮 右侧的下三角 ，创建通过图 5–23 中点“A2”且平行于“上视基准面”的“基准面 5”。

2）选择“基准面 5”作为草图平面，绘制如图 5–38 所示的投影曲线（该曲线的相位角与其他三个投影曲线的相位角相差 180°，即扫描截面草图中的水平线位于起点左侧）。

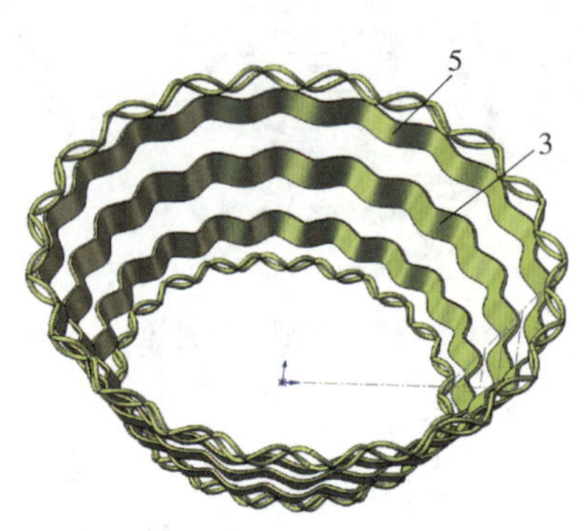

图 5–37　侧边 5 和侧边 3 建模

图 5–38　绘制投影曲线

3）选择“前视基准面”作为草图平面，在图 5–23 中点“A2”的位置绘制如图 5–39 所示的扫描截面轮廓。

4）绘制扫描曲面，结果如图 5–40 所示。

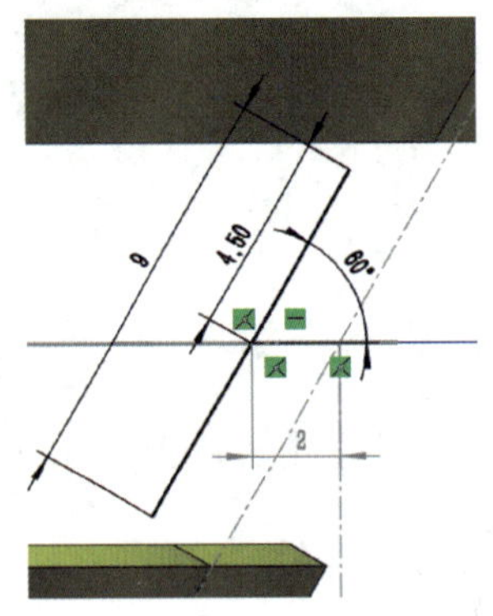

图 5–39　侧边 2 的扫描截面轮廓

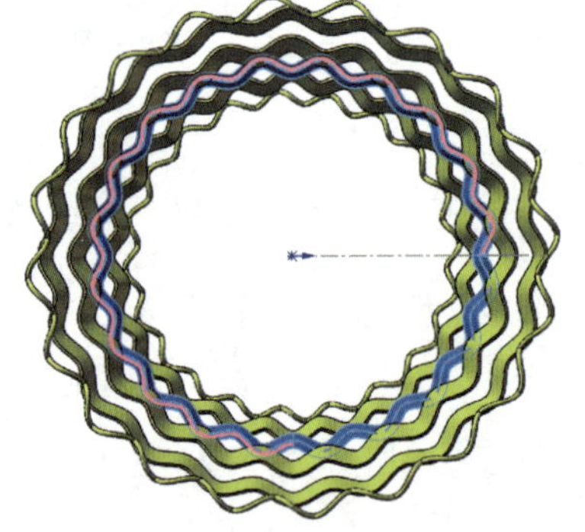
图 5–40　绘制扫描曲面

5）单击“曲面”工具栏中的“加厚”按钮 加厚，完成曲面加厚。

6）采用同样的方法完成点“A4”处的侧边 4 建模，结果如图 5–41 所示。

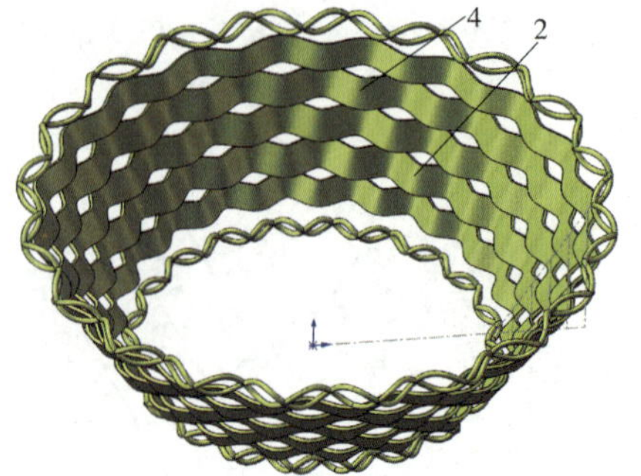

图 5–41　完成侧边建模

3. 支架建模

（1）单个支架建模

1）选择“前视基准面”作为草图平面。单击

"转换实体引用"按钮，投影如图 5–42 所示的"支架线"，相交处倒"R1"圆角。

2）单击"特征"工具栏中的"扫描"按钮 扫描，弹出"扫描"对话框。选中"圆形轮廓（C）"单选按钮，在" "右侧的空白方框中单击，单击图 5–42 中的"支架线"。在" "中输入"1.5"，单击"确定"按钮 完成圆形扫描建模，结果如图 5–43 所示。

3）在支架的顶部绘制"SR1.75"的圆球。

（2）圆周阵列支架

1）单击"基准轴"按钮 基准轴，弹出"基准轴"对话框。单击" 前视基准面"和" 右视基准面"，过原点创建基准轴。

2）单击"特征"工具栏中的"圆周阵列"按钮 圆周阵列，弹出"阵列（圆周）"对话框。选中"特征和面（F）"复选框，选中支架，完成圆周阵列，结果如图 5–44 所示。

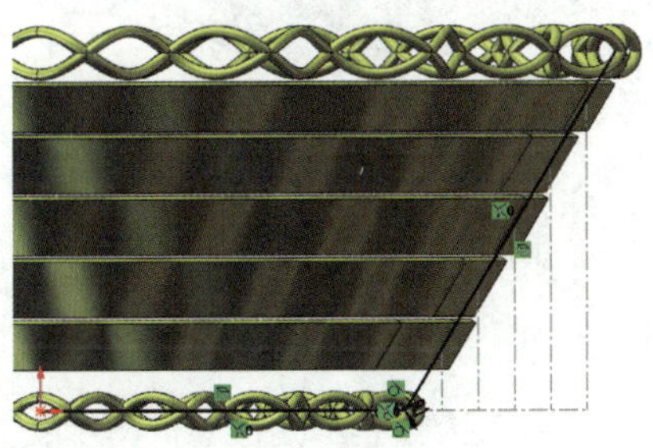

图 5–42　投影"支架线"

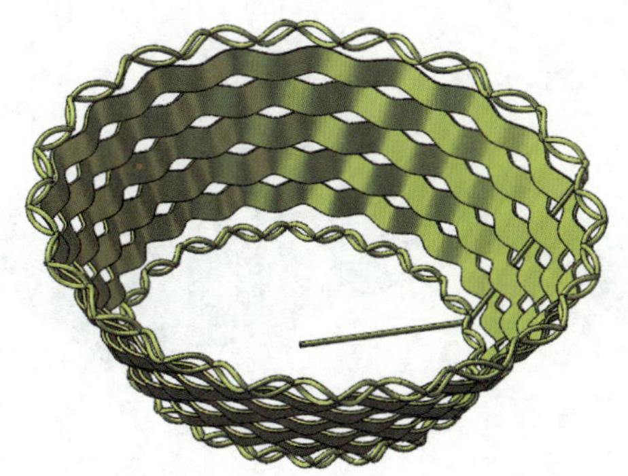

图 5–43　单个支架建模

图 5–44　阵列支架

四、知识与技能延伸

1. 阵列的补充说明

关于阵列建模方式，除了前面介绍的几种方式外，常用的还有曲线驱动的阵列、草图驱动的阵列和填充阵列等多种建模方式，其建模过程如下：

（1）曲线驱动的阵列

曲线驱动的阵列是指特征或实体沿指定的曲线以均匀分布（或指定的距离）方式进行阵列的建模方式，其操作过程如图 5–45 所示。

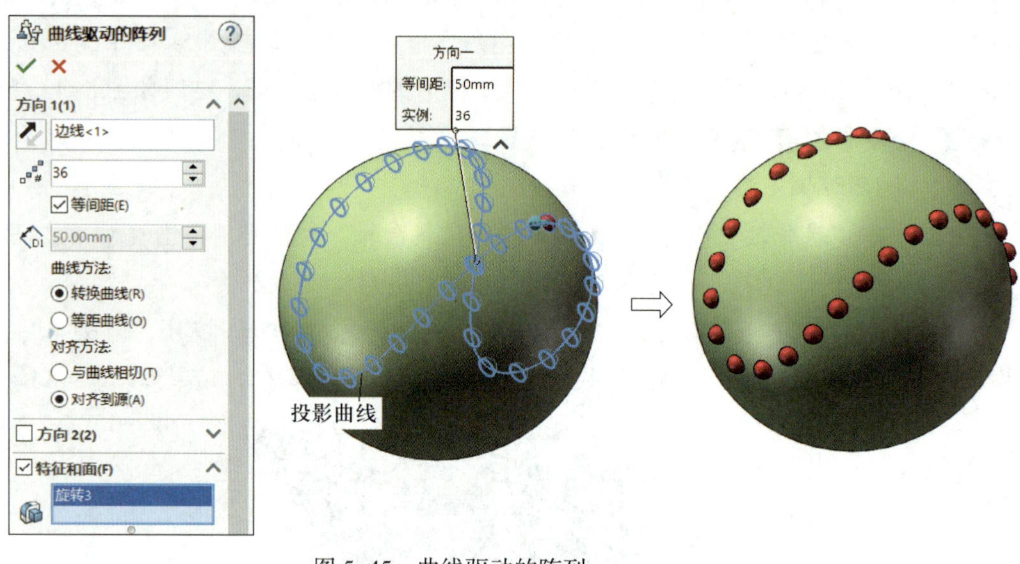

图 5-45　曲线驱动的阵列

（2）草图驱动的阵列

草图驱动的阵列是指以草图上指定的点驱动的一种阵列方式，源特征通过阵列扩散到草图中的每个点，其操作过程如图 5-46 所示。

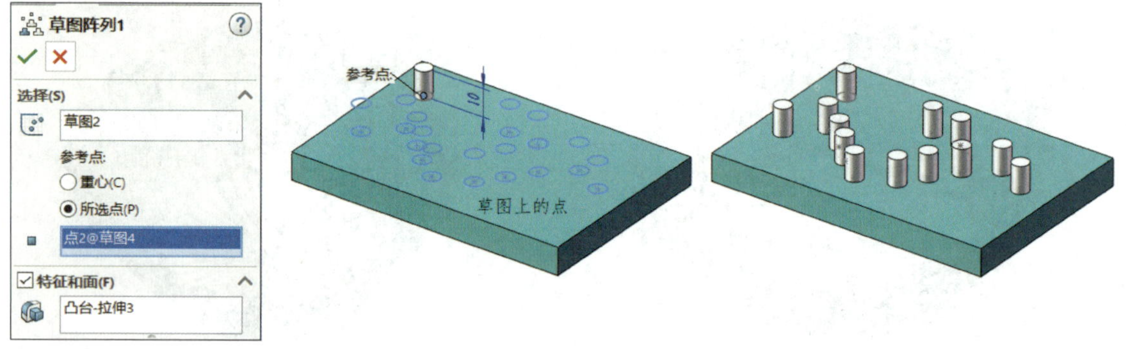

图 5-46　草图驱动的阵列

（3）填充阵列

填充阵列是指在确定的填充边界内，选择可自定义的形状进行阵列，一般以源特征中心呈同轴心分布（即阵列源特征位于填充边界面的中心），其操作过程如图 5-47 所示。

2. 删除 / 保留实体操作

在实体建模过程中经常会使用一些辅助实体，这些实体在建模完成后不再使用，可以将其删除，但如果直接选中实体后按“Delete”键删除，或单击鼠标右键，在弹出的如图 5-48 所示的右键菜单中单击“删除 ...（K）”按钮 ✕ 删除...(K) 删除，则在删除所选实体的同时弹出相应的警告对话框，与该实体相关联的操作也将失效。正确的操作方法如下：

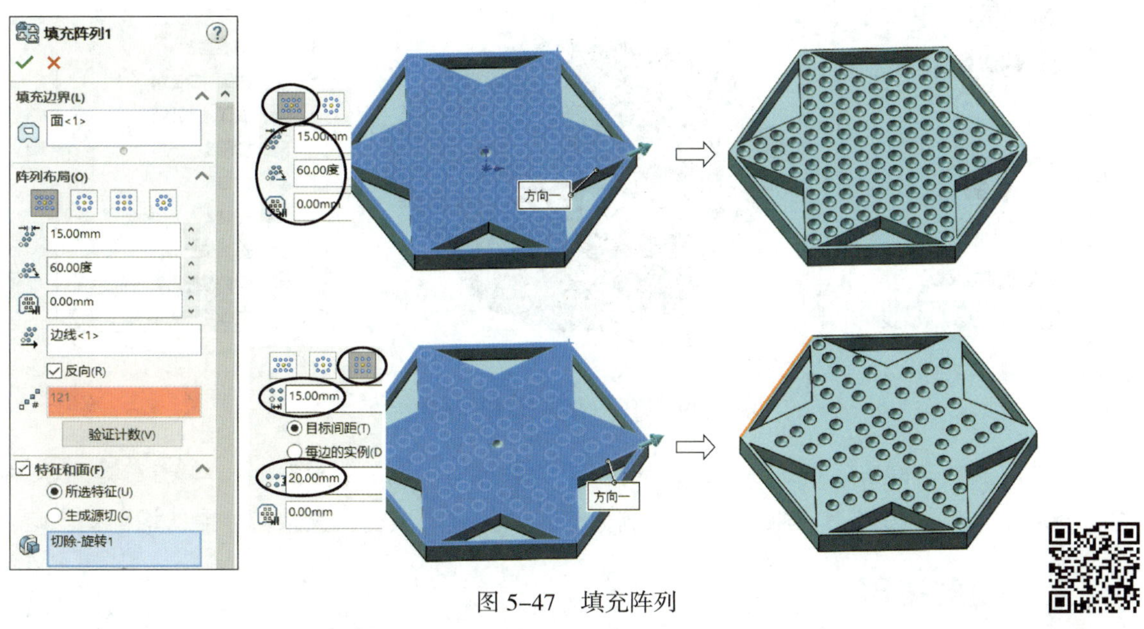

图 5–47　填充阵列

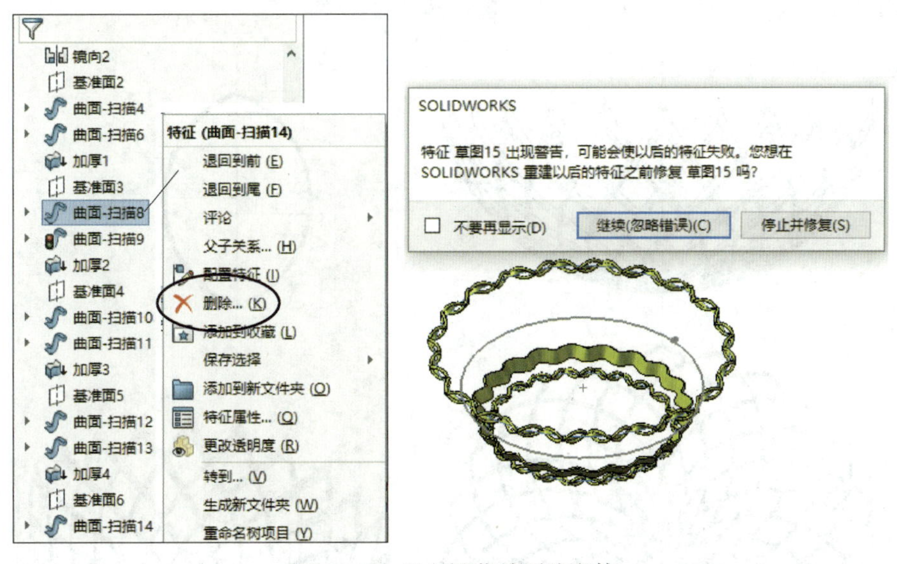

图 5–48　用右键菜单删除实体

（1）单击下拉菜单中的“插入（I）”/“特征（F）”/“删除/保留实体（Y）...”，弹出如图 5–49 所示的“删除/保留实体...”对话框。选中“删除实体”单选按钮，选中需要删除的实体后单击“确定”按钮 ✓，则该实体被删除，而与该实体相关联的操作不受影响，在特征管理设计树的最下方出现“实体 – 删除/保留 1”特征操作。

提示

如果选中对话框中的“保留实体”单选按钮，则仅有选中的实体被保留，而其余除选中实体外的所有特征操作均被删除。

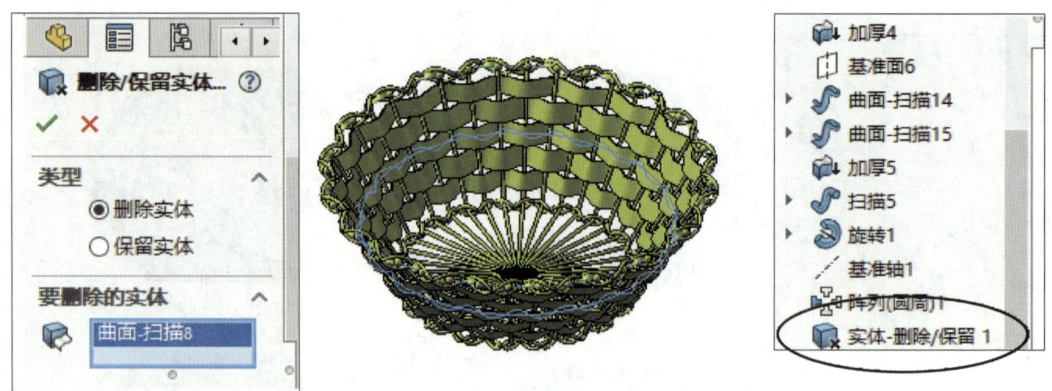

图 5-49　删除 / 保留实体特征操作

（2）用鼠标右键单击特征管理设计树中的“实体 – 删除 / 保留 1”，单击右键菜单中的“删除 ...（K）”按钮 删除...(K)，被删除的实体将重新恢复，其余特征操作均不受影响。

五、任务拓展

任务拓展 1　完成如图 5-50 所示“花篮”零件的三维建模。

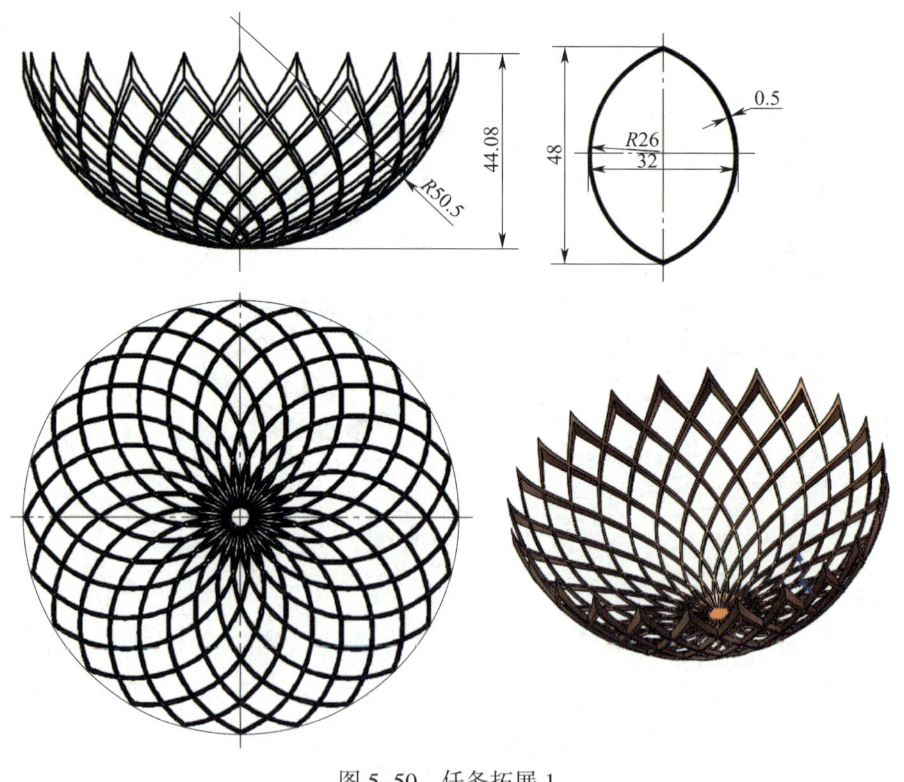

图 5-50　任务拓展 1

建模思路：本零件的建模思路如图 5-51 所示，通过拉伸建模和旋转建模方式分别进行实体建模，再通过在“组合（B）”建模方式下选中“共同（C）”单选按钮完成单个实体的建模。

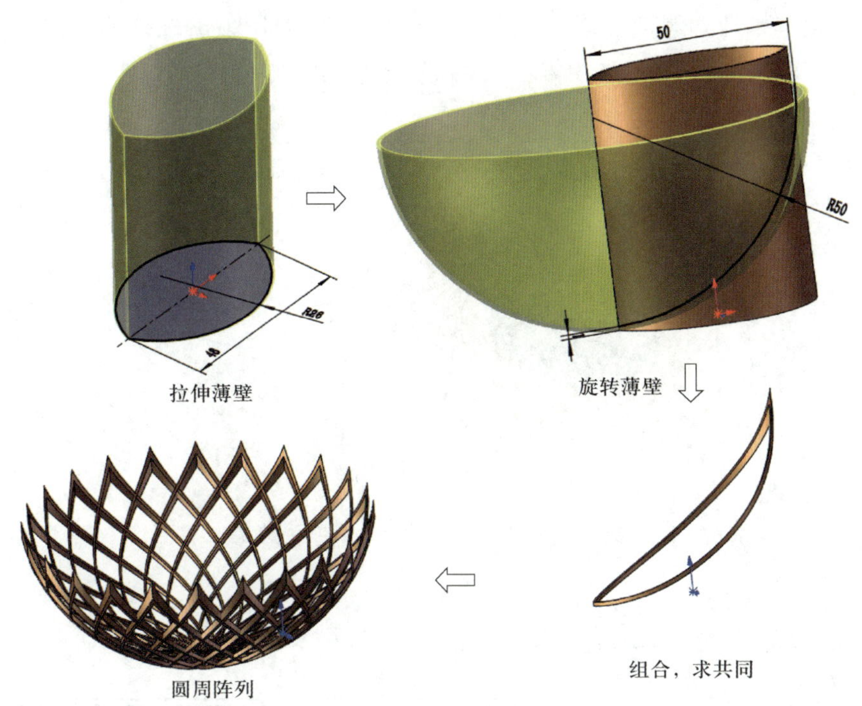

图 5-51　建模思路

任务拓展 2　完成如图 5-52 所示“节能灯”零件的三维建模。

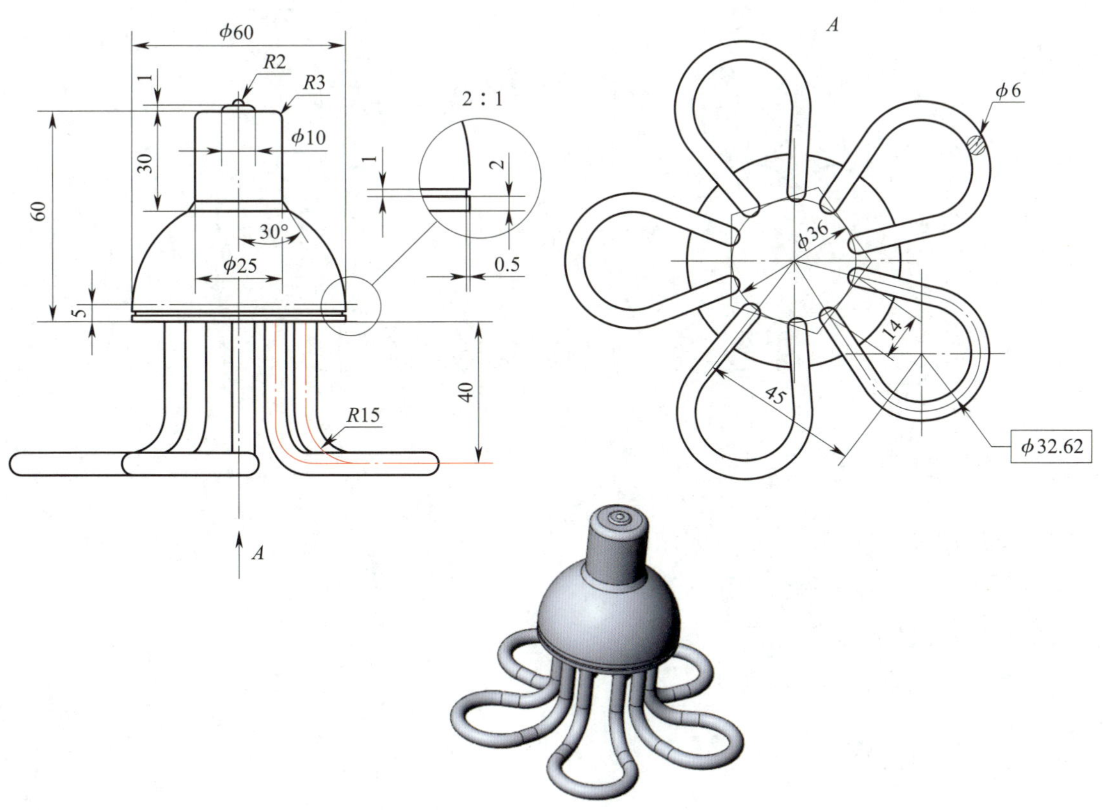

图 5-52　任务拓展 2

建模思路：本零件的建模思路如图 5-53 所示，其灯管部分的曲线通过单击下拉菜单中“工具（T）”/“草图工具（T）”/“交叉曲线”的方式绘制。

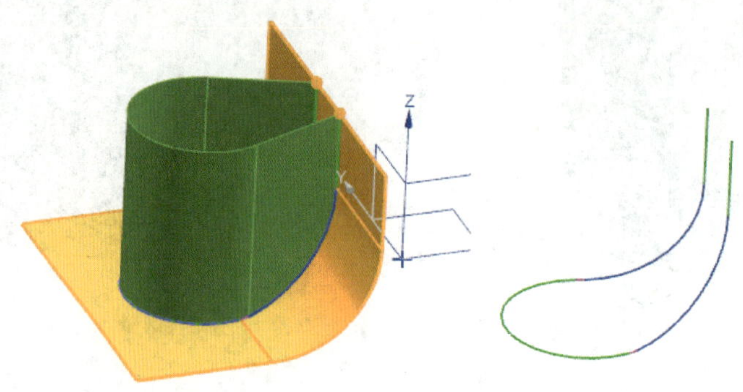

图 5-53　建模思路

任务拓展 3　完成如图 5-54 所示“旋具”零件的三维建模。

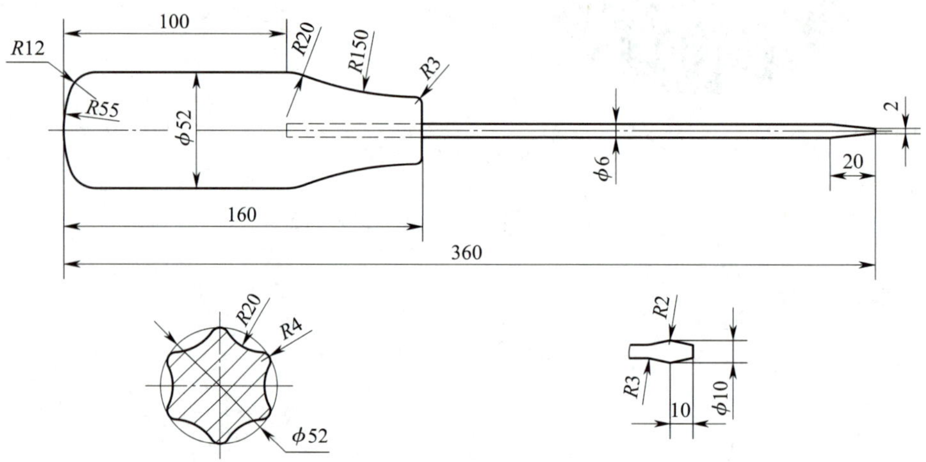

图 5-54　任务拓展 3

课题 3　建模综合实例 3

一、学习目标

1．掌握曲面建模的综合应用方法。

2．掌握实体建模的综合应用方法。

3．掌握曲线绘制的综合应用方法。

4．掌握包覆实体的建模方法。

二、工作任务

完成如图 5-55 所示“果盘”零件的实体建模。

图 5–55　建模综合实例 3

三、任务实施

1. 基体建模

（1）绘制旋转曲面及其投影线

1）选择“前视基准面”作为草图平面。

2）单击“直线（L）”按钮，过原点绘制竖直线作为构造线。单击“圆心 / 起 / 终点画弧”按钮，在“圆弧类型”下单击“三点圆弧”按钮绘制图中的圆弧，约束圆弧的位置和尺寸，得到如图 5–56 所示的旋转截面轮廓。

3）单击“曲面”工具栏中的“旋转曲面”按钮，弹出“曲面 – 旋转”对话框。系统自动选定“旋转轴（A）”和“所选轮廓（S）”，单击“确定”按钮绘制如图 5–57 所示的旋转曲面。单击“编辑外观”按钮，完成外观编辑。

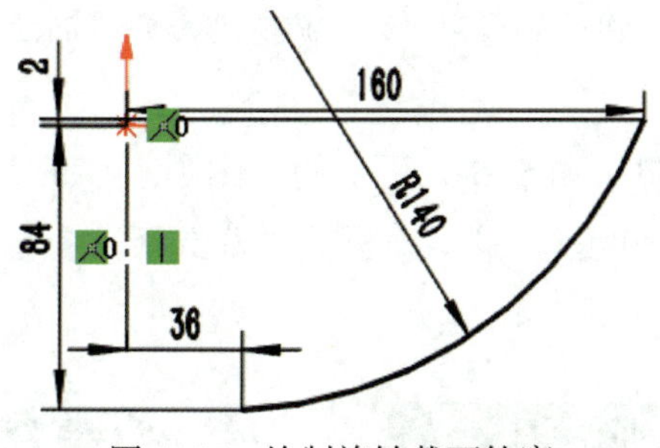

图 5–56　绘制旋转截面轮廓

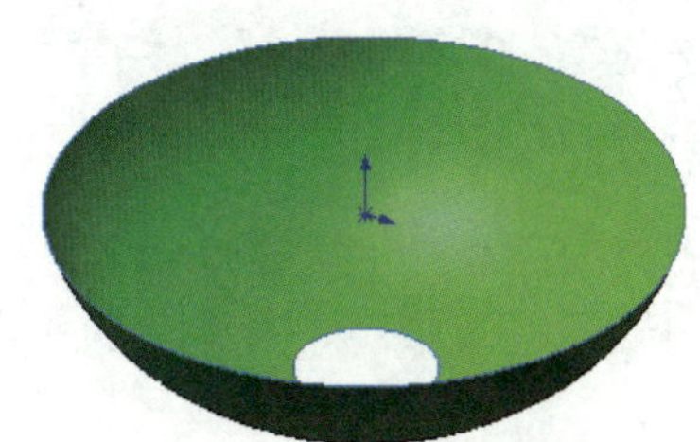

图 5–57　绘制旋转曲面

4）单击“参考几何体”按钮右侧的下三角，弹出“基准面”对话框。单击“实例 5–3”中的“上视基准面”，修改“”值为“2”。单击“确定”按钮创建“基准面 1”。

5）选择“基准面 1”作为草图平面，绘制如图 5–58 所示的投影线草图，其中圆弧的端点分别与曲面的边界圆重合。

6）单击下拉菜单中的“插入（I）” / “曲线（U）” / “投影曲线（P）...”，弹出“投影曲线”对话框。选中“面上草图（K）”单选按钮，在“”右侧的空白方框中单击，单击“R80”曲线。在“”右侧的空白方框中单击，单击旋转曲面，自动选中“反转投影（R）”复选框。单击“确定”按钮绘制如图 5–59 所示的投影曲线。

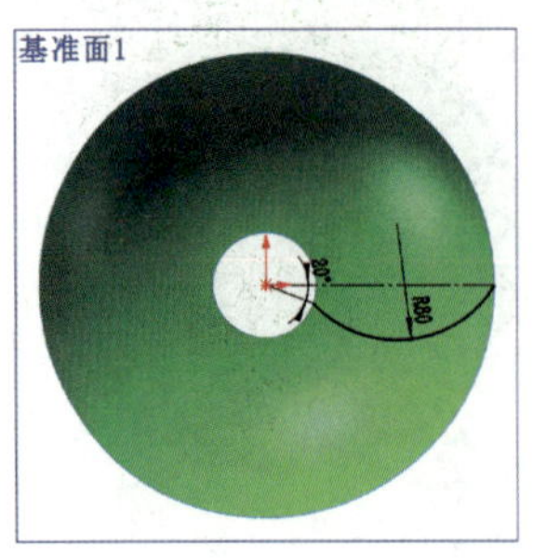

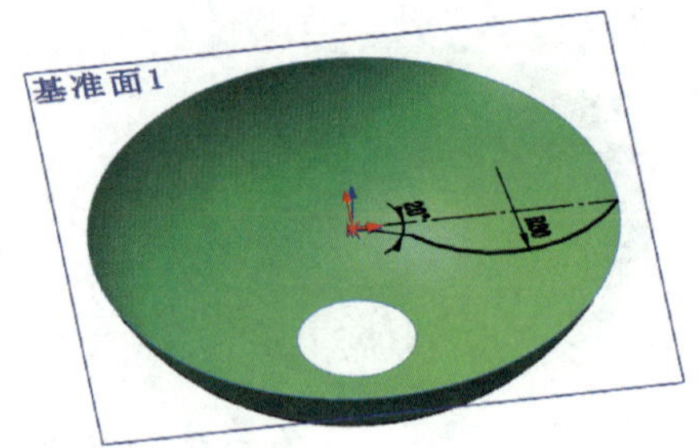

图 5-58　绘制投影线草图

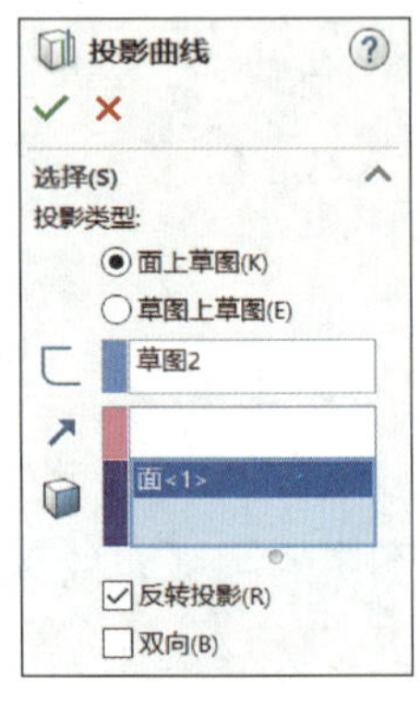

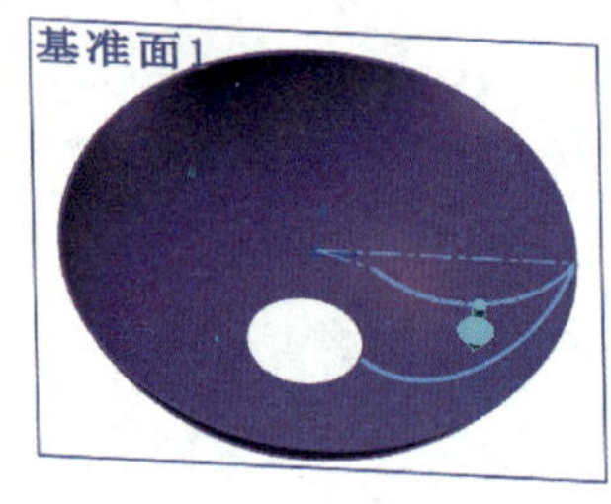

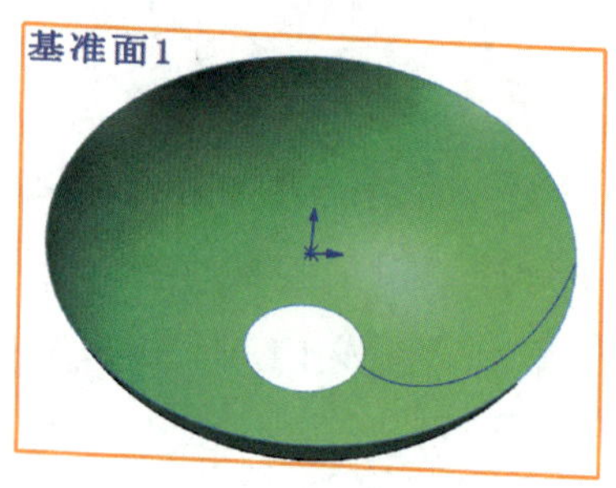

图 5-59　绘制投影曲线

（2）中心线放样建模

1）单击“参考几何体”按钮 右侧的下三角 ，弹出“基准面”对话框。单击投影曲线及其下方的端点，单击“确定”按钮 创建垂直于投影曲线的“ 基准面 2”。用同样的方法创建“ 基准面 3”，结果如图 5-60 所示。

2）选择“ 基准面 2”作为草图平面，绘制如图 5-61a 所示的草图（从“正视于”方向放大观察草图，其中一条边线基本平行于圆弧切线）。采用同样的方法选择“ 基准面 3”作为草图平面，绘制如图 5-61b 所示的草图。

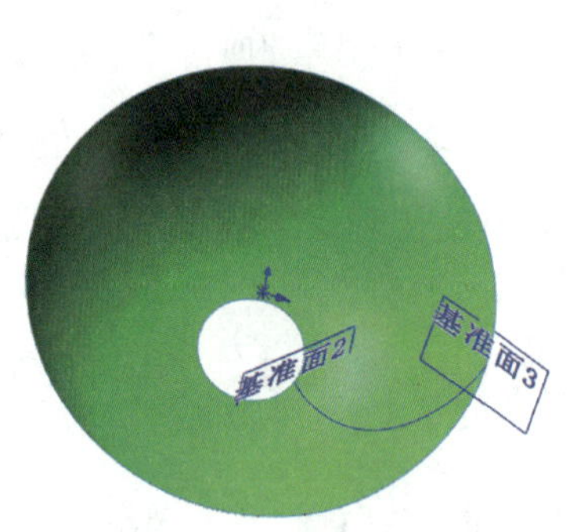

图 5-60　创建基准面

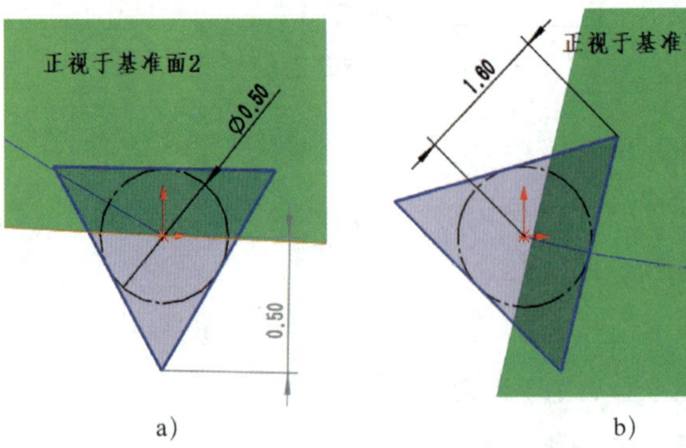

图 5-61　绘制放样实体截面草图

3）单击“特征”工具栏中的“放样凸台 / 基体”按钮 放样凸台/基体，弹出“放样 1”对话框。

4）在“轮廓（P）”下方“ ”右侧的空白方框中单击，分别单击“草图 3”和“草图

4”中的草图轮廓（特别应注意单击的点的位置不能错位）。在“![]”右侧的空白方框中单击，单击曲面投影曲线。在绘图区显示放样效果，单击“确定”按钮 ✓ 完成如图 5–62 所示的实体放样。

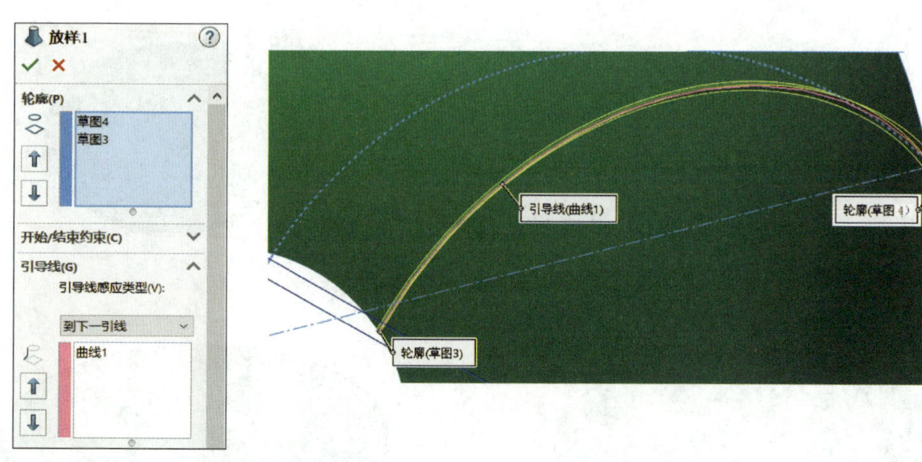

图 5–62　引导线放样实体

（3）绘制等距曲面

1）隐藏“基准面 2”和“基准面 3”。

2）单击“曲面”工具栏中的“等距曲面”按钮 等距曲面，弹出“等距曲面”对话框。

3）单击“反向”按钮 可改变等距方向，使其向内等距，在其右侧的空白方框中输入“0.5”，单击旋转曲面，单击“确定”按钮 ✓ 绘制如图 5–63 所示的等距曲面。

4）隐藏等距曲面。

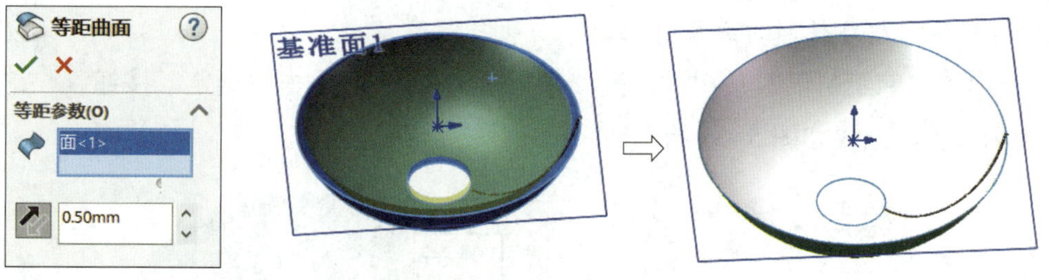

图 5–63　绘制等距曲面

（4）曲面加厚

1）单击“曲面”工具栏中的“平面区域”按钮 平面区域，弹出“平面”对话框，单击旋转曲面的底部边界，单击“确定”按钮 ✓ 绘制如图 5–64 所示的底部曲面。

2）单击“曲面”工具栏中的“缝合曲面”按钮 ，弹出“缝合曲面”对话框。缝合旋转曲面和底平面，缝合后的曲面从视觉上与原曲面无区别。

3）单击“曲面”工具栏中的“加厚”按钮 加厚，弹出“加厚 1”对话框，自动选中“曲面 – 缝合 1”作为加厚面，单击“加厚侧边 2”按钮 （即向内加厚），修改“ ”值为“2.6”，单击“确定”按钮 ✓ 完成曲面加厚，结果如图 5–65 所示。

4）单击“特征”工具栏中的“圆角”按钮，弹出“圆角”对话框，单击“固定大小圆角”按钮。完成旋转曲面与底平面的圆角，其圆角半径“”值为“50”。完成后的实体如图 5-66 所示。

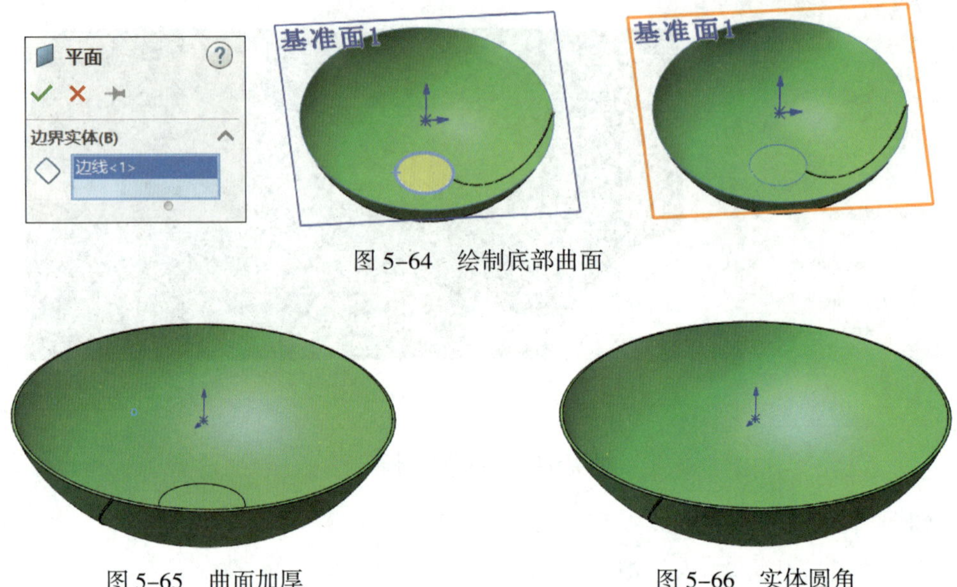

图 5-64　绘制底部曲面

图 5-65　曲面加厚

图 5-66　实体圆角

（5）圆周阵列

1）单击“特征”工具栏中的“圆周阵列”按钮 圆周阵列，弹出“阵列（圆周）4”对话框。

2）在“方向 1（D）”下方“”右侧的空白方框中单击，再单击实体上平面（即选中上表面的中心轴线）。在“”右侧的空白方框中单击，再单击“ 实例 5-3”，在特征管理设计树中选择放样实体及其表面圆角。

3）选中“等间距”单选按钮，修改“”值为“96”。单击“确定”按钮 完成放样特征的圆周阵列，结果如图 5-67 所示。

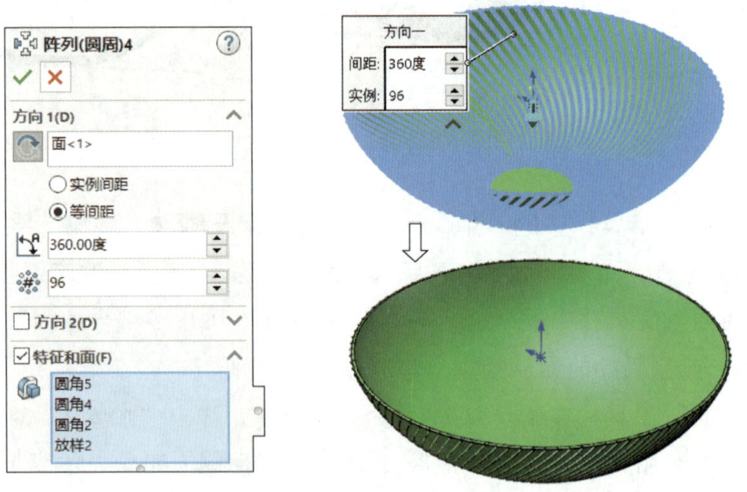

图 5-67　圆周阵列特征

4）以底平面为草图平面，绘制直径为“85”的圆，采用“两侧对称”方式完成实体拉伸，拉伸长度为“2”，完成后的实体如图 5–68 所示。

2. 顶面梅花形圆环建模

（1）拉伸实体建模

1）选择“上视基准面”作为草图平面，绘制如图 5–69 所示的草图。

2）以原点为中心绘制圆，同时绘制经过原点的竖直弦线（构造线）。单击“智能尺寸”按钮，单击圆后再分别单击竖直弦线的两个端点，对半圆弧长度进行尺寸约束，修改其值为“360”。

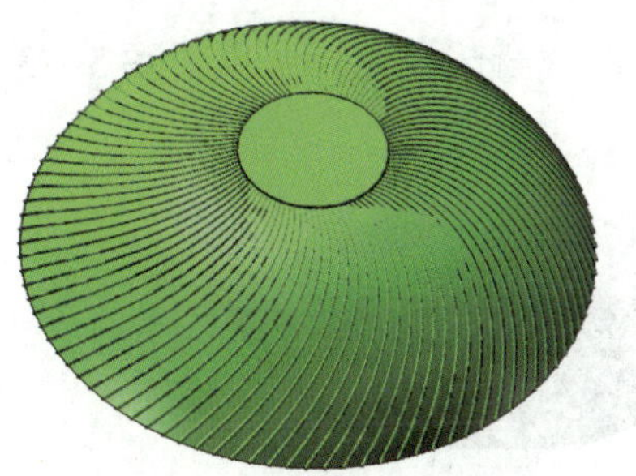

图 5–68　拉伸底部凸台

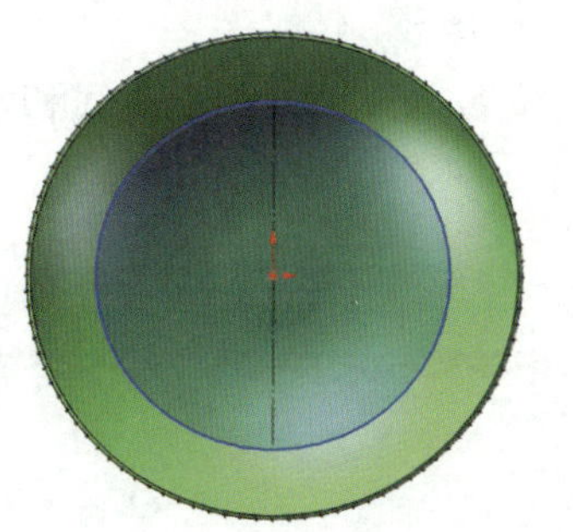

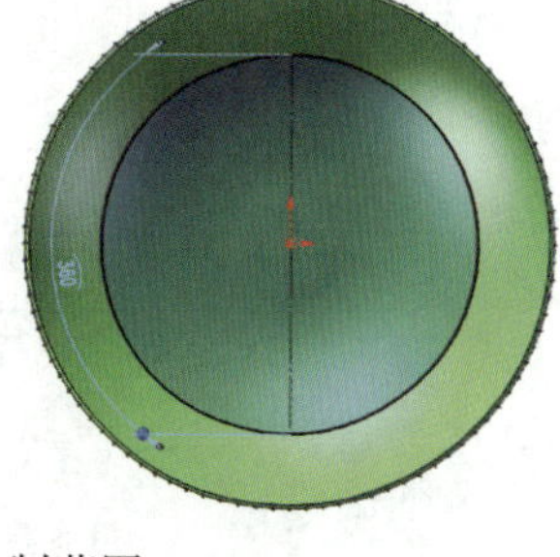

图 5–69　绘制草图

3）单击“拉伸凸台 / 基体”按钮，采用“两侧对称”方式按图 5–70 所示拉伸实体，其拉伸长度为“20”，取消选中“合并结果（M）”复选框。

4）隐藏圆周阵列实体（“果盘”零件基体）。

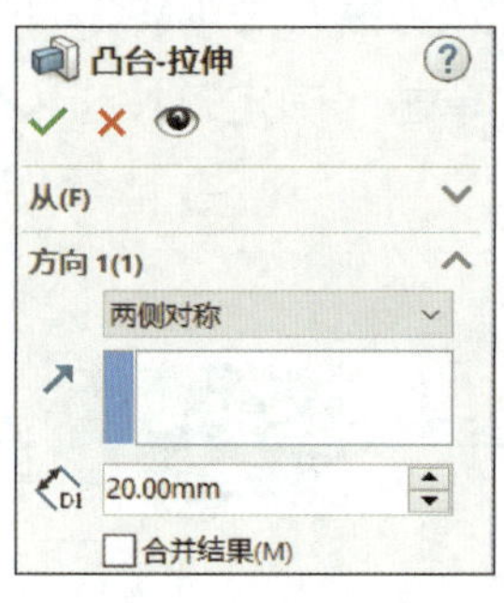

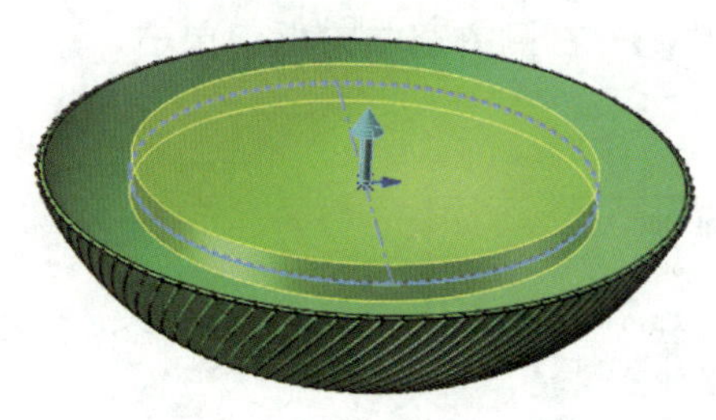

图 5–70　拉伸实体

（2）包覆实体建模

1）选择“前视基准面”作为草图平面。

2）按图 5–71 所示绘制圆，其圆心与圆柱轮廓边重合。

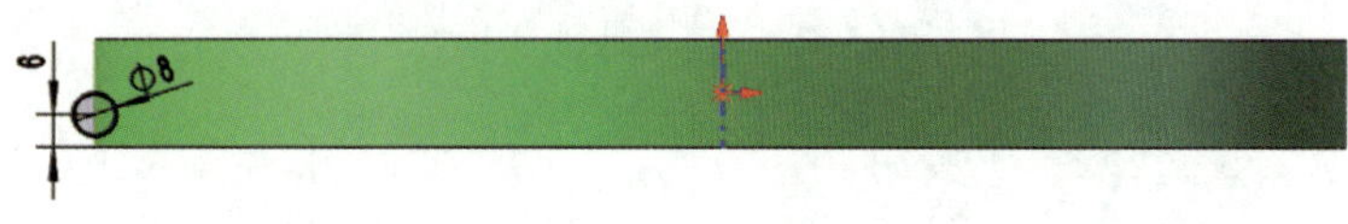

图 5–71　绘制圆

3）单击下拉菜单中的“插入（I）”/“曲线（U）”/“螺旋线/涡状线（H）...”，弹出“螺旋线/涡状线”对话框，按图5-72所示绘制螺距为“36”、圈数为“20”的螺旋线。

图5-72　绘制螺旋线

4）选择“右视基准面”作为草图平面，单击“草图”工具栏中的“转换实体引用”按钮，将螺旋线投影至右视图中。

5）单击“直线（L）”按钮，绘制竖直线和水平线，形成封闭轮廓，结果如图5-73所示。

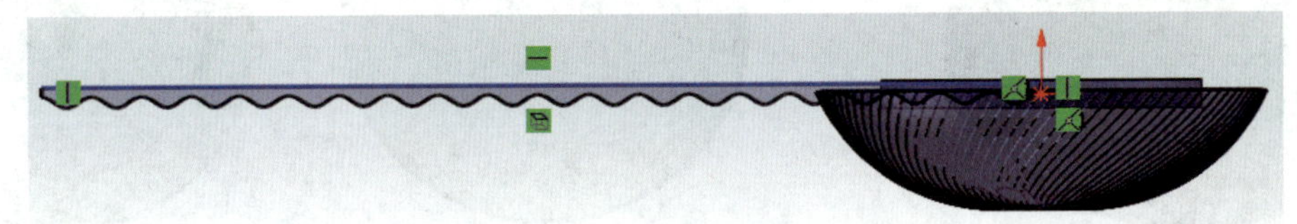

图5-73　转换实体引用

6）在特征管理设计树中选中图5-73所在的草图面，单击“特征”工具栏中的“包覆”按钮 包覆，弹出如图5-74所示的操作界面，左侧为“包覆1”对话框，右侧为包覆建模预览。

7）在“包覆类型（T）”下单击“浮雕”按钮，在“包覆方法（M）”下单击“分析”按钮。在“”右侧的空白方框中单击，单击圆柱面。单击“确定”按钮 ✓ 完成包覆特征建模。

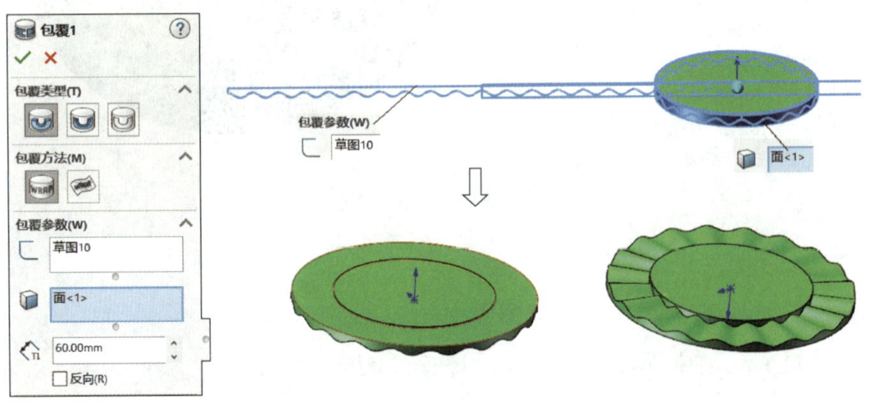

图5-74　包覆特征建模

（3）组合建模

1）单击特征管理设计树中的“放样2”，在弹出的对话框中单击“显示”按钮显示“果盘”零件基体。

2）单击下拉菜单中的“插入（I）”/“特征（F）”/“组合（B）...”，弹出“组合 1”对话框。

3）选中“删减（S）”单选按钮，在“主要实体（M）”下的空白方框中单击，选中下方的“果盘”零件基体。在“要组合的实体（B）”下的空白方框中单击，选中包覆实体。

4）单击“确定”按钮 ✓ 完成实体组合，结果如图 5–75 所示。

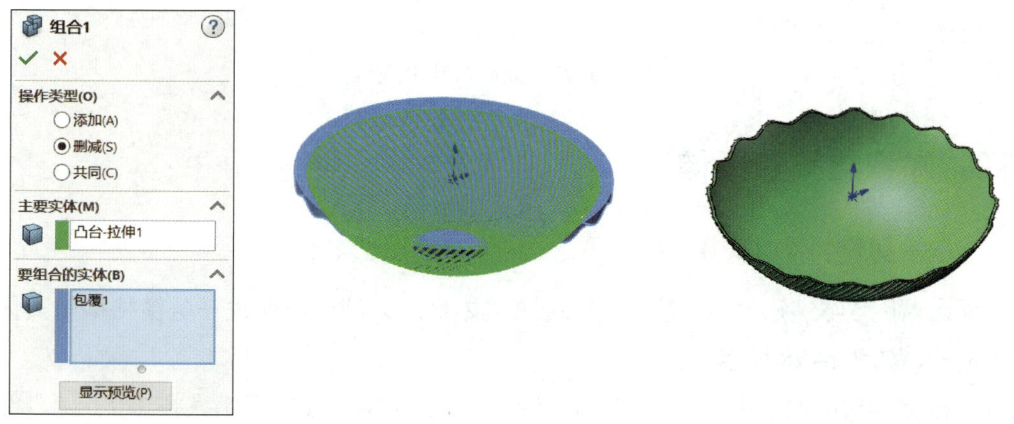

图 5–75　组合实体

（4）圆形扫描实体

1）单击特征管理设计树中的“曲面 – 等距 2”，在弹出的菜单中单击“显示”按钮。

2）单击下拉菜单中的“工具（T）”/“草图工具（T）”/“交叉曲线”，弹出“交叉曲线”对话框。分别单击“曲面 – 等距 2”和组合体的顶部表面，单击“确定”按钮 ✓，按图 5–76 所示绘制交叉曲线。

3）再次隐藏“曲面 – 等距 2”。

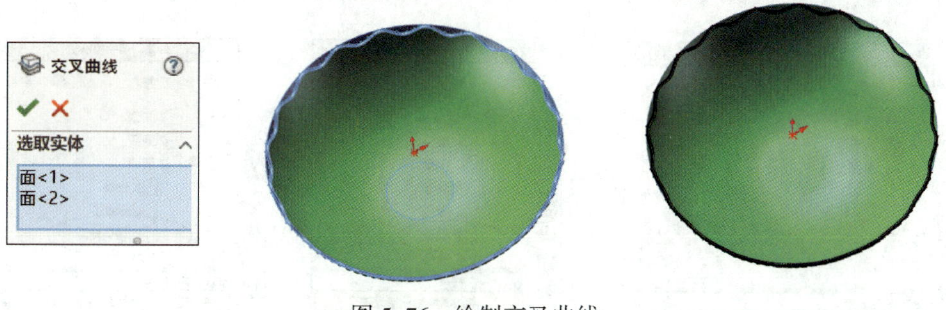

图 5–76　绘制交叉曲线

4）单击“特征”工具栏中的“扫描”按钮 扫描，弹出“扫描 1”对话框。

5）选中“圆形轮廓（C）”单选按钮，在“”右侧的空白方框中单击，单击交叉曲线。在“”中输入“5”。单击“确定”按钮 ✓ 完成圆形扫描建模，结果如图 5–77 所示。

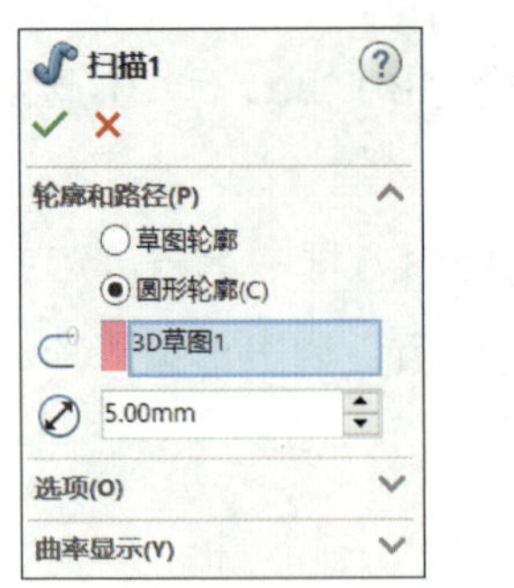

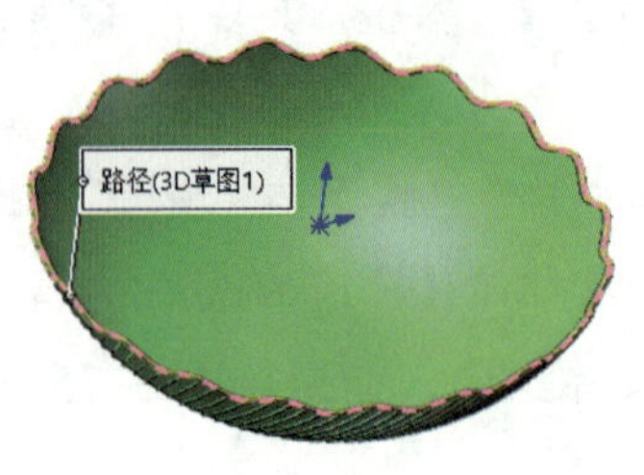

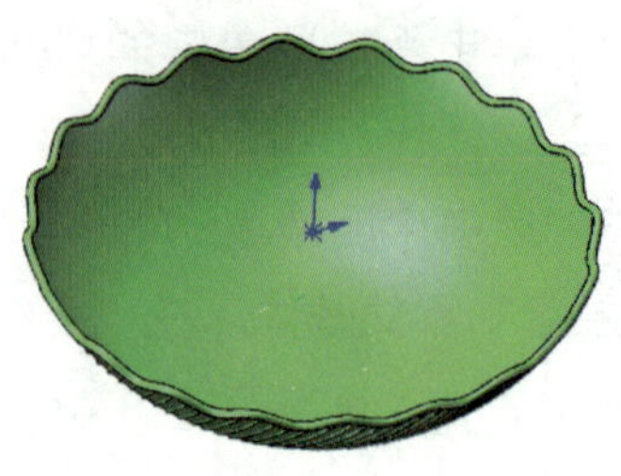

图 5-77　圆形扫描建模

四、知识与技能延伸

1. 在任务窗格中编辑实体材质

下面以对图 5-55 所示“果盘”零件编辑实体材质为例介绍通过任务窗格编辑实体材质的操作流程，如图 5-78 所示。

（1）在工具栏位置单击鼠标右键，在弹出的右键菜单中单击“工具栏（B）”/“任务窗格”，在绘图区的右侧显示“任务窗格”对话框。

（2）如果任务窗格不是当前界面，可单击“外观、布景和贴图”按钮 进入当前界面。单击界面中“外观（color）”左侧的 使其展开，单击界面中“玻璃”左侧的 使其展开，单击选中“厚高光泽”。

（3）此时在对话框的下方出现多种“厚高光泽”的玻璃形式，上下拖动右侧的滚动条，选择“蓝色厚玻璃”。单击“蓝色厚玻璃”球体不松开，将其移至绘图窗口中的实体表面后松开鼠标，显示如图 5-79 所示的界面。

（4）单击“零件”按钮，将“果盘”零件材质变换为“蓝色厚玻璃”。

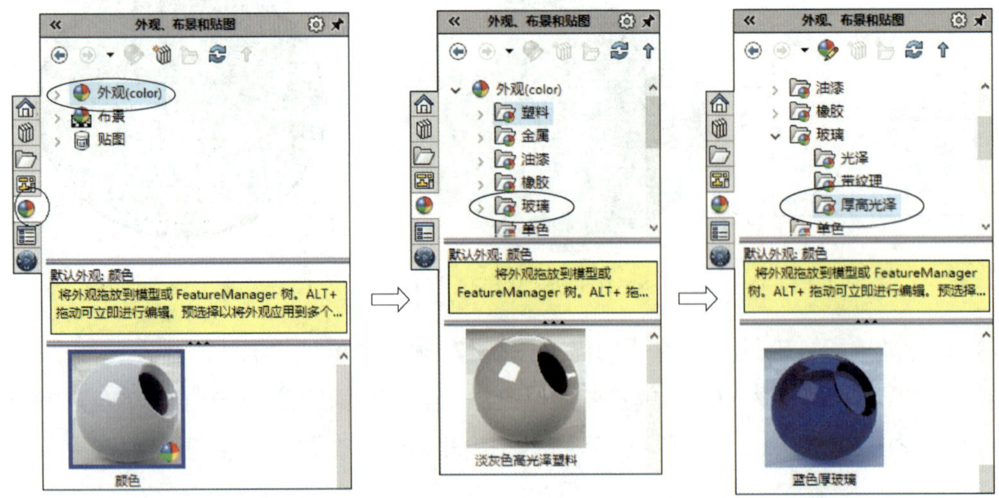

图 5-78　“外观、布景和贴图”任务窗格

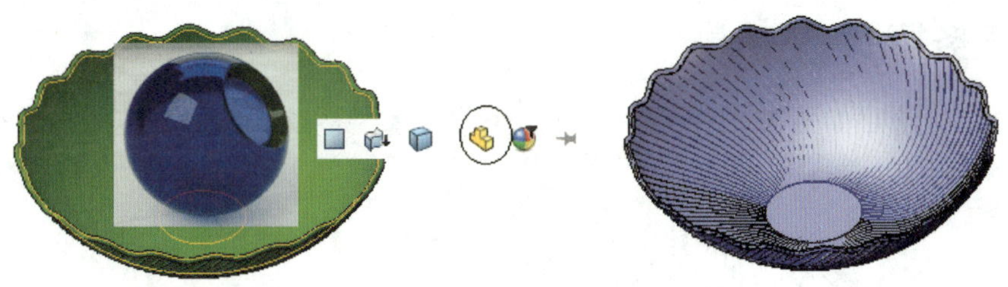

图 5-79　完成实体材质编辑

2. 贴图

贴图的操作过程如图 5-80 所示。

（1）单击图 5-78 所示“外观、布景和贴图”任务窗格中“› 贴图”左侧的›，在其展开选项中单击“标志”。

（2）在对话框的下方出现多种“标志”图案，上下拖动右侧的滚动条，单击相应的图案不松开，将其移至绘图窗口中的实体表面后松开鼠标，显示如图 5-80 所示的界面。

（3）此时特征管理设计树界面中出现“贴图”对话框，单击“浏览（B）...”按钮 浏览(B)... 可选择其他图片进行贴图。

（4）单击绘图窗口中红色箭头或蓝色箭头，移动鼠标可调整图案的大小和位置。

（5）单击打开“贴图”对话框中的“照明度”选项卡可编辑透明度，单击“确定”按钮 ✓ 完成实体表面贴图。

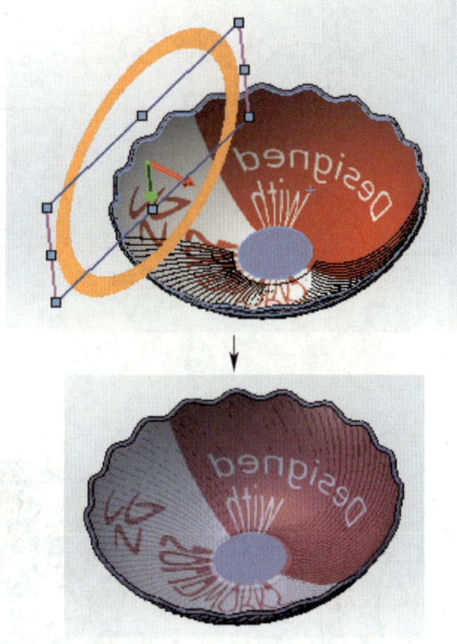

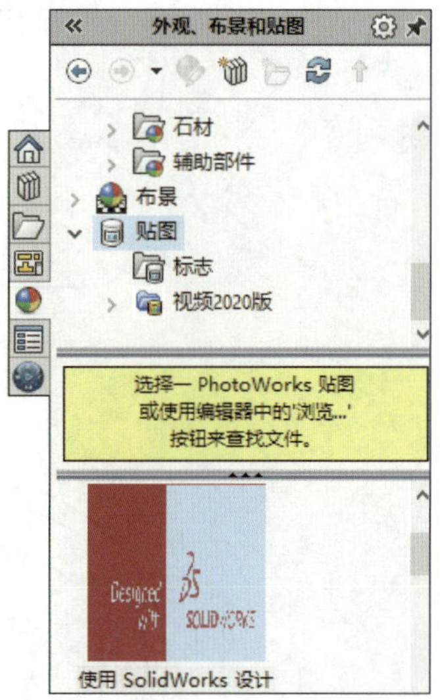

图 5-80　贴图的操作过程

提示

单击图 5-78 所示“外观、布景和贴图”任务窗格中“› 布景”可对实体进行布景操作，其操作过程与贴图和外观操作类似。

五、任务拓展

任务拓展 1　绘制如图 5-81 所示“西瓜纹灯罩”零件的曲面，再将这些曲面转换成实体。

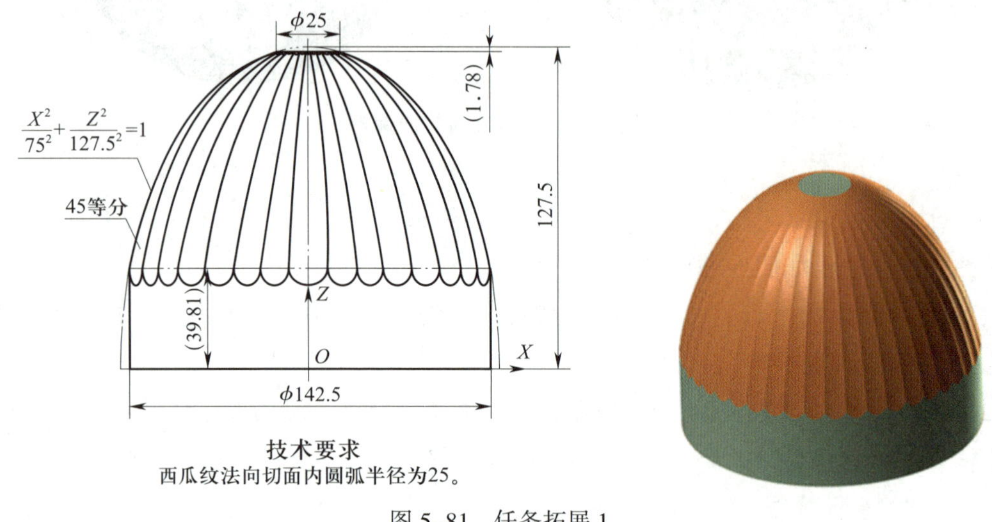

图 5-81　任务拓展 1

任务拓展 2　完成如图 5-82 所示“个性咖啡杯”零件的三维建模，采用陶瓷材质并选择本人照片进行贴图。

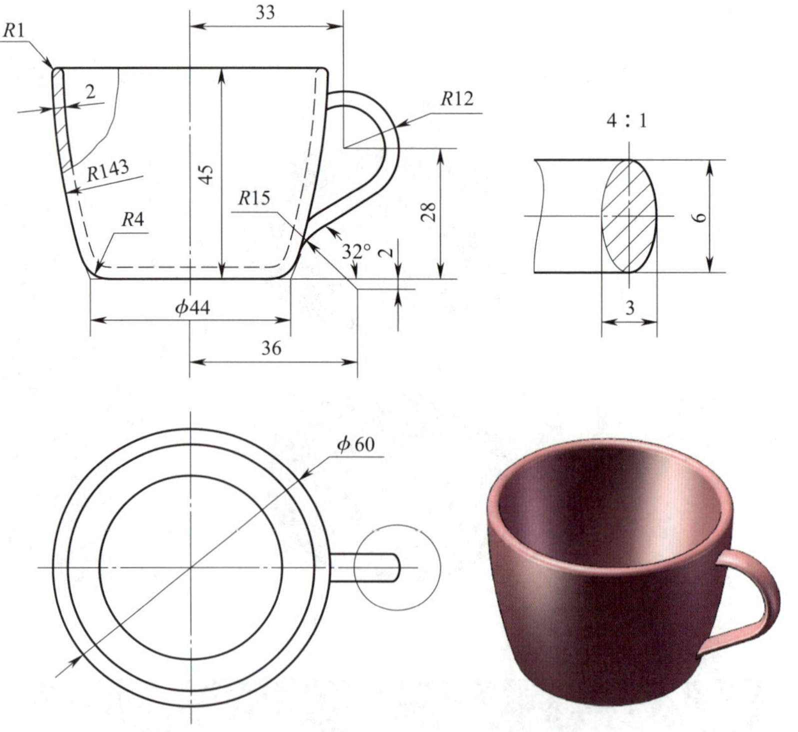

图 5-82　任务拓展 2

任务拓展 3　完成如图 5-83 所示“烟斗”零件的三维建模，选择合适的材质并选择合适的图片进行贴图。

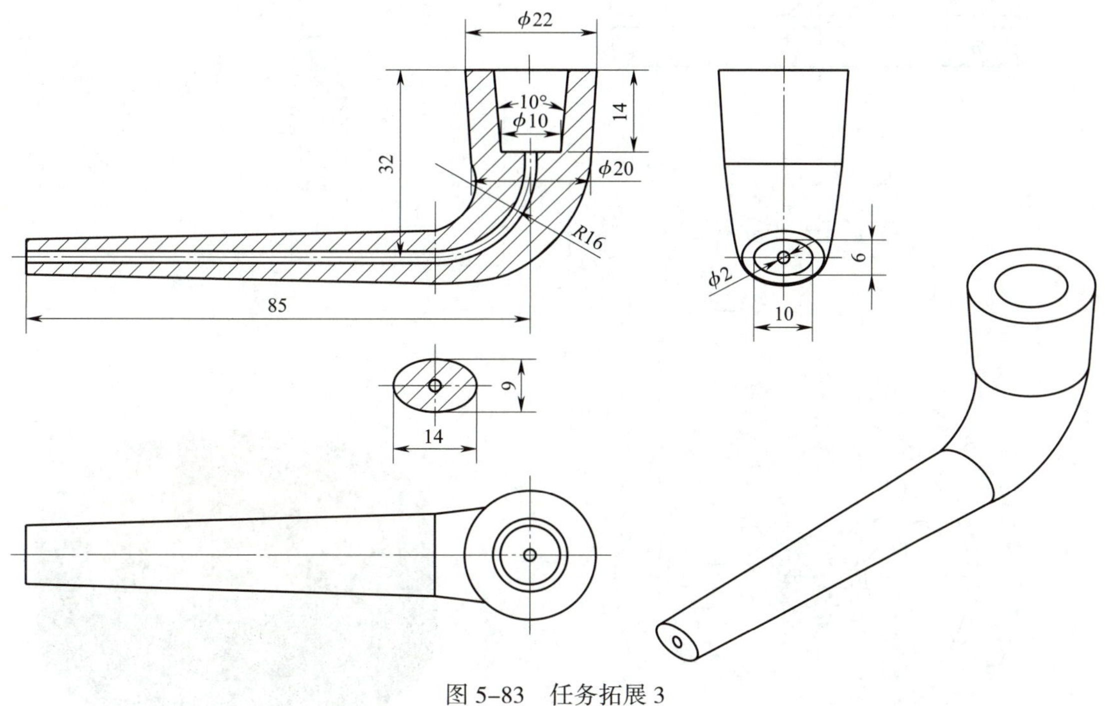

图 5-83　任务拓展 3

课题 4　建模综合实例 4

一、学习目标

1．掌握曲面建模的综合应用方法。

2．掌握实体建模的综合应用方法。

3．掌握曲线绘制的综合应用方法。

二、工作任务

完成如图 5-84 所示“玩具车轮胎”零件的实体建模。

三、任务实施

1. 轮胎建模

（1）基体建模

1）选择“⏍ 前视基准面”作为草图平面。

2）采用画直线和圆弧、草图约束、剪裁和圆角功能绘制如图 5-85 所示的草图。

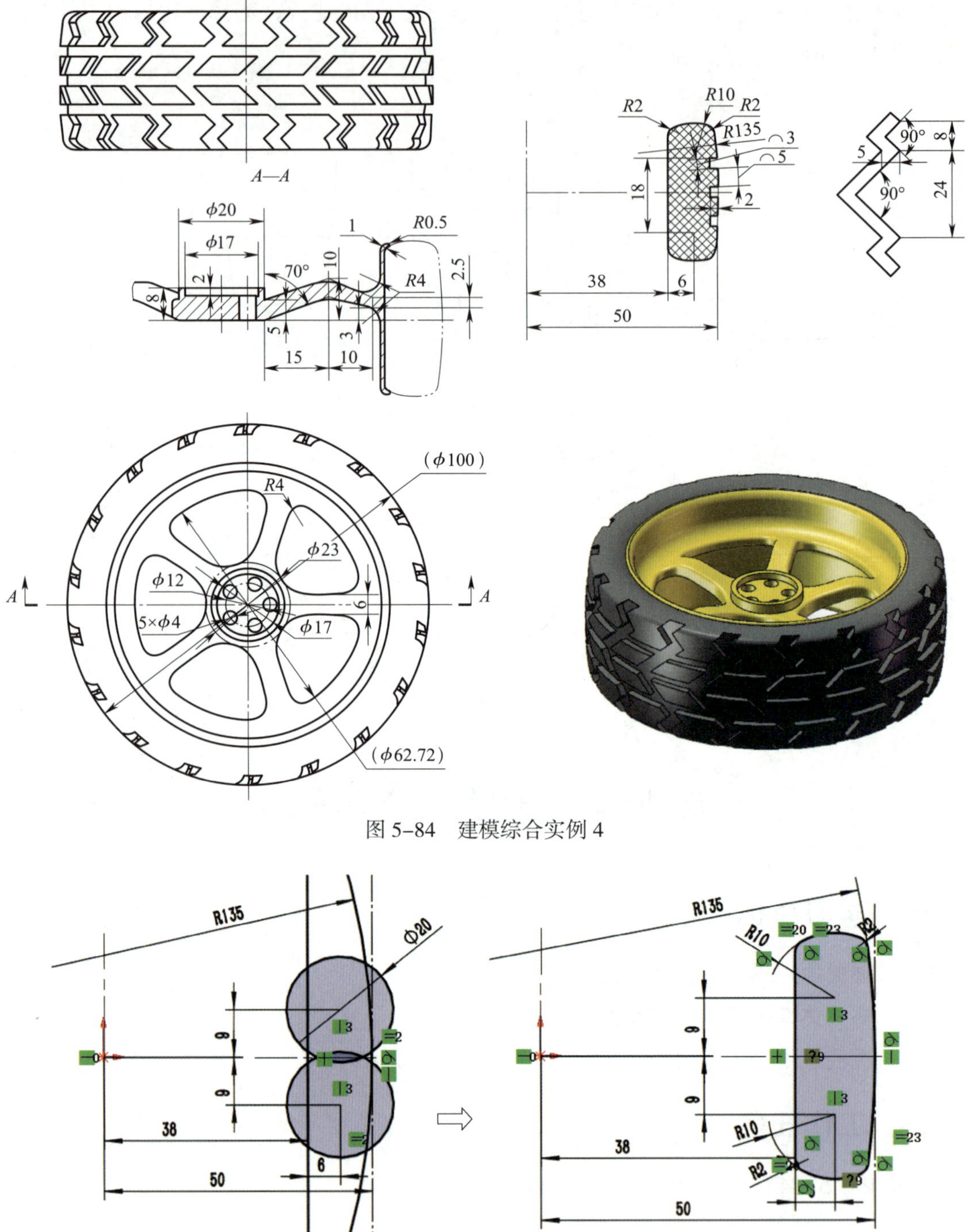

图 5–84　建模综合实例 4

图 5–85　绘制草图

3）以外圆圆心为端点，绘制三条与外侧圆弧相交的斜线。再将外侧圆弧向内偏移“2”，完成尺寸约束及剪裁（选中“将已剪裁的实体保留为构造几何体”复选框）。

4）单击“镜向实体”按钮 镜向实体，以水平构造线为镜像轴镜像三条剪裁后的短线条，再次完成剪裁（取消选中“将已剪裁的实体保留为构造几何体”复选框），结果如图 5–86 所示。

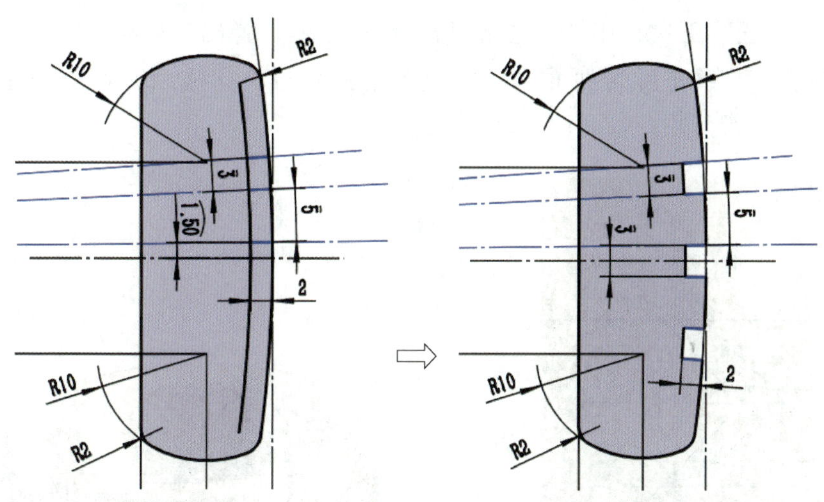

图 5-86　绘制槽曲线

提示

对圆弧进行尺寸约束时，约束的尺寸均指两点间的弧长。单击“智能尺寸”按钮，单击需要标注的圆弧，再单击圆弧的两侧端点，即可约束圆弧长度。

5）单击“特征”工具栏中的“旋转凸台/基体”按钮，完成实体旋转建模，结果如图 5-87 所示。

图 5-87　轮胎建模

（2）横向槽建模

1）选择“前视基准面”作为草图平面，绘制如图 5-88 所示的截面轮廓。

2）单击“曲面”工具栏中的“旋转曲面”按钮，绘制如图 5-89 所示的旋转曲面。

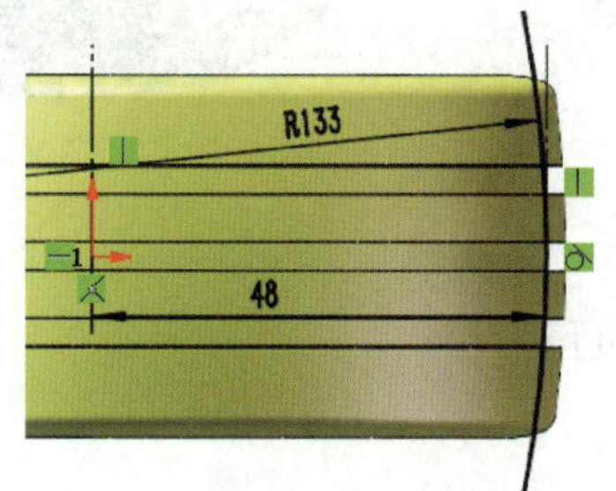

图 5-88　绘制截面轮廓

图 5-89　绘制旋转曲面

3）单击“参考几何体”按钮右侧的下三角，弹出“基准面”对话框。单击“实例 5-4”中的“前视基准面”，修改“”值为“51”，单击“确定”按钮创建“基准面 1”。

4）选择“基准面 1”作为草图平面，绘制如图 5-90 所示的草图轮廓。

5）单击“特征”工具栏中的“拉伸切除”按钮，弹出“切除－拉伸”对话框，选中“成形到一面”，单击旋转曲面，完成单个槽的建模，完成后隐藏旋转曲面，结果如图 5–91 所示。

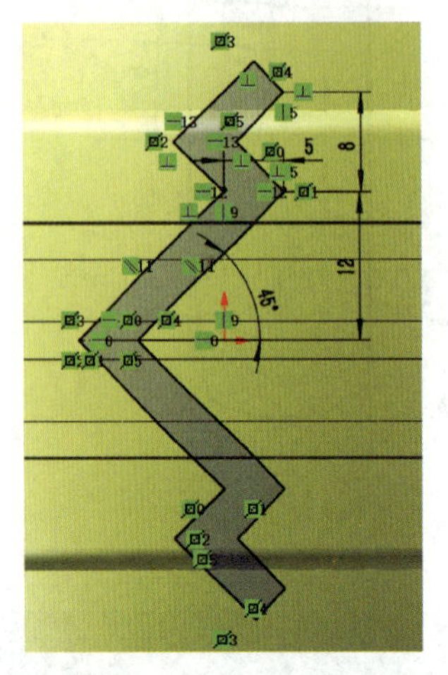

图 5–90　绘制草图轮廓

图 5–91　拉伸切除

6）单击“特征”工具栏中的“圆周阵列”按钮 圆周阵列，弹出“阵列（圆周）1”对话框。

7）在“方向 1（D）”下方“”右侧的空白方框中单击，单击实体上表面，在原点位置显示基准轴线，单击选中。在“”右侧的空白方框中单击，再单击“实例 5–4”中的“切除－拉 ...”。设置“”值为“18”，单击“确定”按钮完成圆周阵列，结果如图 5–92 所示。

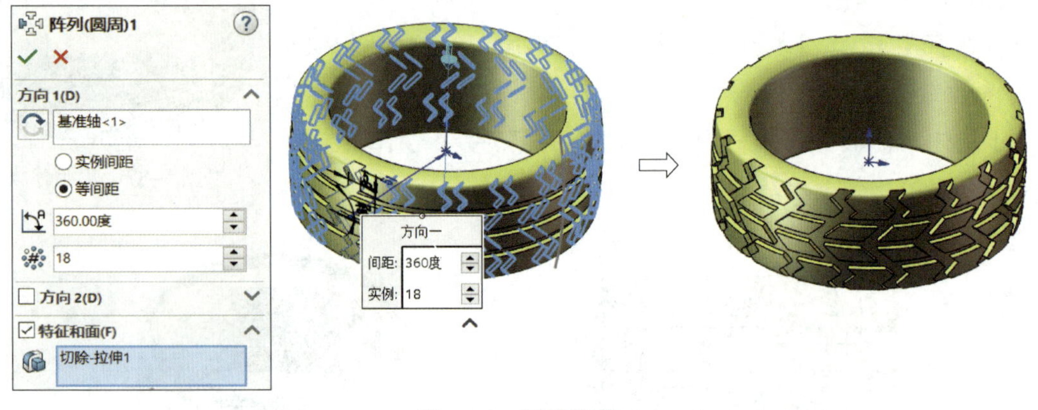

图 5–92　圆周阵列

2. 轮毂建模

（1）基体建模

1）选择“前视基准面”作为草图平面，绘制如图 5–93 所示的截面轮廓。

2）单击“转换实体引用”按钮，将图 5–85 所示的轮廓中左侧竖直线及其两端两条“R2”圆弧线投影至草图平面，再将投影线向原点方向偏移“1”，两端绘制“R0.5”圆弧。隐藏旋转实体。

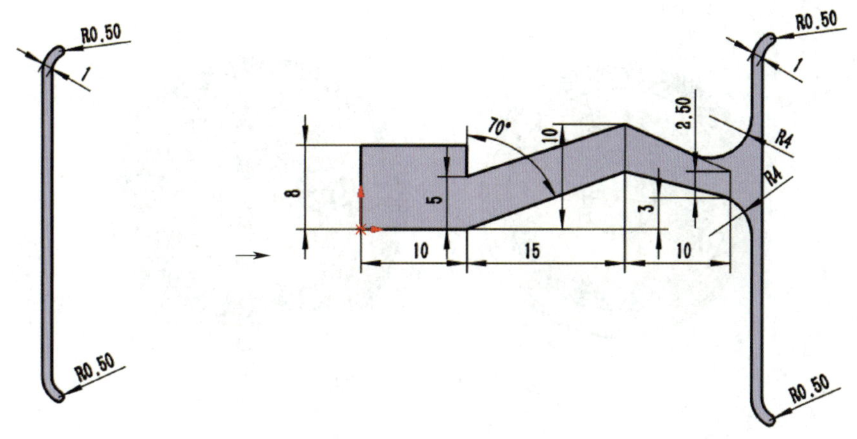

图 5-93　绘制截面轮廓

3）采用画直线和圆弧、草图约束、剪裁和圆角功能完成草图绘制。

4）单击“特征”工具栏中的“旋转凸台 / 基体”按钮，取消选中“合并结果（M）”复选框，完成实体旋转建模，结果如图 5-94 所示。

5）单击“特征”工具栏中的“圆角”按钮，弹出“圆角”对话框，对轮毂上、下表面倒“R10”的圆角，结果如图 5-95 所示。

图 5-94　轮毂建模

图 5-95　实体圆角

（2）轮毂孔建模

1）选择“上视基准面”作为草图平面。

2）单击“转换实体引用”按钮，选择实体上如图 5-96 所示的圆弧投影至草图平面。

图 5-96　绘制投影曲线

3）按图 5–97 所示绘制草图。

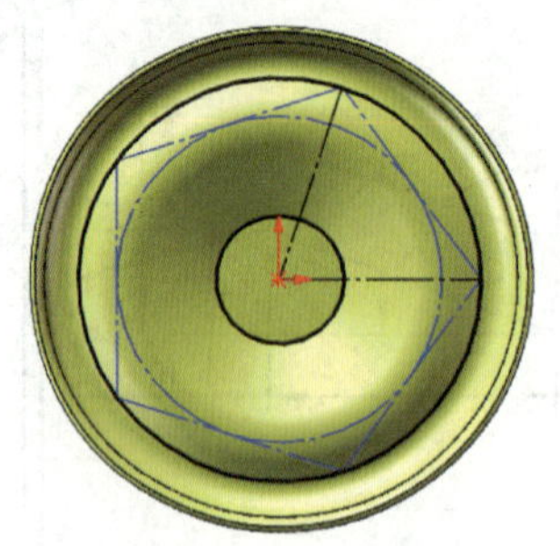

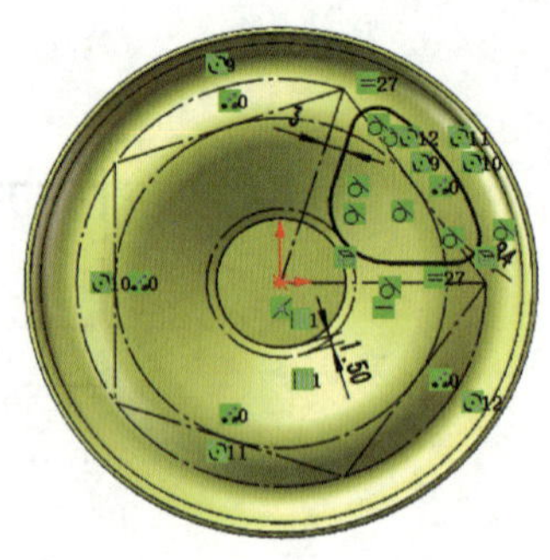

图 5–97　绘制草图

4）单击“特征”工具栏中的“拉伸切除”按钮，弹出“切除 – 拉伸”对话框，选中“两侧对称”，完成拉伸切除。

5）单击“特征”工具栏中的“圆角”按钮，弹出“圆角”对话框，对拉伸切除轮廓周边倒圆角，半径值为“1”，结果如图 5–98 所示。

6）单击“特征”工具栏中的“圆周阵列”按钮 圆周阵列，弹出“阵列（圆周）”对话框。对“切除 – 拉伸 4”和“圆角 4”特征进行圆周阵列，“”值为“5”，结果如图 5–99 所示。

图 5–98　拉伸切除

图 5–99　阵列切除

（3）螺栓孔建模

1）单击“参考几何体”按钮右侧的下三角，弹出“基准面”对话框。单击上表面圆柱面创建“基准面 2”。

2）选择“基准面 2”作为草图平面，拉伸切除圆孔，圆孔直径为“17”，拉伸长度为“2”，结果如图 5–100 所示。

3）单击“特征”工具栏中的“异型孔向导”按钮，弹出“孔规格”对话框，在“孔类型（T）”下单击“孔”按钮，直径选择“ϕ4”。

4）单击“位置”按钮 位置，直接在预切除孔的表面单击五个点，利用草图工具在该表面绘制外接圆直径为“12”的五边形构造线，约束五个点分别与五边形顶点重合。单击“确定”按钮完成螺栓孔建模，结果如图 5–101 所示。

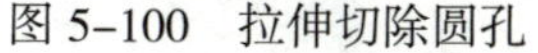
图 5-100　拉伸切除圆孔

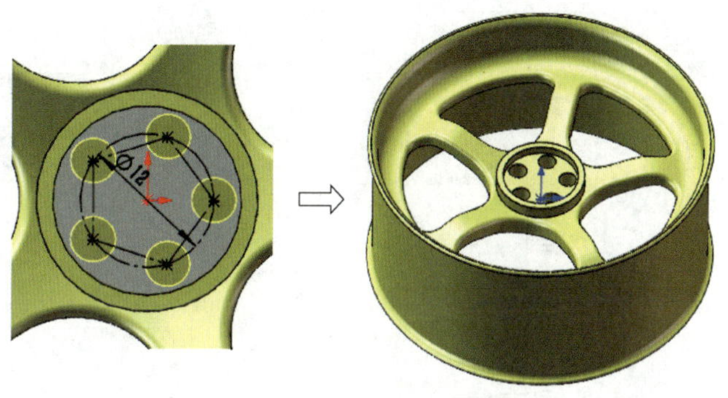

图 5-101　螺栓孔建模

3. 在特征管理设计树中编辑材质

（1）显示旋转实体。

（2）如图 5-102 所示，单击特征管理设计树中“▸ 实体（2）”左侧的▸使其展开，用鼠标右键单击“阵列（圆周）1”，在弹出的右键菜单中依次单击“材料”/“编辑材料（A）”。

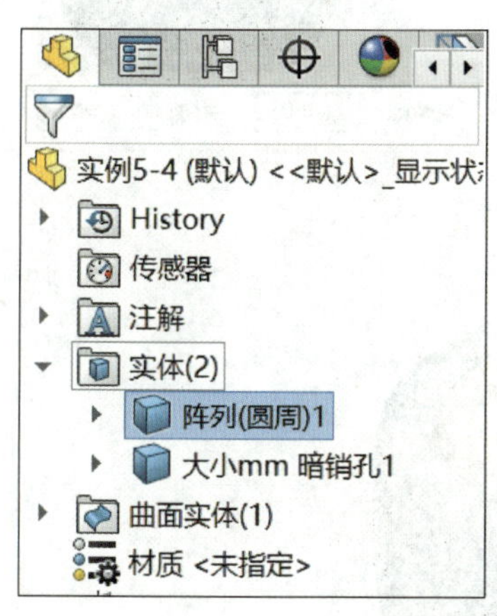

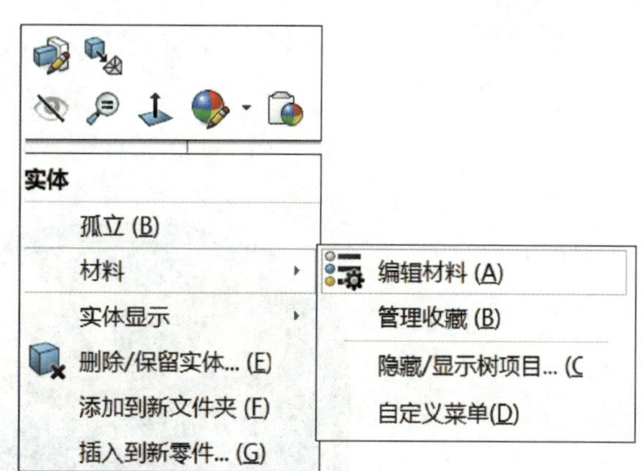

图 5-102　在特征管理设计树中编辑材质

（3）弹出如图 5-103 所示的“材料”对话框，选中“橡胶”后单击“应用（A）”按钮 应用(A)，配置轮胎的材料为橡胶。采用同样的方法，配置轮毂的材料为黄铜。完成后的实体外观如图 5-104 所示。

四、知识与技能延伸

1. 关于拔模建模的说明

在实体建模过程中，有时需要将某些面沿一定的方向倾斜一定的角度生成新的实体面，这种方式称为实体拔模。如图 5-105 所示的实体，分别使“A”面和“B”面拔模 30°，“C”面拔模 15°，其建模过程如下：

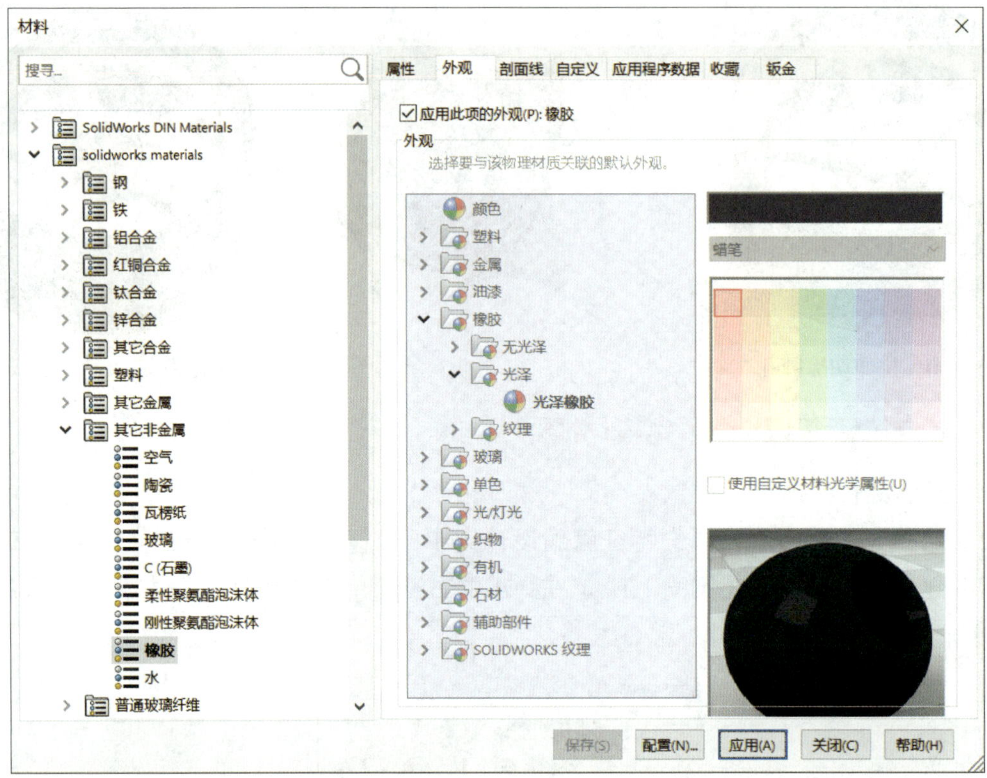

图 5-103 “材料”对话框

图 5-104 编辑材质后的外观显示

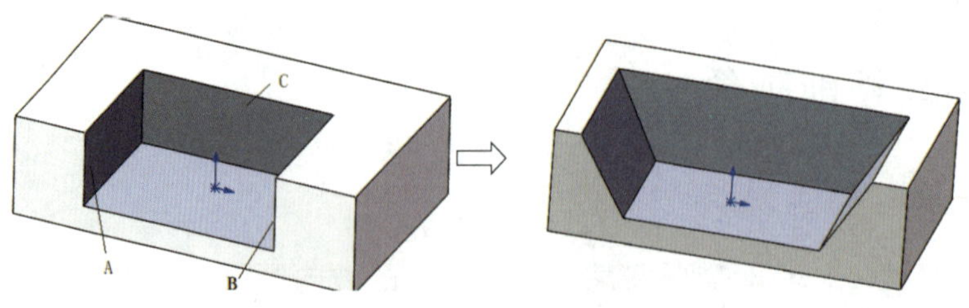

图 5-105 拔模示例

（1）单击“特征”工具栏中的“拔模”按钮，弹出如图 5–106 所示的建模界面，左侧为“DraftXpert”对话框，右侧为建模预览。

（2）在“”右侧的空白方框中单击，单击底平面，出现“拔模方向”箭头，在“”后输入拔模角度（面倾斜方向与箭头方向的夹角）。在“”右侧的空白方框中单击，单击需要拔模的平面。

（3）单击“确定”按钮 ✓ 完成实体拔模。

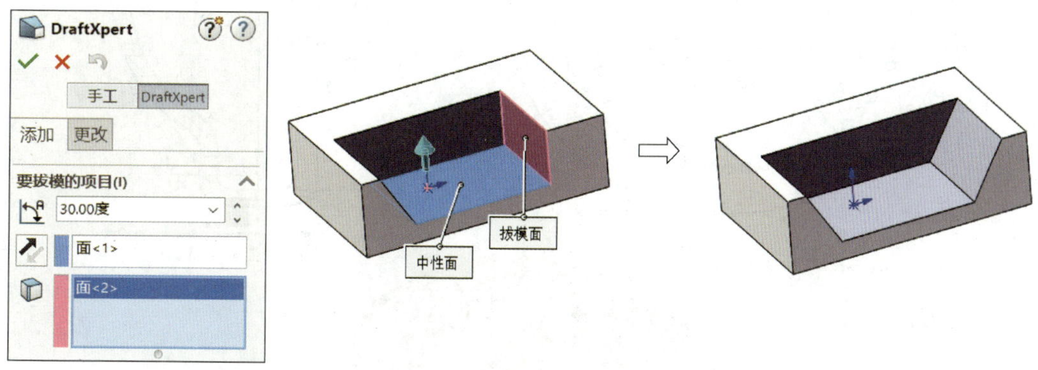

图 5–106　拔模建模流程

2. 删除外观编辑

对于已编辑的外观，可通过以下方法删除：如图 5–107 所示，用鼠标右键单击已进行外观编辑的实体，在弹出的右键菜单中单击“外观”按钮右侧的下三角 ▼，在展开菜单中单击“✕ 从此移除所有 ...”即可删除所有外观编辑。

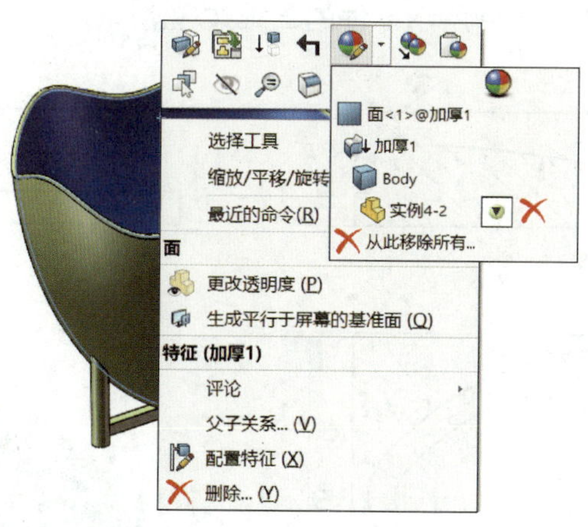

图 5–107　删除外观编辑

五、任务拓展

任务拓展 1　完成如图 5–108 所示“花洒盖”零件的三维建模。

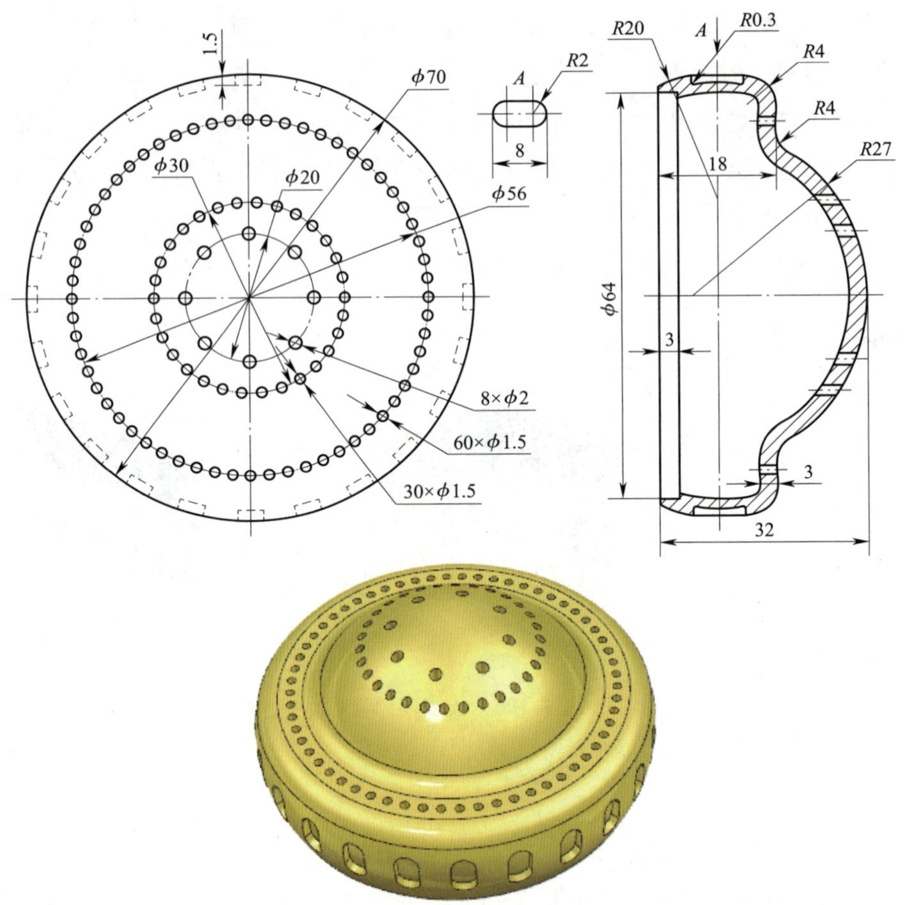

图 5-108 任务拓展 1

任务拓展 2 完成如图 5-109 所示零件的三维建模。

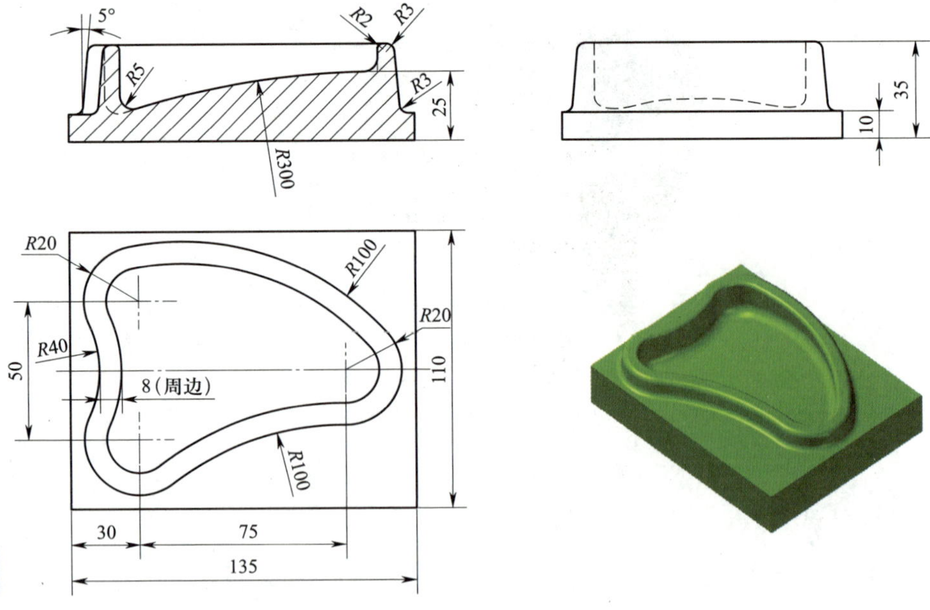

图 5-109 任务拓展 2

任务拓展 3　完成如图 5–110 所示“花洒盖”零件的实体建模。

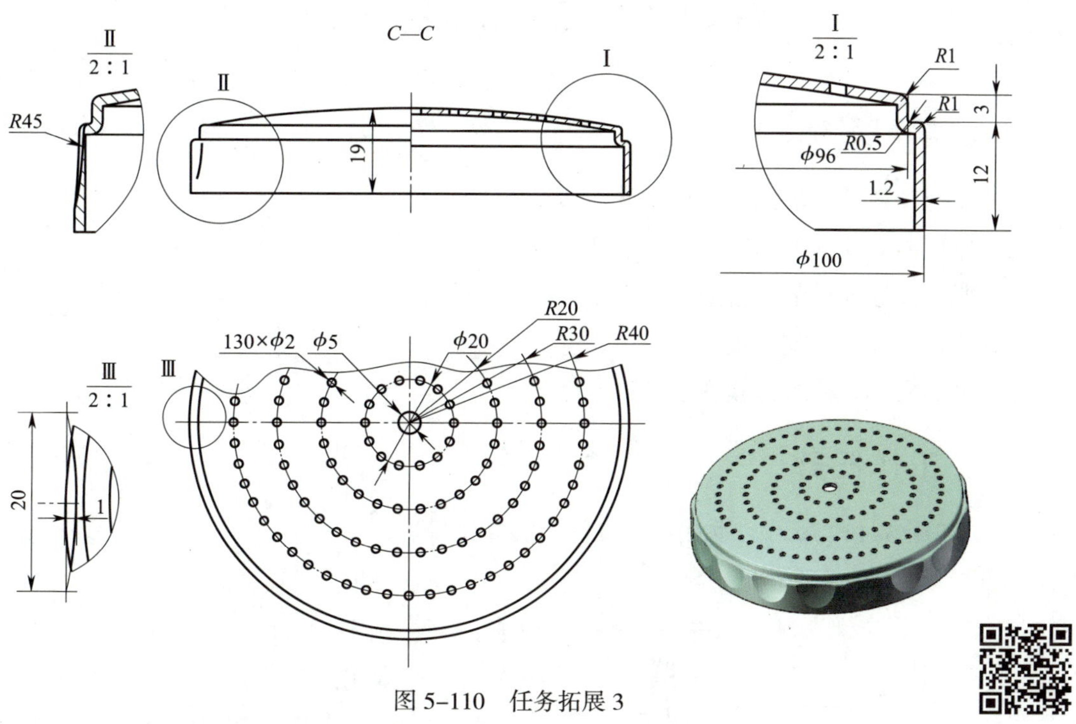

图 5–110　任务拓展 3

建模思路：本零件的建模思路如图 5–111 所示，通过拉伸建模和扫描切除方式完成基本实体建模，再采用“填充阵列”方式完成表面均布孔的建模。

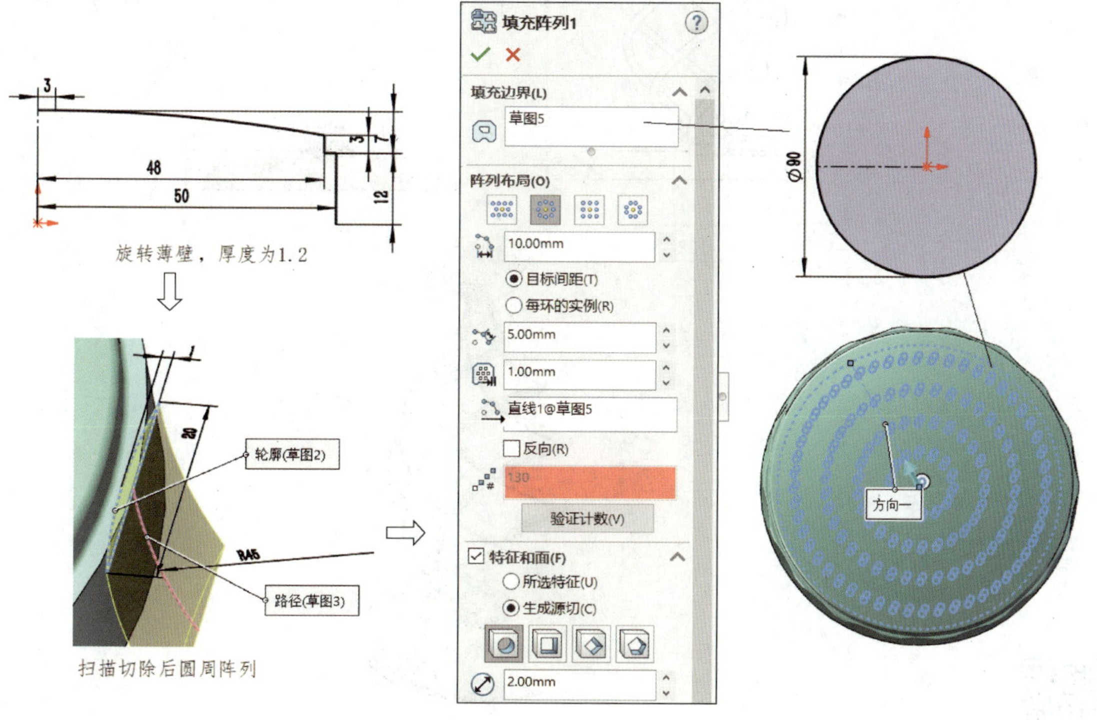

图 5–111　建模思路

课题 5　建模综合实例 5

一、学习目标

1．掌握实体建模的综合应用方法。

2．掌握曲面建模的综合应用方法。

3．掌握曲线建模的综合应用方法。

4．掌握实体圆顶的建模方法。

5．掌握文字包覆的建模方法。

二、工作任务

完成如图 5-112 所示“香烛台”零件的实体建模。

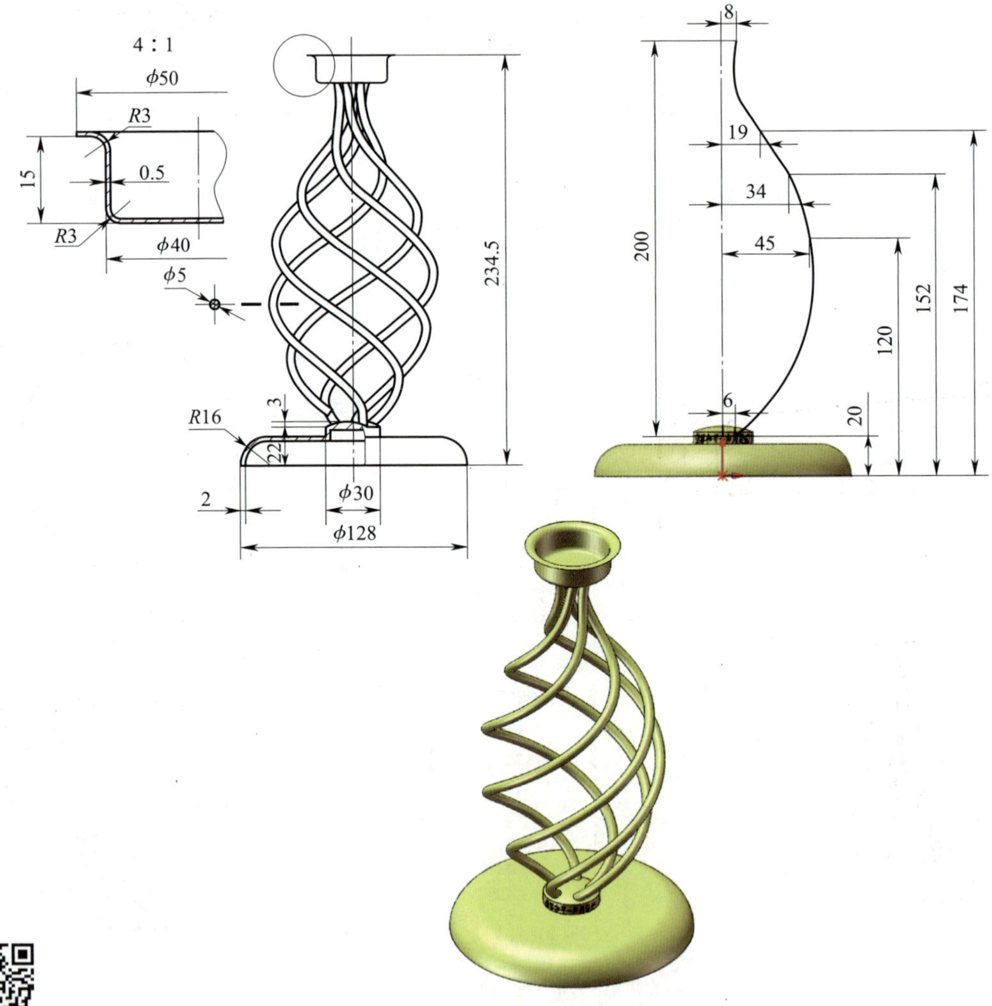

图 5-112　建模综合实例 5

三、任务实施

1. 凸台建模

（1）旋转建模

1）选择“前视基准面”作为草图平面。

2）采用画直线和圆弧、草图约束、剪裁和圆角功能绘制如图 5-113 所示的草图。

3）单击“特征”工具栏中的“旋转凸台 / 基体”按钮，完成实体旋转建模，结果如图 5-114 所示。

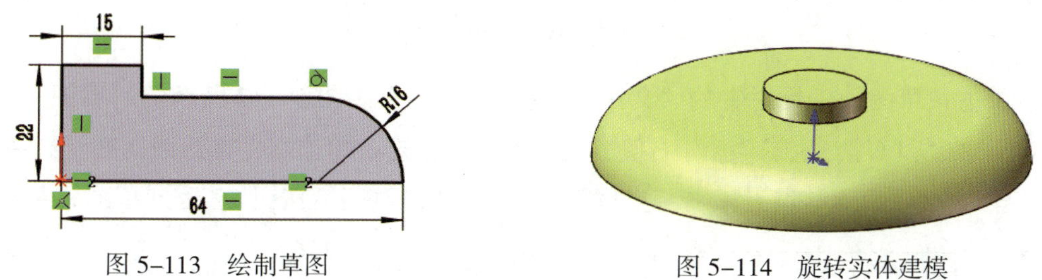

图 5-113　绘制草图　　图 5-114　旋转实体建模

4）单击“特征”工具栏中的“抽壳”按钮抽壳，弹出“抽壳 1”对话框。在“”右侧的空白方框中单击，再单击凸台下表面，修改“”值为“2”，完成实体抽壳，结果如图 5-115 所示。

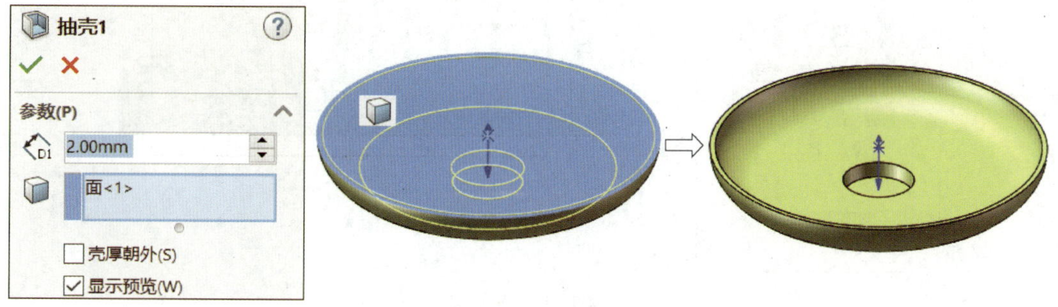

图 5-115　实体抽壳

（2）圆顶建模

1）单击下拉菜单中的“插入（I）”/“特征（F）”/“圆顶（O）...”，弹出如图 5-116 所示的建模界面，左侧为“圆顶”对话框，右侧为建模预览。

2）在“参数”下方“”右侧的空白方框中单击，选择圆柱上表面。在“”右侧的空白方框中单击，单击临时轴，在“”右侧的空白方框中输入圆顶的高度值为“3”。

3）单击“确定”按钮完成实体圆顶。

（3）文字包覆建模

1）选择“前视基准面”作为草图平面，绘制水平构造线，约束构造线的位置。

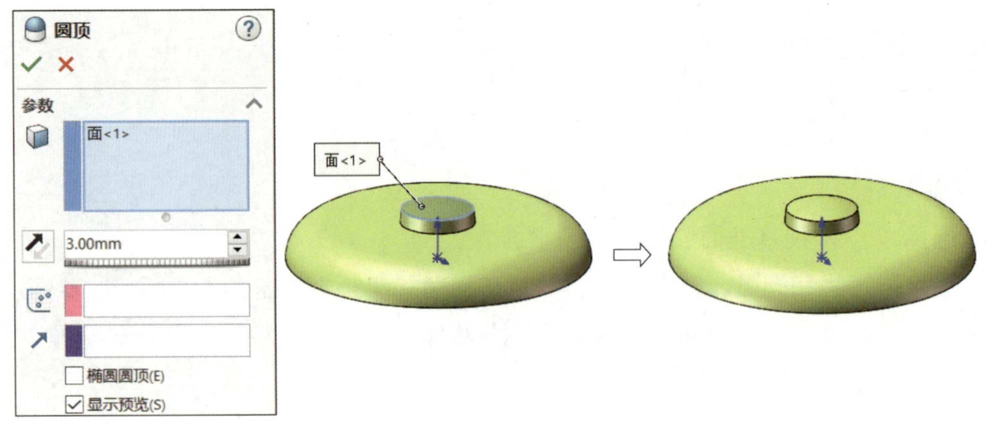

图 5–116　实体圆顶

2）单击“草图”工具栏中的“文本”按钮 ，弹出如图 5–117 所示的“草图文字”对话框。在“曲线（C）”下方“”右侧的空白方框中单击，单击水平构造线。在“文字（T）”下方的空白方框中输入“世界和平 – 岁月静好”，单击“确定”按钮 ✓ 完成草图文字。

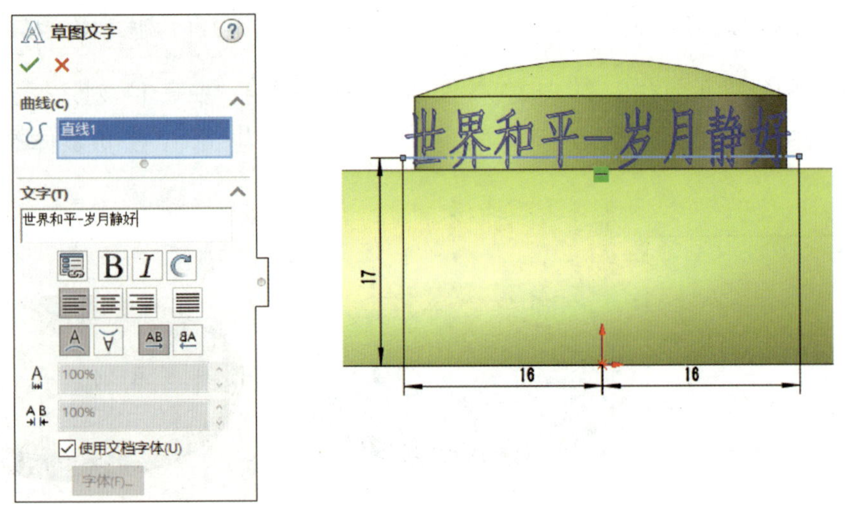

图 5–117　草图文字

3）单击特征管理设计树中的“ 草图 2”（包含草图文字）。单击“特征”工具栏中的“包覆”按钮 包覆，弹出如图 5–118 所示的操作界面，左侧为“包覆 1”对话框，右侧为包覆建模预览。

4）在“包覆类型（T）”下单击“浮雕”按钮 ，在“包覆方法（M）”下单击“分析”按钮 。在“”右侧的空白方框中单击，单击圆柱面。修改“”值为“0.5”。

5）单击“确定”按钮 ✓ 完成包覆特征建模。

2. 支架建模

（1）曲面建模

1）选择“ 前视基准面”作为草图平面，绘制如图 5–119 所示的草图。

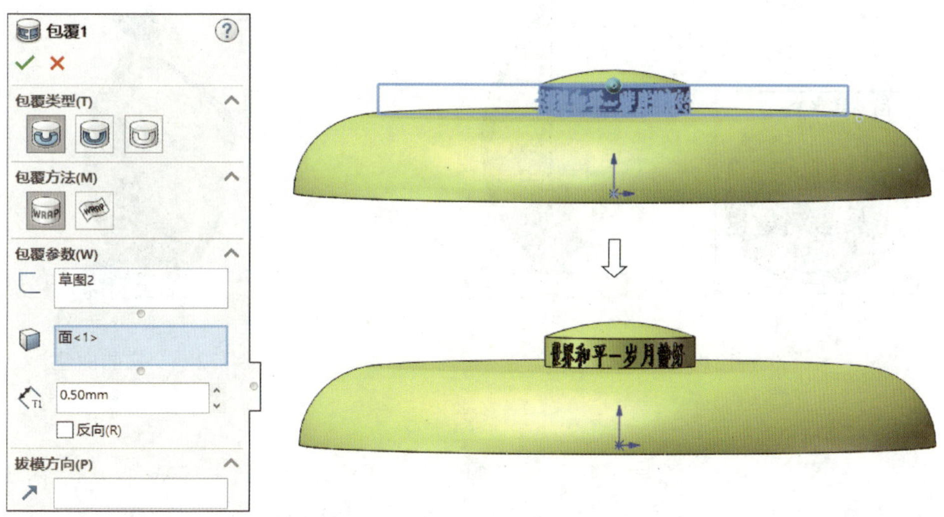

图 5-118　包覆文字建模

2）单击“曲面”工具栏中的“旋转曲面”按钮，弹出“曲面－旋转”对话框，按图 5-120 所示完成旋转曲面建模。

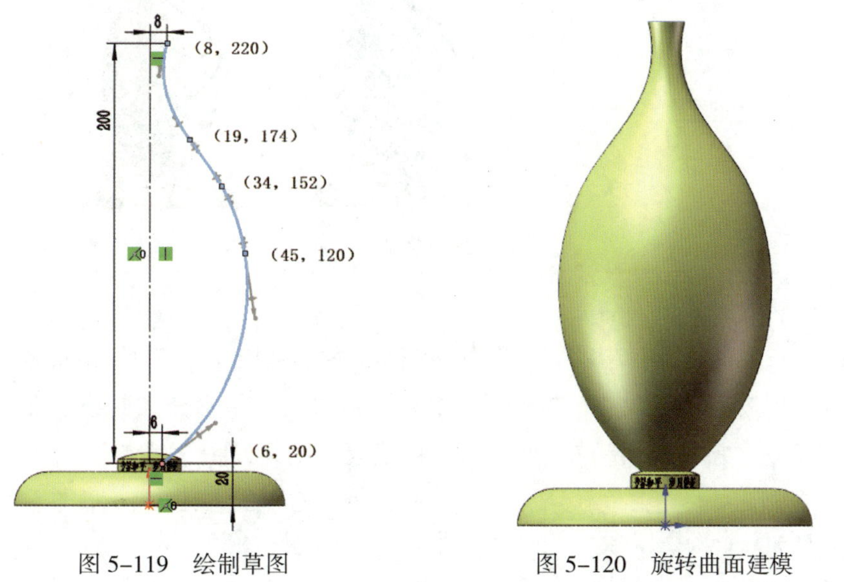

图 5-119　绘制草图　　图 5-120　旋转曲面建模

3）单击“参考几何体”按钮右侧的下三角，创建平行于“上视基准面”且距离为“20”的“基准面 1”。

4）选择“基准面 1”作为草图平面，按图 5-121a 所示绘制草图（绘制水平线）。

5）选择“前视基准面”作为草图平面，按图 5-121b 所示绘制草图（绘制竖直线）。

6）单击“曲面”工具栏中的“扫描曲面”按钮，弹出“曲面－扫描”对话框。以水平线为轮廓，以竖直线为路径，采用“轮廓扭转”方式（扭转角为 360°）完成曲面扫描建模，结果如图 5-122 所示。

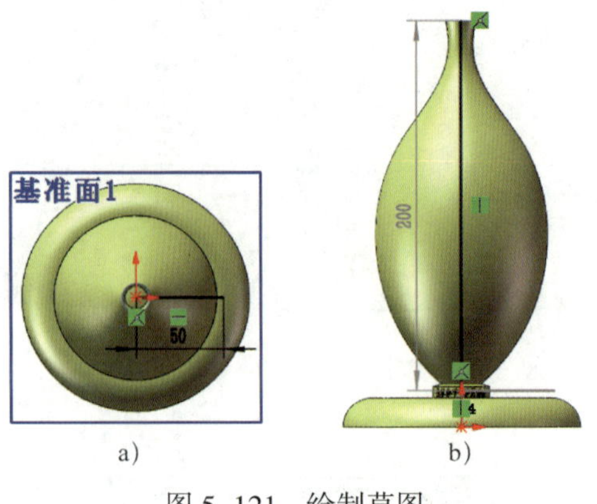

图 5-121　绘制草图

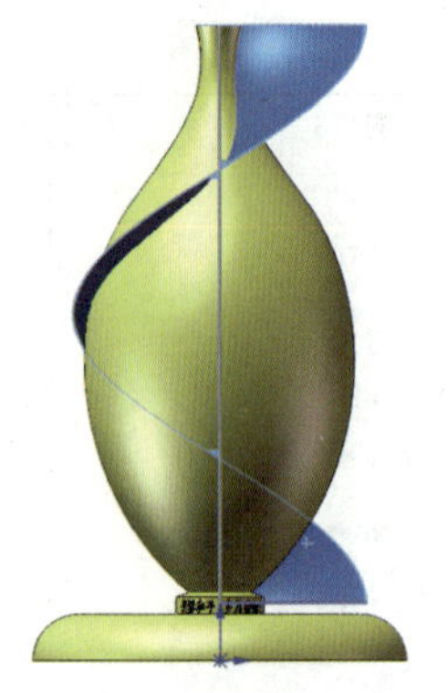

图 5-122　扫描曲面建模

（2）扫描建模

1）单击下拉菜单中的“工具（T）”/“草图工具（T）”/“交叉曲线”，弹出如图 5-123 所示的建模界面，左侧为“交叉曲线”对话框，右侧为建模预览。分别单击旋转曲线和扫描曲面，单击“确定”按钮 ✓ 绘制交叉曲线。

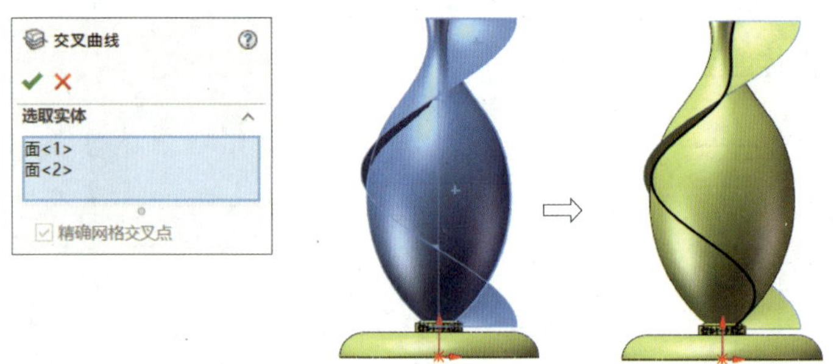

图 5-123　绘制交叉曲线

2）隐藏旋转曲线和扫描曲面。

3）单击“特征”工具栏中的“扫描”按钮 扫描，弹出“扫描 1”对话框。选中“圆形轮廓（C）”单选按钮，在“”右侧的空白方框中单击，单击交叉曲线。在“”中输入“5”，单击“确定”按钮 ✓ 完成圆形轮廓扫描建模，结果如图 5-124 所示。

4）单击前导工具栏中“隐藏所有类型”按钮 右侧的下三角，在弹出的展开菜单中单击“观阅临时轴”按钮，在绘图区显示“临时轴”。

5）单击“特征”工具栏中的“圆周阵列”按钮 圆周阵列，弹出“阵列（圆周）”对话框。选中“特征和面（F）”复选框，选中支架体，单击临时轴作为“方向 1(D)”。单击“确定”按钮 ✓ 完成五个支架的圆周阵列，结果如图 5-125 所示。

3. 托盘建模

（1）选择“前视基准面”作为草图平面，绘制如图 5-126 所示的草图。

（2）单击“特征”工具栏中的“旋转凸台 / 基体”按钮，完成薄壁特征旋转建模（向内厚度为“0.5”），结果如图 5-127 所示。

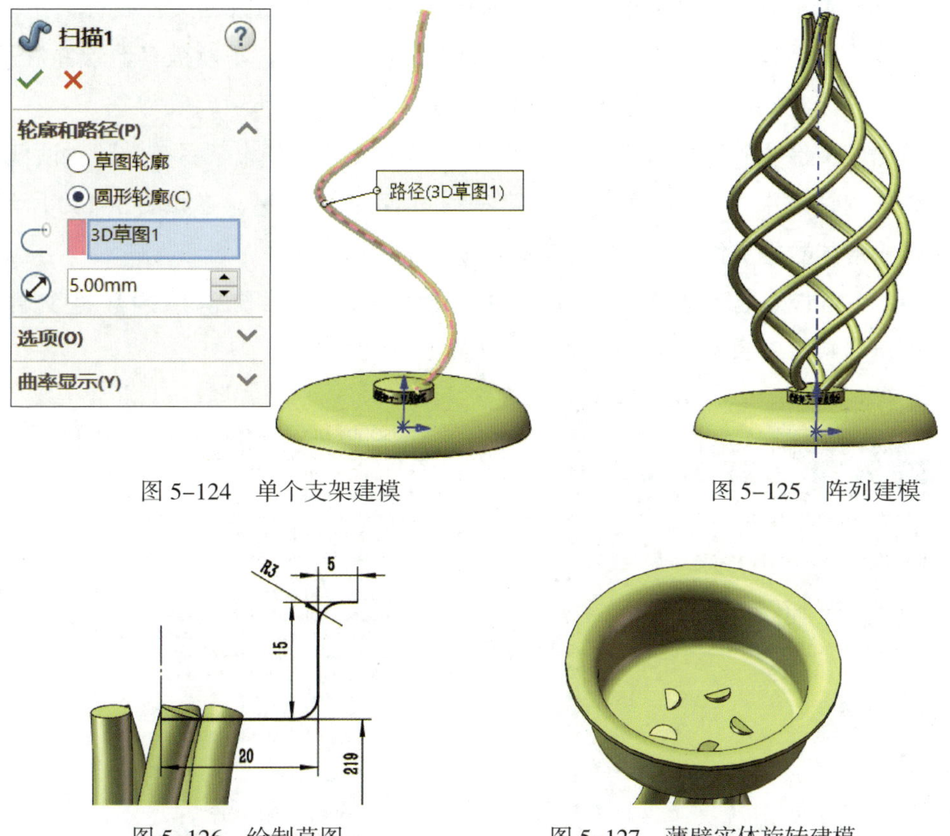

图 5-124　单个支架建模

图 5-125　阵列建模

图 5-126　绘制草图

图 5-127　薄壁实体旋转建模

（3）单击下拉菜单中的“插入（I）”/“特征（F）”/“分割（L）...”，弹出“分割”对话框。完成曲面分割实体，结果如图 5-128 所示。

（4）采用同样的方法，完成底部凸起部分的曲面分割实体。

（5）单击“特征”工具栏中的“圆角”按钮，弹出“圆角”对话框。在“圆角类型”下单击“完整圆角”按钮，完成薄壁特征侧边圆角，结果如图 5-129 所示。

图 5-128　曲面分割实体

图 5-129　完成完整圆角

四、知识与技能延伸

1. 数据文件转换

“SolidWorks”“UG”“CAXA 制造工程师”“Mastercam”等软件均有各自的数据文件。

“SOLIDWORKS 零件（*.prt；*.sldprt）”是“SolidWorks”专用的数据文件名称，用该文件保存的文件只能在同版本或高版本的“SolidWorks”软件中打开，不能被其他软件打开。若需用其他软件打开该文件，须进行数据文件转换，其操作流程如下：

（1）单击“文件（F）”/“保存（S）”/“另存为（A）”，弹出“另存为”对话框。

（2）单击对话框中“保存类型（T）：”右侧向下的剪头 ，在如图 5-130 所示的展开选项中选择相应的数据文件格式，即可实现数据文件的转换。

也可用“SolidWorks”软件打开其他软件的数据文件，其常用的数据文件格式如图 5-131 所示，打开时只需选中相应的数据文件即可。

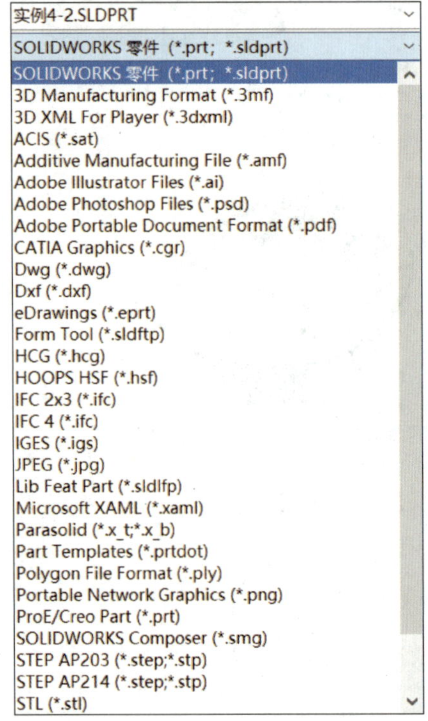

图 5-130 “SolidWorks”输出文件格式

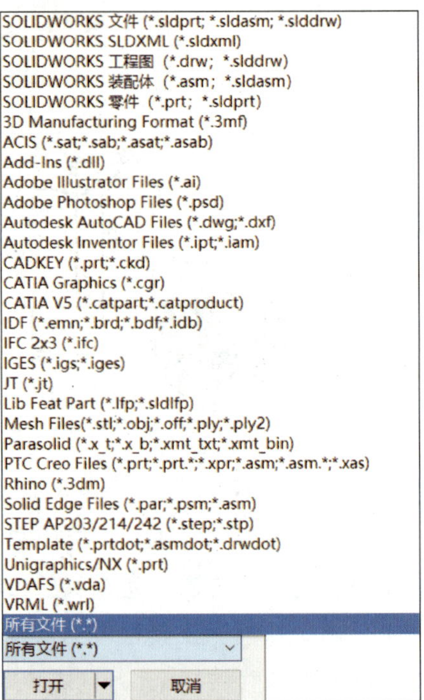

图 5-131 “SolidWorks”输入文件格式

常用于曲面和实体数据文件转换的格式有“*.stp”“*.igs”“*.x_t”等。其中“*.stp”通常用于实体数据的转换，不建议用来实施曲面数据的转换；*.igs”通常用于曲面数据的转换，转换出来的曲面不易变形，但不适合转换实体数据；“*.x_t”只适用于转换实体数据。

2. 圆顶建模的补充说明

“圆顶”对话框如图 5-116 所示，其对话框中的参数说明如下：

“ ”用于确定需要圆顶的面。

“ ”用于确定圆顶的高度，单击该按钮可改变圆顶方向。

“ ”用于确定圆顶所通过的点，选择该参数后，“ ”参数无效。

“ ”用于指定圆顶方向，可以是一条直线，也可以是草图中的两个点。

五、任务拓展

任务拓展 1　完成如图 5–132 所示“弹簧”零件的三维建模（簧丝直径为 2 mm）。

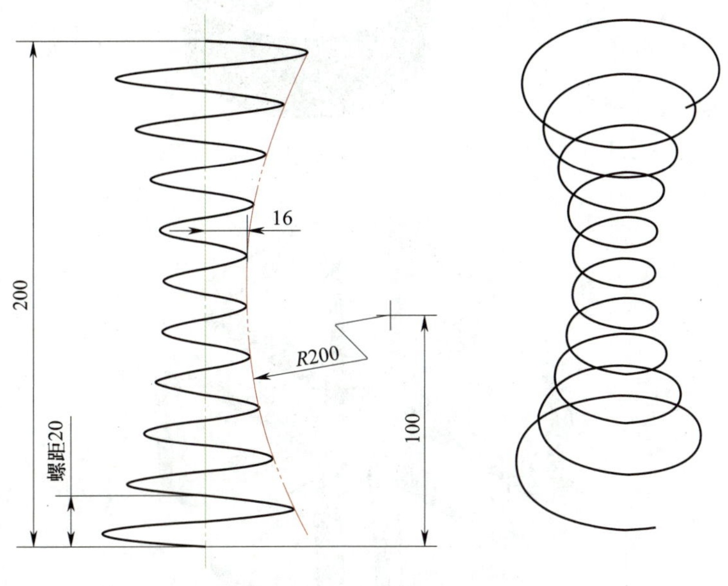

图 5–132　任务拓展 1

任务拓展 2　完成如图 5–133 所示“环连环”零件的三维建模。

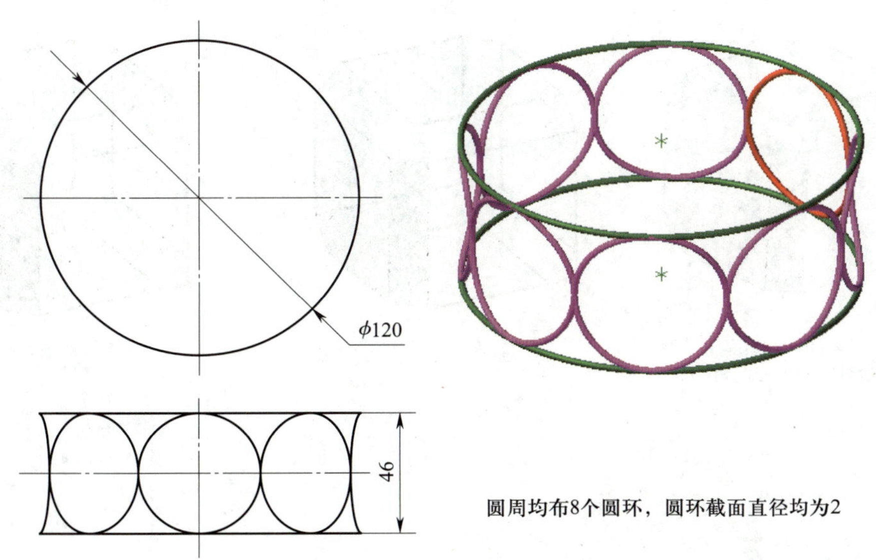

图 5–133　任务拓展 2

建模思路：本零件的建模思路如图 5–134 所示，采用扫描交叉曲线的方式建模。

任务拓展 3　完成如图 5–135 所示“空间管道”零件的三维建模。

建模思路：本零件的建模思路如图 5–136 所示，其扫描路径采用“转换实体引用”方式绘制。

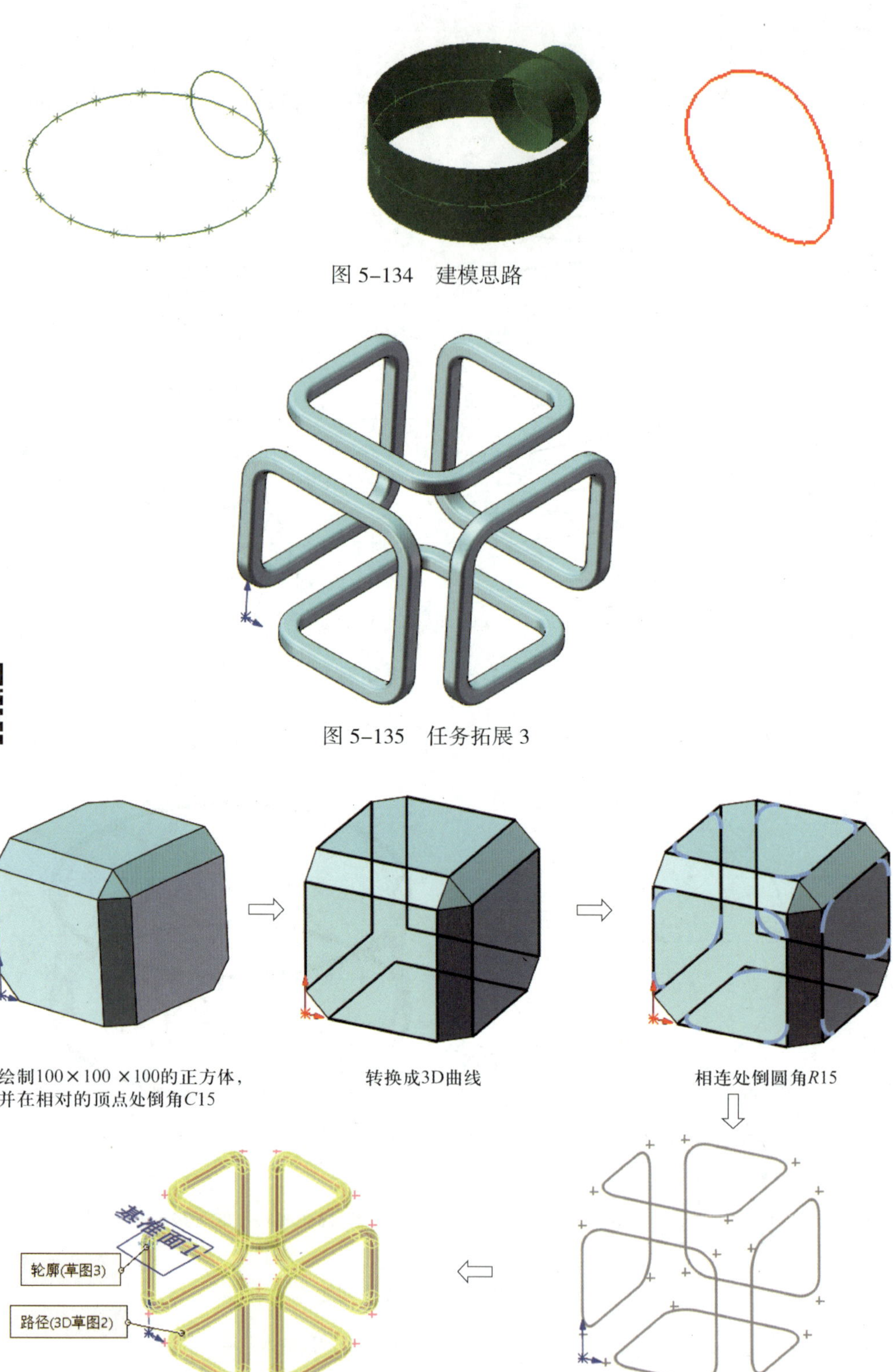

图 5-134　建模思路

图 5-135　任务拓展 3

图 5-136　建模思路

模块六　组 件 装 配

课题 1　支撑板模型装配

一、学习目标

1．掌握装配文件的创建方法。

2．掌握插入零部件的方法。

3．掌握同轴、重合、平行配合方法在零件装配中的应用。

4．掌握距离、角度等配合方法在零件装配中的应用。

二、工作任务

完成如图 6–1 所示支撑板模型的建模与装配。

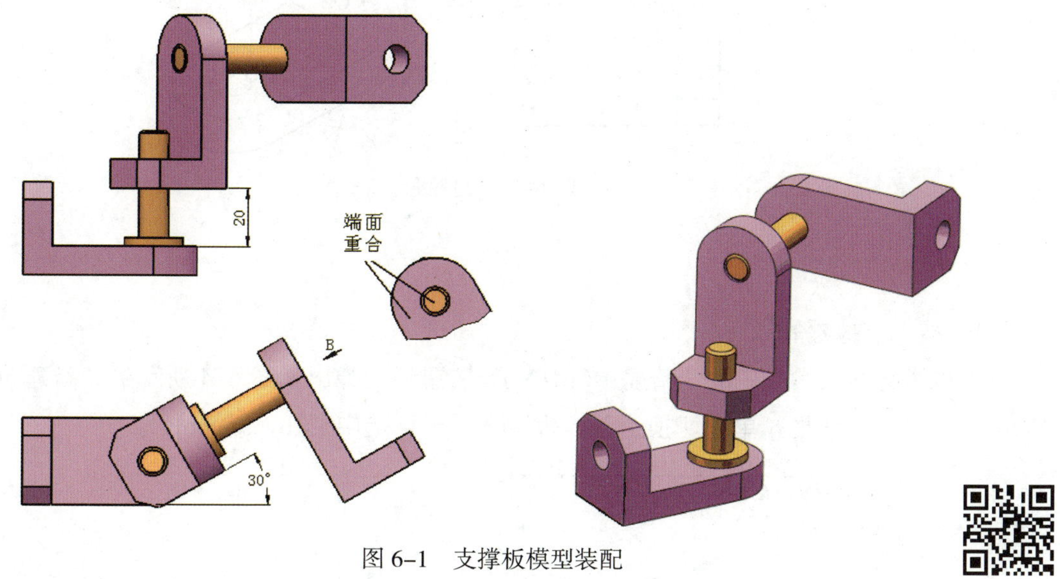

图 6–1　支撑板模型装配

三、任务实施

1．实体建模

完成如图 6–2 所示零件的实体建模，保存文件为“6–2 销”。完成如图 6–3 所示零件的实体建模，保存文件为“6–3 支撑板”。

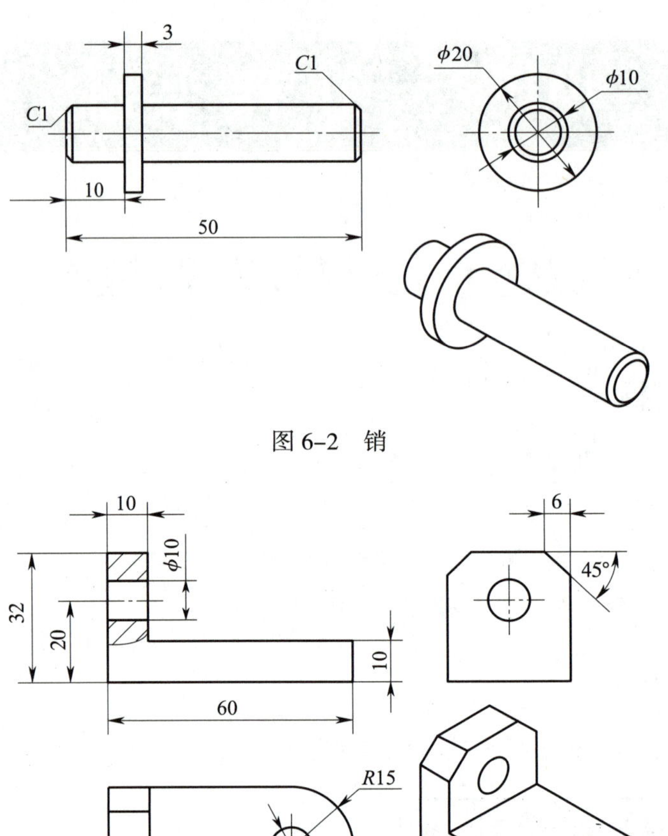

图 6-2　销

图 6-3　支撑板

2. 部件装配

（1）插入支撑板和销

1）单击标准工具栏中的“新建（Ctrl+N）”按钮，弹出如图 6-4 所示的“新建 SOLIDWORKS 文件”对话框，单击切换至“模板”选项卡，选中“gb_assembly”。

图 6-4　“新建 SOLIDWORKS 文件”对话框

2）单击“确定”按钮 确定，弹出如图 6–5 所示的“插入零部件”对话框，单击对话框中的“浏览（B）...”按钮 浏览(B)...，找到已保存的文件“6–3 支撑板.SLDPRT”后单击“打开”按钮 打开，在绘图区显示随光标一起移动的“6–3 支撑板”实体，单击鼠标左键完成零件插入。

提示

在实体插入过程中，可根据需要单击绘图窗口左下角的“围绕轴旋转零部件”按钮 90.00度，完成实体插入过程中的旋转操作。

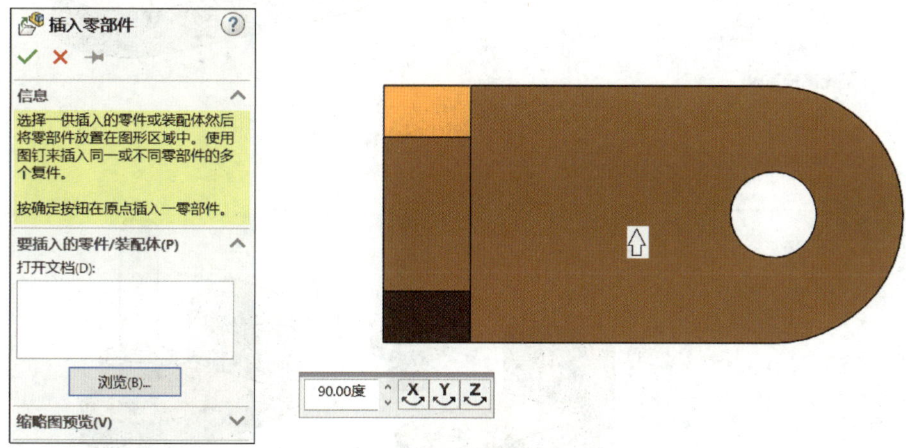

图 6–5　插入零件“6–3 支撑板”

3）单击打开命令管理器中的“装配体”选项卡，弹出如图 6–6 所示的“装配体”工具栏。单击“插入零部件”按钮，弹出如图 6–7 所示的“插入零部件”对话框，采用相同的方法插入零件“6–2 销”。

图 6–6　“装配体”工具栏

（2）部件配合

1）单击“装配体”工具栏中的“配合”按钮，弹出如图 6–8 所示的界面，左侧为“配合”对话框，右侧为装配窗口。

2）单击销的圆柱面和支撑板的内孔表面，在装配区显示两圆柱面同轴心，装配区对话框中的“同轴心（N）”按钮被选中，单击装配区对话框中“添加 / 完成配合”按钮 ✓ 完成同轴心关系装配。

3）单击支撑板底板上表面和销凸台圆柱底面，装配区显示两面重合，装配区对话框中

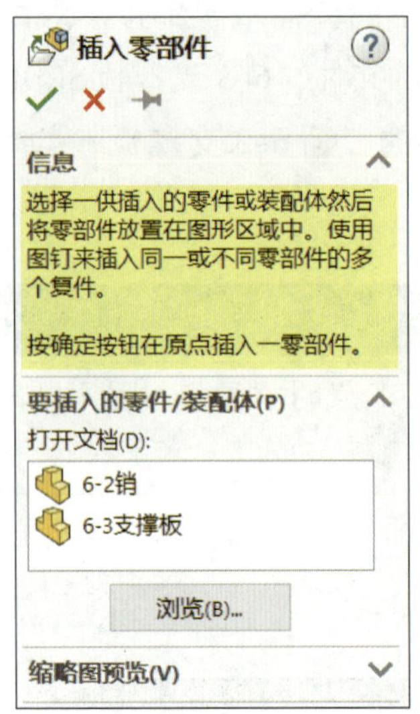

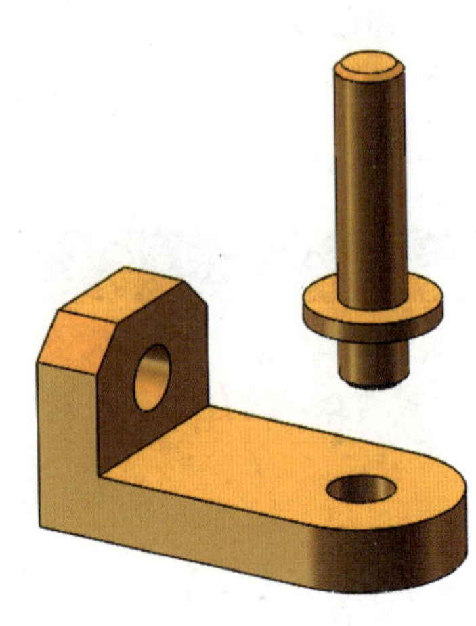

图 6–7　插入零件“6–2 销”

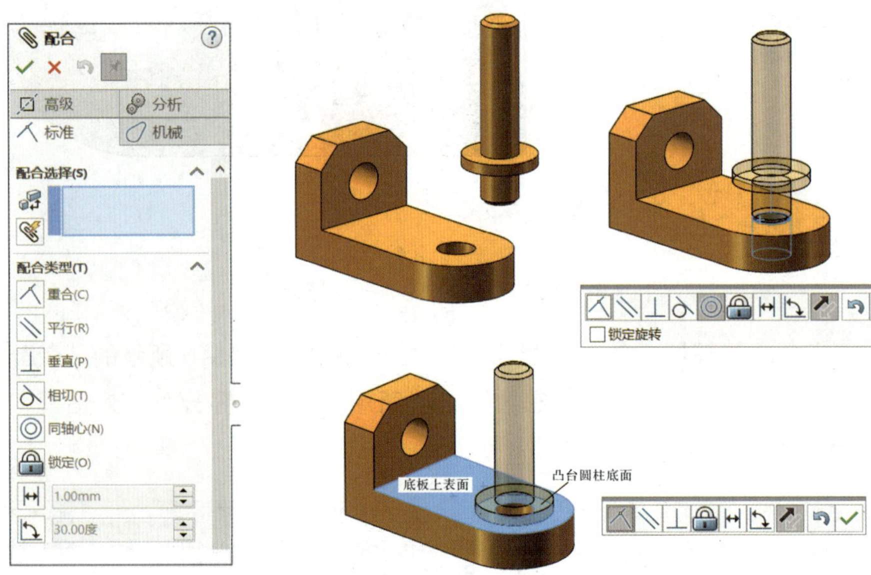

图 6–8　完成部件装配

的“重合（C）”按钮被选中，单击装配区对话框中“添加 / 完成配合”按钮完成重合关系装配。

4）单击“配合”对话框中的“确定”按钮完成部件装配。

3. 完成其余装配

（1）再次插入并装配支撑板

1）按住“Ctrl”键，用鼠标左键单击特征管理设计树中的“（f）6–3 支撑板 <4>”，按住鼠标左键不松开，移动鼠标（被复制的支撑板随鼠标一起移动）至装配区合适位置后单击鼠标左键，支撑板被复制，结果如图 6–9 所示。

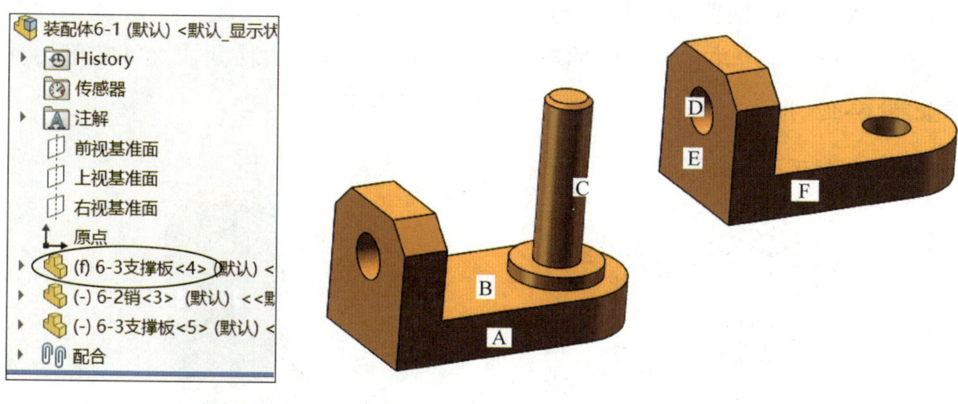

图 6-9　复制支撑板

2）单击“装配体”工具栏中的“配合”按钮 ，弹出“配合”对话框。

3）单击“C”面和“D”面，按同轴关系进行装配，结果如图 6-10 所示。

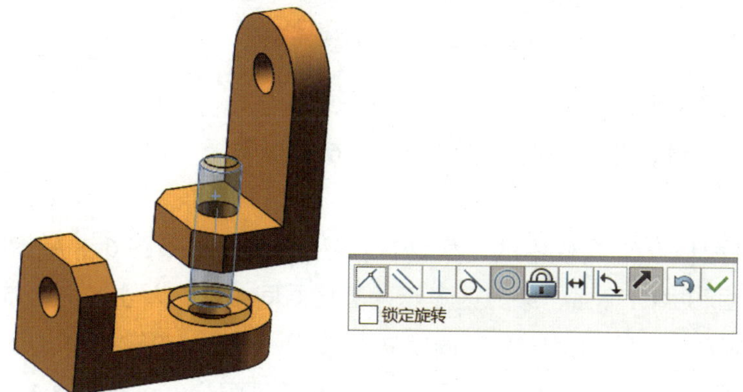

图 6-10　按同轴关系装配

4）单击“B”面和“E”面，再单击“配合”对话框中的“距离”按钮 （此时对话框名称更改为“距离 1”），并在其右侧的空白方框中输入“20”，按两面之间距离关系进行装配，结果如图 6-11 所示，按回车键，结束当前配合。

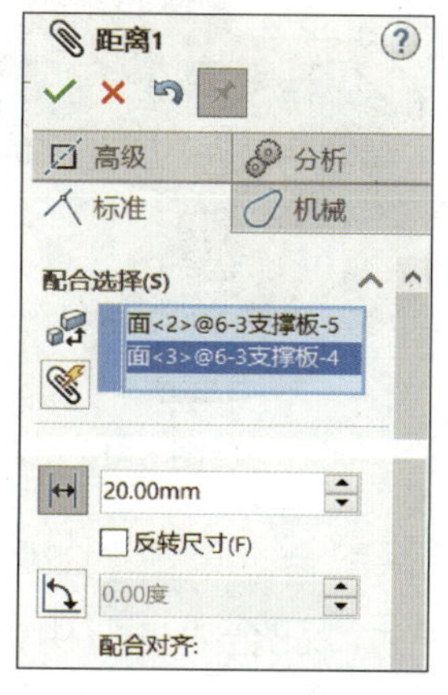

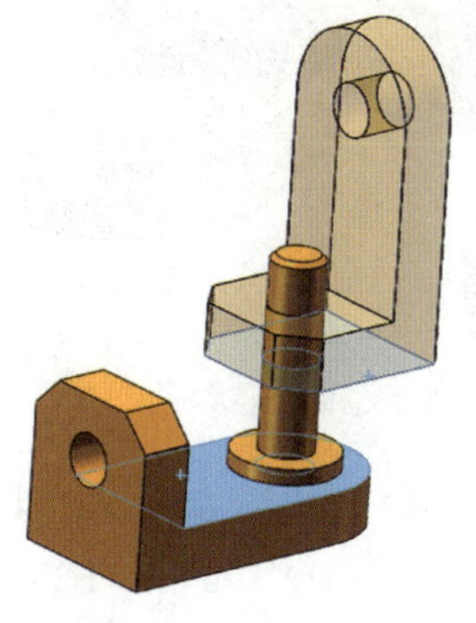

图 6-11　按距离关系装配

5）单击“A”面和“F”面，再单击“配合”对话框中的“角度”按钮（此时对话框名称更改为“角度 1”），并在其右侧的空白方框中输入“30”，按两面之间角度关系进行装配，结果如图 6-12 所示。单击“确定”按钮 ✓ 完成装配。

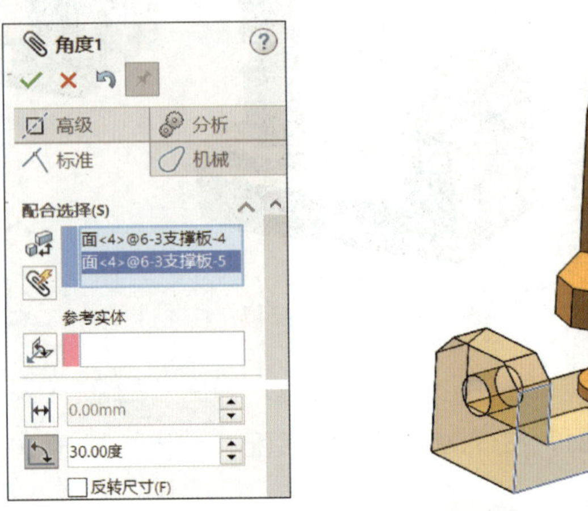

图 6-12　按角度关系装配

（2）完成其他零件装配

1）按住“Ctrl”键，分别复制插入“（f）6-3 支撑板”和“（-）6-2 销”，结果如图 6-13 所示。

2）单击“装配体”工具栏中的“配合”按钮，弹出如图 6-8 所示的“配合”对话框。单击“A1”面和“C1”面，装配区显示两圆柱面同轴心，单击“同心 5”对话框中“配合对齐：”选项下方的“同向对齐和反向对齐”按钮，在保持同轴心关系的基础上整体翻转“销 2”。单击“B1”面和“D1”面完成重合关系配合，结果如图 6-14 所示。

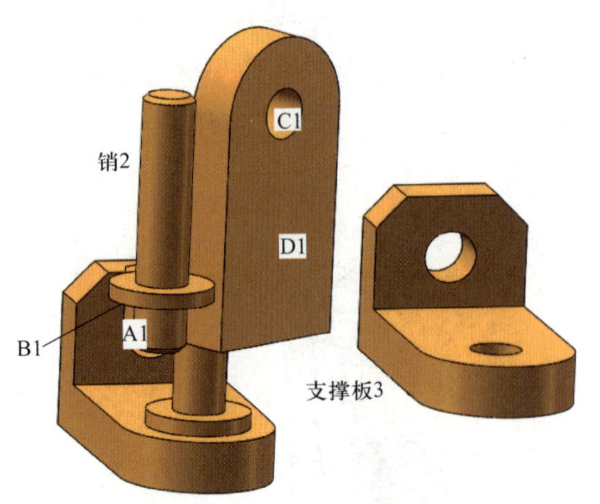

图 6-13　插入“销 2”和“支撑板 3”

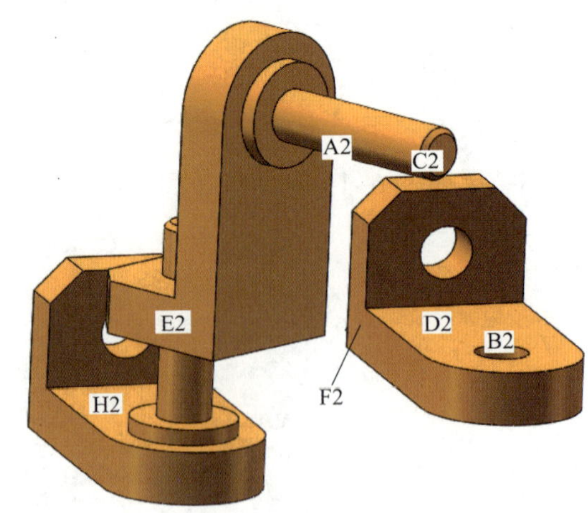

图 6-14　装配“销 2”

3）单击“A2”面和“B2”面，完成同轴心关系配合。单击“C2”面和“D2”面，完成重合关系配合。单击“H2”面和“F2”面，再通过“配合对齐”中的“同向对齐”按钮或“反向对齐”按钮调整至图 6-15 所示位置。

4）单击“确定”按钮 ✓ 完成所有零件装配，结果如图 6–15 所示。

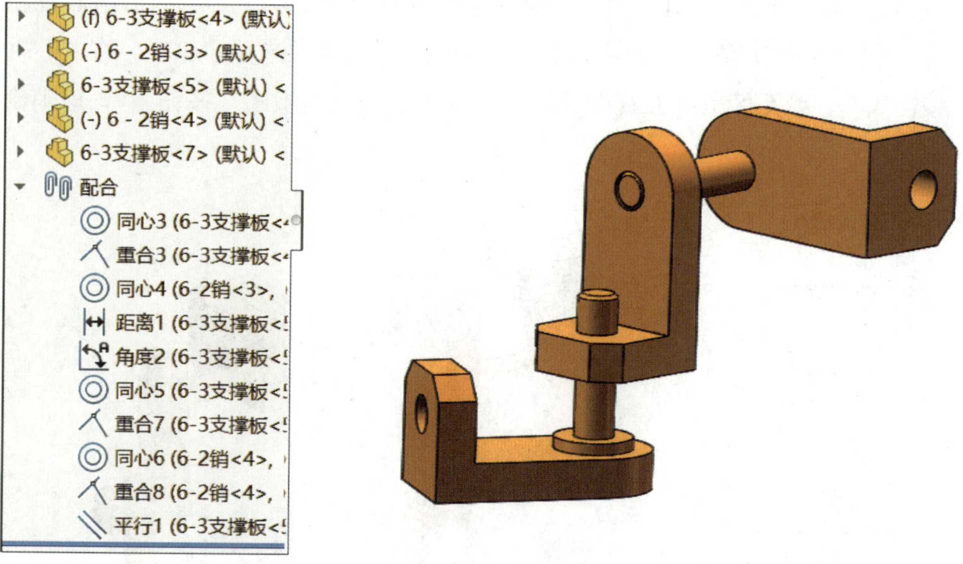

图 6–15　完成后的装配体

四、知识与技能延伸

1. 窗口显示的补充说明

（1）四视图显示

单击下拉菜单中的“窗口（W）”/“视口（P）”/“四视图（F）”，即可显示如图 6–16 所示的四视图窗口，在每个视图中均可单独变换视觉效果。

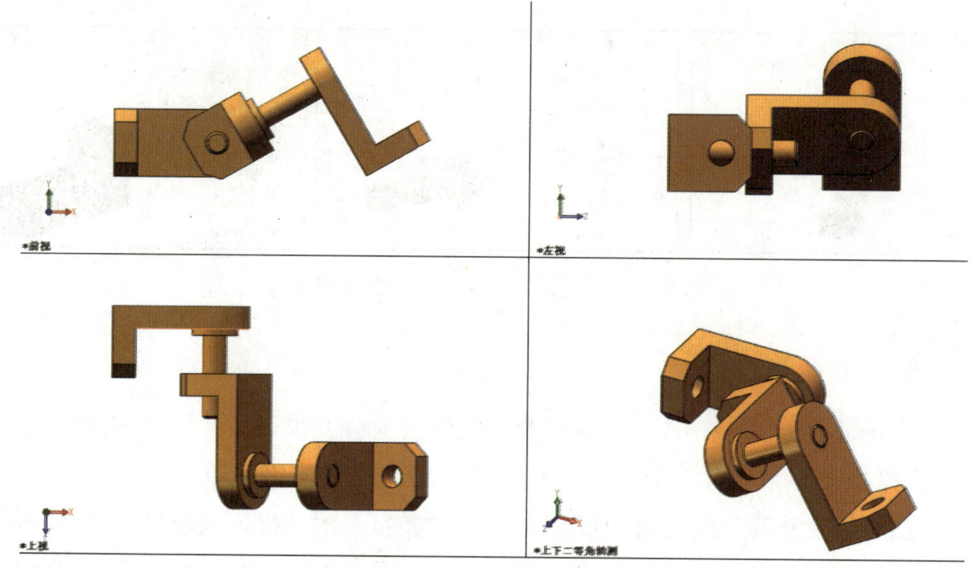

图 6–16　四视图显示

（2）剖面视图

单击前导工具栏中的“剖面视图”按钮，弹出如图 6–17 所示的“剖面视图”对话框，在“剖面 1（1）”下单击“边线或轴线”按钮，然后选择“销 2”的中心轴，单击“确定”按钮 ✓，绘图区呈剖面视图显示。再次单击“剖面视图”按钮，取消剖面视图显示。

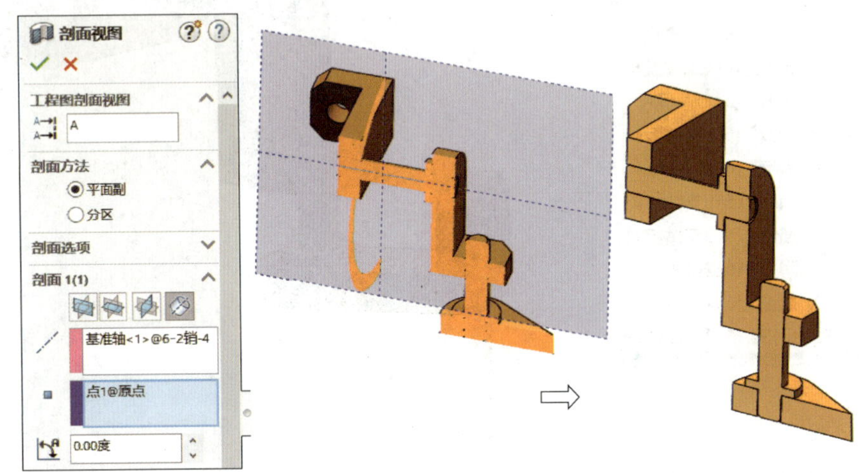

图 6–17　剖面视图显示

（3）平铺窗口

视口显示和剖面视图显示是用于同一零件或装配体的显示方式。如果需在同一窗口中同时显示多个零件或装配体，则可以用平铺窗口的方式实现。平铺窗口分为“横向平铺（H）”和“纵向平铺（V）”两种方式，“纵向平铺（V）”显示效果如图 6–18 所示。

单击某个窗口的“最大化”显示按钮，重新恢复单个窗口显示。

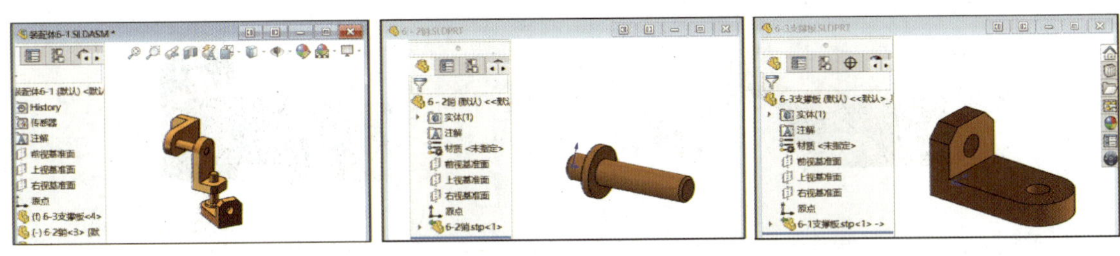

图 6–18　“纵向平铺（V）”显示效果

2. 编辑配合特征

（1）单击特征管理设计树中“配合”左侧的 ▶ 使其展开，用鼠标右键单击“同心 3（6–3 支撑板 <4>，6–2 销 <3>”，弹出如图 6–19 所示的右键菜单。

（2）单击“编辑特征”按钮则返回对应的“特征”对话框，重新进行编辑特征操作。

（3）单击右键菜单中的“反转配合对齐（E）”，图 6–13 中的“销 2”反转 180°，同时出现如图 6–20 所示的警告对话框。

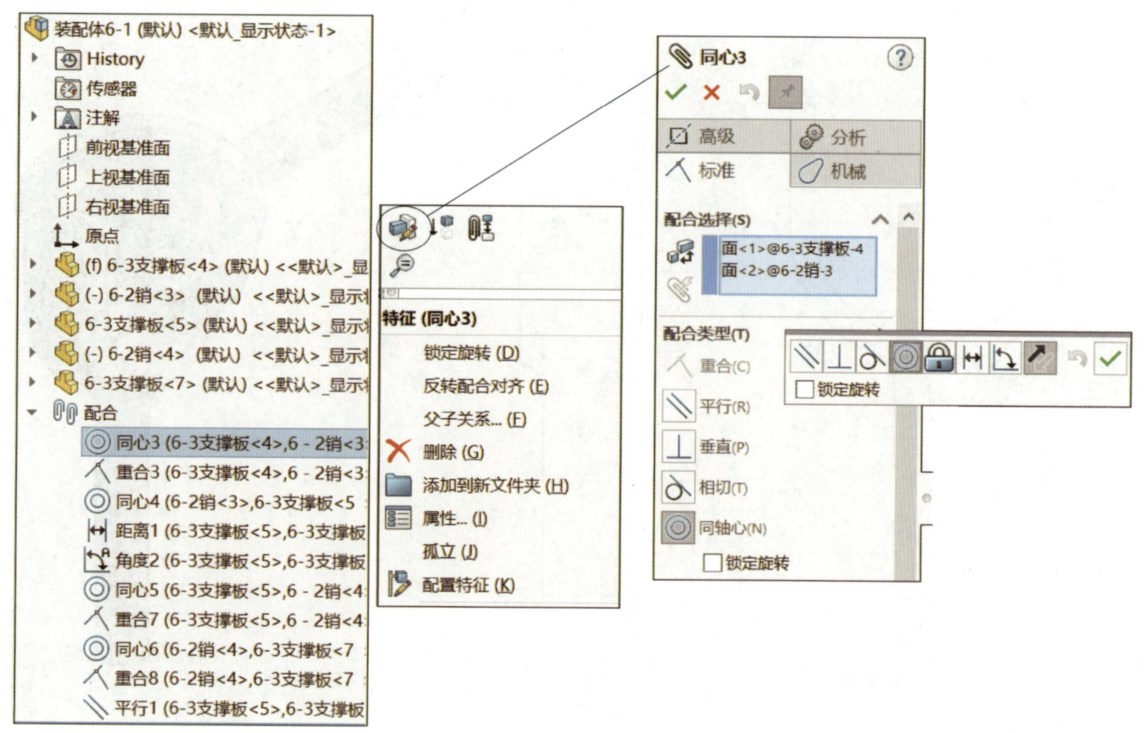

图 6–19　编辑配合特征

图 6–20　编辑“反转配合对齐”

（4）单击右键菜单中的“父子关系 ...（F）”，则可进行配合特征“父子关系”的编辑操作。

五、任务拓展

任务拓展 1　完成如图 6–21 所示联轴节模型的建模与装配。

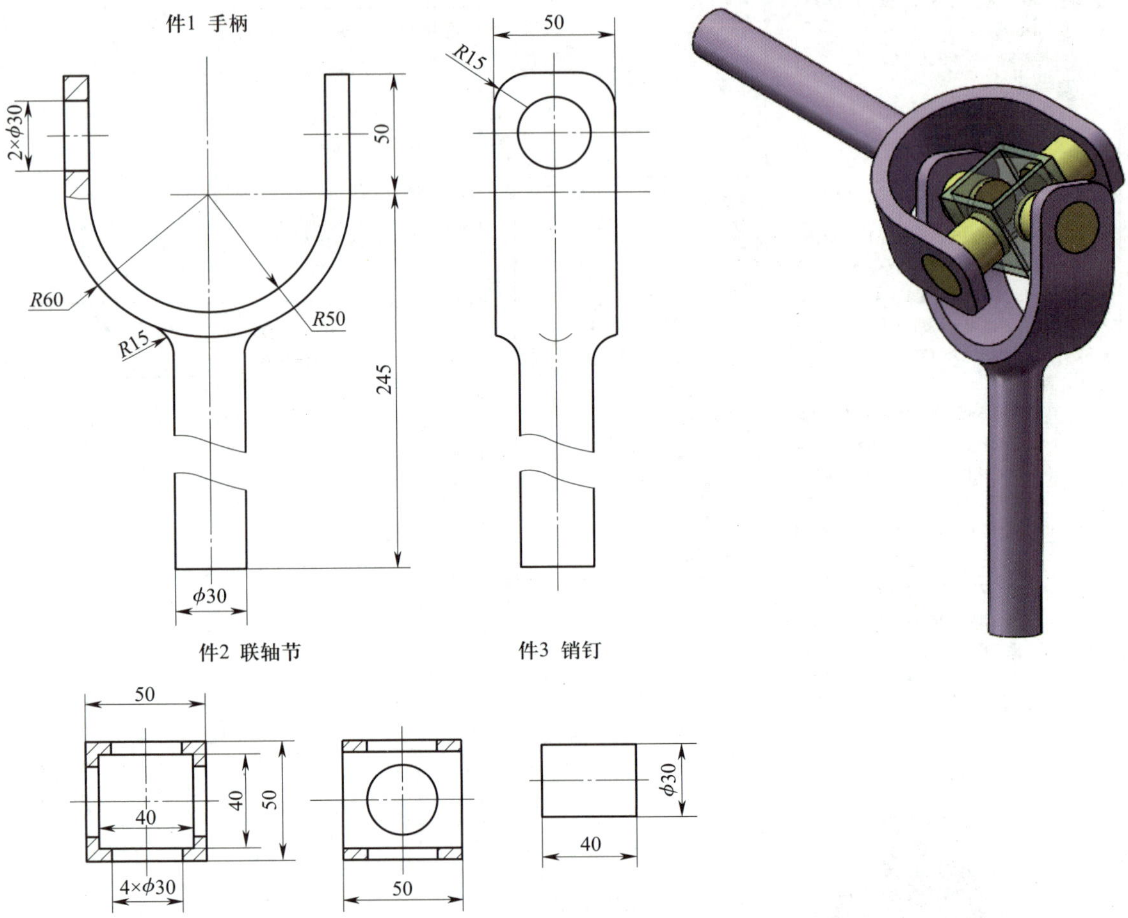
件1 手柄
2×ϕ30
50
R60
R50
R15
245
ϕ30
件2 联轴节
50
R15
件3 销钉
50
40
40
50
4×ϕ30
50
ϕ30
40

图 6-21　联轴节模型的建模与装配

任务拓展 2　完成如图 6-22 所示滑轮模型的建模与装配。

5
9
4
6
3
2
8
1
7

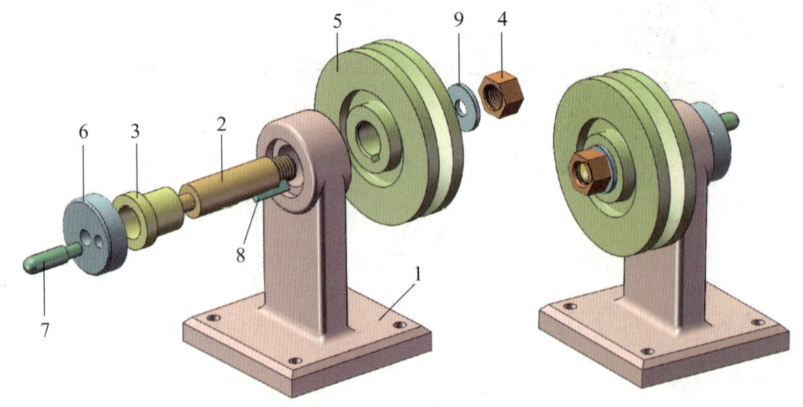

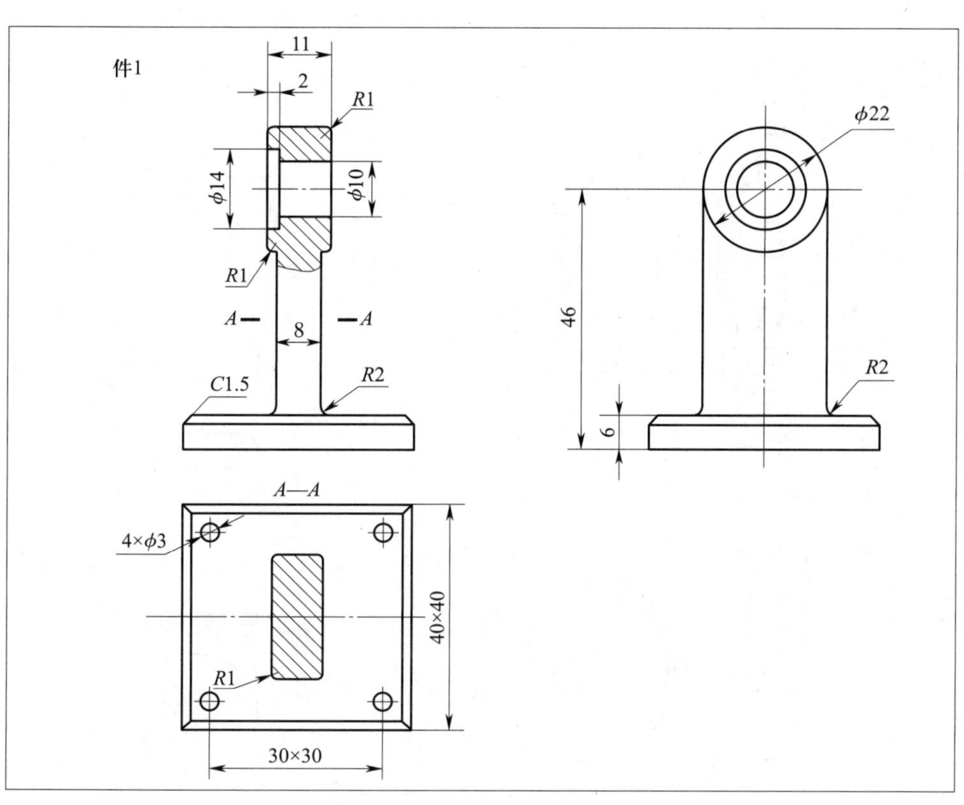
件1
11
2
R1
ϕ14
ϕ10
R1
A
8
A
C1.5
R2
ϕ22
46
R2
6
A—A
4×ϕ3
R1
40×40
30×30

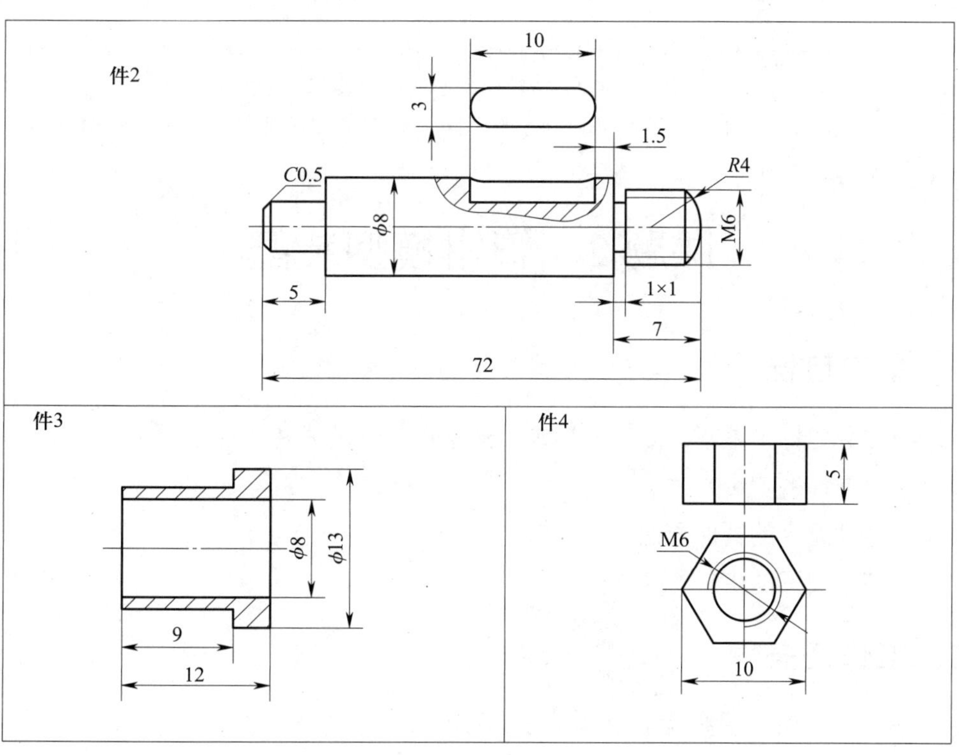
件2
10
3
1.5
C0.5
R4
ϕ8
M6
5
1×1
7
72
件3
ϕ8
ϕ13
9
12
件4
5
M6
10

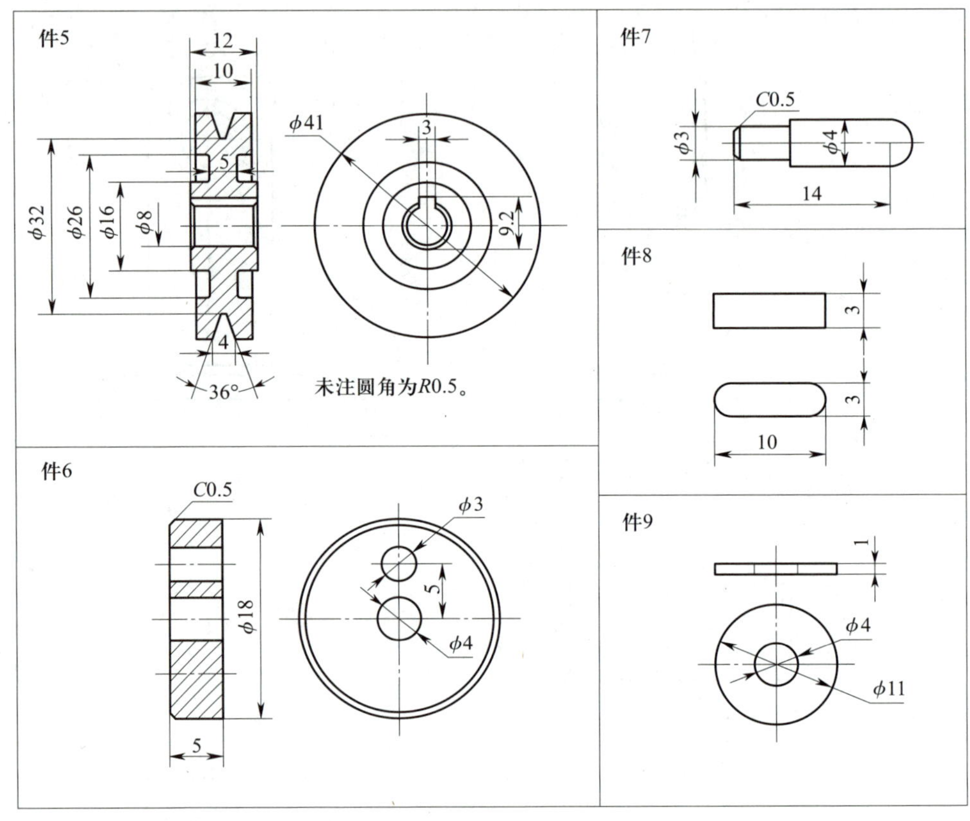

图 6-22 滑轮模型的建模与装配

1—支座 2—长轴 3—套筒 4—螺母 5—滑轮 6—转盘 7—手柄 8—键 9—垫片

课题 2 管钳模型装配

一、学习目标

1．掌握在装配体中移动、旋转、固定、浮动零部件的方法。

2．掌握标准件的安装方法。

3．掌握零件配合的其他方法。

4．掌握爆炸视图的生成方法。

二、工作任务

完成如图 6-23 所示管钳模型的建模与装配，并生成爆炸视图。

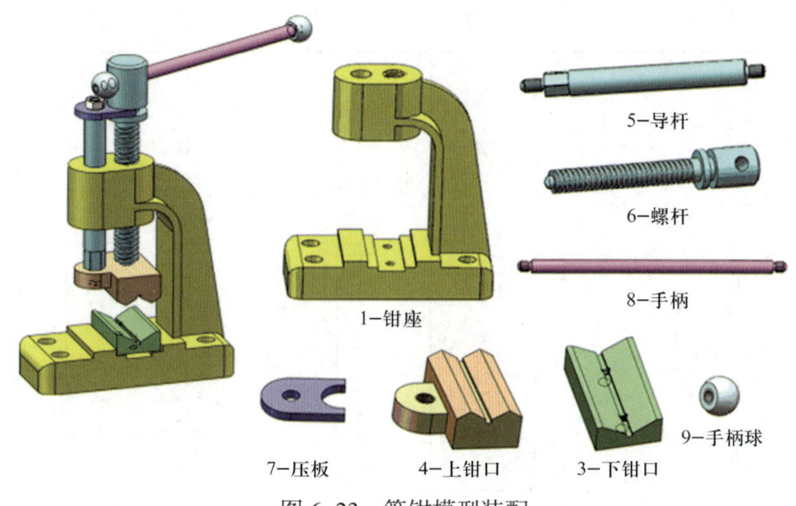

图 6-23 管钳模型装配

三、任务实施

1. 实体建模

完成如图 6-24 所示零件的实体建模，分别保存文件为“9- 手柄球”“7- 压板”；完成如图 6-25 所示零件的实体建模，保存文件为“1- 钳座”；完成如图 6-26 所示零件的实体建模，分别保存文件为“4- 上钳口”“3- 下钳口”“6- 螺杆”“5- 导杆”“8- 手柄”。

2. 创建装配体

（1）插入零件

1）单击标准工具栏中的“新建（Ctrl+N）”按钮，弹出如图 6-4 所示“新建 SOLIDWORKS 文件”对话框，单击切换至“模板”选项卡，选中“gb_assembly”。

2）单击“确定”按钮 确定，弹出“插入零部件”对话框，单击对话框中的“浏览（B）...”按钮 浏览(B)...，找到已保存的文件“1- 钳座.SLDPRT”后单击“打开”按钮 打开，在绘图区显示随光标一起移动的“1- 钳座.SLDPRT”实体，单击鼠标左键完成零件插入。

3）单击“装配体”工具栏中的“插入零部件”按钮，弹出“插入零部件”对话框，单击对话框中的“浏览（B）...”按钮 浏览(B)...，找到已保存的文件“3- 下钳口.SLDPRT”后单击“打开”按钮 打开，完成“3- 下钳口.SLDPRT”零件的插入。

4）采用相同的方法完成其他零件的插入，结果如图 6-27 所示。

5）另存文件为“实例 6-2 管钳模型装配.SLDASM”。

（2）装配螺杆

1）单击“装配体”工具栏中的“配合”按钮，弹出“配合”对话框。

2）单击螺杆的圆柱面，再单击钳座螺纹孔的外圆表面，装配区显示两螺纹轴线同轴心，装配区对话框中的“同轴心（N）”按钮被选中，单击装配区对话框中“添加 / 完成配合”按钮，按同轴心关系完成装配。

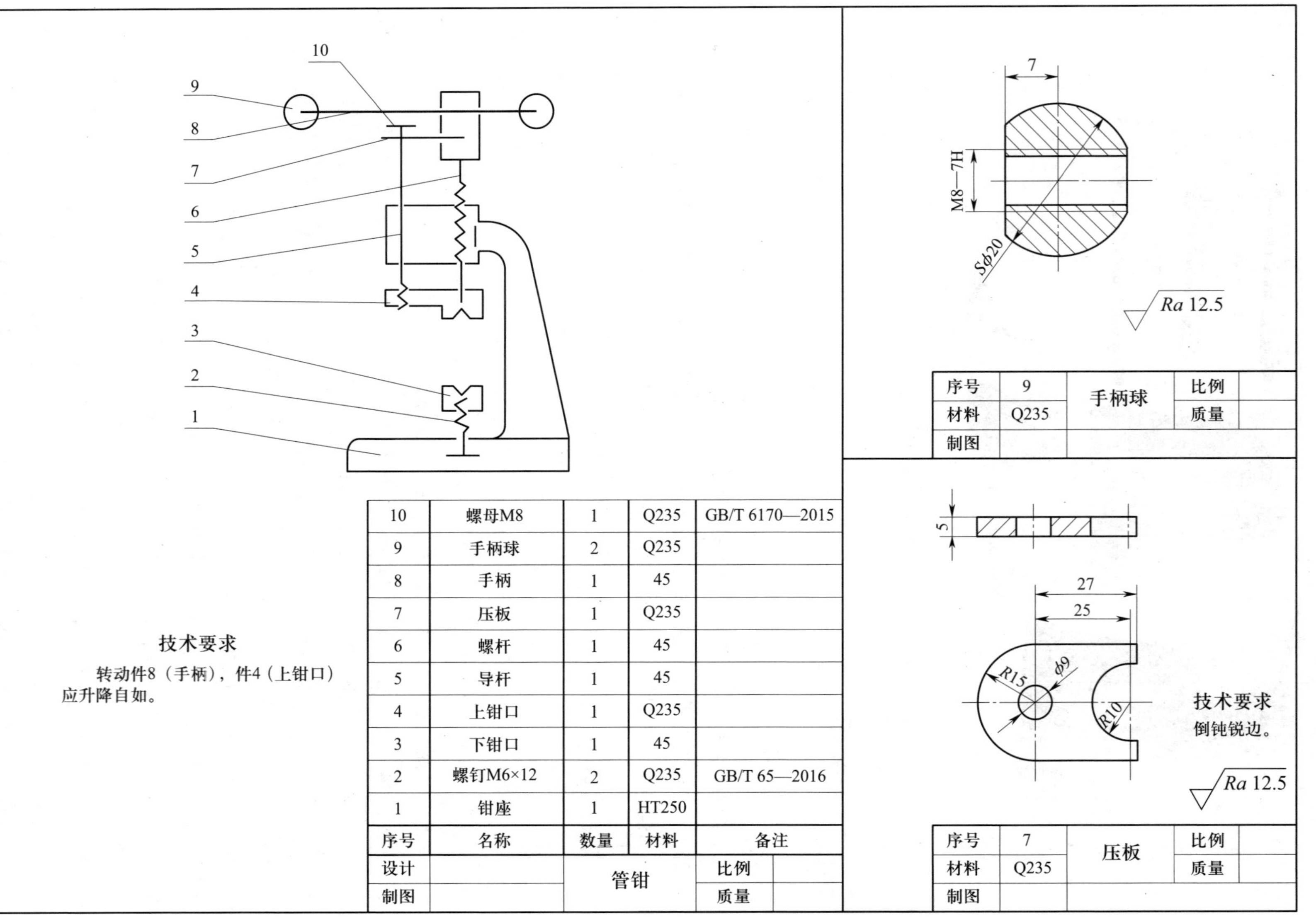

10	螺母M8	1	Q235	GB/T 6170—2015
9	手柄球	2	Q235	
8	手柄	1	45	
7	压板	1	Q235	
6	螺杆	1	45	
5	导杆	1	45	
4	上钳口	1	Q235	
3	下钳口	1	45	
2	螺钉M6×12	2	Q235	GB/T 65—2016
1	钳座	1	HT250	
序号	名称	数量	材料	备注
设计		管钳	比例	
制图			质量	

图 6-24　手柄球和压板

A—A
25
Ra 12.5
5
46
R50
R26
18
ϕ16+0.18 0
170
2：1
ϕ14
4
2
ϕ18
B
B
6
36
20
R10
Ra 3.2
6
31
26
18
R6
3
2×ϕ7
2
R10
56
138
152
B—B
R10
R20
64
A
A
A
34
A
6
32
50
4×ϕ13.5
72
114
Ra 25
技术要求
未注圆角为R2~4。
序号
1
钳座
比例
材料
HT250
质量
制图

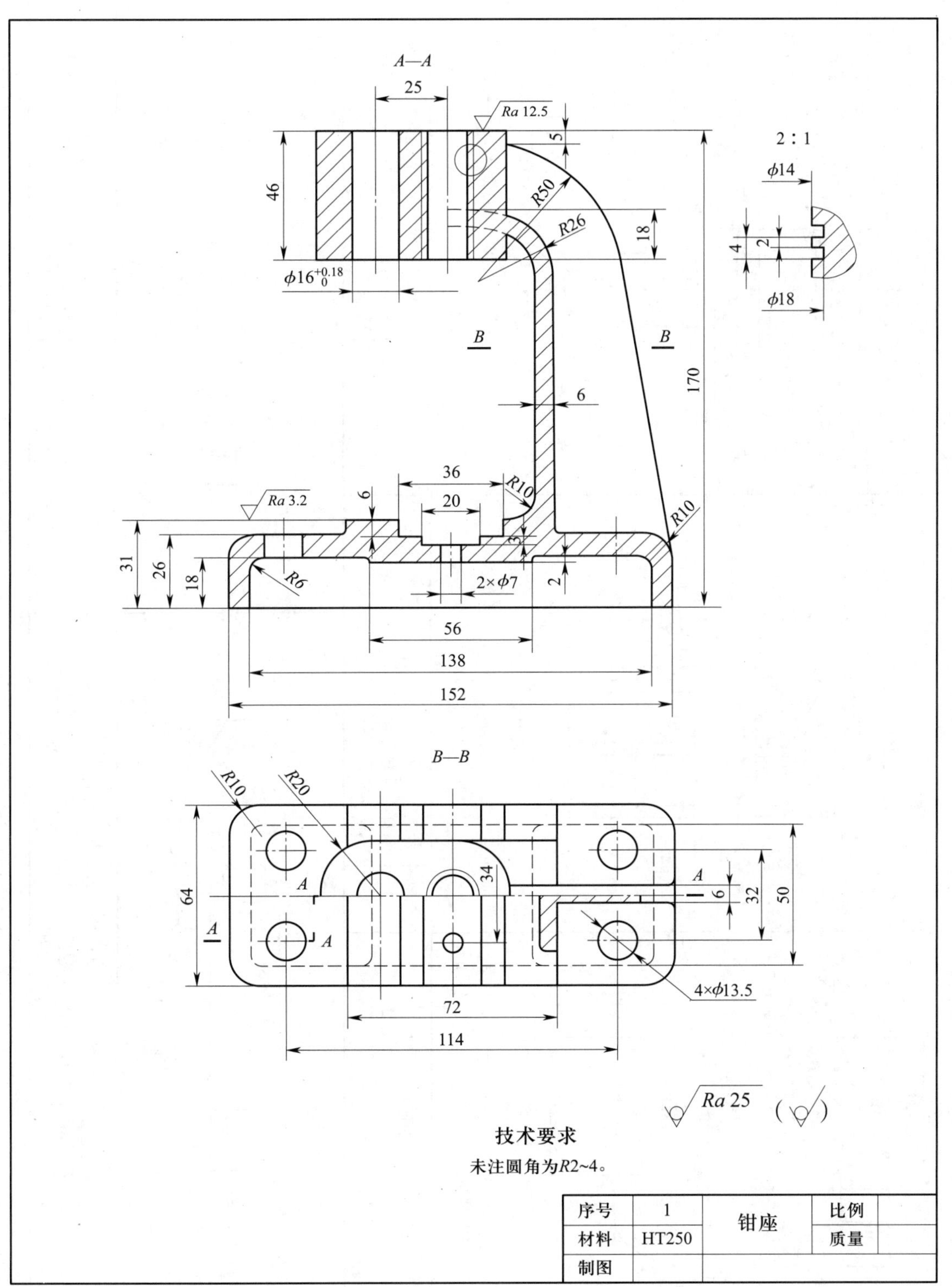

图 6-25　钳座

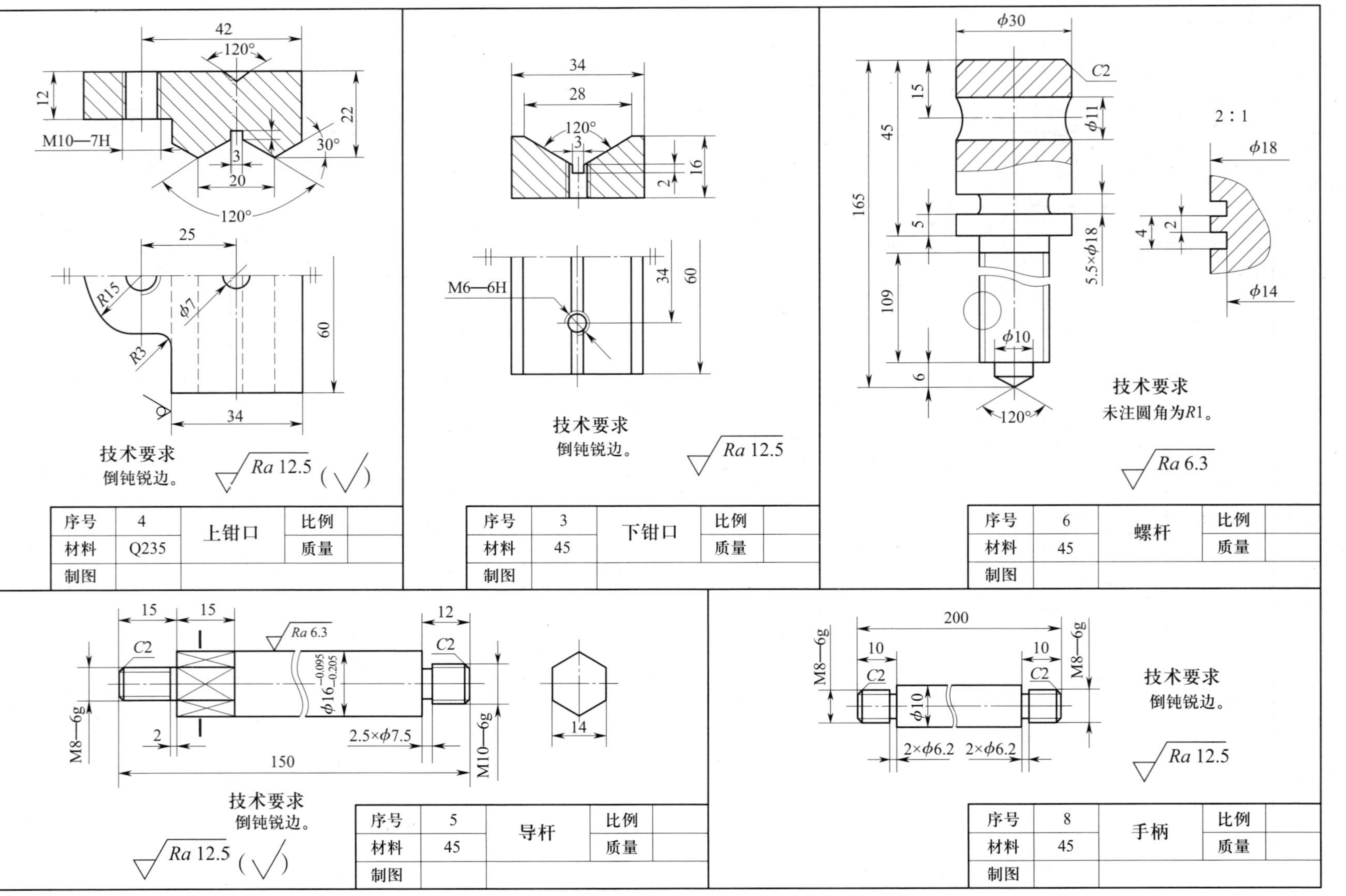

图 6-26 上钳口、下钳口、螺杆、导杆和手柄

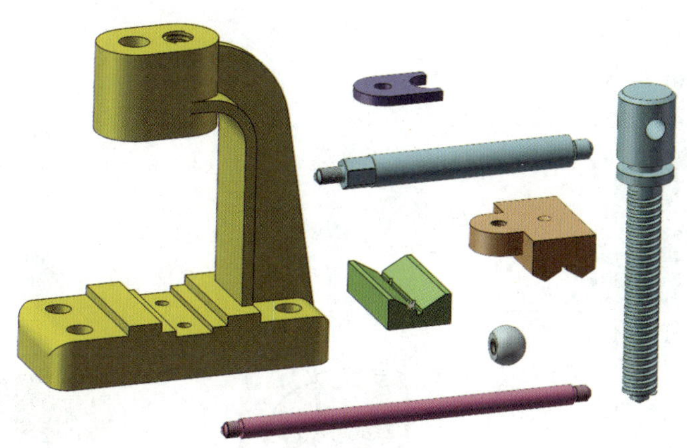

图 6–27　插入各零件

3）单击选中螺杆并按住鼠标左键，此时螺杆只能沿钳座螺纹轴线方向移动，向上移动螺杆超出钳座位置，完成后如图 6–28 所示。

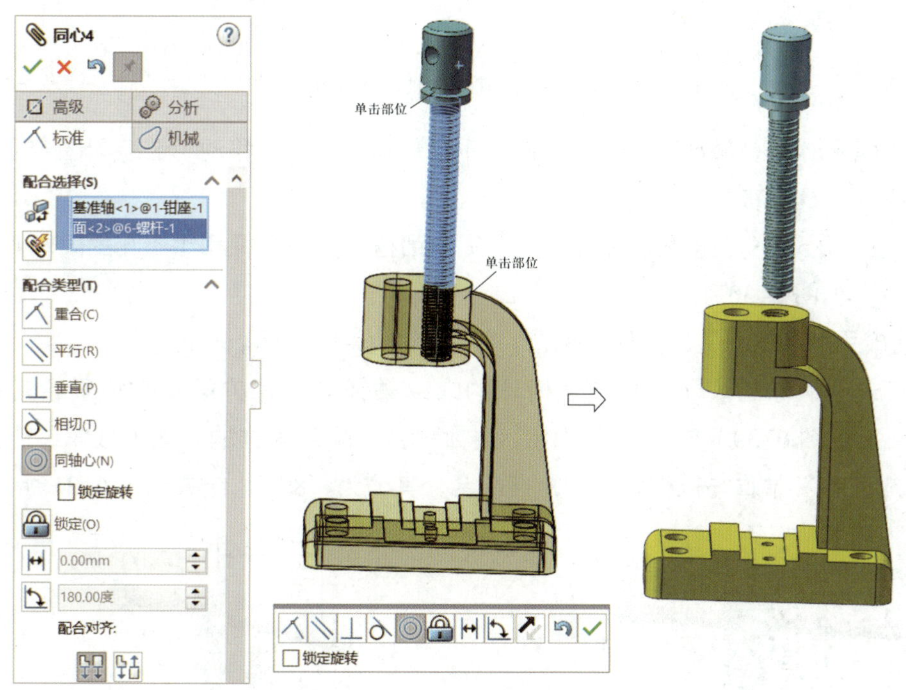

图 6–28　完成螺纹轴的同轴心装配

4）单击“配合”对话框中的“机械”按钮 机械 ，弹出如图 6–29 所示的“螺旋 2”对话框，单击选中“ 螺旋（S）”。单击螺杆螺纹的牙顶（螺纹大径）表面，再单击钳座螺纹孔的牙底（螺纹大径）表面，单击“确定”按钮 ✓ 完成螺旋配合。

5）单击选中螺杆并按住鼠标左键，此时螺杆只能沿钳座螺纹轴线方向转动，绕螺杆轴线转动鼠标，带动螺杆旋转并上下运动。

（3）装配导杆和手柄球

1）按住“Ctrl”键，用鼠标左键单击特征管理设计树中的“ （–）9– 手柄球 <1>”，

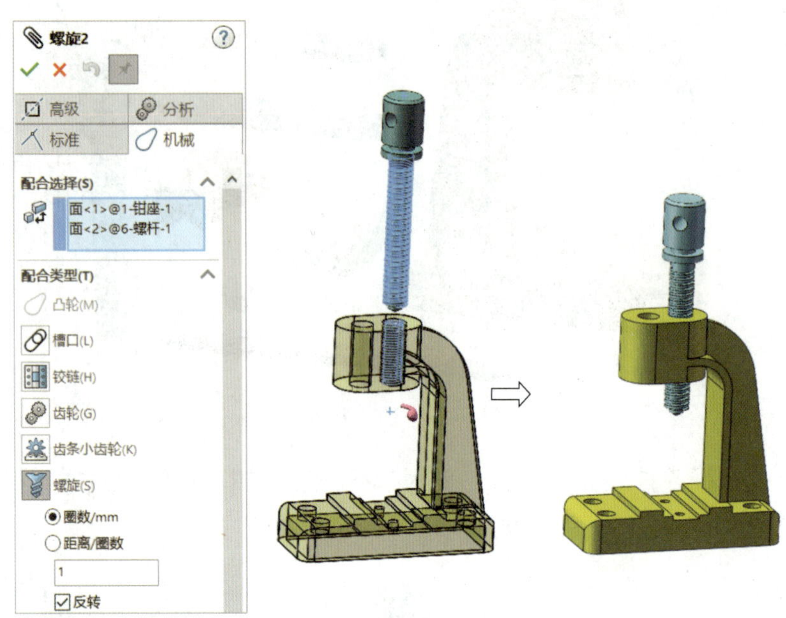

图 6-29　完成螺纹轴的螺旋配合

按住鼠标左键不松开，移动鼠标（被复制的手柄球随鼠标一起移动）至装配区合适位置后单击鼠标左键，手柄球被复制。

2）单击“配合”按钮，弹出“配合”对话框。完成导杆和钳座孔的同轴心配合，按回车键确认，如图 6-30 所示。

3）完成手柄和螺杆孔的同轴心配合，结果如图 6-30 所示。

4）完成手柄球的装配。其中手柄球的螺纹轴线与手柄的螺纹轴线重合，手柄球的“A1”端面（见图 6-30）与手柄的“B1”端面重合。采用同样的方法完成第二个手柄球的装配。完成“A1”端面与螺杆轴线的距离配合，其值为“80”，结果如图 6-31 所示。

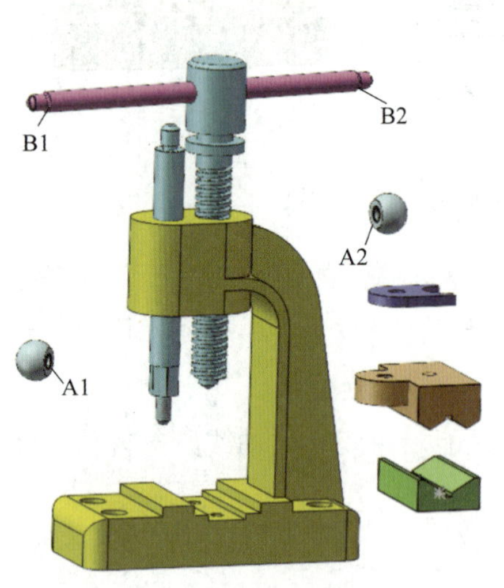

图 6-30　完成导杆和手柄的装配

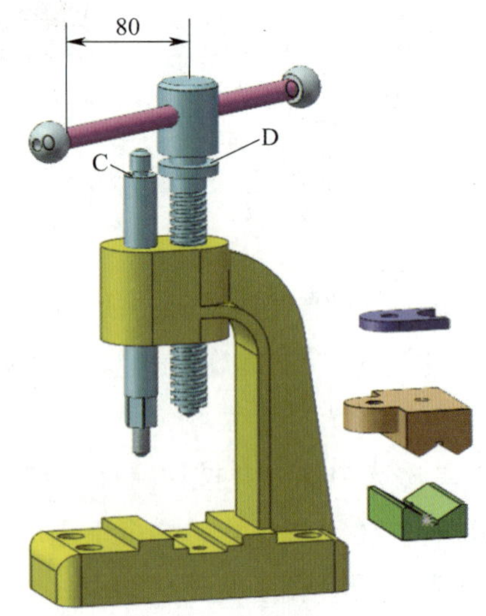

图 6-31　完成手柄球的装配

（4）装配上钳口、下钳口和压板

1）单击“配合”按钮，弹出“配合”对话框。完成压板的装配，其中压板的下平面分别与图 6–31 中的“C”面和“D”面重合，压板孔轴线与导杆轴线同轴心，完成后如图 6–32 所示。

2）完成上钳口的装配，其中上钳口螺纹孔轴线与导杆下端螺纹轴线重合，图 6–32 中的“E”面和“F”面重合，“G”面和“H”面平行，结果如图 6–33 所示。

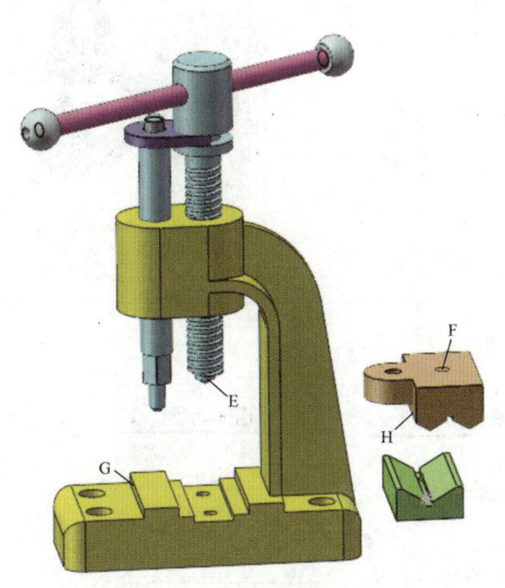

图 6–32　完成压板的装配

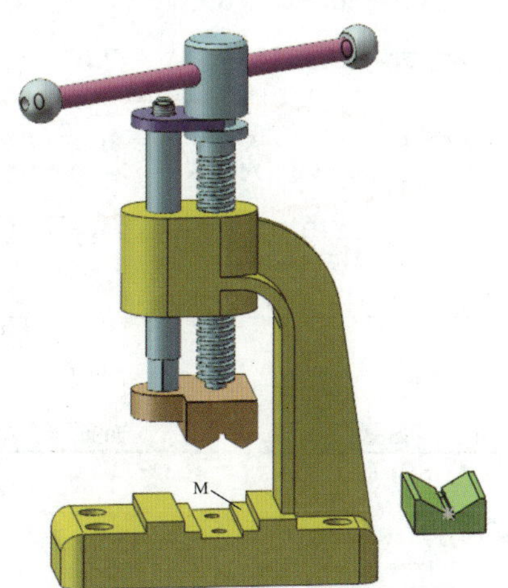

图 6–33　完成上钳口的装配

3）完成下钳口的装配，其中下钳口上两孔轴线分别与钳座上两孔轴线同轴心，下钳口底平面与图 6–33 中的“M”面重合，完成后如图 6–34 所示。

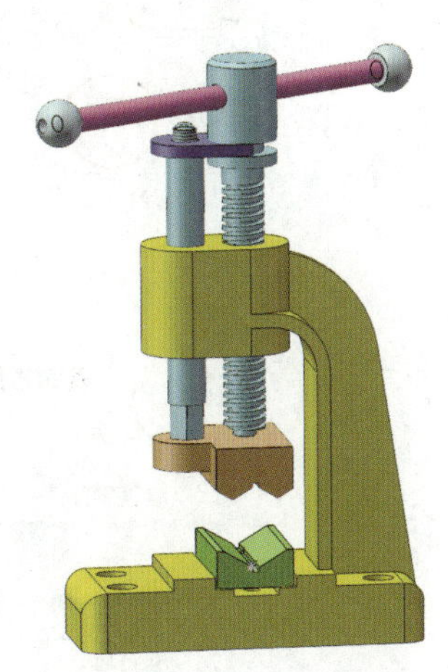
图 6–34　完成下钳口的装配

（5）调用设计库，装配螺钉和螺母

1）如图 6–35 所示，单击装配窗口右上方的“设计库”按钮，在弹出的“设计库”窗口中单击“工具盒”按钮 Toolbox，弹出如图 6–36 所示的设计库选项，参照图 6–36 所示的流程，完成“设计库”调用螺母操作。

2）用鼠标左键双击“国标”设计库按钮，弹出“标准件”类型选择界面。双击“螺母”按钮，弹出“螺母”类型选择界面。双击“六角螺母”按钮，弹出“六角螺母”类型选择界面。

3）用鼠标右键单击“1 型六角螺母”，在弹出的右键菜单中单击“插入到装配体”，弹出如图 6–37 所示的“配置零部件”对话框，在“大小：”选项中选择“M10”，单击“确定”按钮 ✓ 完成六角螺母标准件的插入。

4）采用同样的方法，完成规格为“M6×12”的“六角头头部带槽螺钉”标准件的插入，完成后如图 6–38 所示。

5）完成螺钉和螺母的装配，完成后如图 6–39 所示。

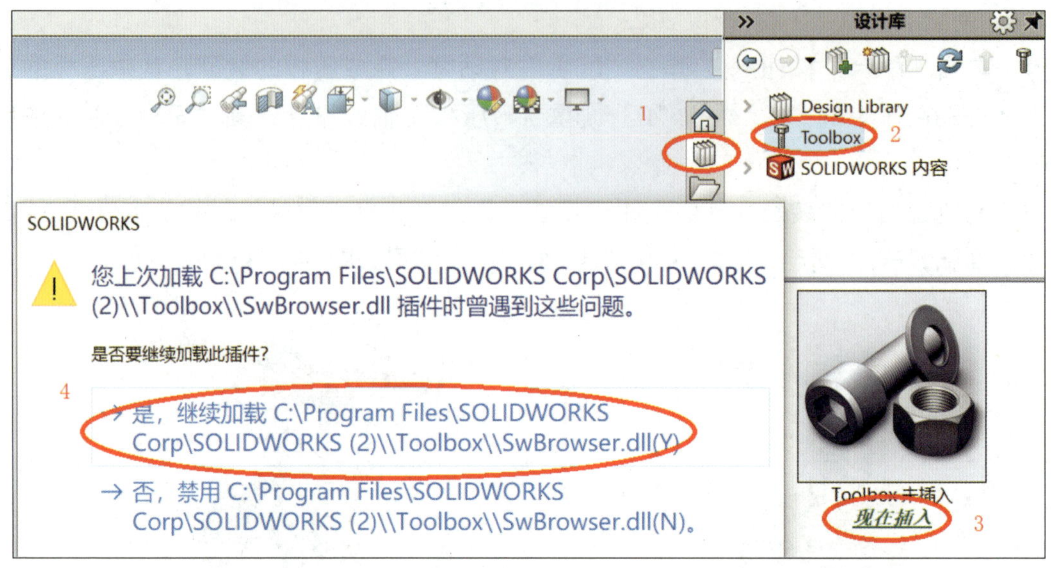

图 6-35　设计库

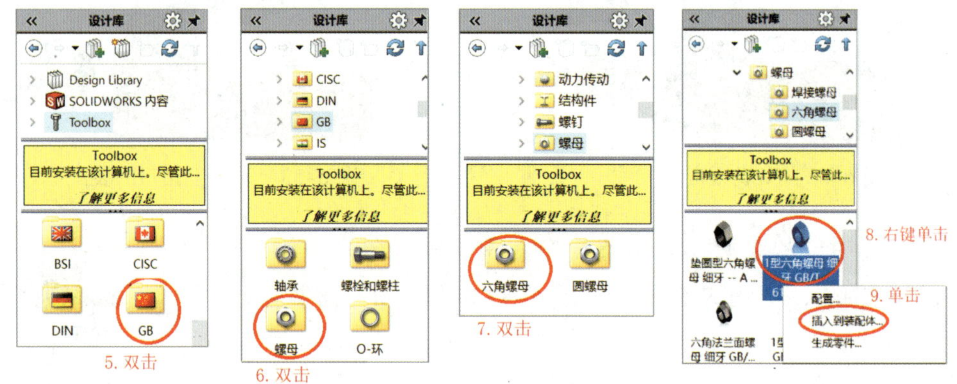

图 6-36　“设计库”调用螺母操作流程

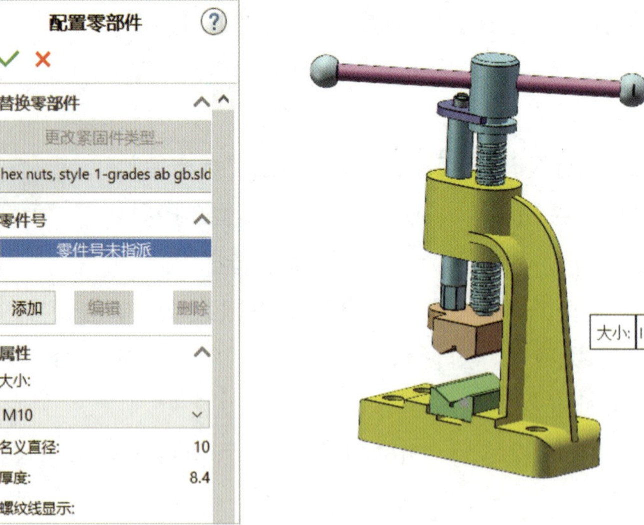

图 6-37　插入六角螺母标准件

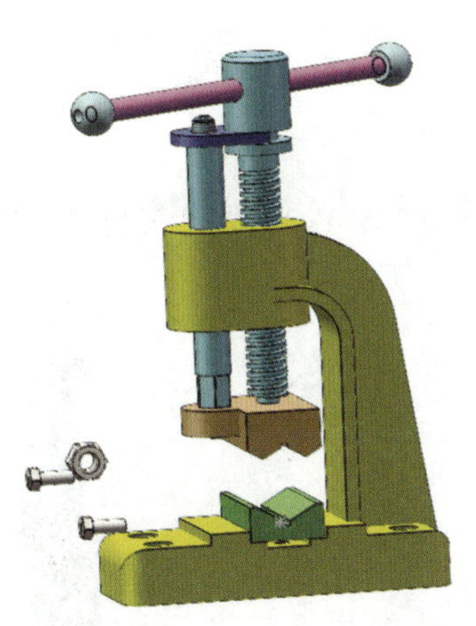

图 6–38　插入六角头螺钉标准件

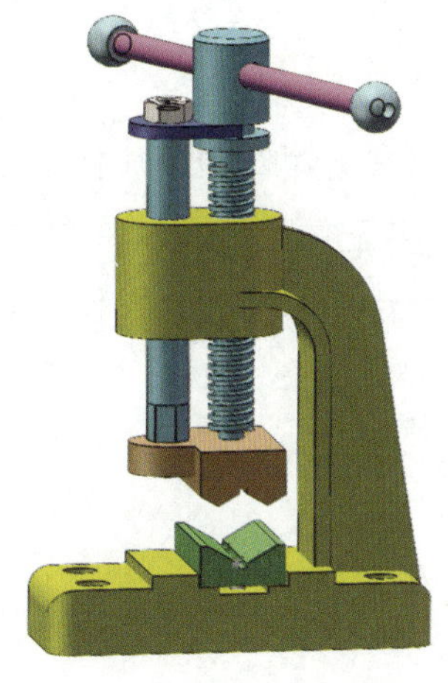

图 6–39　完成后的装配体

（6）限制移动距离

1）单击“配合”按钮，弹出“配合”对话框。

2）单击“高级”按钮 高级，弹出如图 6–40 所示的“LimitDistance1”对话框，单击选择上、下钳口的夹持面。

3）输入两面之间最小距离“”为“0”，输入两面之间最大距离“”为“40”，输入距离“”为“40”。

4）单击“确定”按钮完成限制移动距离设置。

提示

请读者自行设置手柄的移动距离为“15 ~ 150”。

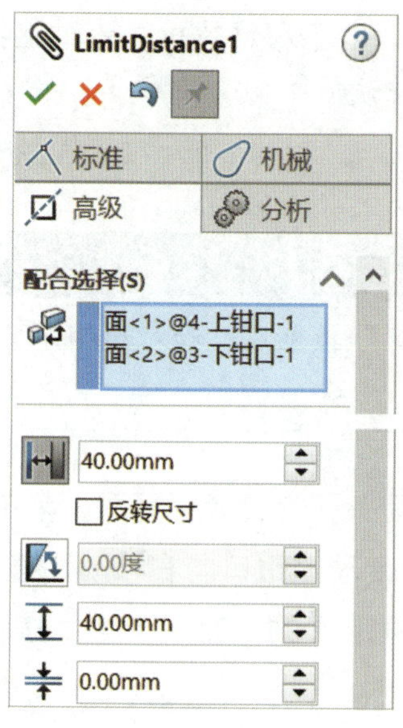

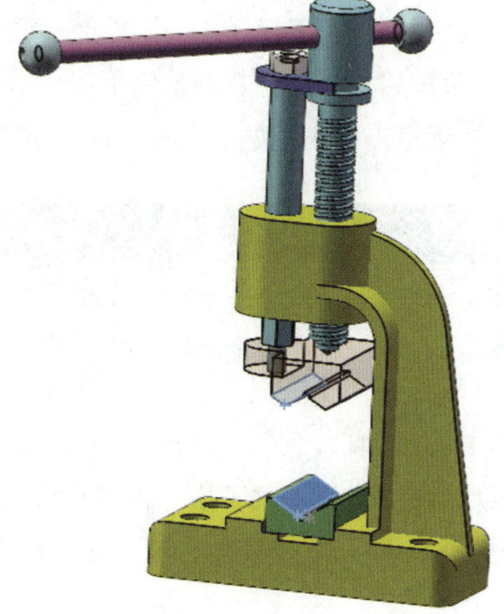

图 6–40　限制移动距离

3. 生成爆炸视图

（1）上钳口和下钳口的爆炸视图

1）单击“装配体”工具栏中的“爆炸视图”按钮 ，弹出如图 6–41 所示的界面，左侧为“爆炸”对话框，右侧为操作区。

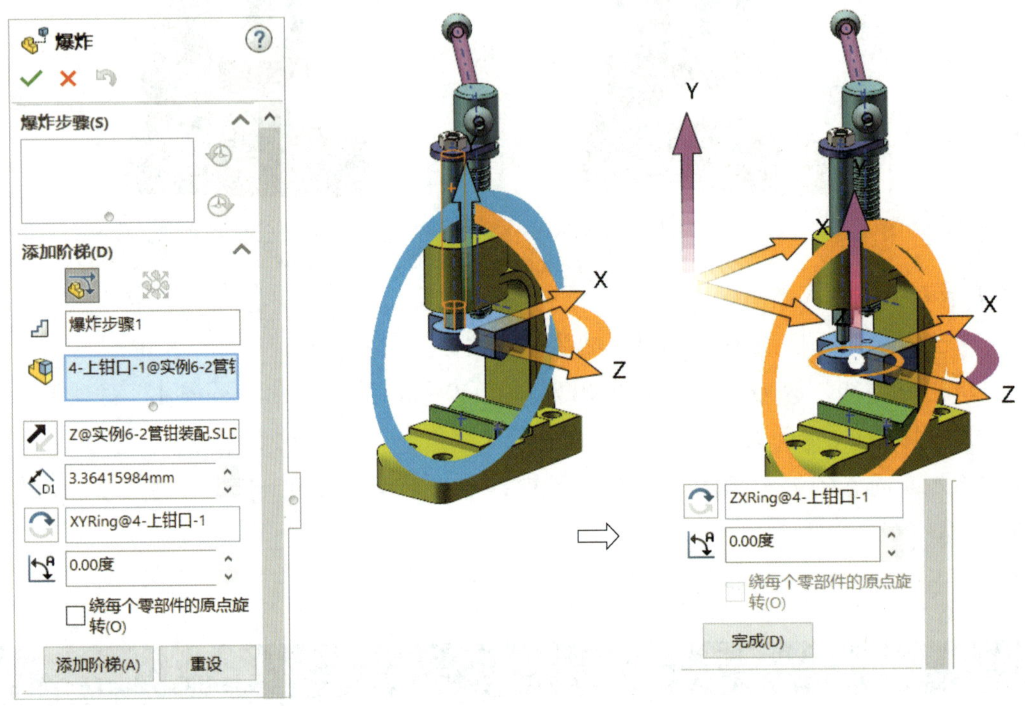

图 6–41　上钳口向下移动爆炸

2）单击上钳口，在上钳口位置出现移动光标箭头和旋转光标箭头。单击“Y”向的移动光标箭头（此时箭头呈蓝色），按住鼠标左键不松开，向下移动鼠标，带动上钳口向下移动，移至适当位置后松开鼠标左键，将上钳口放置在该位置。

3）单击对话框下方出现的“完成（D）”按钮 完成(D)，完成上钳口向下移动爆炸。

提示

读者不妨试一试：分别单击对话框左上方的“确定”按钮 ✓ 和对话框下方的“完成（D）”按钮 完成(D)，看看两者之间的操作有什么区别。

4）再次单击上钳口，在上钳口位置出现移动光标箭头和旋转光标箭头。单击“Z”向的移动光标箭头，按住鼠标左键不松开，向右移动鼠标，带动上钳口向右移动，移至适当位置后松开鼠标左键，将上钳口放置在该位置。单击对话框下方的“完成（D）”按钮 完成(D)，结果如图 6–42 所示。

5）采用同样的方法，完成下钳口及其螺钉的向右移动爆炸，结果如图 6–43 所示。

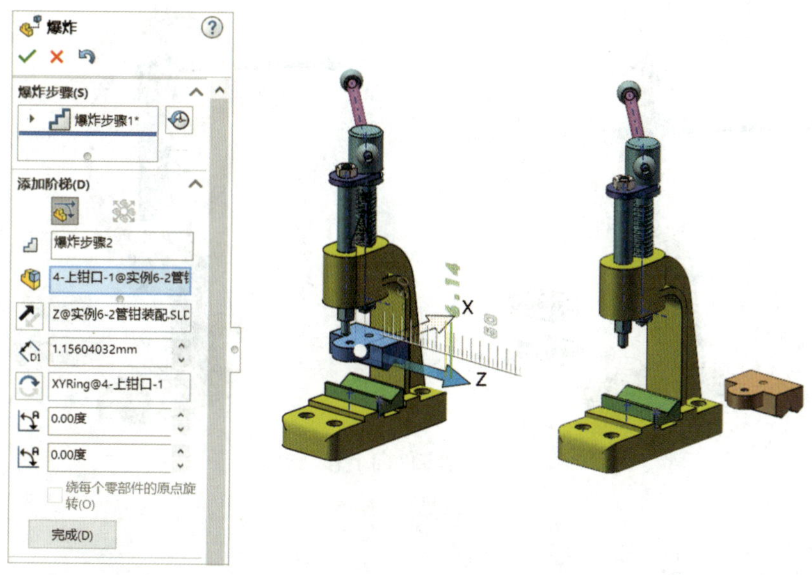

图 6–42 上钳口向右移动爆炸

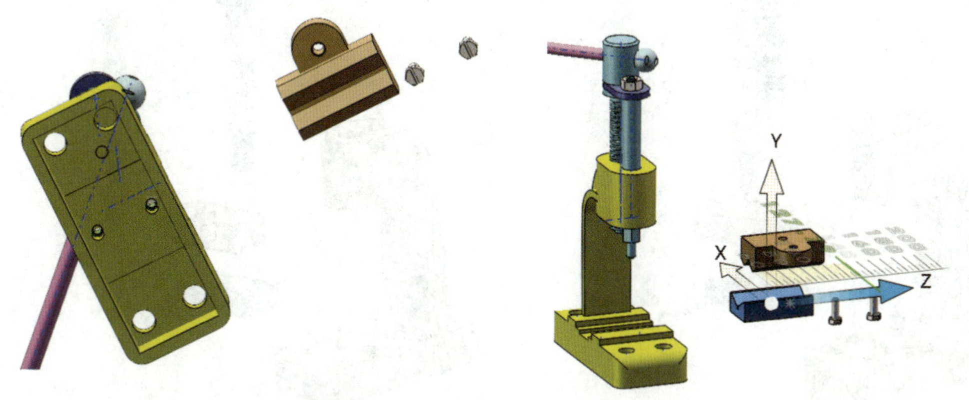

图 6–43 下钳口及其螺钉的移动爆炸

（2）其他零件的爆炸视图

1）分别单击导杆、压板、螺杆、手柄和手柄球、螺母等零件，出现移动光标箭头和旋转光标箭头。单击“Y”向的移动光标箭头，按住鼠标左键不松开，向上移动鼠标，带动各零件向上移动，移至适当位置后松开鼠标左键，将零件放置在该位置，结果如图 6–44 所示。

2）采用框选方式选中移动后的各零件，将其向右移至适当位置，单击“完成（D）”按钮 完成(D) 。再次向下移动各零件，单击“完成（D）”按钮 完成(D)，结果如图 6–45 所示。

3）分别单击导杆、压板和螺母，出现移动光标箭头和旋转光标箭头。单击“X”向的移动光标箭头，按住鼠标左键不松开，向“–Y”向移动鼠标，带动各零件向下移动，移至适当位置后松开鼠标左键，将各零件放置在该位置，结果如图 6–46 所示。

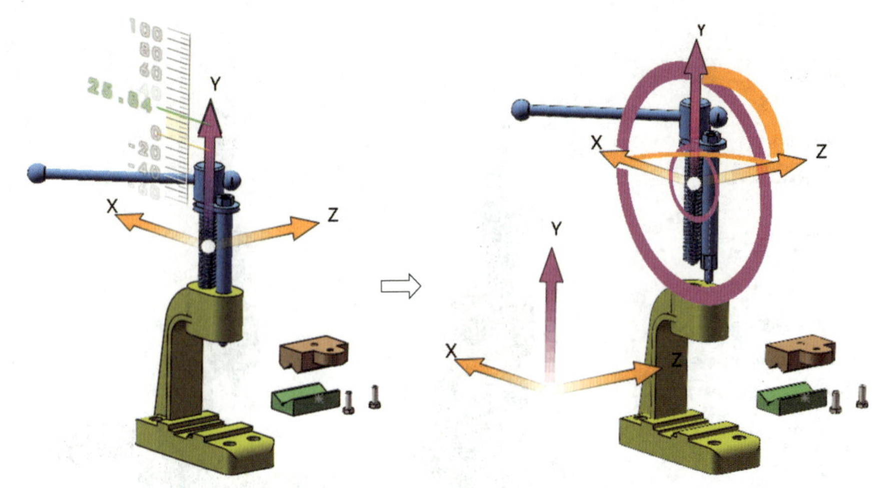

图 6-44　各零件向上移动爆炸

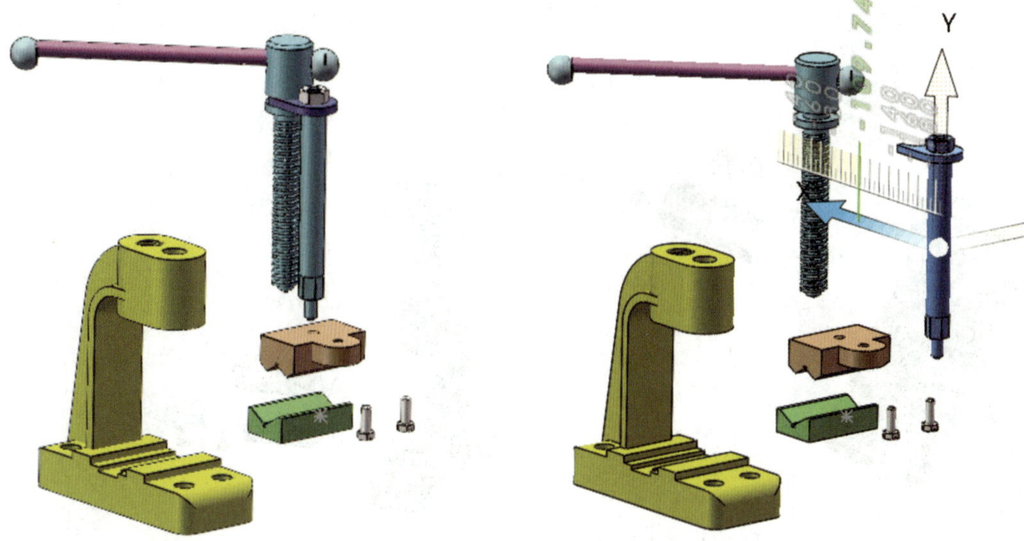

图 6-45　各零件向右及向下移动爆炸

图 6-46　导杆等零件向下移动爆炸

4）采用相同的方法，完成手柄和手柄球、压板和螺母的移动爆炸，单击“确定”按钮✓完成爆炸视图，结果如图 6-47 所示。

四、知识与技能延伸

1. 在装配体中编辑零件特征

在管钳模型装配过程中，由于压板孔的直径为“9”，而导杆上端的螺纹尺寸为“M10”，须将压板孔的直径修改为“12”，操作过程如图 6-48 所示。

（1）单击装配体中的压板，在弹出的菜单中单击“编辑零件（A）”按钮。

（2）此时特征管理设计树中的“（-）7- 压板 <1>”呈蓝色，单击用于拉伸压板的“草图 1”，在弹出的菜单中单击“编辑草图”按钮。

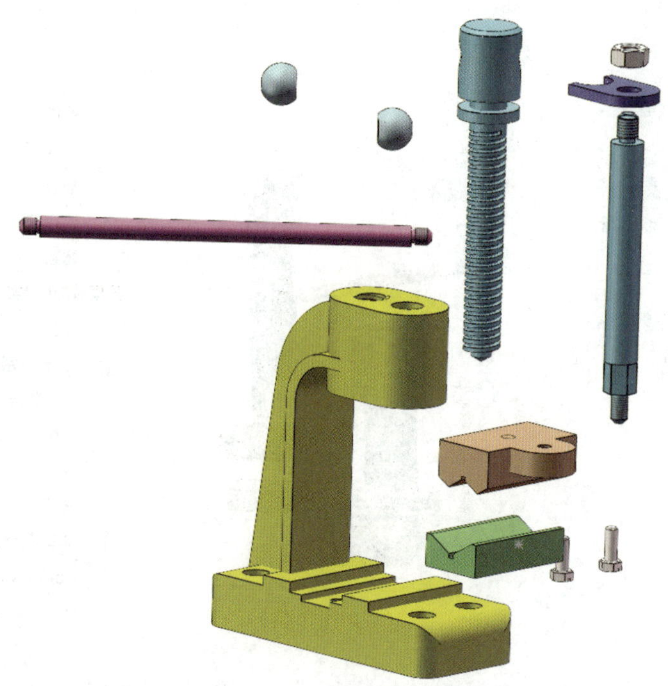

图 6–47　完成后的爆炸视图

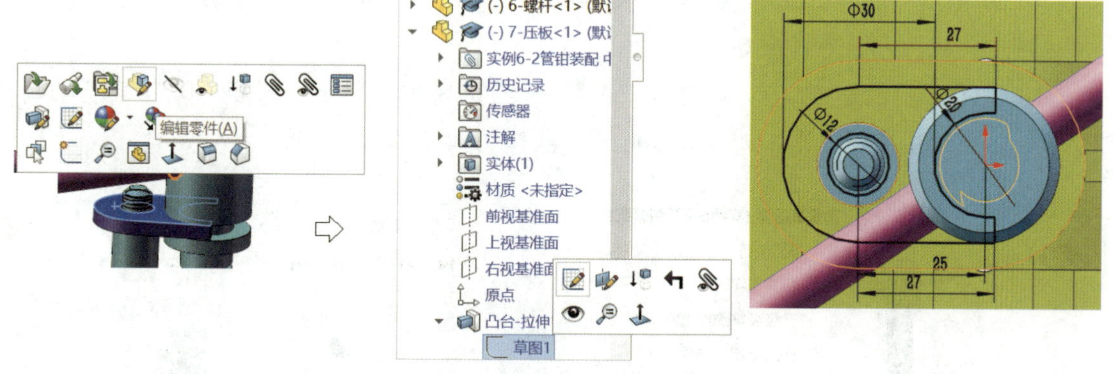

图 6–48　在装配体中编辑零件特征

（3）修改孔的尺寸约束为“ϕ12”。

（4）单击窗口右上角的“结束草图”按钮，再单击“结束特征编辑”按钮，装配体中压板孔直径变为“12”。

（5）采用同样的方法，编辑上钳口的螺纹尺寸为“M8”。编辑导杆总长为“152”，上端螺纹长度为“14”。

（6）保存装配体文件。

2. 解除爆炸

（1）单击特征管理设计树中的“配置管理”按钮，弹出如图 6–49 所示的“配置”对话框。

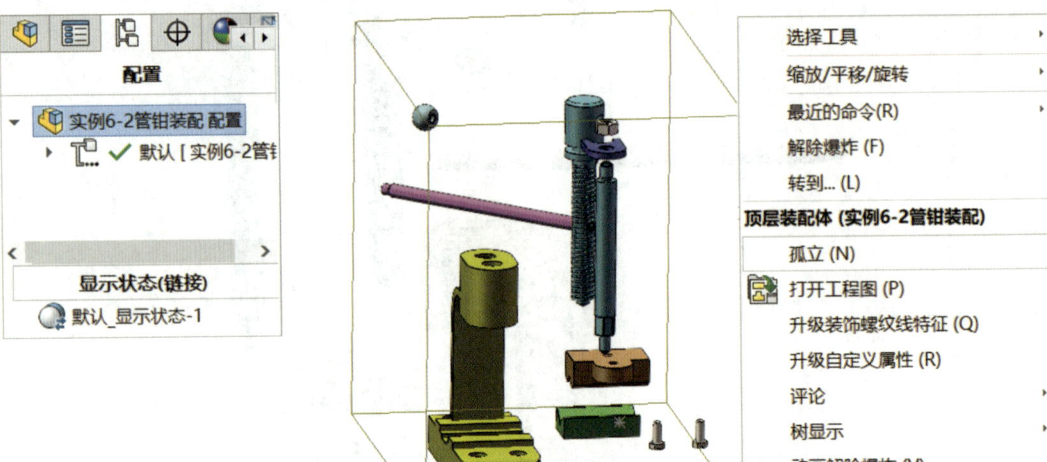

图 6–49　解除爆炸

（2）单击选中“实例 6–2 管钳装配 配置”，此时装配区显示立方体方框，包含所有爆炸零件。

（3）用鼠标右键单击立方体方框，在弹出的右键菜单中单击“解除爆炸（F）”或“动画解除爆炸（V）”，结果如图 6–50a 所示。

（4）用鼠标右键单击立方体方框，在弹出的右键菜单中单击“爆炸（U）”或“动画爆炸（V）”，重新生成爆炸图，如图 6–50b 所示。

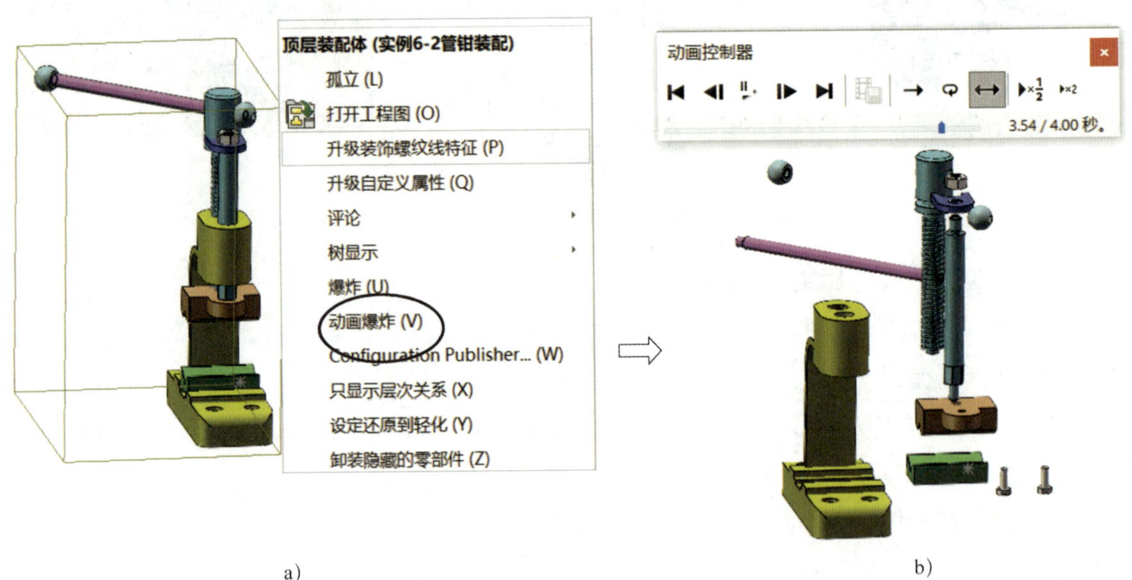

图 6–50　动画爆炸

五、任务拓展

任务拓展　完成如图 6-51 所示平口钳模型的建模与装配。

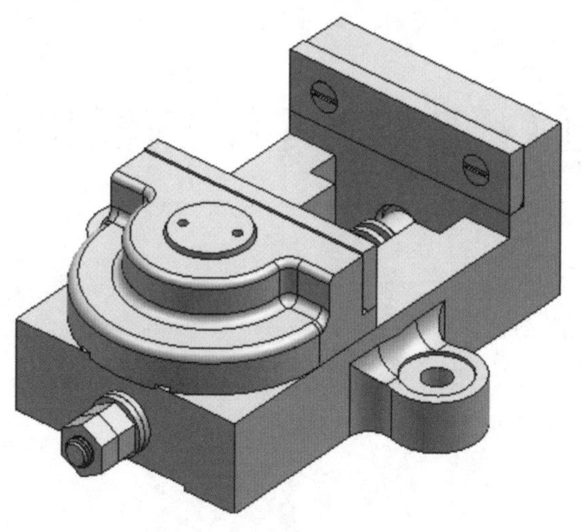

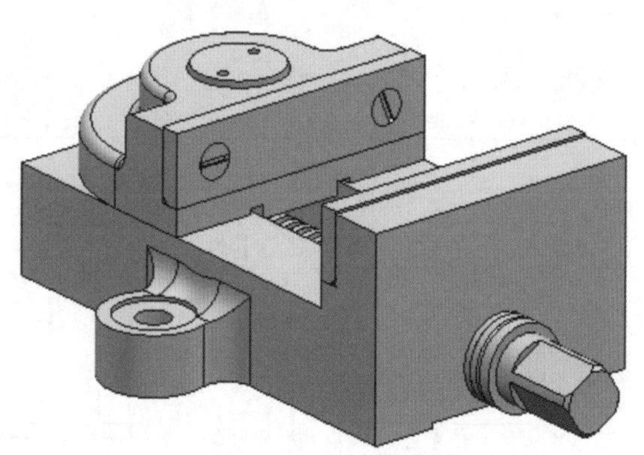

图 6-51　平口钳模型

模块七　工程图的创建

课题 1　叉架类零件工程图的创建

一、学习目标

1．掌握工程图的生成方法。

2．掌握基本视图的形成方法。

3．掌握辅助视图、局部视图的生成方法。

4．掌握尺寸标注方法。

二、工作任务

完成如图 7–1 所示“弯板”零件的实体建模，并选用 A3 幅面的图纸生成工程图。

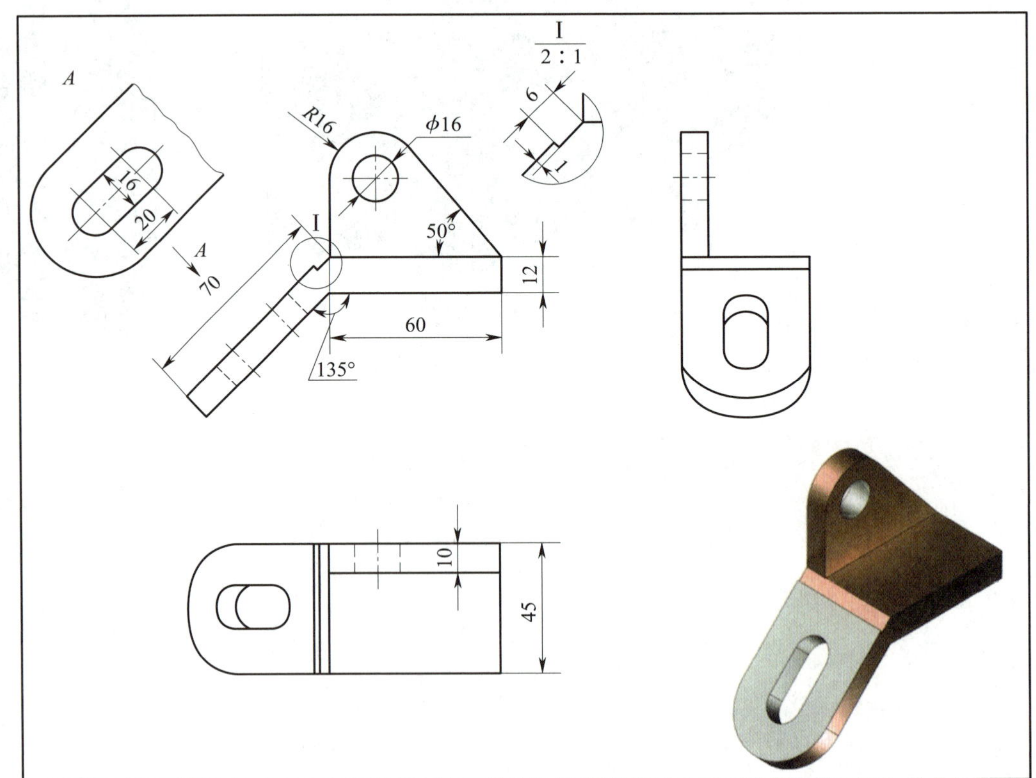

图 7–1　叉架类零件工程图示例

三、任务实施

1. 创建投影视图

（1）创建基本视图

1）完成“弯板”零件的建模，保存文件名为“实例 7–1 弯板”。

2）单击标准工具栏中的“新建（Ctrl+N）”按钮，弹出如图 7–2 所示的“新建 SOLIDWORKS 文件”对话框，单击切换至“模板”选项卡，选中“gb_a3”。

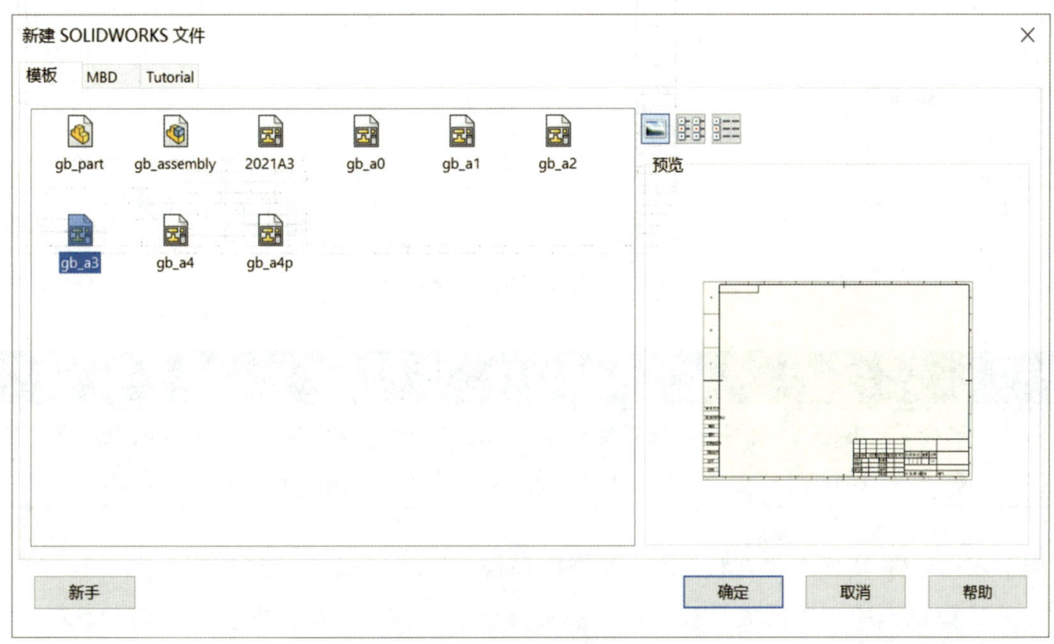

图 7–2　“新建 SOLIDWORKS”文件对话框

3）单击“确定”按钮，弹出如图 7–3 所示的选择字体对话框，选择“→ 使用临时的替换字体（U）。”，弹出如图 7–4 所示的“模型视图”对话框。

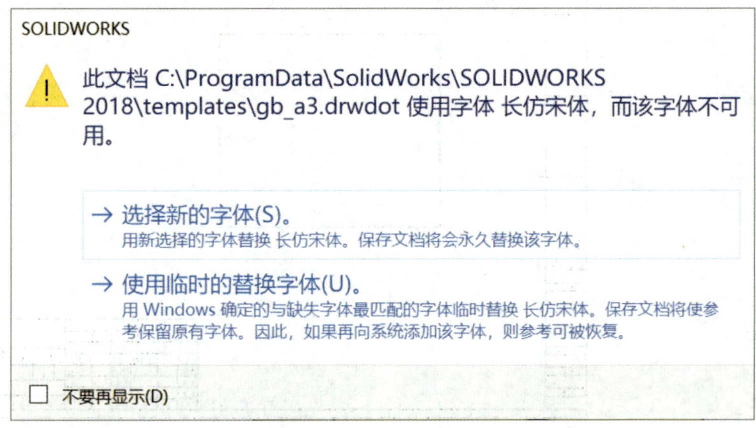

图 7–3　选择字体对话框

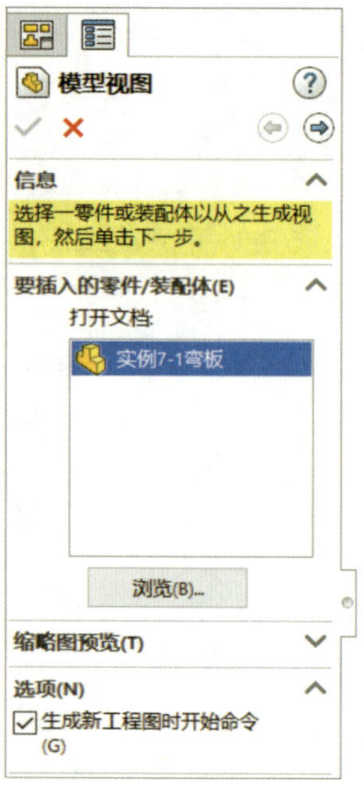

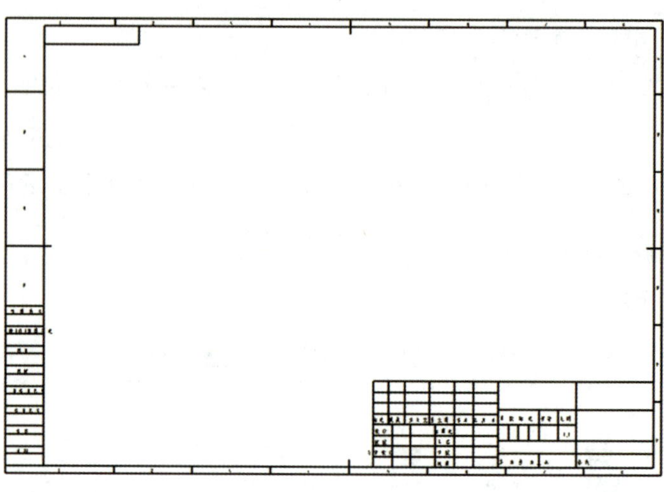

图 7-4 “模型视图”对话框

提示

由于选择了“gb_a3”，绘图区的图纸幅面为“A3”。对话框中的“要插入的零件/装配体（E）”中显示“实例 7-1 弯板”，也可单击“浏览（B）...”按钮 浏览(B)... 重新选择插入的零件。

4）双击“实例 7-1 弯板”，此时“模型视图”对话框变成图 7-5 所示，在“标准视图：”下方默认选中“主视图”按钮，在绘图区显示用于放置主视图的方框（该方框可随鼠标移动）。

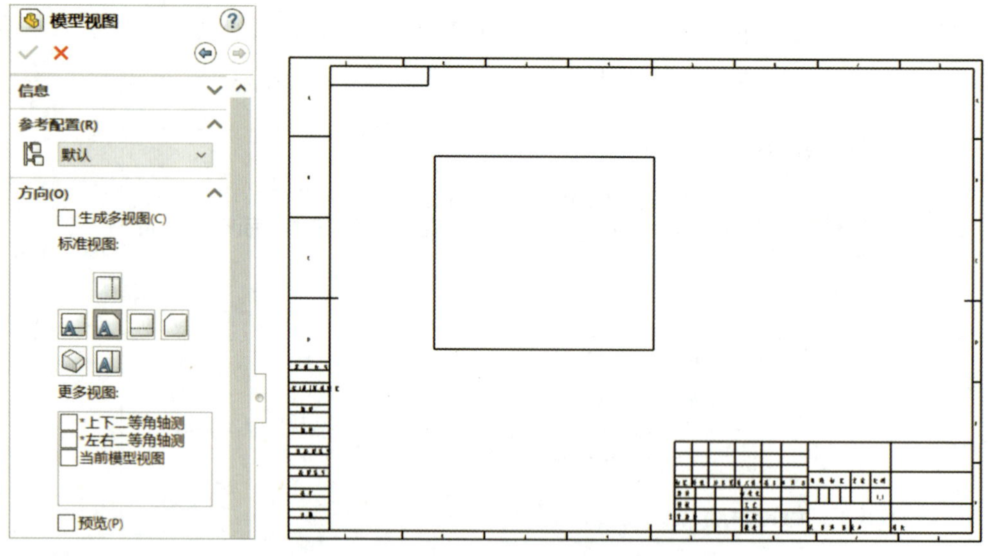

图 7-5 选择插入零件后的“模型视图”对话框

5）单击鼠标左键，主视图即显示在绘图区，此时对话框显示为“投影视图”，结果如图 7–6 所示。

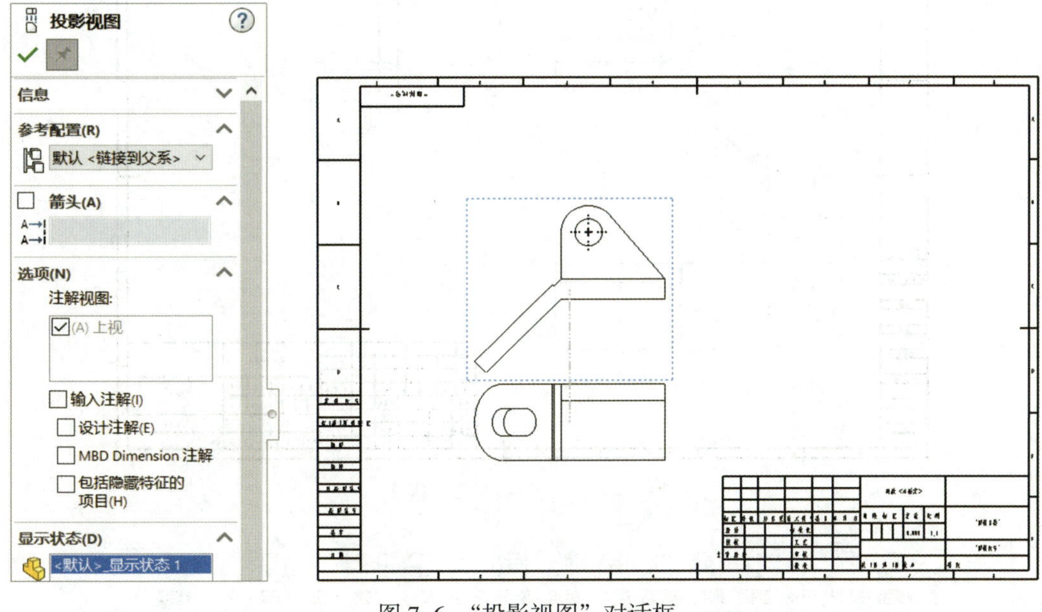

图 7–6　“投影视图”对话框

6）在绘图区向下移动鼠标，显示俯视图轮廓，将鼠标移至适当位置后单击其左键，即可将俯视图放置在该位置。向右移动鼠标，显示左视图轮廓，将鼠标移至适当位置后单击其左键放置左视图。

提示

试一试：鼠标分别向上和向左移动，会显示怎样的投影效果？向左上、左下、右上、右下方向移动鼠标，又会显示怎样的投影效果？

7）单击“确定”按钮 ✓ 完成投影视图，结果如图 7–7 所示。

（2）调整视图位置和视图显示样式

1）在命令管理器中单击“工程图”，显示如图 7–8 所示的“工程图”工具栏。单击“投影视图”按钮，返回“投影视图”对话框。

2）单击主视图并向左上方移动鼠标，显示立体图，单击鼠标左键暂时放置立体图，单击“确定”按钮 ✓ 完成立体图的投影，结果如图 7–9 所示。

3）将鼠标移至立体图上方，立体图周围出现红色的虚线方框。单击该方框边界，虚线方框的颜色变成蓝色，在光标处出现“移动”标记，按住鼠标不松开，将立体图移至右下角位置，结果如图 7–10 所示。

4）采用同样的方法，在左右方向调整左视图的位置。调整主视图的位置时，带动左视图调整上下方向的位置，带动俯视图调整左右方向的位置。

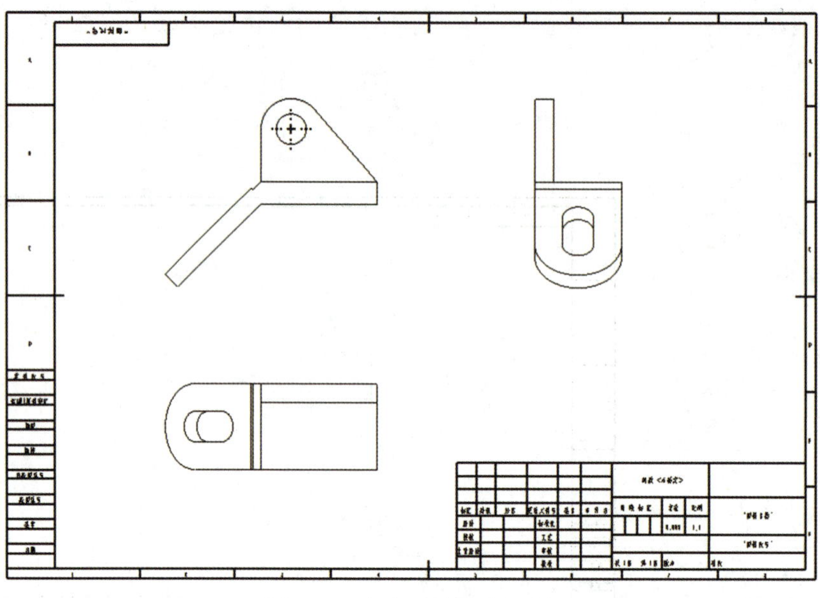

图 7-7　完成后的基本视图

图 7-8　“工程图”工具栏

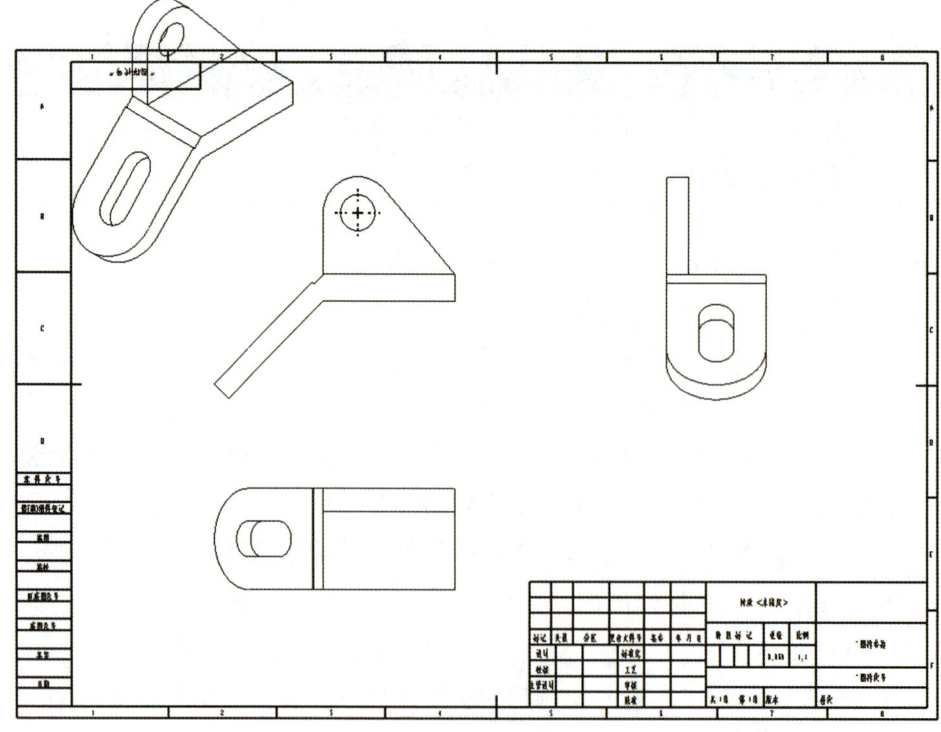

图 7-9　立体图的投影

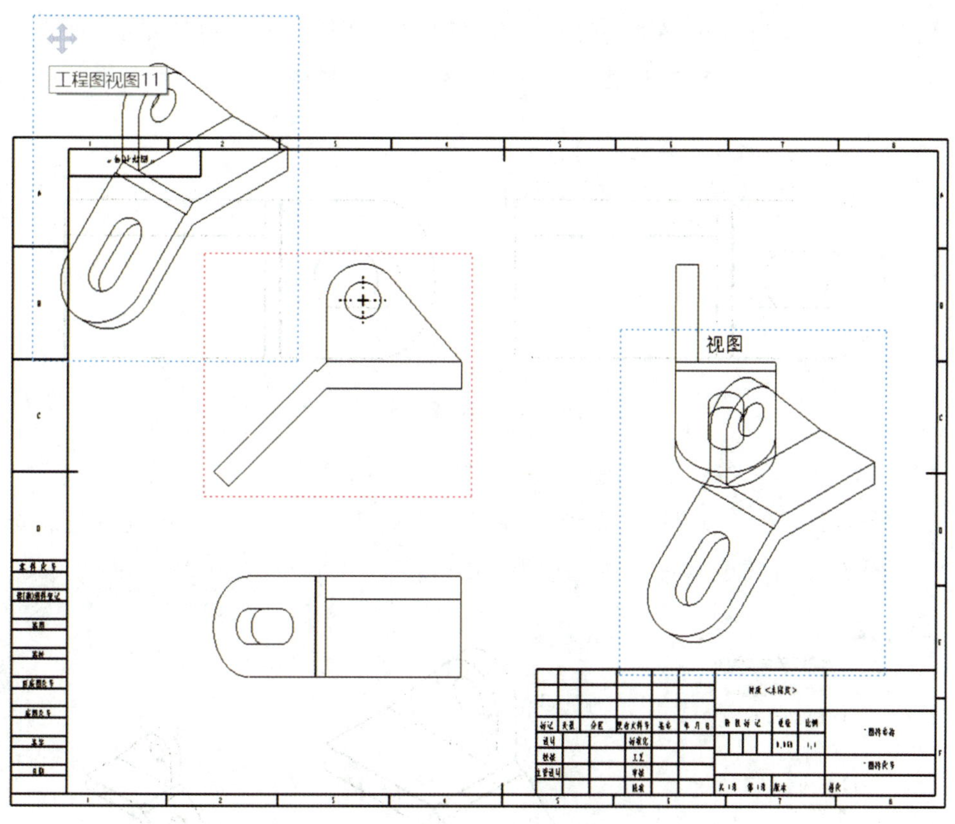

图 7–10　调整立体图的位置

5）调整完成后单击立体图，弹出“工程图视图 4”对话框，在“显示样式（D）”中单击“带边线上色”按钮 ，使立体图呈“带边线上色”显示。采用同样的方法使主视图和俯视图呈“隐藏线可见”（单击“隐藏线可见”按钮 ）显示，完成后如图 7–11 所示。

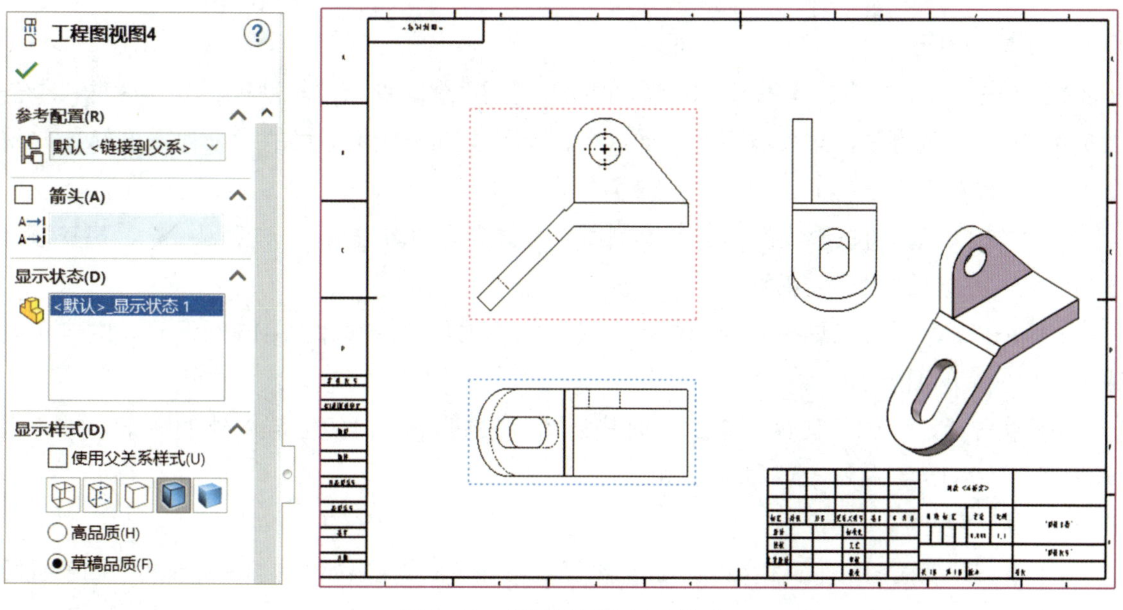

图 7–11　调整视图的显示样式

6）用鼠标左键单击俯视图左侧的虚线，在弹出的菜单中单击“隐藏 / 显示边线”按钮，将选中的虚线隐藏，结果如图 7–12 所示。采用同样的方法隐藏俯视图中表示腰形孔的虚线。

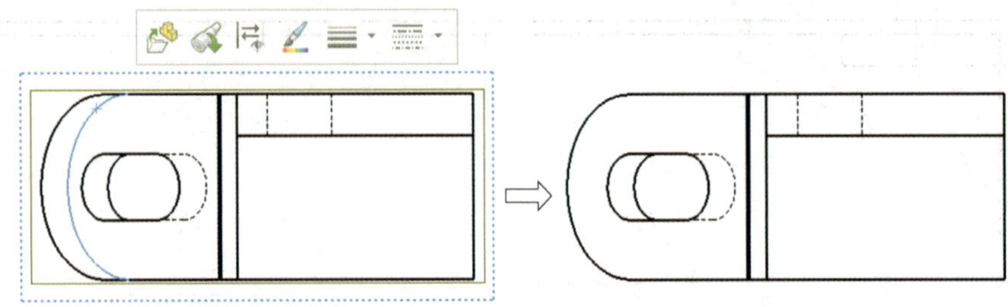

图 7–12　隐藏图素

7）再次单击立体图，弹出“工程图视图 4”对话框。拖动对话框右侧的“滚动条”，在如图 7–13 所示界面处的“比例（S）”中选中“使用自定义比例（C）”单选按钮，选择比例为“1∶2”，图 7–13 中的立体图尺寸缩放为“0.5”。

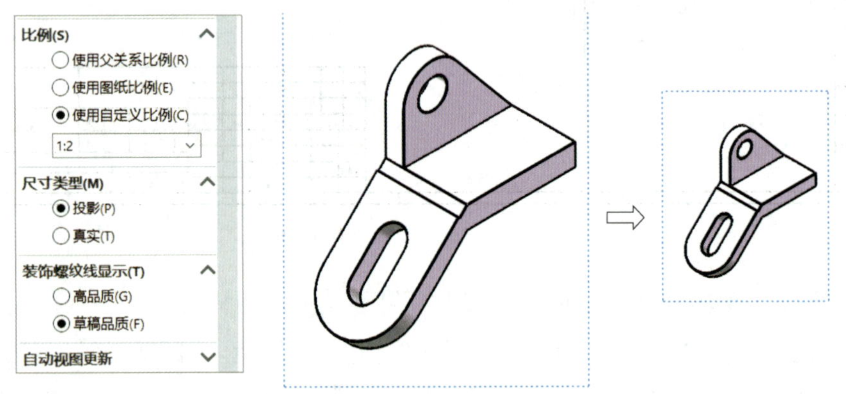

图 7–13　设置实体显示比例

（3）剪裁视图

1）单击“工程图”工具栏中的“辅助视图”按钮，弹出“辅助视图”对话框，单击图 7–14 中的参考边线，向其右下方移动鼠标，显示垂直于参考边线的投影视图（“A”向视图），单击鼠标左键。

2）单击鼠标，将投影视图移至左上侧适当位置。同时单击“A”向箭头，将其移至适当位置。完成后如图 7–14 所示。

3）单击“草图”工具栏中的“样条曲线”按钮，绘制如图 7–15 所示封闭的样条曲线（包含保留的图素）。

4）单击“工程图”工具栏中的“剪裁视图”按钮，封闭区域以外的图素均被剪裁掉，完成图 7–15 中右侧“A”向视图的绘制。

（4）局部视图

1）单击“工程图”工具栏中的“局部视图”按钮，弹出如图 7–16 所示的“局部视图 1”对话框，选中“圆（L）”单选按钮，光标处显示画圆图标，在相应的轮廓位置绘制圆。

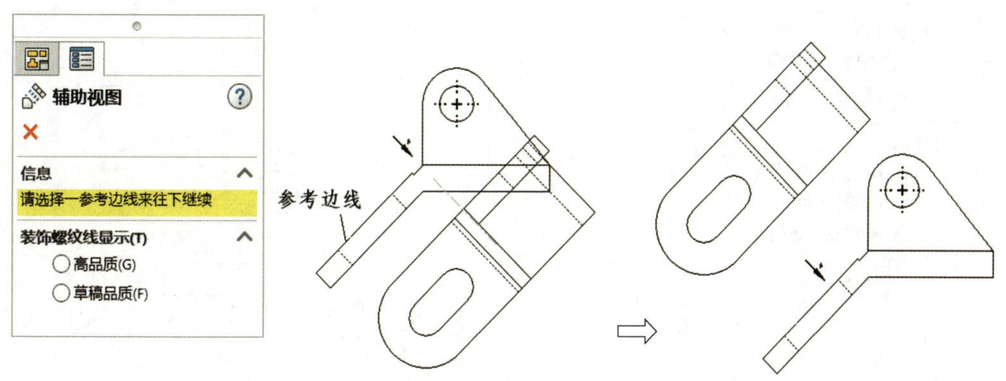

图 7-14　投影“A”向视图

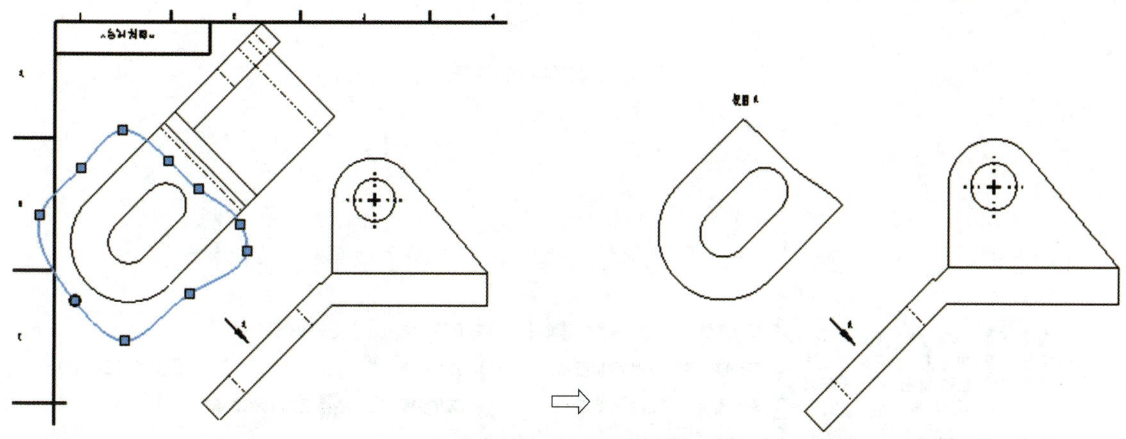

图 7-15　剪裁视图

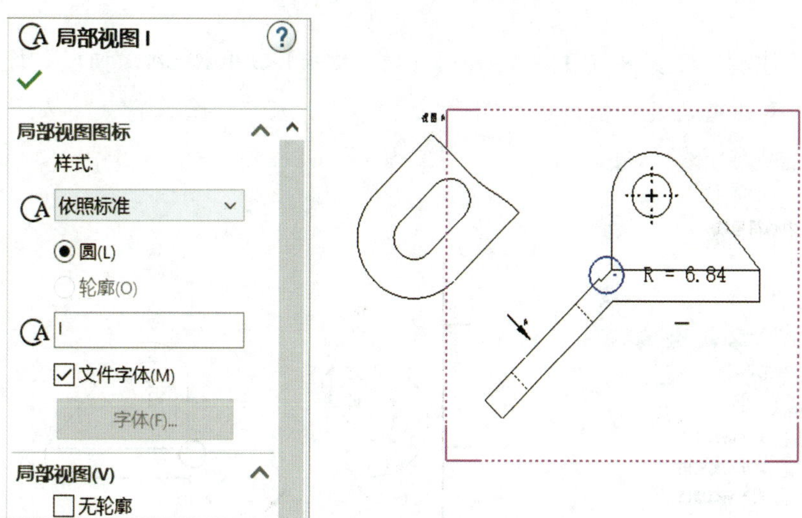

图 7-16　“局部视图 1”对话框

2）移动鼠标即显示圆内轮廓的局部放大图。拖动对话框右侧的滚动条，在如图 7-17 所示界面处的“比例（S）”中选择“2∶1”，在主视图右上侧单击鼠标，绘制图 7-17 中的局部视图。

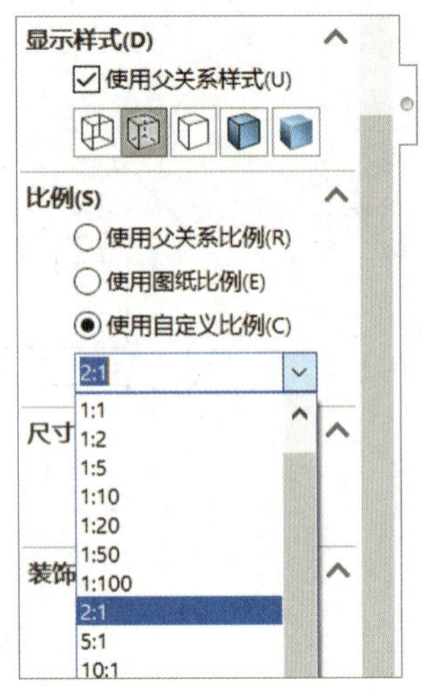

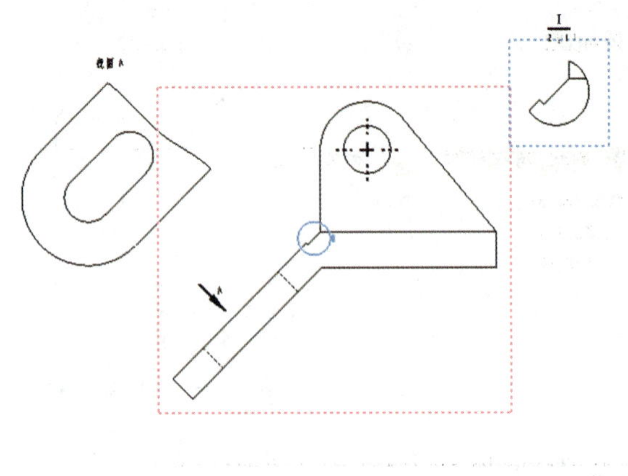

图 7–17　绘制局部视图

2. 图形标注

（1）绘制中心线

1）在命令管理器中单击“注解”按钮，显示如图 7–18 所示的“注解”工具栏。

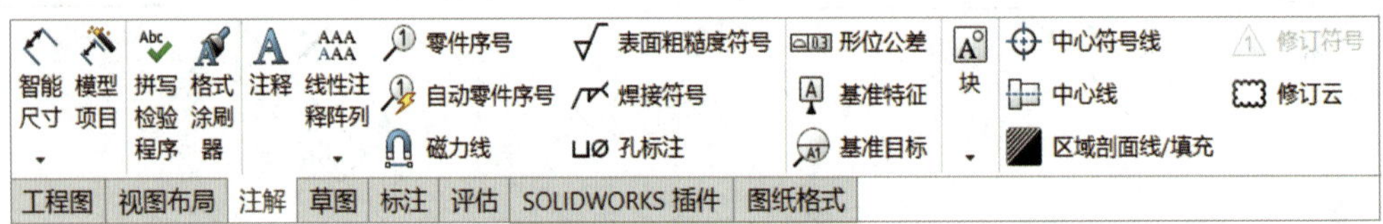

图 7–18　“注解”工具栏

2）单击“注解”工具栏中的“中心符号线”按钮 **中心符号线**，弹出如图 7–19 所示的“中心符号线”对话框，在“槽口中心符号线（S）”下选中“槽口端点”按钮 。单击槽口轮廓，绘制槽口中心符号线。

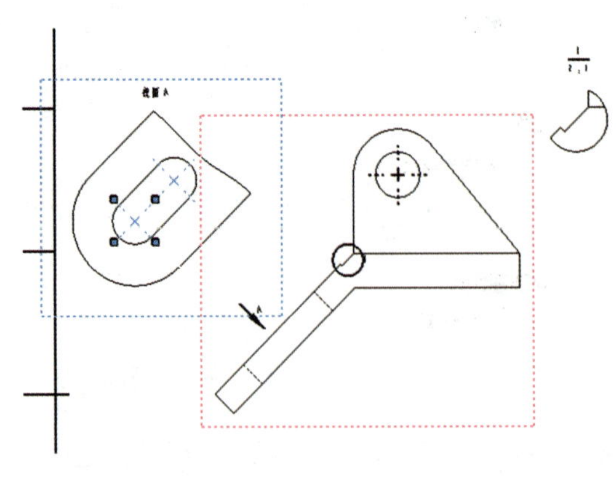

图 7–19　“中心符号线”对话框

3）单击“注解”工具栏中的“中心线”按钮 中心线，弹出如图 7–20 所示的“中心线”对话框，选中“自动插入”下方的“选择视图”复选框。单击主视图，在主视图中自动插入所有中心线。单击俯视图，在俯视图中自动插入所有中心线。

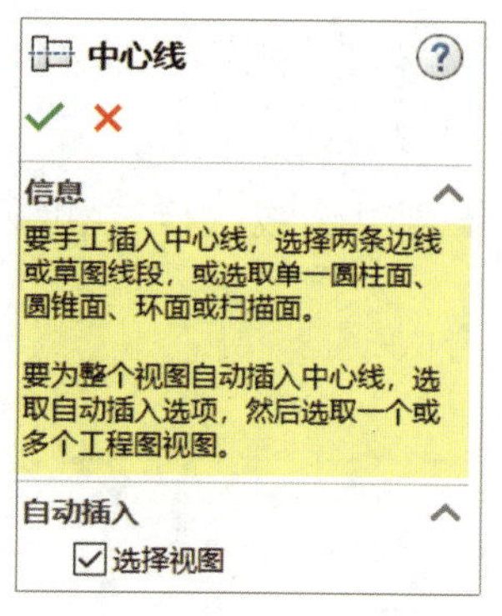

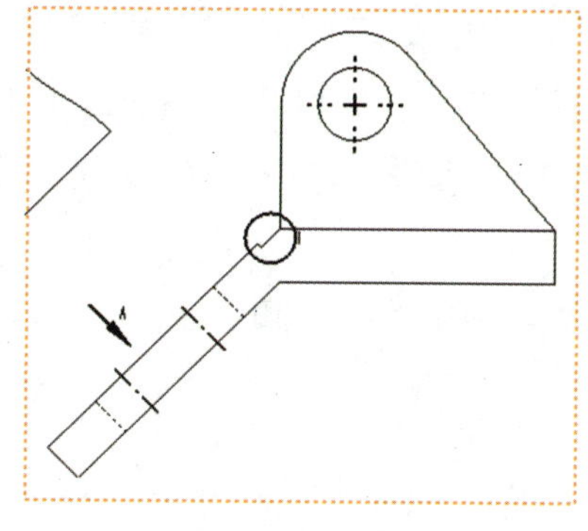
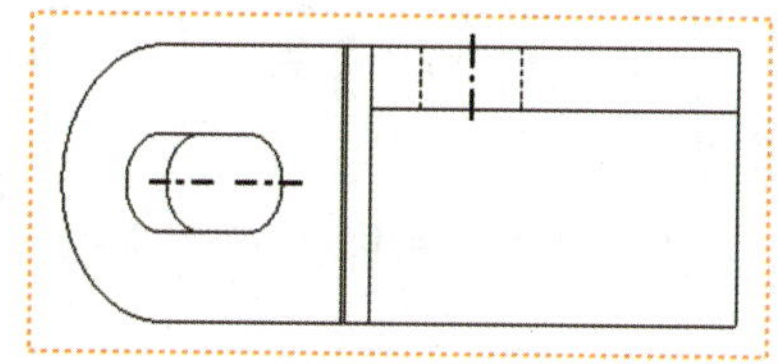

图 7–20　“中心线”对话框

（2）标注智能尺寸

1）单击“注解”工具栏中的“智能尺寸”按钮，弹出“尺寸”对话框。

2）采用类似的方法完成尺寸约束，结果如图 7–21 所示。

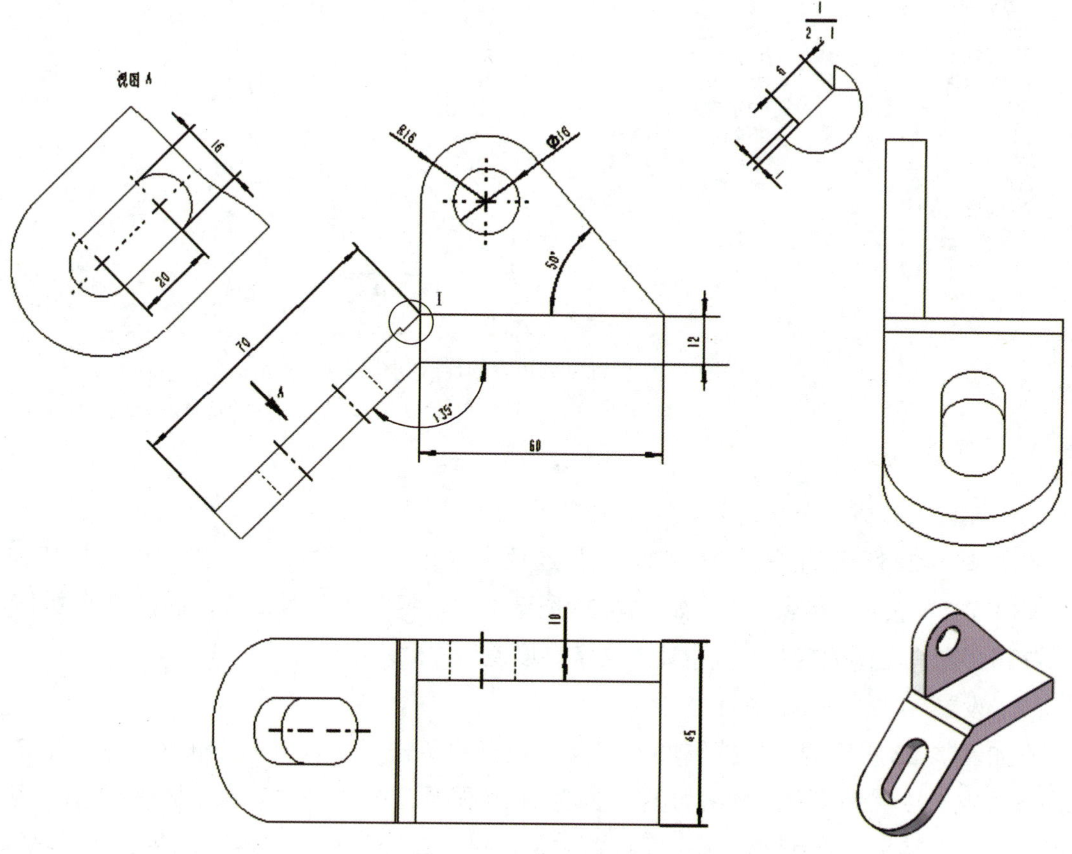

图 7–21　标注智能尺寸

四、知识与技能延伸

1. 设置工程图线型

采用以下方法设置可见边线、隐藏边线、草图曲线等类型线条的样式和线粗：

（1）单击标准工具栏中的“选项”按钮，弹出“系统选项（S）”对话框。

（2）单击切换至“文档属性（D）”选项卡，按图 7–22 所示设置可见边线的样式和线粗。

（3）采用同样的方法设置其他类型线条的样式和线粗。

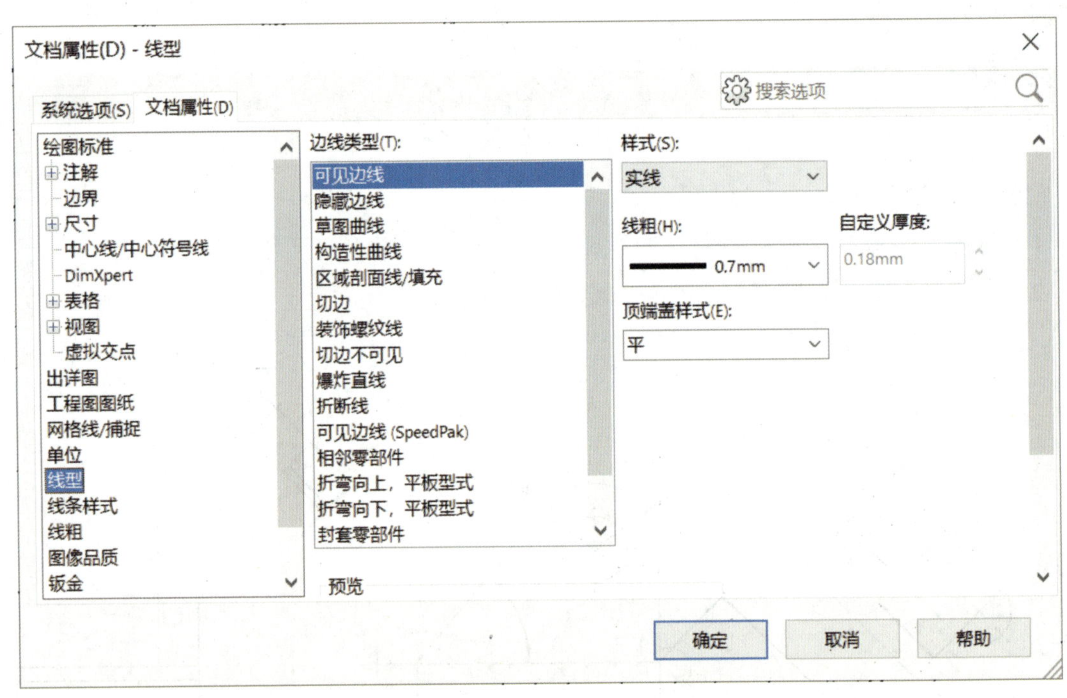

图 7–22　设置可见边线的样式和线粗

2. 修改标注样式

（1）设置尺寸标注中的文字高度

在如图 7–22 所示的“文档属性（D）”选项卡中单击“尺寸”，在弹出的界面中单击“字体（F）...”按钮，弹出如图 7–23 所示的“选择字体”对话框，选中“单位（N）”单选按钮，在其右侧的空白方框中输入文字高度值为“5”。

（2）设置尺寸标注中的文字水平

在如图 7–22 所示的“文档属性（D）”选项卡中单击“⊞ 尺寸”左侧的标记 ⊞，在其展开选项中选中“角度”，弹出如图 7–24 所示的界面，单击“文字水平”按钮，所有角度标注的文字呈水平状态。采用同样的方法，使“直径”和“半径”标注的文字呈水平状态。

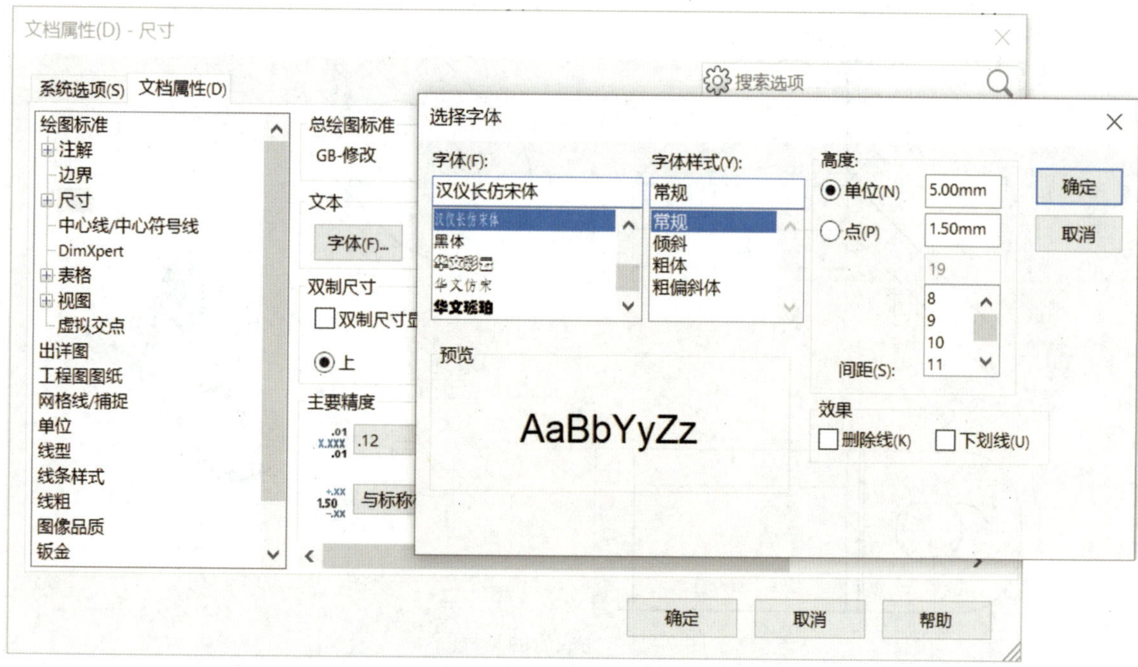

图 7–23　设置尺寸标注中的文字高度

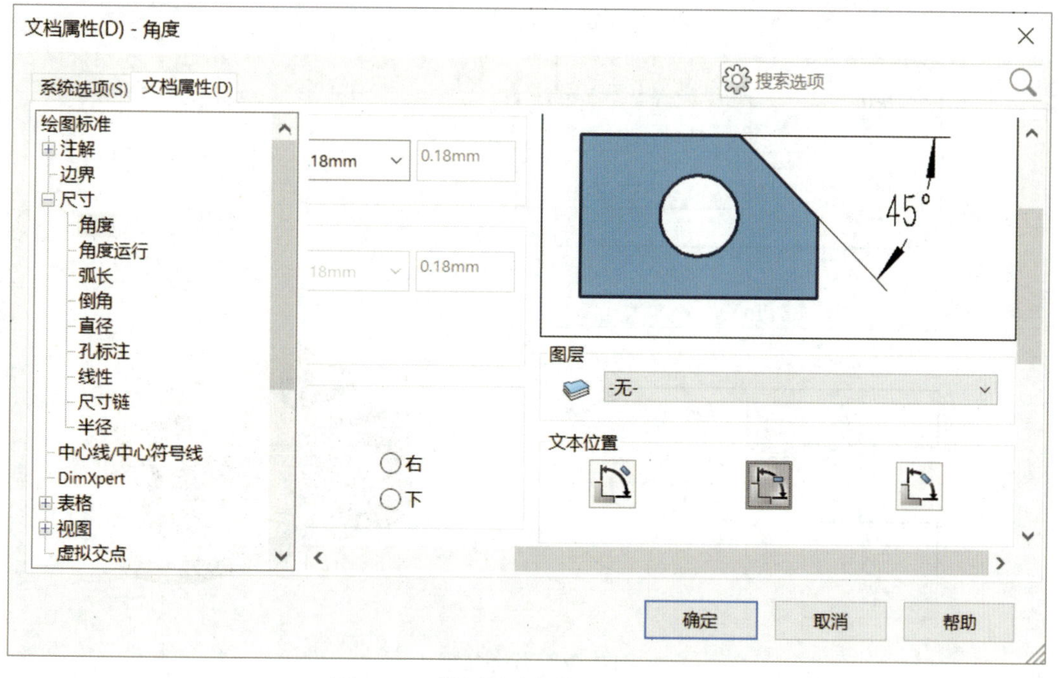

图 7–24　设置尺寸标注中的文字水平

完成以上设置后的工程图如图 7–25 所示。

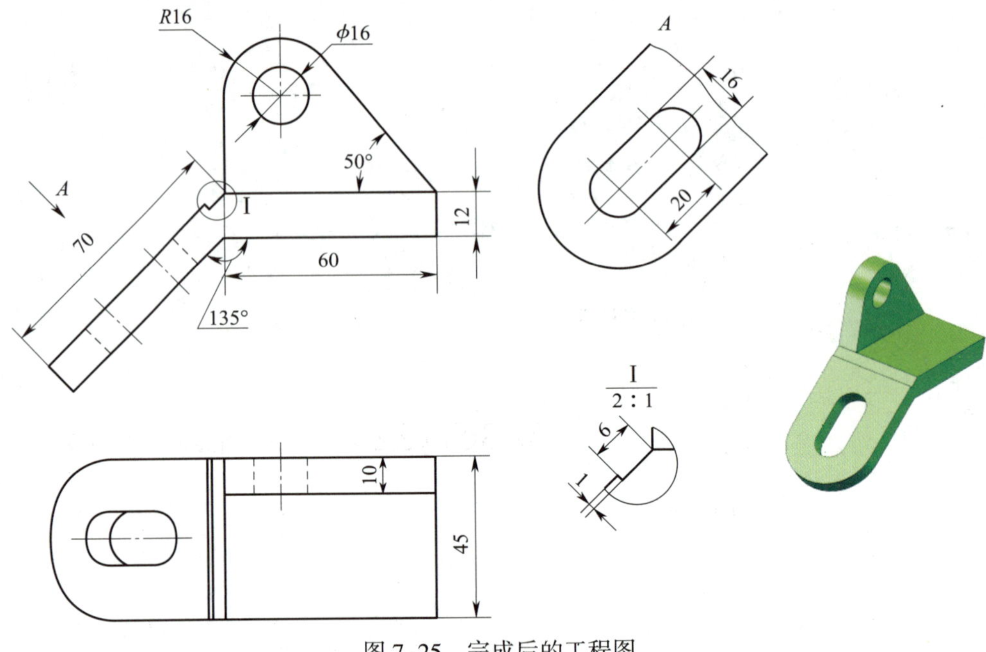

图 7–25　完成后的工程图

五、任务拓展

任务拓展 1　完成如图 7–26 所示零件的建模，并绘制工程图。

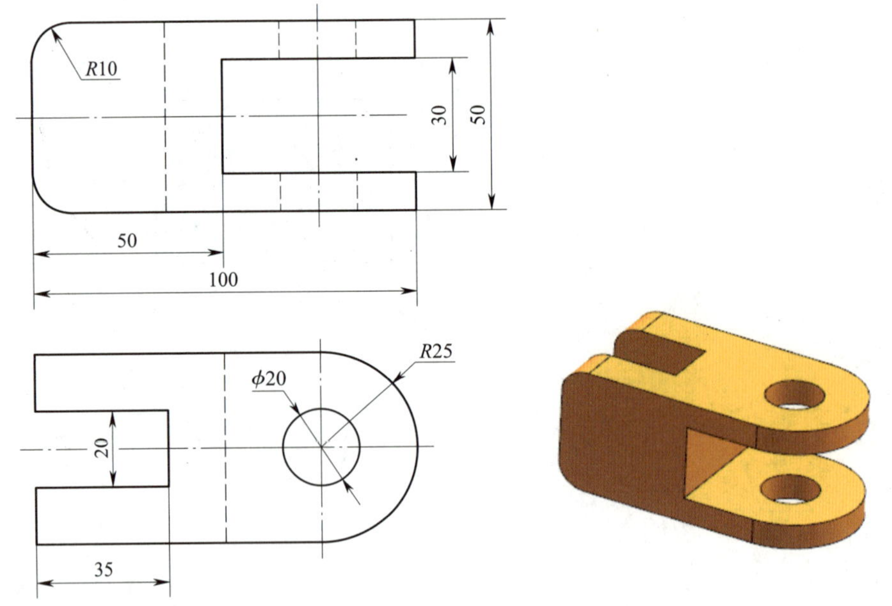

图 7–26　任务拓展 1

任务拓展 2 完成如图 7–27 所示零件的建模，并绘制工程图。

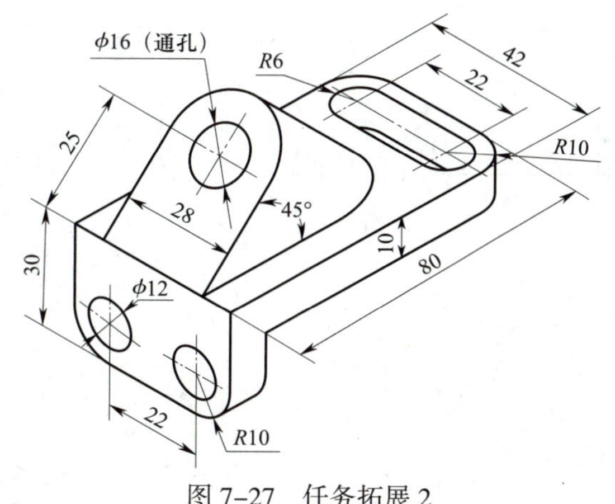

图 7–27 任务拓展 2

课题 2 盘类零件工程图的创建

一、学习目标

1．掌握全剖视图的生成方法。

2．掌握半剖视图的生成方法。

3．掌握局部剖视图的生成方法。

4．掌握尺寸公差、螺纹的标注方法。

二、工作任务

完成如图 7–28 所示“台钳动模板”零件的实体建模，并生成工程图。

三、任务实施

1. 创建投影视图

（1）创建基本视图

1）完成“台钳动模板”零件的建模，保存文件名为“实例 7–2”。

2）单击标准工具栏中的“新建（Ctrl+N）”按钮，弹出“新建 SOLIDWORKS 文件”对话框，单击切换至“模板”选项卡，选中“gb_a3”。

3）单击“确定”按钮，弹出“模型视图”对话框。双击“实例 7–2”，此时“模型视图”对话框中默认选中“主视图”按钮，在绘图区显示用于放置主视图的方框（该方框可随鼠标移动）。

4）单击鼠标左键，在绘图区投影出图 7–29 所示左侧的主视图。用鼠标右键单击主视图，弹出图 7–29 所示右侧的右键菜单，单击“缩放 / 平移 / 旋转”/“旋转视图（F）”。

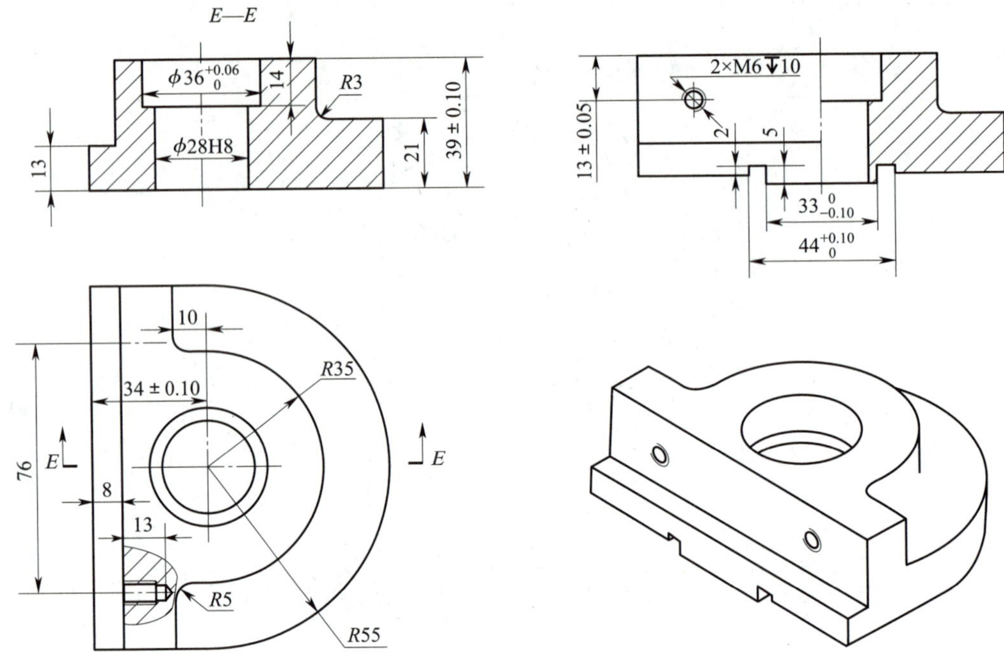

图 7-28　盘类零件工程图示例

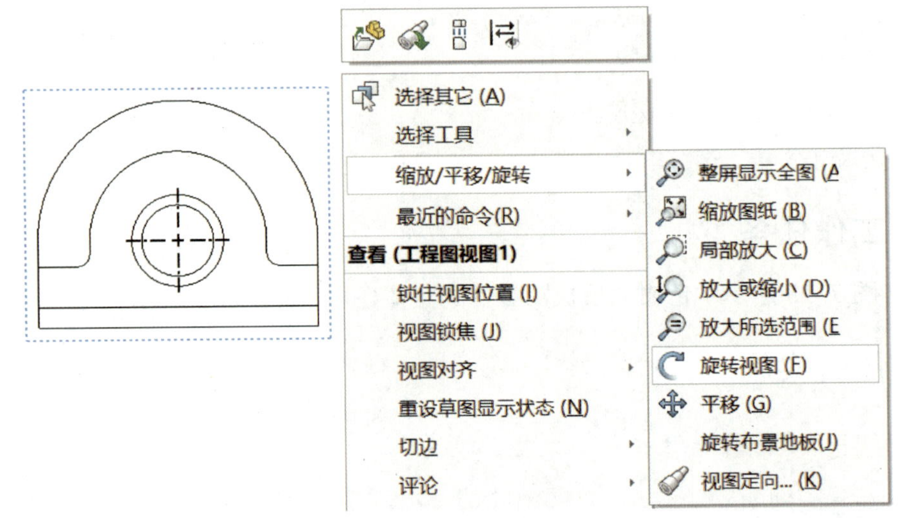

图 7-29　投影主视图

5）按住鼠标左键不松开，移动鼠标即可使视图旋转，旋转后的结果如图 7-30 所示。

（2）创建全剖视图

1）单击“工程图”工具栏中的“剖面视图”按钮 ，弹出如图 7-31 所示的界面，左侧为“剖面视图辅助”对话框，右侧为绘图操作区。

2）在对话框中“切割线”下方单击“水平”切割线按钮 ，在绘图

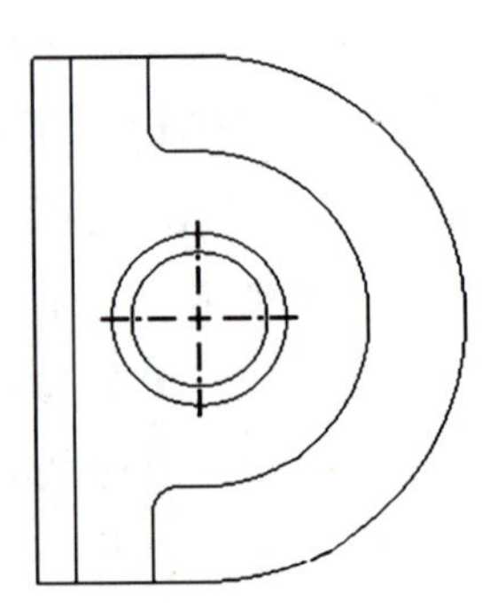

图 7-30　旋转视图

区显示水平切割线随鼠标移动，单击圆心，移动鼠标，即显示剖切方向和剖面图放置位置提示。

3）将鼠标移至主视图正上方合适位置（光标提示位于垂直正交位置），单击鼠标左键，绘制如图 7–32 所示的全剖视图。

4）单击全剖视图，再单击“工程图”工具栏中的“投影视图”按钮，向右拖出全剖视图的左视图，结果如图 7–33 所示。

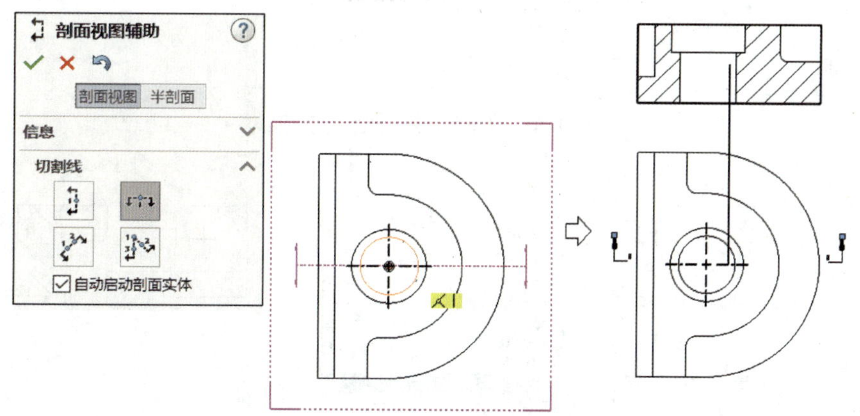

图 7–31　“剖面视图辅助”操作界面

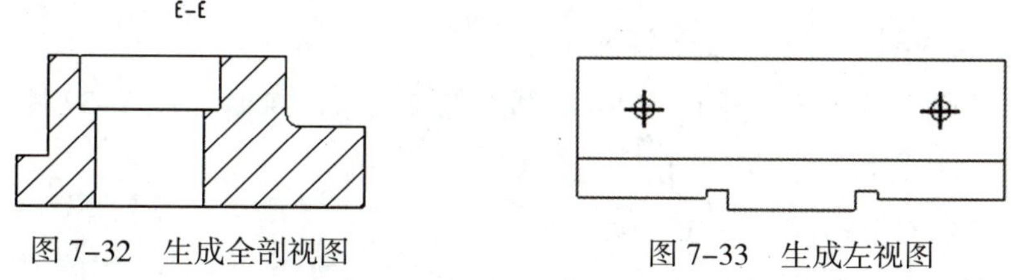

图 7–32　生成全剖视图　　图 7–33　生成左视图

（3）创建断开的剖视图（半剖视图）

1）单击“草图”工具栏中的“直线（L）”按钮，绘制如图 7–34 所示的草图，其中左侧垂直线位于视图中心位置。

2）按住“Ctrl”键，分别单击选中草图中的四条直线。

3）单击“工程图”工具栏中的“断开的剖视图”按钮，弹出如图 7–35 所示的界面，左侧为“断开的剖视图”对话框，右侧为绘图操作区。

4）在对话框中“”右侧的空白方框中输入深度值为“34”，单击“确定”按钮 ✓ 绘制断开的剖视图（半剖视图）。

5）用鼠标左键单击“断开的剖视图”中位于中心的竖直线，弹出如图 7–36 所示的菜单，单击“线条样式”按钮右侧的下三角，在弹出的展开菜单中单击“中心线”，即可改变断开线的线型。

6）用鼠标右键单击右侧的孔“十字”中心线，在弹出的右键菜单中单击“隐藏（F）”。

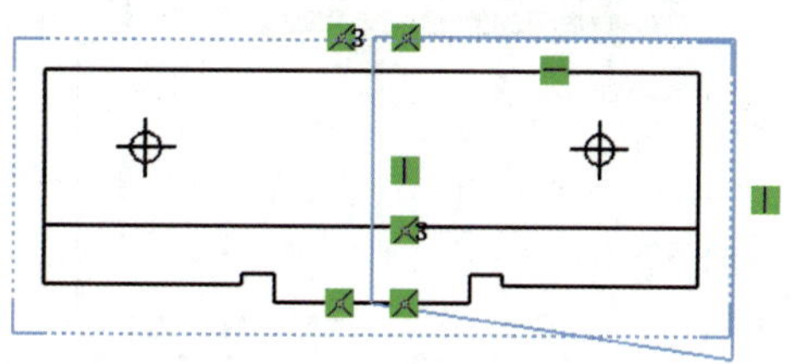

图 7–34　绘制用于“断开的剖视图”的草图

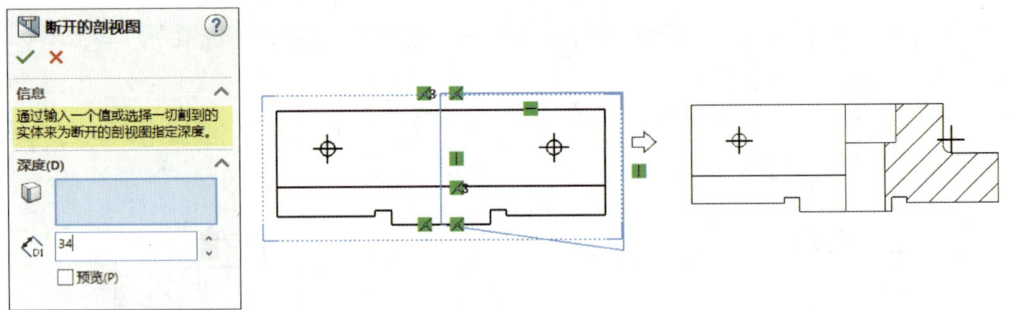

图 7-35　创建“断开的剖视图”

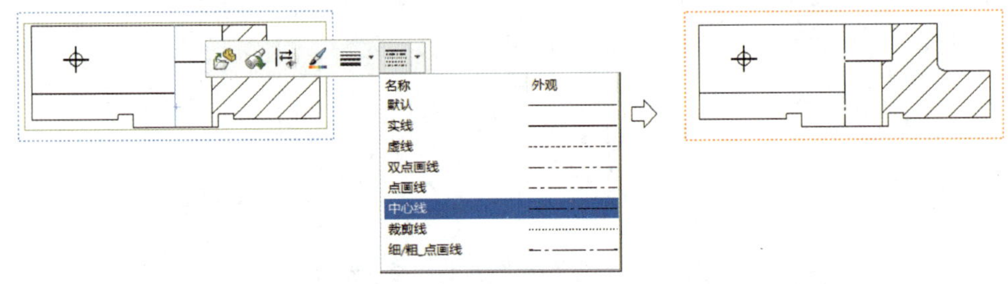

图 7-36　改变断开线的样式

（4）创建断开的剖视图（局部剖视图）

1）单击“草图”工具栏中的“样条曲线”按钮 ，绘制如图 7-37 所示的样条曲线（包含全部孔深）。

2）单击选中草图中的样条曲线。

3）单击“工程图”工具栏中的“断开的剖视图”按钮 ，弹出如图 7-38 所示的界面，左侧为“断开的剖视图”对话框，右侧为绘图操作区。

4）在对话框中“ ”右侧的空白方框中输入深度值为“13”，单击“确定”按钮 ✓ 绘制断开的剖视图（局部剖视图）。

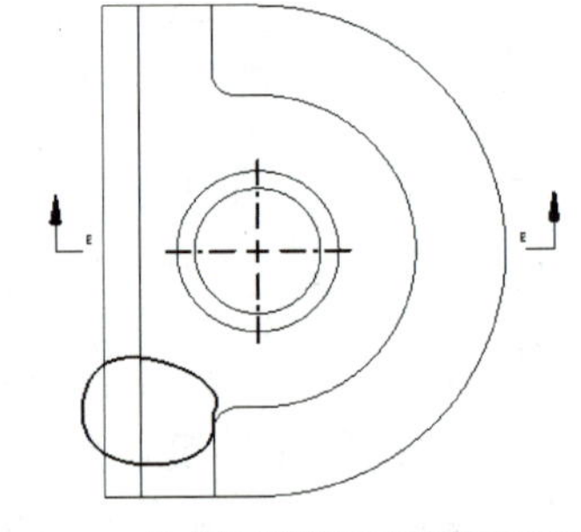

图 7-37　绘制局部剖视图截面的草图

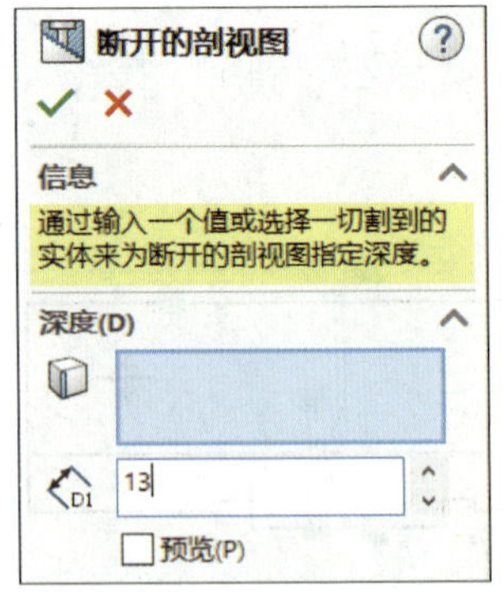

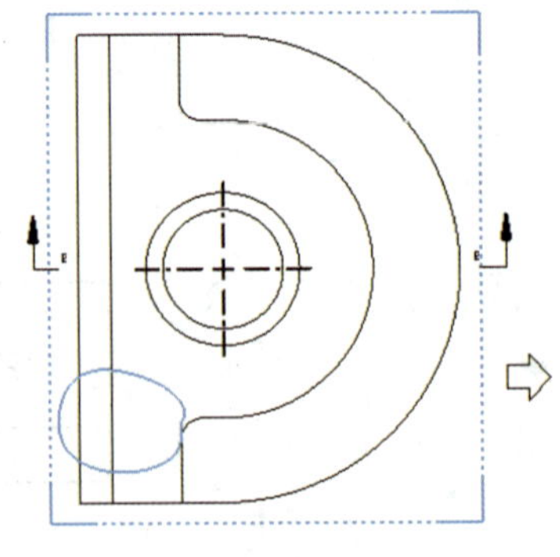

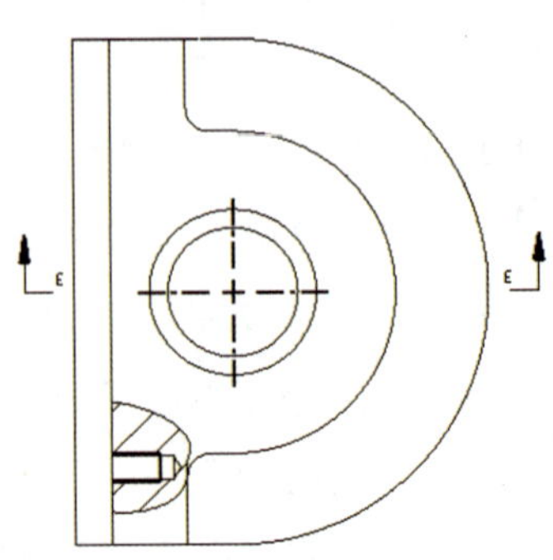

图 7-38　创建断开的剖视图（局部剖视图）

5）单击“注解”工具栏中的“中心线”按钮 中心线，弹出“中心线”对话框，取消选中“自动插入”下方的“选择视图”复选框。分别单击局部剖视图中两条螺纹底孔的水平轮廓，按图 7-39 所示插入螺纹孔中心线。

6）单击“草图”工具栏中的“直线（L）”按钮，按图 7-40 所示绘制水平构造线（上方螺纹孔中心线）。单击“智能尺寸”按钮，标注两条螺纹孔中心线的距离为“76”。

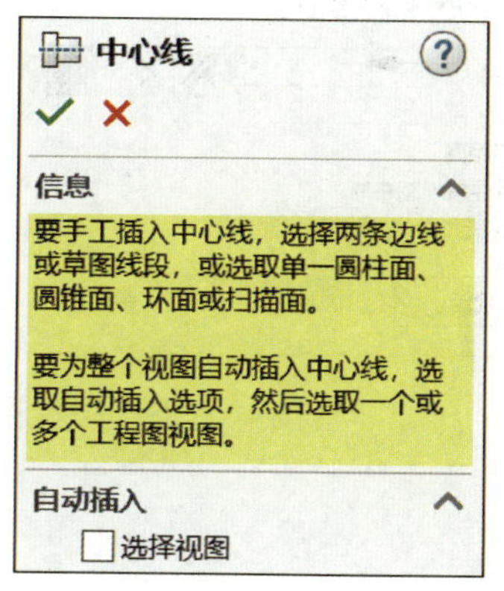

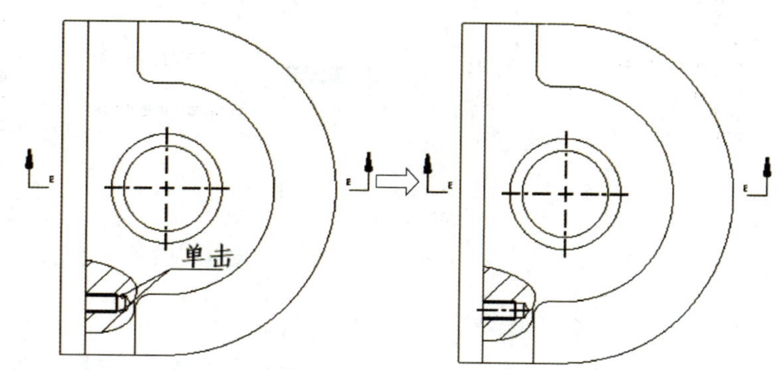

图 7-39　创建螺纹孔中心线

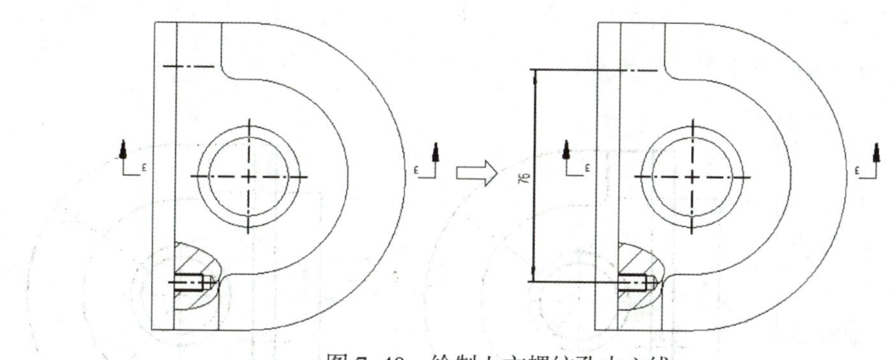

图 7-40　绘制上方螺纹孔中心线

2. 图形标注

（1）设置标注属性

1）单击标准工具栏中的“选项”按钮，在“文档属性（D）”选项卡中设置“可见边线”的样式为“实线”，线粗为“0.7”。

2）在“文档属性（D）”选项卡中单击“尺寸”，在弹出的界面中单击“字体（F）...”按钮 字体(F)...，设置文字高度值为“5”。

3）在“文档属性（D）”选项卡中的“⊞ 尺寸”展开选项中，分别设置标注“角度”“直径”“半径”的文字呈水平状态。

4）在图 7-41 所示的“文档属性（D）”选项卡中的“⊞ 尺寸”展开选项中，设置“主要精度”为小数点后两位。

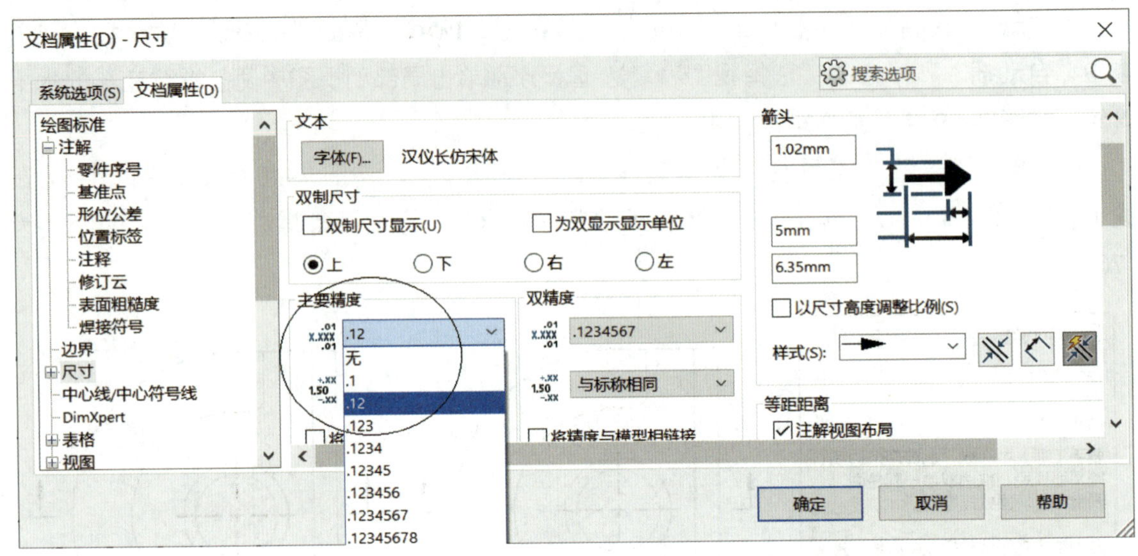

图 7–41　设置“主要精度”

（2）标注对称公差尺寸

1）完成主视图一般尺寸的标注。

2）在标注俯视图中尺寸“34±0.10”时，在图 7–42 所示的“尺寸”对话框中“公差/精度（P）”下方 右侧选中“对称”，再在“+”右侧的空白方框中输入“0.10”，单击“关闭对话框”按钮 ✓ 完成对称公差尺寸的标注。

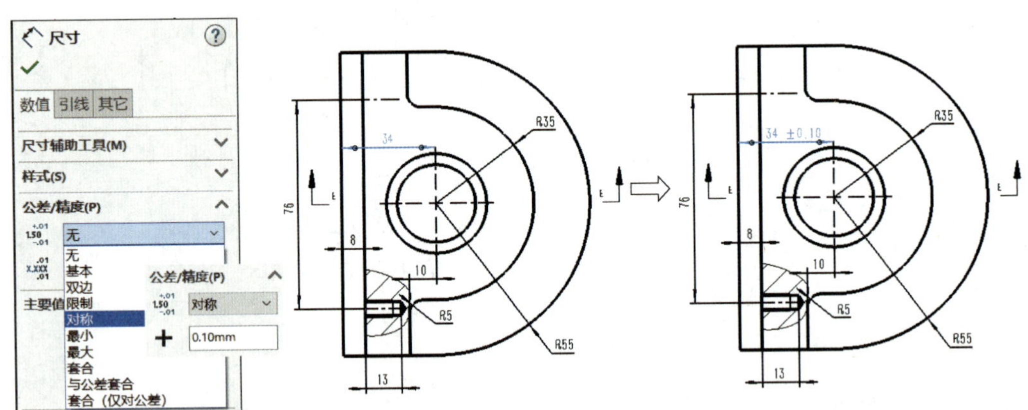

图 7–42　标注主视图中的对称公差尺寸

3）采用同样的方法，分别完成全剖视图中尺寸“39±0.10”和左视图中尺寸“13±0.05”的标注，结果如图 7–43 所示。

（3）标注上、下极限偏差尺寸

1）在标注左视图中尺寸“$33_{-0.10}^{\ 0}$”时，在图 7–44 所示的“尺寸”对话框中“公差/精度（P）”下方 右侧选中“双边”，再在“+”右侧的空白方框中输入“0”，在“—”右侧的空白方框中输入“–0.10”，单击“关闭对话框”按钮 ✓ 完成上、下极限偏差尺寸的标注。

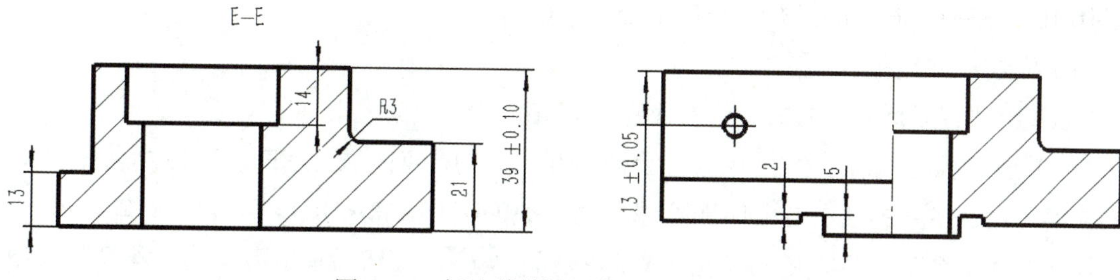

图 7-43　标注其他视图中的对称公差尺寸

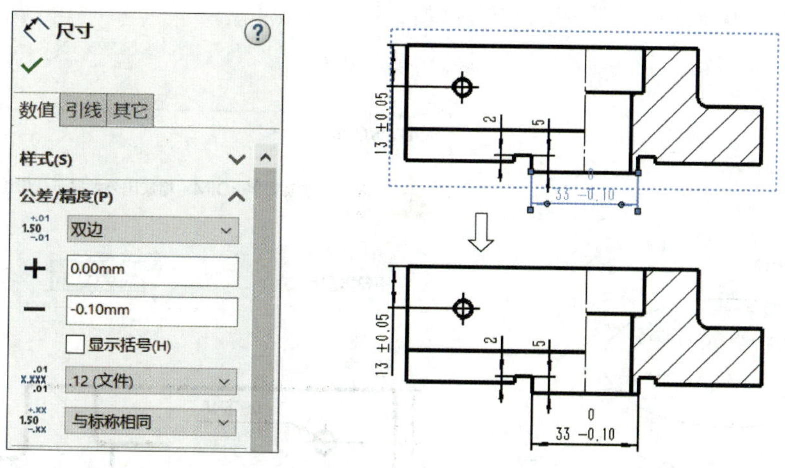

图 7-44　标注上、下极限偏差尺寸

2）单击尺寸“$33_{-0.10}^{\ 0}$”，重新弹出“尺寸”对话框。单击切换至“其它”选项卡，弹出如图 7-45 所示的界面，在“公差字体大小：”下选中“字体比例（S）”单选按钮，输入比例值为“0.7”。

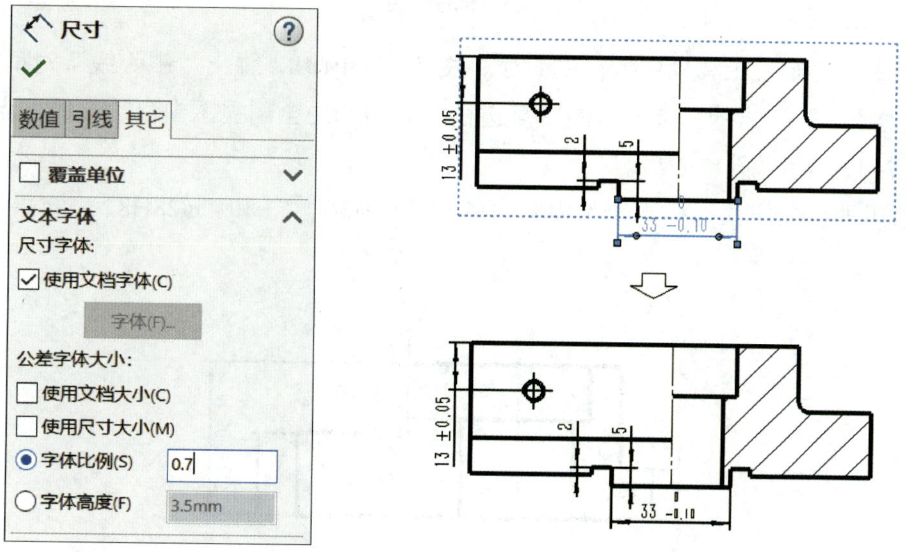

图 7-45　修改公差字体大小

3）采用同样的方法，标注左视图中尺寸“$44^{+0.10}_{0}$”，此时“+”右侧的空白方框中的值为“+0.10”，“−”右侧的空白方框中的值为“0”。

（4）标注尺寸文字

1）采用“智能标注”方式在左视图中标注螺纹的尺寸。

2）单击已标注的螺纹大径尺寸，重新弹出“尺寸”对话框，在图 7-46 所示的“标注尺寸文字（I）”下方的空白方框中删除原标注“<MOD-DIAM><DIM>”，输入“2×M6”（期间出现图中的警告对话框，单击“是（Y）”按钮 是(Y)），然后单击下方的“深度”按钮 ↧ 后继续输入“10”。

3）单击“关闭对话框”按钮 ✓ 完成螺纹尺寸的标注。

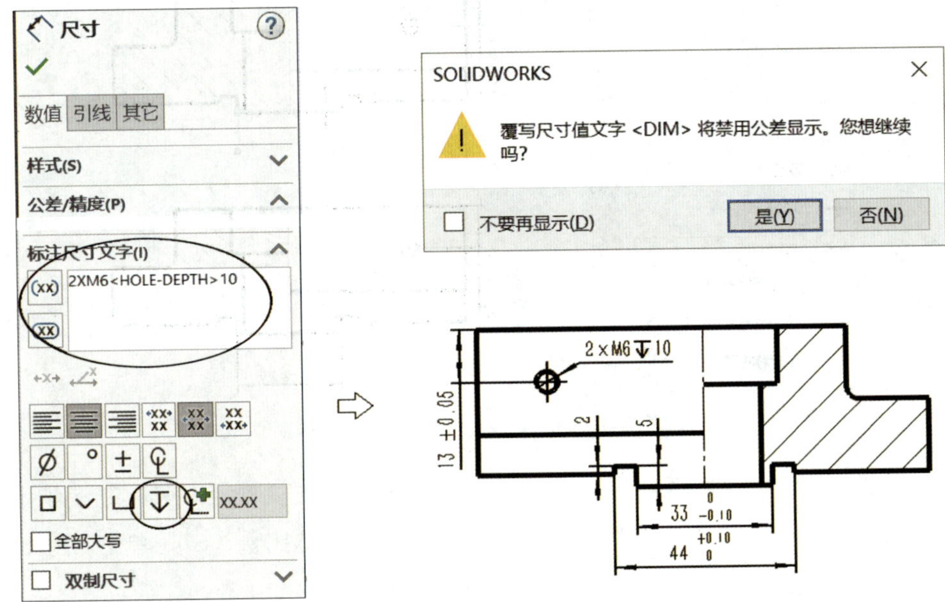

图 7-46 标注尺寸文字

4）单击“注解”工具栏中的“中心线”按钮 中心线，弹出“中心线”对话框，取消选中“自动插入”下方的“选择视图”复选框。分别单击全剖视图中台阶孔的四条竖直线，插入如图 7-47 所示的孔中心线。

5）采用同样的方法，标注全剖视图中的尺寸“$\phi36^{+0.06}_{0}$”和“ϕ28H8”，结果如图 7-48 所示。

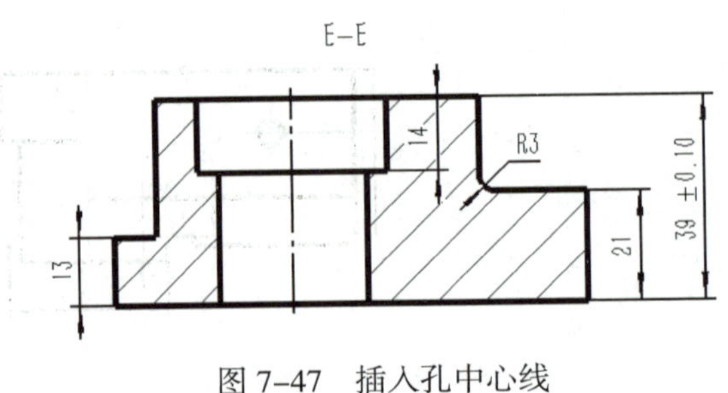

图 7-47 插入孔中心线

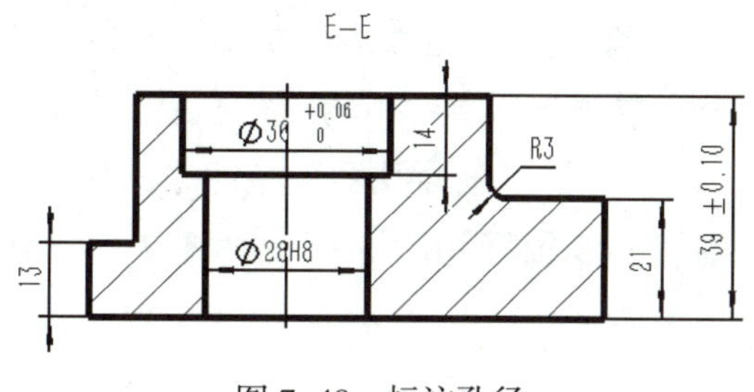

图 7–48　标注孔径

3. 投影生成立体图

（1）单击选中主视图，再单击“工程图”工具栏中的“投影视图”按钮 ，向右下方移动鼠标，投影生成立体图。

（2）用鼠标右键单击新生成的立体图，在弹出的右键菜单中单击“缩放 / 平移 / 旋转”，在其展开菜单中单击“ 旋转视图（F）”，旋转立体图至合适的观察位置。

（3）将旋转后的立体图移至右下角合适位置，结果如图 7–49 所示。

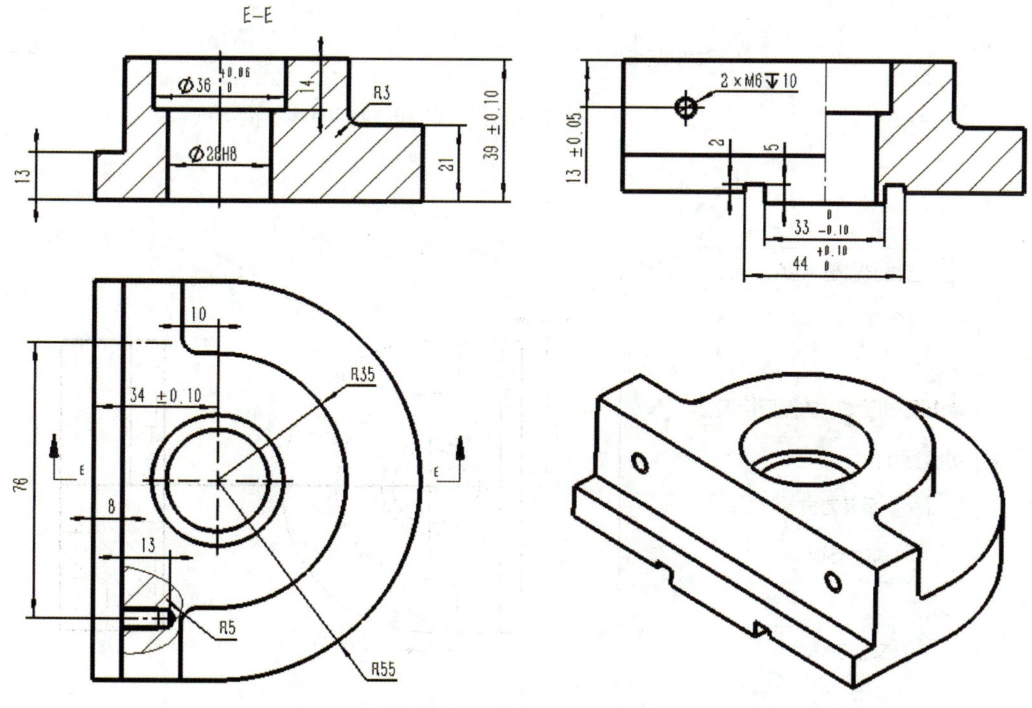

图 7–49　完成后的工程图

四、知识与技能延伸

1. 创建半剖视图

半剖视图的创建流程如下：

（1）单击“草图”工具栏中的“直线（L）”按钮 ，绘制如图 7–50 所示的草图，其中一条竖直线在轮廓外侧，另一条竖直线通过剖切位置，而水平线则位于半剖位置。

（2）按住“Ctrl”键，分别单击选中草图中的三条直线。

（3）单击“工程图”工具栏中的“剖面视图”按钮 ，弹出如图 7–51 所示的界面，选中“→ 创建一个旧制尺寸线打折剖面视图。”，弹出如图 7–52 所示的“剖面视图 A–A”对话框。

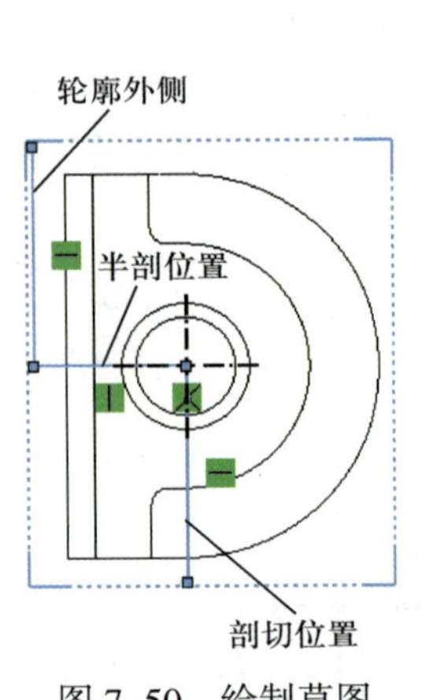

图 7–50　绘制草图

SOLIDWORKS

旧制尺寸线打折剖面视图或标准的剖面视图?

是否想要创建一个旧制尺寸线打折剖面视图或一个标准的剖面视图?

帮助

→ 创建一个旧制尺寸线打折剖面视图。
这是创建投影与切割线垂直的剖面视图的传统方法。

→ 创建一个标准的剖面视图。
该剖面视图用于创建标准的尺寸线打折剖面视图和对齐的剖面视图。切割线已展开。
该视图不包括作为转折延伸线的构造线，以形成标准的尺寸线打折投影。

不要再显示(D)　　取消

图 7–51　选择创建剖面视图的方式

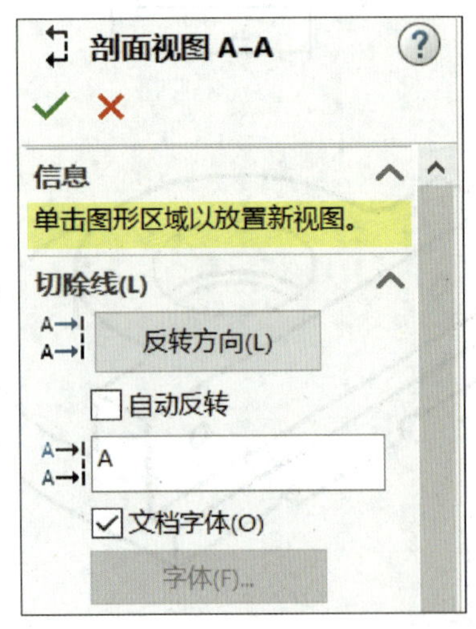

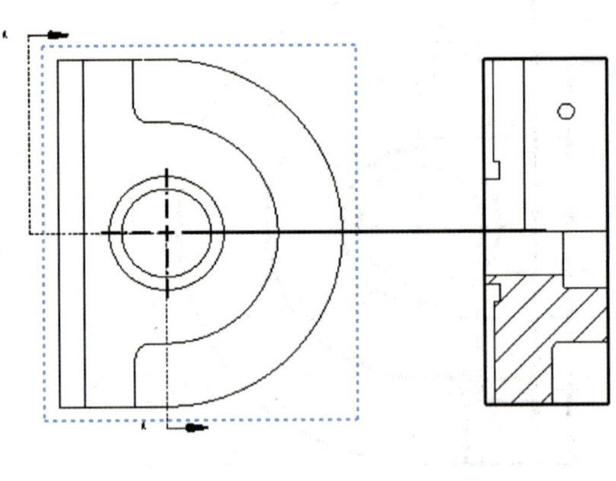

图 7–52　“剖面视图 A–A”对话框

（4）此时绘图区显示剖切符号箭头，如果箭头向左，则投影只显示出下方半个剖面轮廓。单击对话框中的“反转方向（L）”按钮 反转方向(L)，使剖切符号箭头向右。

（5）向右移动鼠标，在合适的位置单击，绘制如图 7–53 所示的半剖视图。

（6）修改中心位置的实线为中心线。

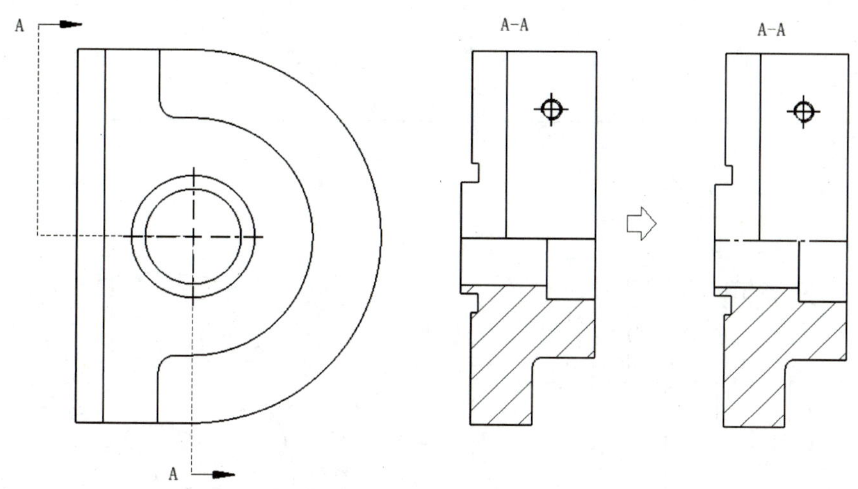

图 7–53　完成后的半剖视图

2. 创建旋转剖视图

旋转剖视图的创建流程如图 7–54 所示。

（1）单击“草图”工具栏中的“直线（L）”按钮，绘制图中的两条直线，其中一条直线位于旋转剖切位置。

（2）按住“Ctrl”键，分别单击选中草图中的两条直线。

（3）单击“工程图”工具栏中的“剖面视图”按钮，直接弹出“剖面视图”对话框。

（4）选择合适的剖切符号箭头方向，移动鼠标至合适的位置单击，绘制旋转剖视图。

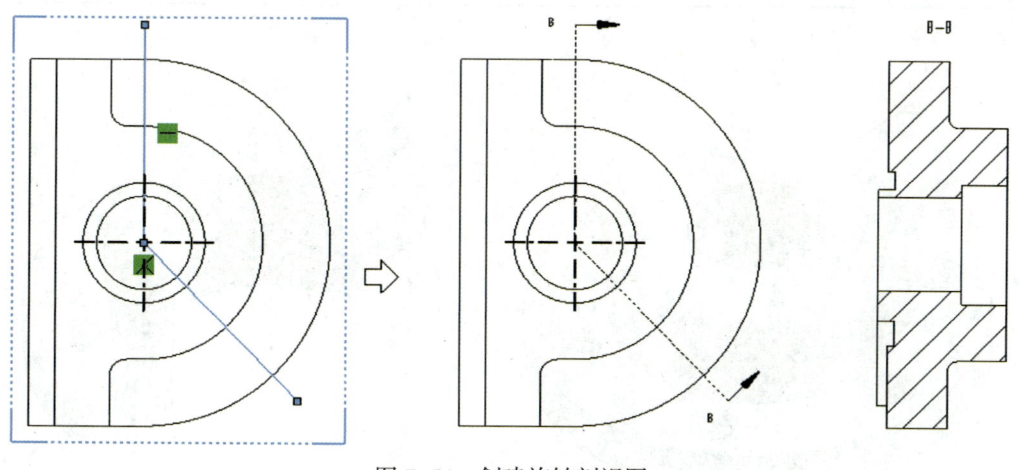

图 7–54　创建旋转剖视图

五、任务拓展

任务拓展 1　完成图 7–55 所示“轴承盖”零件的建模，并绘制工程图。

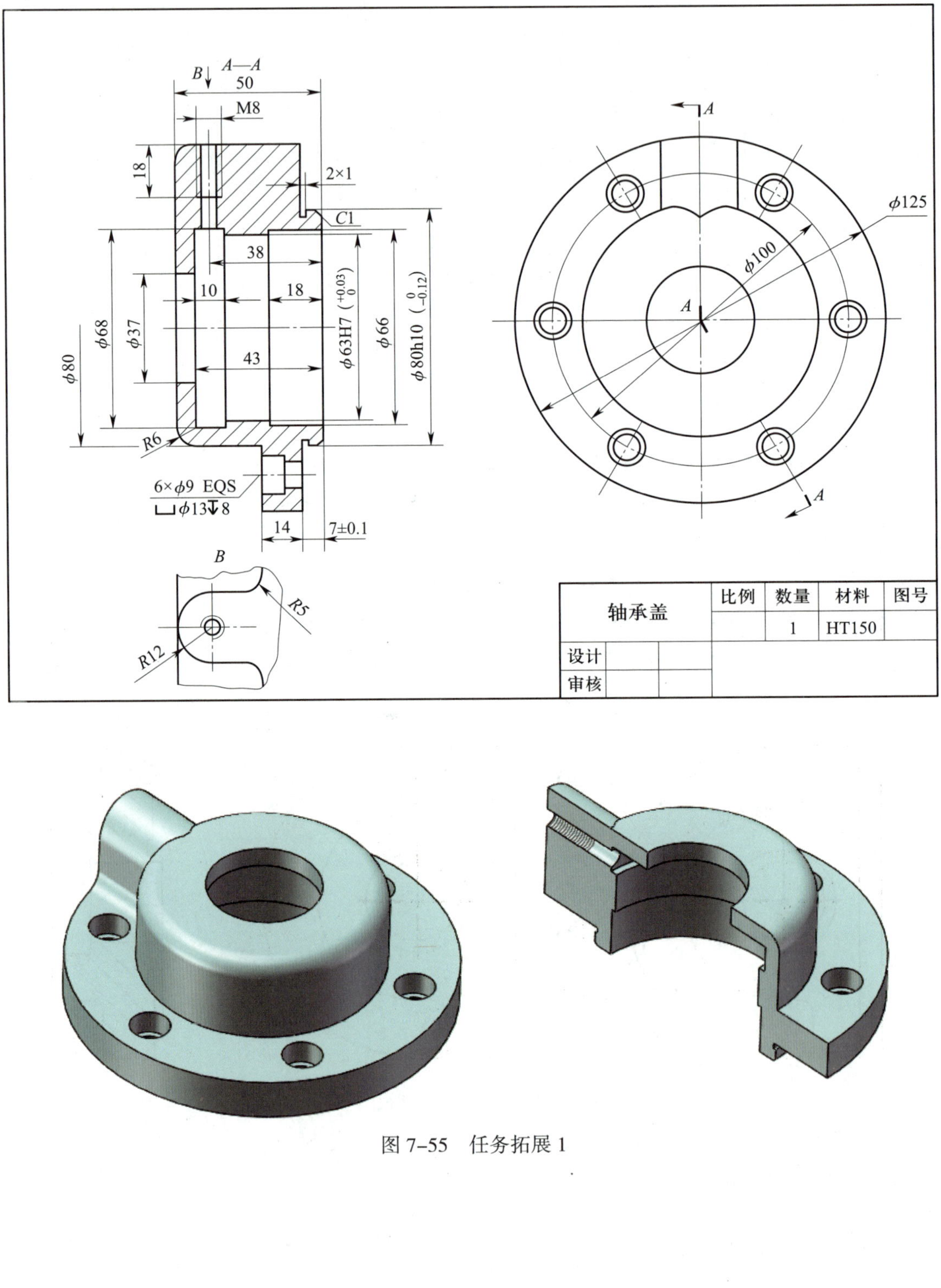

轴承盖	比例	数量	材料	图号
		1	HT150	
设计				
审核				

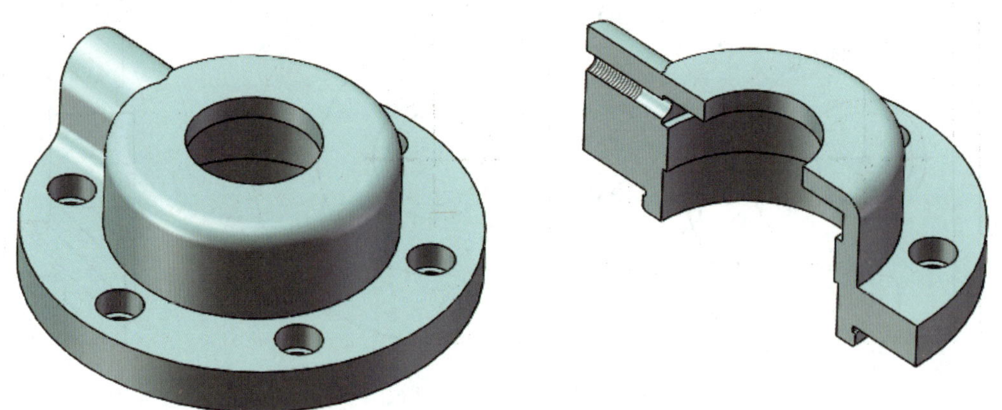

图 7–55　任务拓展 1

任务拓展 2　完成如图 7–56 所示“端盖”零件的建模，并绘制工程图。

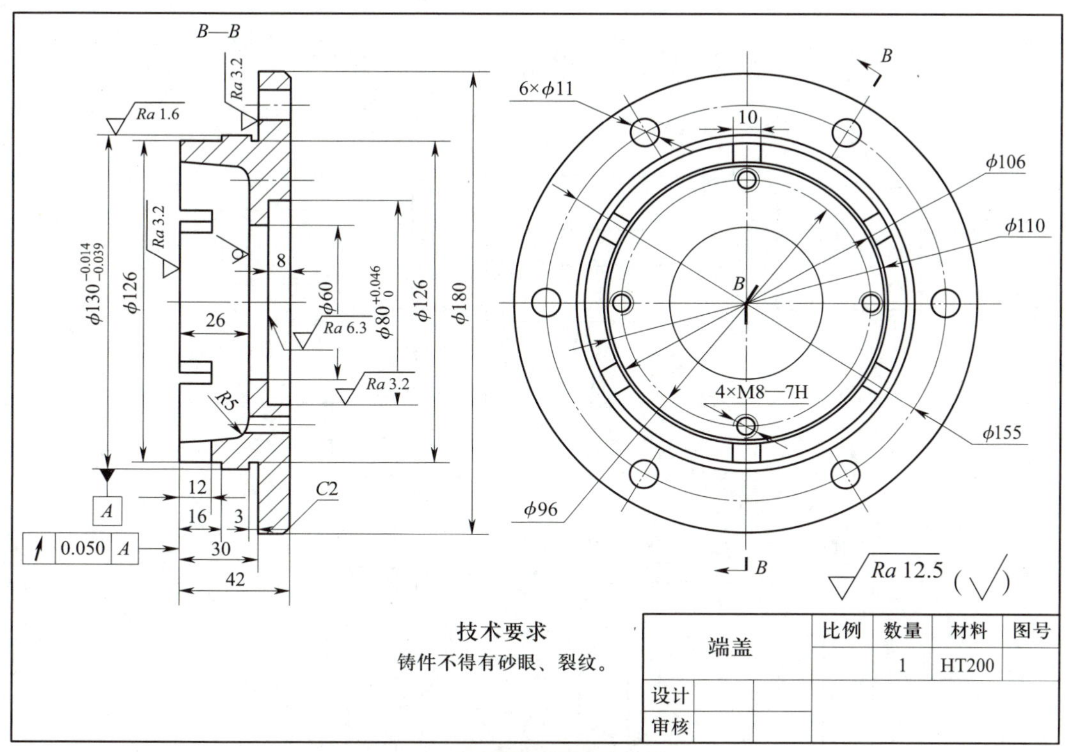

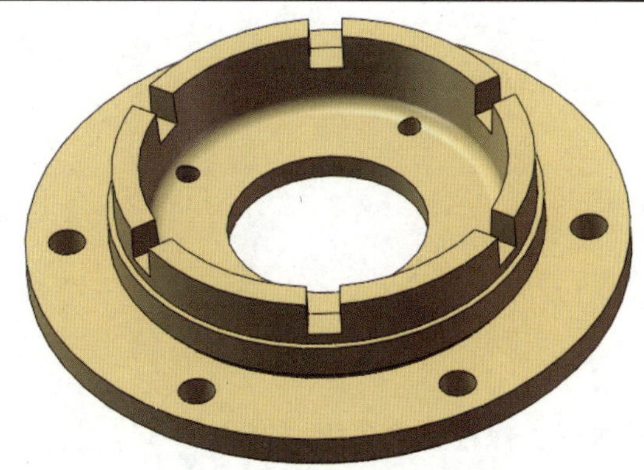

图 7–56　任务拓展 2

课题 3　轴类零件工程图的创建

一、学习目标

1．掌握断开视图的创建方法。

2．掌握形位公差的标注方法。

3．掌握添加注释的方法。

4．掌握表面结构等技术要求的标注方法。

二、工作任务

完成如图 7–57 所示“轴”零件的实体建模，并完成其工程图的绘制。

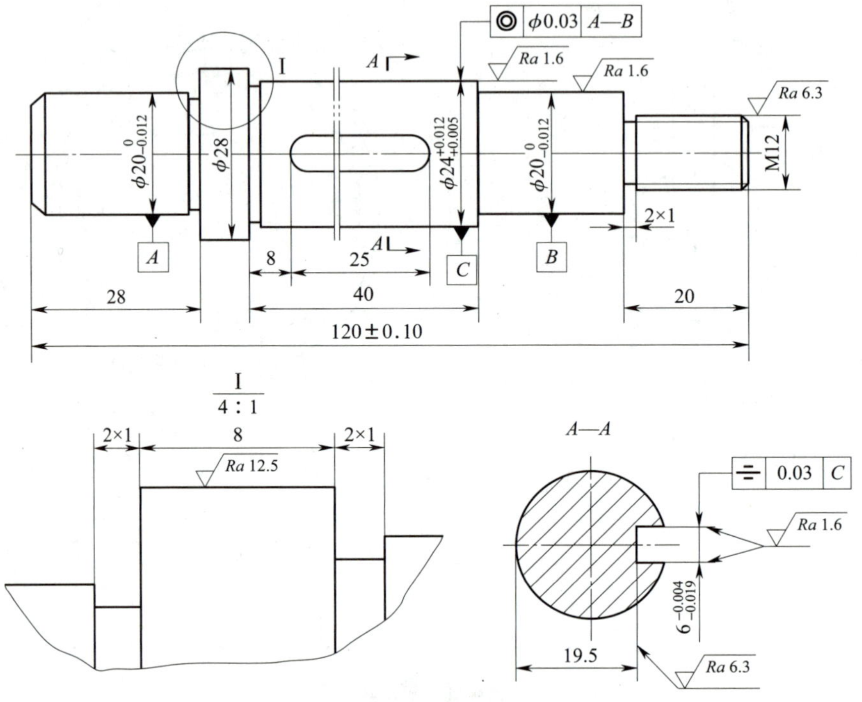

图 7–57　轴类零件工程图示例

三、任务实施

1. 创建投影视图

（1）创建基本视图

1）完成“轴”零件的建模，保存文件名为“实例 7–3”。

2）单击标准工具栏中的“新建（Ctrl+N）”按钮，弹出“新建 SOLIDWORKS 文件”对话框，单击切换至“模板”选项卡，选中“gb_a3”。

3）单击“确定”按钮，弹出“模型视图”对话框。双击“实例 7–3”，此时在“模型视图”对话框中单击“主视图”按钮，在绘图区投影主视图。

4）移动鼠标投影出如图 7–58 所示的轮廓，通过“旋转视图（F）”方式将主视图旋转至当前位置并将其放置于上方主视图位置，删除其他投影视图。

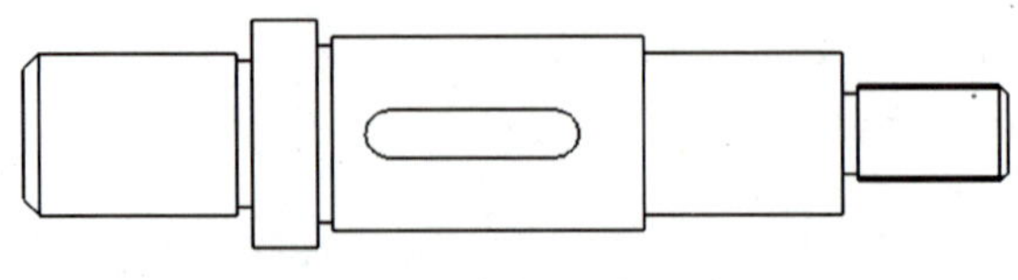

图 7–58　创建主视图投影视图

5）单击“注解”工具栏中的“中心线”按钮 中心线，弹出“中心线”对话框，选中“自动插入”下方的“选择视图”复选框，单击主视图自动插入中心线，结果如图 7–59 所示。

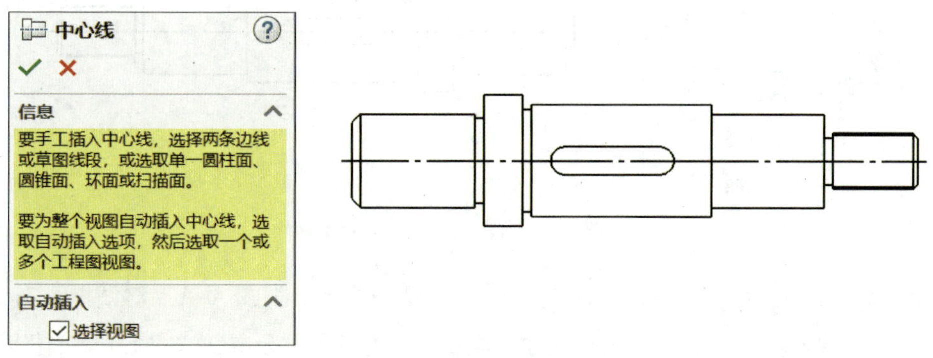

图 7–59　创建中心线

（2）创建局部放大图

1）单击“工程图”工具栏中的“局部视图”按钮 ，弹出如图 7–60 所示的“局部视图 1”对话框，选中“圆（L）”单选按钮，光标处显示画圆图标，在相应的轮廓位置绘制圆。

2）移动鼠标即显示圆内轮廓的局部放大图。拖动对话框右侧的滚动条，选中“使用自定义比例（C）”单选按钮，在“比例（S）”中选择“2∶1”，修改比例为“4∶1”。在主视图下方位置单击鼠标左键，绘制局部放大图。

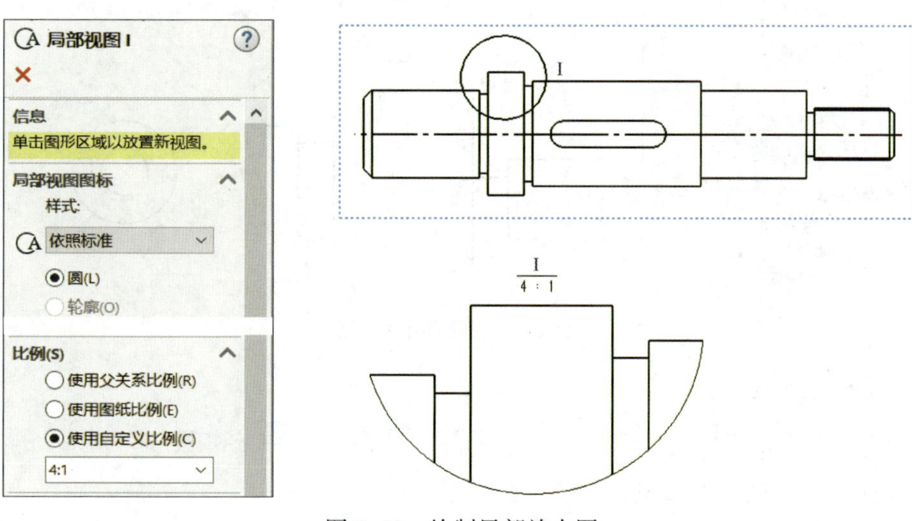

图 7–60　绘制局部放大图

（3）创建移出断面图

1）单击“工程图”工具栏中的“剖面视图”按钮 ，弹出如图 7–61 所示的界面，左侧为“剖面视图辅助”对话框，右侧为绘图操作区。在对话框中“切割线”下方单击“竖直”切割线按钮 ，在绘图区显示随鼠标移动的竖直切割线，单击鼠标左键可确定相应的剖切位置。

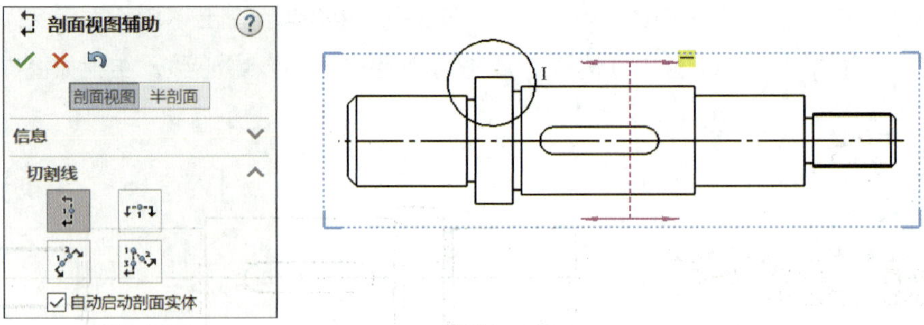

图 7-61 “剖面视图辅助”对话框

2）此时绘图区显示如图 7-62 所示的界面，左侧为“剖面视图 A-A”对话框，右侧为绘图操作区。选中对话框中的“横截剖面（C）”复选框，可单击“反转方向（L）”按钮 反转方向(L) 改变剖切箭头的方向。

3）剖面视图可随鼠标沿中心线方向左右移动，按住“Ctrl”键，将剖面视图移至右下方单击鼠标左键，即完成剖面视图的绘制。

4）用鼠标右键单击剖面视图中间的圆弧，在弹出的右键菜单中单击“隐藏（E）”。

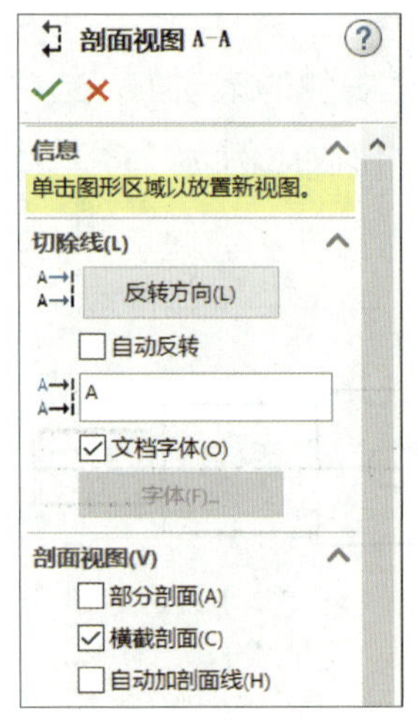

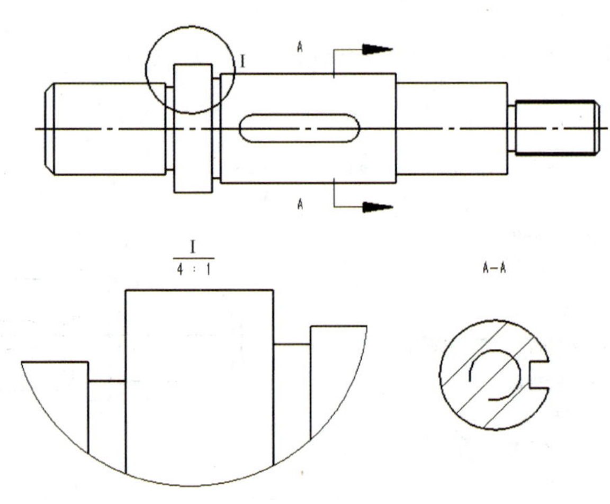

图 7-62 创建移出断面图

（4）创建断裂视图

1）单击“工程图”工具栏中的“断裂视图”按钮，弹出如图 7-63 所示的界面，左侧为“断裂视图”对话框，右侧为绘图操作区。

2）单击主视图，弹出断裂折线标记，分别在两个断裂的位置单击，单击“确定”按钮 ✓ 绘制断裂视图。

提示

两条断裂折线之间不能包含剖切部位；否则，不能完成断裂视图的绘制，读者不妨试一试。

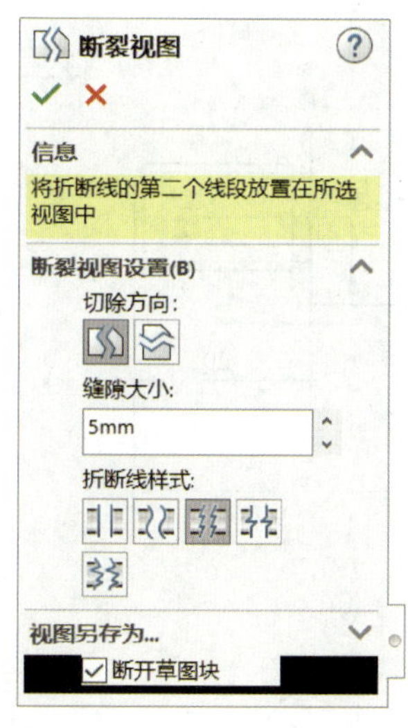

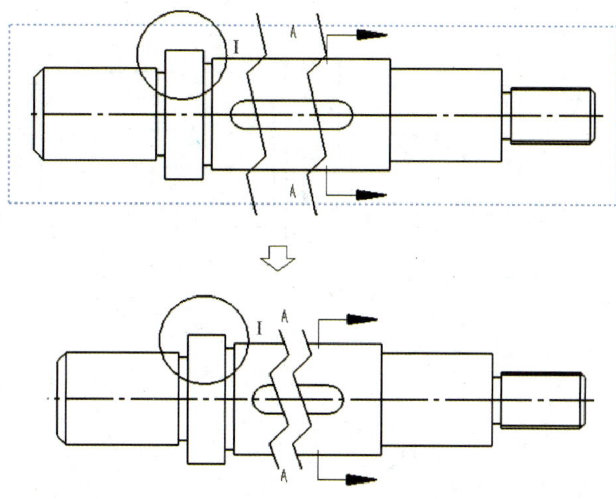

图 7-63　创建断裂视图

2. 图形标注

（1）标注尺寸

1）设置“可见边线”的样式为“实线”，线粗为“0.7”。设置尺寸标注的文字高度值为“4”。设置“角度”“直径”“半径”标注的文字呈水平状态。

提示

单击标准工具栏中的“选项”按钮，请读者在“文档属性（D）”中的“视图”/“剖面视图”中自行设置剖面线箭头和文字的大小。

2）单击“注解”工具栏中的“智能尺寸”按钮，弹出“尺寸”对话框。完成尺寸及其公差的标注，结果如图 7-64 所示。

（2）标注表面粗糙度

1）单击“注解”工具栏中的“表面粗糙度”按钮，弹出如图 7-65 所示的“表面粗糙度”对话框。

2）在“符号（S）”下方单击“要求切削加工”按钮，在“符号布局（M）”下方输入“Ra1.6”。此时在绘图区显示相应的表面粗糙度标识并随光标一起移动。

3）将鼠标移到相应位置，单击鼠标左键即可标注相应的表面粗糙度。

4）修改“符号布局（M）”下方的值为“Ra6.3”，标注螺纹处的表面粗糙度。

5）修改“符号布局（M）”下方的值为“Ra1.6”，单击对话框中“引线（L）”下方的“引线”按钮，如图 7-66 所示显示带引线的表面粗糙度标识，并可随光标一起移动。

6）单击移出断面图中键槽的下表面，移动鼠标至图 7-66 所示位置时单击鼠标左键，完成加引线标注表面粗糙度的操作。

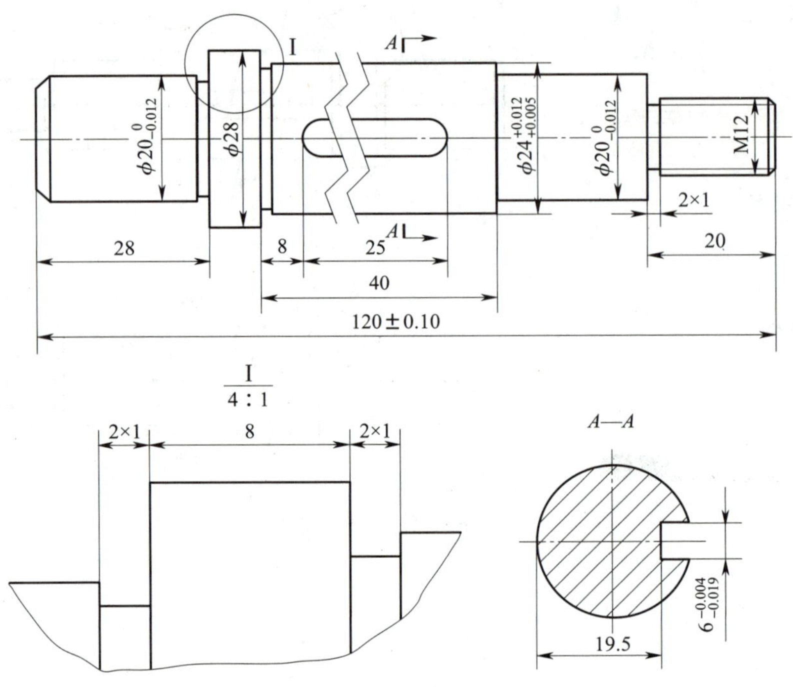

图 7-64　标注尺寸

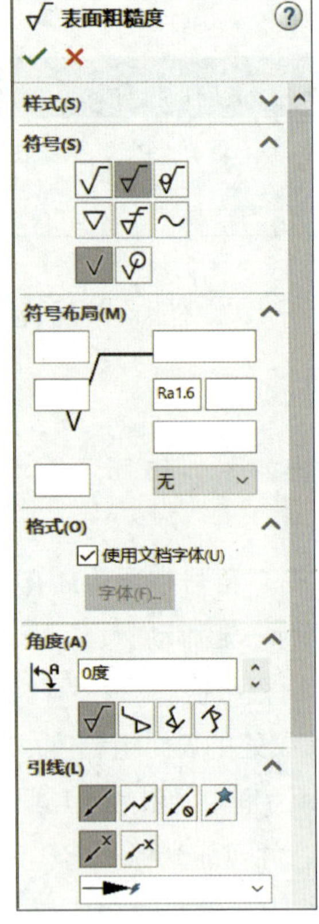

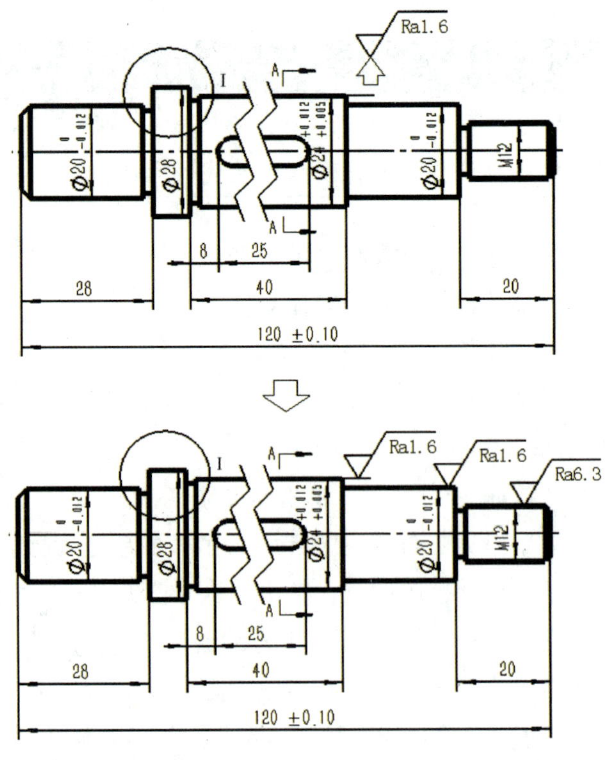

图 7-65　标注表面粗糙度

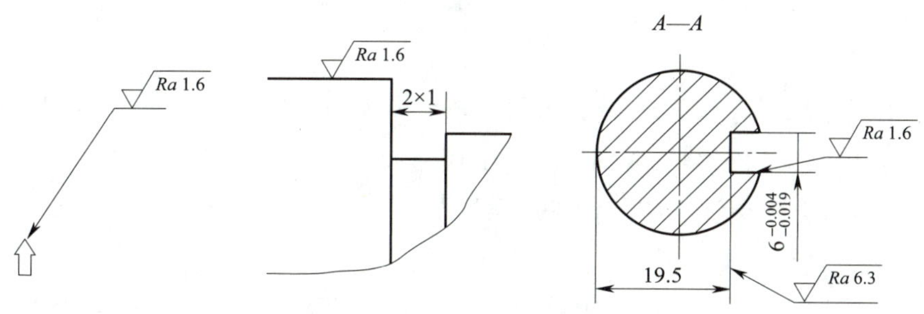

图 7–66　加引线标注表面粗糙度

7）单击“注解”工具栏中的“注释”按钮 A，弹出如图 7–67 所示的“注释”对话框。单击对话框中“引线（L）”下方的“直引线”按钮，单击移出断面图中键槽的上表面，移动鼠标至表面粗糙度引线转折位置时单击鼠标左键，显示输入文字方框，按下键盘上的空格键，单击“确定”按钮 ✓ 完成引线标注。

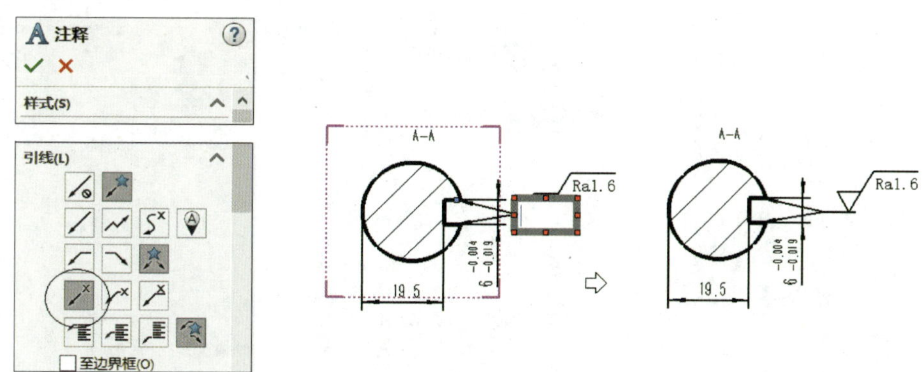

图 7–67　标注引线

（3）标注基准符号

1）单击“注解”工具栏中的“基准特征”按钮，弹出如图 7–68 所示的“基准特征”对话框。

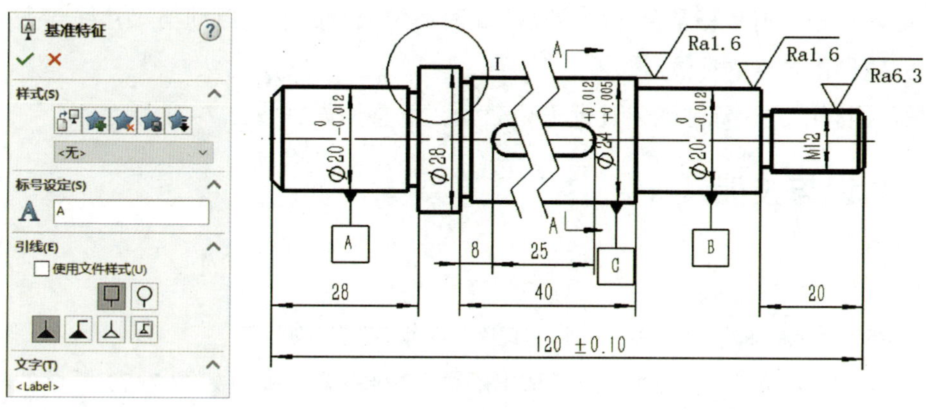

图 7–68　标注基准符号

2）在对话框中“引线（E）”下方取消选中“使用文件样式（U）”复选框，在其下方分别单击“方形”按钮 和“实三角形”按钮 ，在“标号设定（S）”下方“A”右侧的空白方框中输入“A”。

3）单击图中相应尺寸线端点部位的轮廓线，沿左右方向和上下方向移动鼠标，调整基准的标注位置，单击鼠标左键生成相应的基准符号。

4）采用同样的方法标注图中其他基准符号。

（4）标注形位公差

1）单击“注解”工具栏中的“形位公差”按钮 ，弹出“形位公差”对话框。在对话框中不做任何操作。

2）在绘图区的空白处单击鼠标左键，弹出图 7–69 左侧所示“形位公差”选项界面。单击符号 ◎，弹出图 7–69 右侧所示设置公差界面，单击符号 ，修改值为“0.03”。

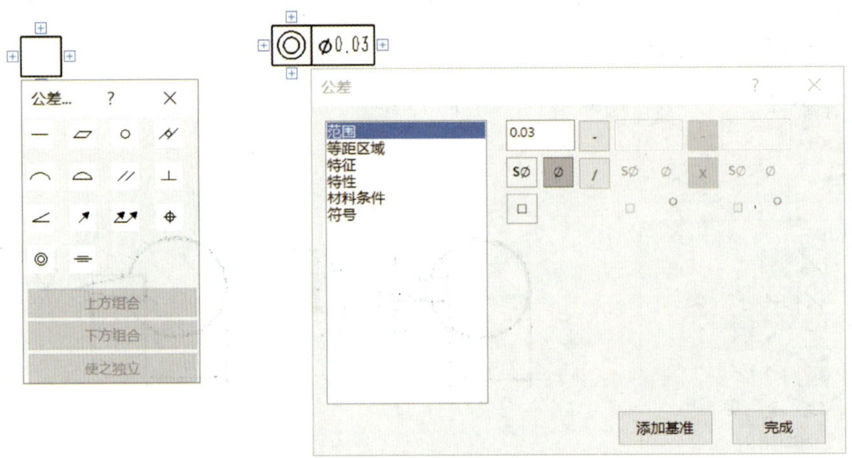

图 7–69　选择形位公差选项并设置公差值

3）单击“添加基准”按钮 添加基准，进一步弹出如图 7–70 所示的“Datum”对话框，在空白方框中输入“A”和“B”，单击“完成”按钮 完成 生成形位公差“◎⌀0.03 A–B”。

4）将生成的形位公差“◎⌀0.03 A–B”移至对应的尺寸上，选中移动后的“◎⌀0.03 A–B”后按住鼠标左键不松开，将其移至合适的位置（此时形位公差的引线自动与尺寸线对齐）单击鼠标左键，完成形位公差的标注。

5）采用同样的方法标注图中其他形位公差，调整位置后如图 7–71 所示。

四、知识与技能延伸

1. 移出断面图的另一种绘制方法

以图 7–57 所示的移出断面图为例，其另一种绘制方法如下：

（1）单击“工程图”工具栏中的“移出断面”按钮 ，弹出如图 7–72 所示的界面，左侧为“移除的剖面”对话框，右侧为绘图操作区。

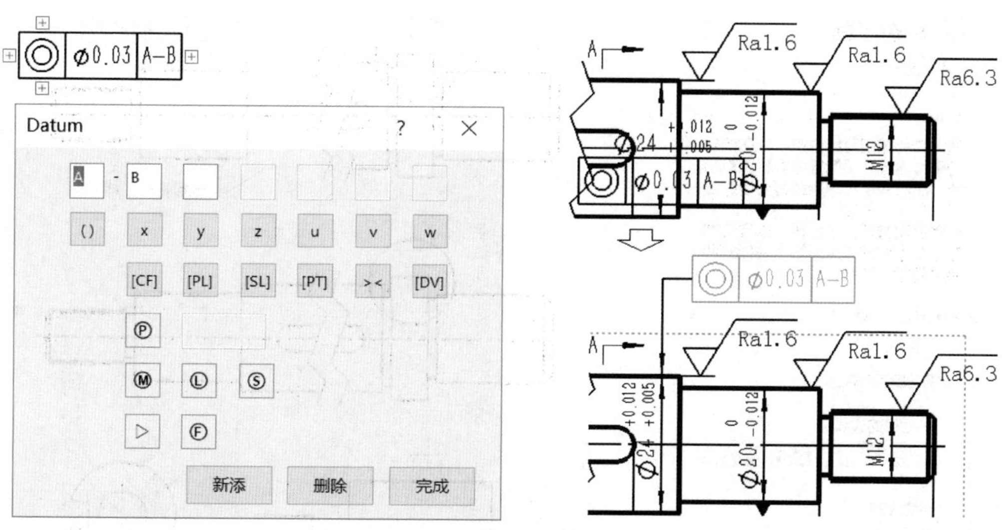

图 7–70　标注形位公差

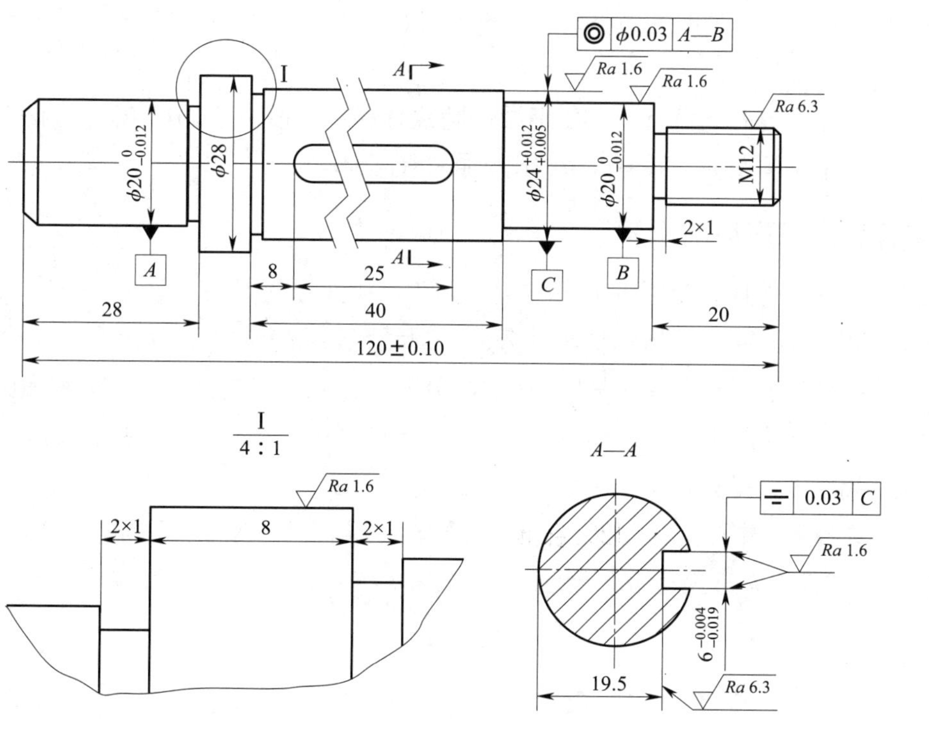

图 7–71　完成后的工程图

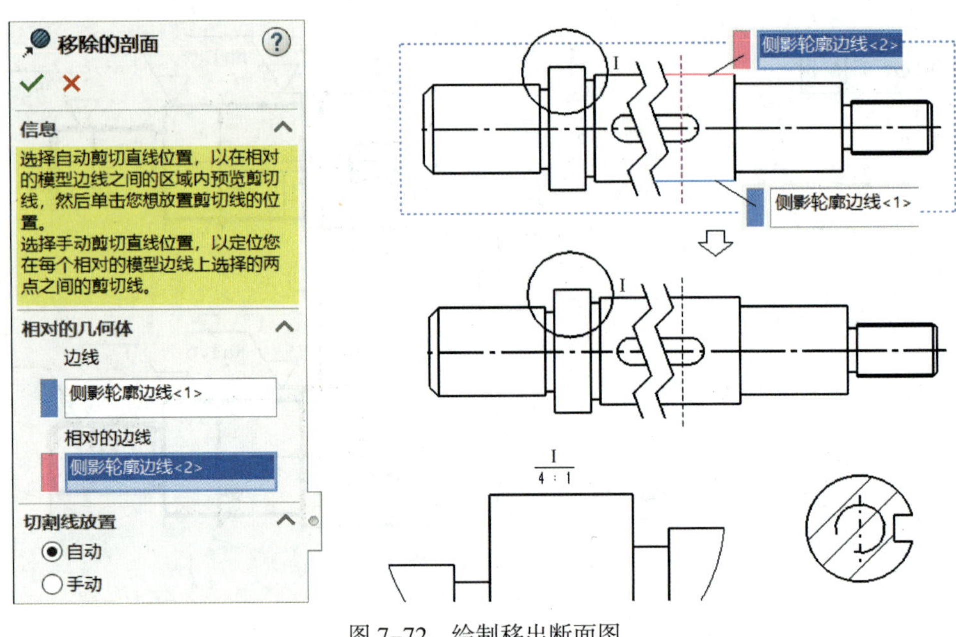

图 7–72　绘制移出断面图

（2）单击移出断面的两条边界，出现粉红色的剖切线，将该剖切线移至移出断面位置后单击鼠标左键。

（3）沿上下方向移动鼠标，移出断面图随鼠标移动，按住“Ctrl”键，将移出断面图移至右下方，单击鼠标左键，即完成了移出断面图的绘制。

2. 公差文字高度的设置

在“文档属性（D）”选项卡中单击“尺寸”，在弹出的界面中单击“公差（T）...”按钮 公差(T)... ，弹出如图 7–73 所示的“尺寸公差”对话框，取消选中“使用尺寸大小（U）”复选框，在“字体比例（S）”单选按钮中输入“0.7”（公差文字高度与尺寸文字高度的比例为“0.7”）。在“公差类型（T）”中选择“双边”，单击“确定”按钮 确定 完成“双边”类型公差文字高度的设置。

此时对称公差尺寸显示为“120 ±0.10”，即公差文字高度与尺寸文字高度的比例也为“0.7”。单击该尺寸，参照图 7–73 所示的方法修改“字体比例（S）”为“1”，个性化修改尺寸“120 ±0.10”的公差文字高度。

3. 二维图数据转换

如需在 Auto CAD 或 CAXA 电子图板中打开 SolidWorks 工程图，只需将工程图另存为“（*.dxf）”或“（*.dwg）”文件即可。

通常情况下，可在 SolidWorks 工程图中完成图形的投影、剖视等视图操作，而在 Auto CAD 或 CAXA 电子图板等软件中完成尺寸标注等操作。

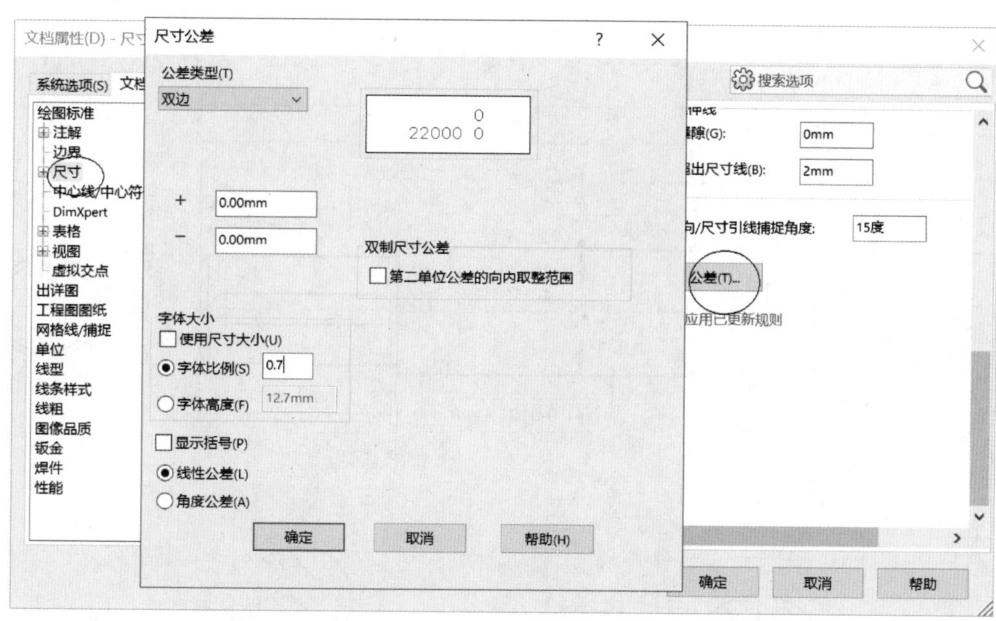

图 7–73　公差文字高度的设置

五、任务拓展

任务拓展 1　完成如图 7–74 所示“轴”零件的工程图。

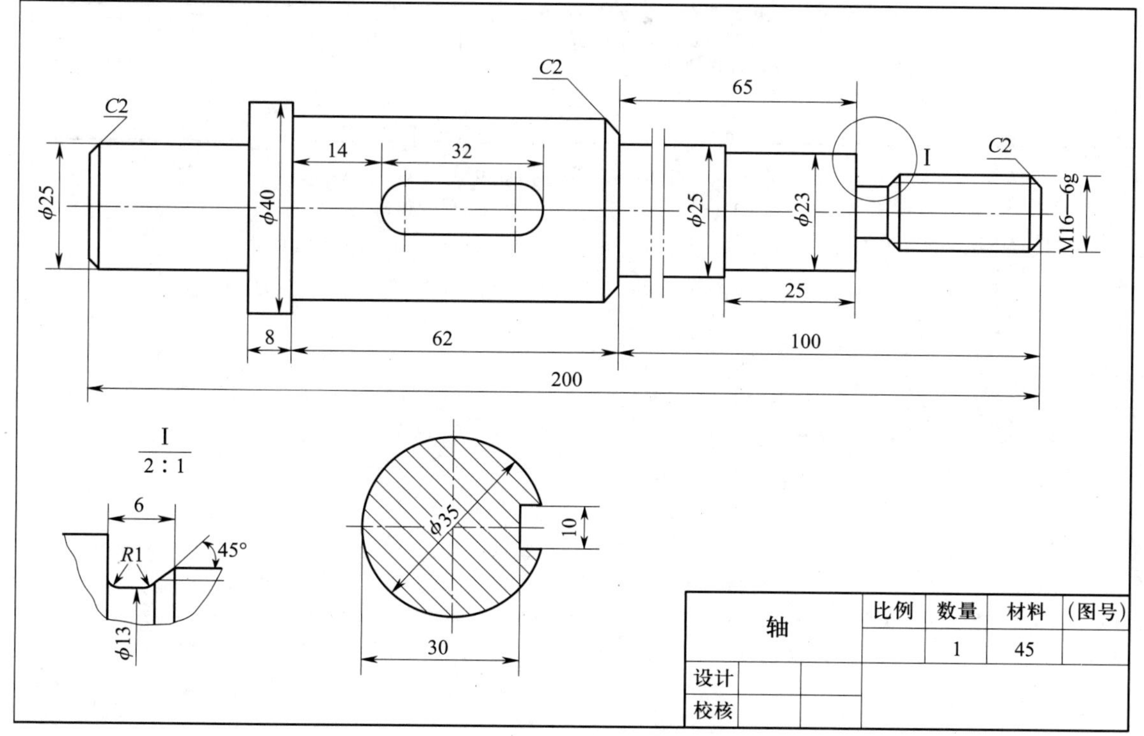

图 7–74　任务拓展 1

任务拓展 2　完成如图 7-75 所示“轴”零件的工程图。

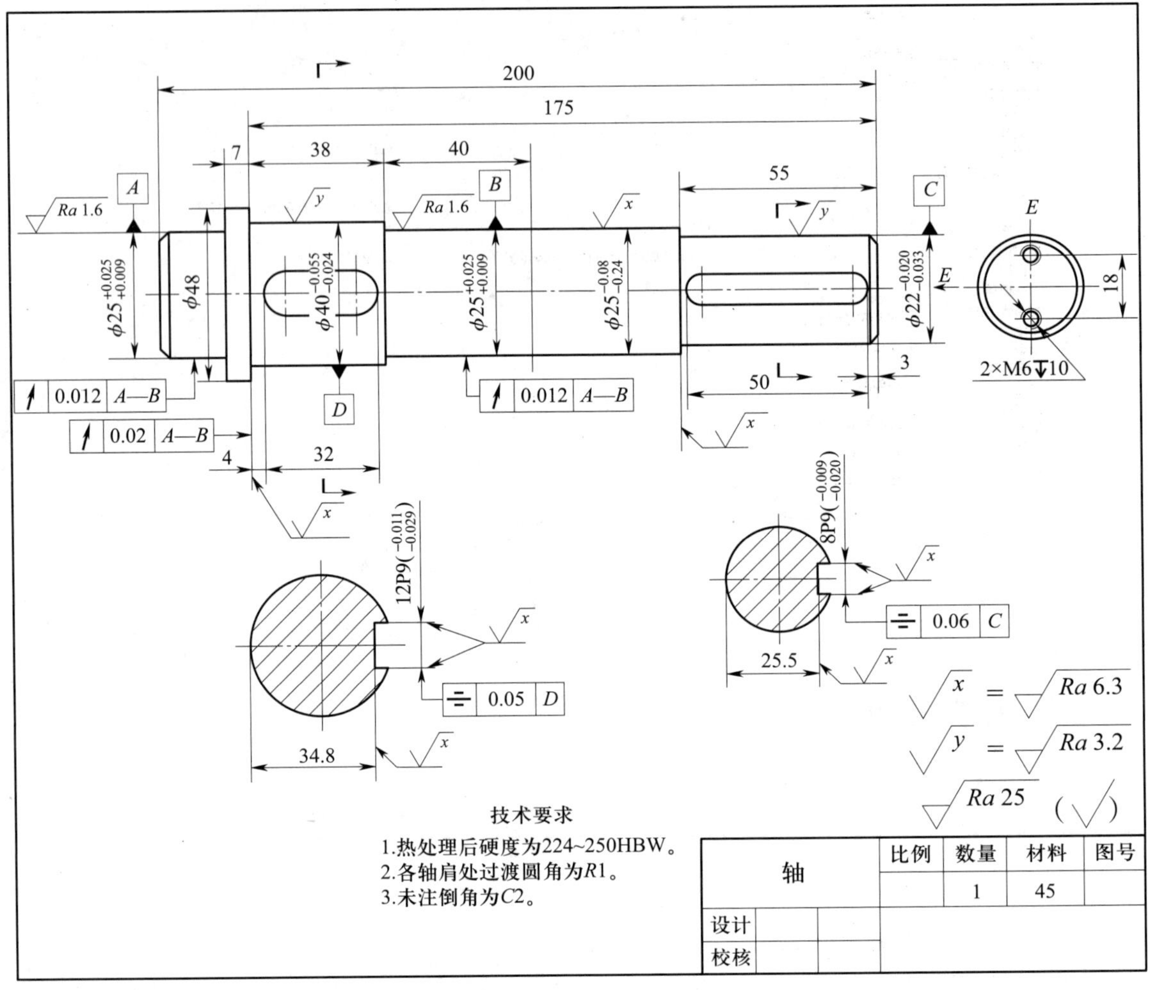

图 7-75　任务拓展 2